现代电子信息技术丛书

计算机技术(第2版)

——信息化战争的操控中枢

主编　张学孝

国防工业出版社

·北京·

内 容 简 介

本书系统地介绍了当前计算机系统的主流技术及其在军事方面的特殊应用，主要内容有：计算机基本原理、PC 机、工作站和服务器、多媒体计算机、加固计算机、嵌入式计算机、容错计算机、并行处理计算机、PDA、计算机网络、分布式计算机系统、军用计算机、网格计算及其在军事上的应用、计算机系统安全等。

读者对象：各行各业对计算机专业感兴趣的科技人员、管理干部；以及从事计算机专业的广大科技人员，特别是军事院校的师生。

图书在版编目(CIP)数据

计算机技术/张学孝主编. —2 版. —北京：国防工业出版社，2008.1

(现代电子信息技术丛书)

ISBN 978-7-118-05534-4

Ⅰ.计… Ⅱ.张… Ⅲ.计算机应用-军事 Ⅳ.E919

中国版本图书馆 CIP 数据核字(2007)第 202831 号

※

国防工業出版社出版发行

(北京市海淀区紫竹院南路 23 号 邮政编码 100044)

北京宏伟双华印刷有限公司印刷

新华书店经售

*

开本 787×1092 1/16 **印张** 21¼ **字数** 523 千字

2008 年 1 月第 2 版第 1 次印刷 **印数** 1—2500 册 **定价** 108.00 元

国防书店：(010)68428422 发行邮购：(010)68414474

发行传真：(010)68411535 发行业务：(010)68472764

《现代电子信息技术丛书》

《计算机技术》（第 2 版）

主　　编　张学孝

编著人员　（按姓氏笔画排序）

仇建伟　方家骐　李华锋　张保栋　林　中

黄晓安　鄢楚平

Preface 序

《现代电子信息技术丛书》（以下简称《丛书》）自1999年首次出版，至今已8年了。《丛书》综合地反映了20世纪90年代电子信息技术的进展，受到广大科技工作者、大专院校师生和部队官兵的欢迎。进入新世纪以来，鉴于国内外电子信息技术的飞速发展，世界与局部形势发生了许多新的变化，电子信息技术循着摩尔定律预计的发展速度得到了持续的增长与进步。我国电子信息技术不论在基础层次还是在系统层次也取得了许多世界先进的成果，例如突破了纳米级的金属氧化物场效应器件（MOSFET）的设计与制造技术，研制成功了数十万亿次运算速度的巨型计算机，实现了计算栅格的研制与试验，成功地开发出世界级的第三代数字蜂窝移动通信系统，研制出空中预警与控制机系统和区域级一体化综合电子信息系统等。国际上，美国等发达国家在电子信息技术发展上处于领先地位，成功地研制出45nm的微处理器并进行批量生产，正向20nm及以下迈进。美国启动了从工业时代到信息时代的军事转型，提出从平台中心战（PCW）向网络中心战（NCW）的转型，并以全球信息栅格（GIG）为基础。GIG是美国所构想的、正在研发的国防信息基础设施，预计在2015年可形成初始作战能力。它以面向服务的结构（SOA）为体系构架，向联网的实体提供成套的、安全的信息服务与电信服务，以加强信息共享、决策优势与异构协同。GIG包括多模态数据的传递媒介，如陆上电路、空间单元和无线电台等，其所组成的互联网络可动态地、透明地将信息从发源处路由至目的地。以GIG为依托，美国军队加速向网络中心化演进，如陆军的未来战斗系统（FCS），海军的兵力网（Forcenet），空军的指挥控制星座（C^2constellation）等。这里涉及十分巨大（Herculean）的技术挑战，必须通过从基础到系统的多层次创新和突破，才能在未来有限的时间内实现超越前15年Web网发明以来的发展。凡此种种，都是我们在编著《丛书》第1版时只能预测而无法探知的。然而今日，这些高新技术的面貌已逐渐清晰并迅速渗入人们的生活和竞争。这使《丛书》的作者们意识到进行再一次创作的必要性；同时，热心的读者们也期盼我们能及时对第1版进行修改以便与时俱进。

基于以上原因，在各级领导机关的大力支持下，《丛书》各分册的原作者与新分册的新作者们在从事繁重业务工作的同时，废寝忘食、辛勤耕耘，对《丛书》各分册进行了精心修订、编撰，为第2版的问世做出了卓越的贡献。我谨代表《丛书》编审委员会向他们致以衷心的敬意与感谢。

第2版承袭了第1版的编写宗旨、编写特色及服务对象。在维持原结构不变的基础上，对内容进行了大幅度更新，并明显加大了军事科技的比重，增、删了7个分册，总册数由17分册变为18分册，总字数由800万字增加到1400万字。新版《丛书》仍以先进的综合电子信息系统为龙头，分层次、全方位地介绍各项先进信息技术，具体包括以下分册：

系统性技术分册

- 综合电子信息系统（第2版）
- 综合电子战（第2版）
- 侦察与监视
- 军事通信（第2版）
- 雷达与探测（第2版）
- 数据链
- 导航与定位（第2版）
- 计算机技术（第2版）
- 计算机软件技术（第2版）
- 信息安全与保密（第2版）

基础性技术分册

- 微电子技术（第2版）
- 光电子技术（第2版）
- 真空电子技术（第2版）
- 传感器技术
- 微声电子器件
- 化学与物理电源（第2版）
- 现代电子测试技术（第2版）
- 先进电子制造技术（第2版）

这两个系统分别从横向、纵向对众多先进的信息技术形成了有机的集成。

《丛书》的编写出版得到总装备部、中国电子科技集团公司及其有关研究所的领导的大力支持，得到国防工业出版社领导及编辑们的积极推动与努力，谨对他们表示由衷的感谢。

童志鹏

2007年8月26日

Preface

第1版序

信息技术是一个复杂的多层次多专业的技术体系，粗略地可以分为系统和基础两个层次。属于系统层的一般按功能分，如信息获取、通信、处理、控制、对抗（简称为5C技术，即Collection，Communication，Computing，Control，Countermeasure 五个词的第一个字母）等；基础层技术一般按专业分，如微电子、光电子、微波真空电子等。

信息技术革命的火炬是由微电子技术革命点燃的，它促进了计算机技术、通信技术及其他电子信息技术的更新换代，迄今，尚未有尽期。信息技术革命推动产业革命，使人类社会经历了农业、工业社会后进入了信息社会。

大规模集成电路的集成度是微电子技术革命的重要标志，它遵循摩尔（Moore）定律，每18个月翻一番，预计可延伸到2010年。届时，每个芯片可包含100亿（10^{10}）个元件，面积可达到$10cm^2$，作为动态存储器的存储量可达64Gb（吉比特），接近理论极限10^{11}个元件和256Gb存储量。微处理器芯片的运算速度每5年提高一个数量级，到本世纪末，每个芯片运算速度可达10～100亿次每秒，有人认为，实现2000亿次的单片微处理器在技术上是可能的。与此相适应，每芯片比特存储量与每MIPS（兆指令每秒）运算量的成本将呈指数式下降，现在一个100兆指令/s专用数字信号处理芯片只售5美元。如果飞机的价格也像微电子那样呈指数式下降的话，70年代初买1块比萨饼的费用在90年代就可以买1架波音747客机。3年内1部电话机将只用1块芯片，5年内1台PC机的全部功能可在1个芯片上实现，6年内1部ATM交换机的核心功能也可用1个单片完成。由于微处理器芯片价格持续不断地下降，构成了它广泛应用的基础。现在，在一般家庭、汽车和办公室中，就有100多个微处理器在工作，不仅是PC机，而且在电话机、移动电话机、电视机、洗衣机、烘干机、立体声音响、家庭影院中也有。1辆高档汽车中包含20多种可编程微处理器，1架波音777客机含有100多万行的计算机程序代码。

通信技术的进步还得力于光子技术的进步。光通信速率（比特每秒）每两年翻一番，现在实验室中已可做到 10^{12} b/s，即可将全世界可能传输的全部通信量于同一时刻内在 1 根光纤中传送，或相当于 1s 内传输 1000 份 30 卷的百科全书。通信速率的提高和通信容量的增大，使光通信成本也不断降低，与 80 年代相比，降低了两个数量级。

因特网是全球信息基础设施的雏形，其发展速度惊人。现在每 0.4s 增加一个用户，每 4min 增加一个网络。1996 年联网数大于 10 万，联网主机数大于 1000 万，用户数大于 7000 万（预计到本世纪末，将大于 2 亿），PC 机总量将达 5 亿，联网主机达 3000 万，信息量每 5 年翻一番。越来越多的公司、团体、机关、个人通过信息网络相互联接，其应用范围从单纯的电子函件通信扩大到远程合作（包括教育、诊断、办公、会议、协作等）、按需点播、多媒体文娱、电子商务、银行、支付等，人类社会生存与发展的另一维空间，即信息空间或称为赛博空间（Cyberspace）正在形成。如果说工业社会是建筑在汽车与高速公路上的话，信息社会则是建筑在信息与信息高速公路上的。政府、军队、经济、金融、电力、交通、电信等关键部门都要依赖于信息基础设施的正常运行。信息技术和信息产业的水平已成为综合国力的重要标志，也是国际竞争力的焦点与热点。

信息技术的飞跃发展及其渗透到各行各业的广泛应用，不仅推动了产业革命，而且也深刻地改变了人们的工作、学习和生活的方式。信息技术不仅扩展了人的视觉、听觉等感知能力，而且还渗透到思维领域，减轻或部分地替代人的脑力劳动，提高思维的效率和质量，实现人的思维能力的延伸，增强人的认知能力。信息作为事物的属性与相互关系的状态的表达是客观存在的，但不是显在的，很多是潜在的，有的是深埋的，有待挖掘与提炼。信息技术大大地丰富了信息采集的内容，提高了信息处理的能力，为人们对客观事物及其规律的认识提供了创新的工具，也为人们正确认识与有效改造主观世界和客观世界提供了源泉，将使社会的物质文明与精神文明建设得到极大的发展。

信息、能源与物质是人类社会赖以生存与发展的三大支柱。在信息社会中，信息是最重要的支柱和最重要的产业，它影响着其他两个支柱的健康发展，包括生产、传输、分配、运行、减少损耗、改善管理、提高效率、降低成本等等；同时，它还能不断地培育与发展新物质和新能源的发明与生产，不断地改善生态环境，从而使人类社会进入可持续发展的健康轨道。

信息革命在带动产业革命的同时也带动军事革命，使得军事技术、武器装备、作战思想、作战方式、战争形态、军事原则、军事条令与部队编成等都将发生深刻的变化。如果农业社会是冷兵器时代，工业社会是热兵器时代，那么信息社会则是信息兵器时代。信息、信息系统与信息化平台、武器与弹药成为战场上的主战兵器。信息优势成为传统的陆地、海洋、空中、空间优势以外的新的争夺领域，并深刻地制约着传统领域的战斗胜负，从而构成信息化战争的新形态。在这种战争中，战争胜负决定于敌对双方掌握信息与信息技术的广度与深度。信息不仅是兵力倍增器，它本身就是武器和目标，是双方必争的制高点。1991 年初的海湾战争，被称为硅片战胜钢铁的战争，即源于这样的认识。它开启了赛博空间战、网络战、信息战等簇新的作战方式。

以信息优势为核心的军事革命是建筑在先进的指挥、控制、通信、计算机、情报、监视、侦察及其一体化的信息战能力的基础上的，这个众系之系（系统的系统）我国称为综合电子信息系统，与美军后来提出的 C^4ISR/IW 相当，它由以下 6 部分组成。

1. 鲁棒的多探测器信息栅格网络。为作战部队提供作战空间感知优势。

2. 先进的指挥控制与作战管理栅格网络。为部队提供作战的先期规划、胜敌一筹的作战部署，执行作战指挥控制与一体化兵力管理能力。

3. 从探测器到射击器的栅格网络。为部队提供精确制导武器的动态目标管理、分配与引导，协同作战，一体化防空，快速战损评估和再打击能力。

4. 联合的通信、导航与定位栅格网络。提供可靠、安全、大容量与高精度的信息，以支持部队的机动行动，确保全面优势。

5. 信息进攻能力。采取侵入、操纵与扰乱等手段，阻碍敌人作战空间感知、认知与有效用兵能力。

6. 信息防护能力。保证我方信息系统的安全，防护敌方对我信息网络的利用、干扰和破坏。

这个系统的系统涉及众多先进的信息技术的横向与纵向的有机集成，它包括雷达和光电的有源与无源探测技术、有线和无线及固定和移动通信技术、计算机硬件和软件技术、精确导航定位技术、航天航空测控技术、信息安全保密技术、电子战技术等横向专业技术的集成；也涉及微电子技术、光子与光电子技术、真空电子技术、压电与传感器技术等先进元器件技术，电子材料技术、电源技术、测试技术、先进制造技术等纵向基础技术的集成。当代军事革命要求在创新的军事思想指引下，发展有层次多专业的纵横集成的信息技术；同时，又要求在先进的信息技术驱动下，培育与发展新的军事思想，并在此基础上推动作战原则、军事条令与部队编成的变革，形成军事革命与信息革命的有机结合。

我们正处于世纪之交，党的第十五次代表大会的胜利召开，启动了有中国特色的社会主义事业在邓小平理论的指引下全面进入21世纪。我国的国防与军队现代化建设的跨世纪历史进程已经开始。为了适应军事革命环境下的高新技术军事斗争的需要，我军必须拥有信息优势，必须拥有以先进的综合电子信息系统为基础结构的性能优良的武器装备，必须提高部队素质，把人才培养推上新的台阶。

江泽民总书记非常重视人才的培养，他多次指示，要用高新技术知识武装全军头脑。在未来的信息化战场上，知识将成为战斗力的主导因素，敌对双方的较量将更突出地表现为高素质人才的较量。本丛书的编写出版就是为贯彻这个伟大号召提供系统基础知识。全书以先进的综合电子信息系统为龙头，多层次、全方位地介绍相关的各项先进信息技术，既包括系统技术，也包括基础技术，共17个方面，荟萃成17个分册。丛书的编写以普及先进信息技术知识为目标，以中专以上文化程度，从事军、民用电子信息技术有关业务的技术人员和管理干部为主要对象，努力做到深入浅出，雅俗共赏，图文并茂，引人入胜，文字简练，语言流畅，学术严谨，论述准确，使其具有可读性、可用性、先进性、系统性与权威性。参加丛书各分册撰写的作者都是长期从事现代信息技术研究与发展的专家，他们在繁重的业务工作的同时，废寝忘食，长期放弃节假日的休息，辛勤耕耘，鞠躬尽瘁，为本丛书做出了卓越的贡献。他们以自己的模范行动，“努力成为先进思想的传播者、科学技术的开拓者、‘四有’公民的培育者和优秀精神产品的生产者”。我谨代表总编委向他们致以衷心的敬意！

本丛书的编写出版得到原国防科工委与原电子工业部领导的大力支持，得到国防工业出版社领导及责任编辑们的积极推动与努力，借此之机，向他们表示由衷的感谢！

中国工程院院士
原电子工业部科技委常务副主任　童志鹏

Preface

前　言

《现代电子信息技术丛书》自 1999 年出版以来深受广大读者欢迎，作为分册的《计算机技术》一书同样受到了计算机专业人员，特别是部队及军事院校师生的欢迎。为反映计算机技术的快速发展和适应广大读者的需求，我们对第 1 版全书做了较大的修改，并增添了许多新的内容，特别是新增了：第 5 章加固计算机（加固计算机的发展、定义、分类和特点，主要技术指标，外部设备等）、第 11 章分布式计算机系统（分布式计算机系统概述，系统硬件，系统软件等）、第 12 章军用计算机（军用计算机的应用、技术与特点，分类，系统结构等）、第 13 章网格计算及其在军事上的应用（网格计算机的概念和体系结构，网格信息管理、资源管理、数据管理，网格安全等）、第 14 章计算机系统安全（深度防御与计算机信息安全保障技术框架，操作系统安全，数据库安全，应用系统安全，高信度计算技术等）。将第 1 版第 5 章、第 11 章、第 12 章、第 13 章删去，其中抗恶劣环境计算机的相关内容编入加固计算机。

与第 1 版一样，本书是由中国电子科技集团公司第十五研究所的研究人员编写的，其中凝聚了不少他们长期从事计算机技术研究工作的结晶。全书共分 14 章：第 1 章计算机原理、第 6 章嵌入式计算机和第 7 章容错计算机由张学孝修订。第 2 章 PC 机和第 3 章工作站和服务器由李华锋修订。第 4 章多媒体计算机由仇建伟修订。第 5 章加固计算机，第 11 章分布式计算机系统和第 12 章军用计算机由张学孝编写。第 8 章并行处理计算机由黄晓安修订。第 9 章 PDA 由鄢楚平修订。第 10 章计算机网络由张保栋修订。第 13 章网格计算及其在军事上的应用由方家骐编写。第 14 章计算机系统安全由林中编写。全书由张学孝负责审校，并对有关章节内容进行修改和补充。本书编写过程中得到了中国电子科技集团公司第十五研究所领导的大力支持，对此深表感谢，并向所有为本书第1 版倾注过心血的编著人员致谢。对该研究所科技委杨晓燕秘书为本书第 2 版的录入和编排付出的辛勤劳动表示衷心的谢意。

我们的编写力求深入浅出、图文并茂、文字简练流畅、论述准确。但限于水平和时间仓促,加之计算机技术发展日新月异,本书难免有欠妥和错误之处,敬请广大读者和专家批评指正。

作　者

Preface

第1版前言

本书是《现代电子信息技术丛书》的一个分册，介绍计算机的基本原理和最新发展概貌。对于希望在短时间内对现代计算机的主要技术及产品有一个概括了解的读者将起到读一书而知全局的作用。

什么是信息技术呢？信息技术就是以微电子技术为基础、以计算机与通信设备为主体、以利用信息资源提高生产力为目标的技术。它是当代新技术革命的主要内涵。

计算机技术是当代最活跃的生产要素，它具有发展最快、普及最易、渗透力最强的特点。它既可作为人们谋生的手段，也可作为攀登任何一门科学技术高峰的工具。生活在这个时代，我们都面临着学习和运用计算机技术的任务。计算机技术的覆盖面很宽，对于每个刻苦学习的人入门并不难，深入研究却无止境。

本书由华北计算技术研究所的科研人员编写。首先讲解计算机基本工作原理，其后按技术特征分别对各类计算机进行介绍。读者既可读到作为当代计算机主力机型的PC机、具有良好图形性能的工作站、适应分布计算模式便于客户机共享资源的服务器；也可读到在恶劣环境中大显身手的抗恶劣环境计算机、肩负重任的容错计算机、嵌入在其他设备中默默奉献的嵌入式计算机，以及人们迎接信息时代到来的一个小礼物——不久的将来每个人都可拥有并随身携带的PDA，它们在军事上亦具有特殊重要的用途。读者还可通过本书了解到20世纪90年代兴起的新技术如何影响和改变了人类的工作、学习和生活；多媒体技术使计算机面貌焕然一新，变得可亲、可近；网络技术缩短了空间距离，使世界变成一个地球村；并行处理技术突破单机极限，满足人类对计算速度永无止境的追求；客户/服务器结构成为当代最主要的计算模式；开放系统则是计算机系统结构发展的主要潮流。读者最后还可大致了解到计算机的发展趋势。本书尽量汇集了最新技术内容。

本书的第一章由方金仰、余综编写，第二章由李湘龙编写，第三章由董红编写，第四章由马力编写，第五章由陶登意编写，第六章由沈祖恩编写，第七章由刘金栋编写，第八章由黄晓安编写，第九章由严红岩编写，第十章由张保栋编写，第十一章由张学孝编写，第十二章由李经纬编写，第十三章由陈炳从编写。张学孝、李湘龙、马力、董红、严红岩等五位同志花费了大量的时间对全书内容进行了多次打印、修改与校阅。尽管编写者尽了很大努力，但由于工作繁忙、时间仓促，书中难免有错误和不妥之处，谨请专家与读者指正。

作　者

目录

Contents

MEITS

第1章 计算机原理

人类从远古时期就有了数的概念，因之有了计算活动。人们在史前就知道用石块、贝壳计数，随着生产力的发展和人类社会的不断衍变，计算活动也越来越复杂，因此人类发明了各种各样的计算工具。计算机就是人类迄今为止发明的最先进的计算工具。

本章在介绍计算机基本概念和计算机基本组成的基础上，将对组成计算机的各个部 件的原理、功能及相互关系进行详细的阐述。

1.1 计算机发展简史及种类

1.1.1 计算机发展简史

第一台电子管计算机起源于第二次世界大战中弹道表的计算。1943 年4 月，宾夕法尼亚大学莫尔学院为美国军方起草了制造一台电子数字计算机的计划，称之为“电子数字积分器和计算机”，这就是日后著名的 ENIAC 机（Electronic Numerical Integrator and Computer）。1946 年 130t、耗电 150kW 的世界上第一台电子数字计算机终于完成了。它能完成 5000 次/s 加法运算，尽管与后来的计算机无法媲美，却标志着第一代电子计算机的开始。

在计算机发展历史上不能不提到冯·诺依曼（John von Neumann）的名字。1944 年8 月至 1945 年6 月，冯·诺依曼与莫尔学院合作，开始设计和研制 EDVAC，意即“离散变量自动电子计算机”。在设计过程中，第一次提出了存储程序的概念，它标志着现代计算机体系结构的确定。EDVAC 也就是人们通常所说的冯·诺依曼型计算机。

1958 年，第二代电子计算机即晶体管计算机问世。新一代计算机，不仅由于基本电路元件向小型化、轻型化发展，而且软件配置开始出现，一些高级程序设计语言相继问世，再加之外部设备迅速增加，使第二代计算机性能大大提高，应用领域也从单纯的计算扩展到数据处理、工业控制等领域。

20 世纪 60 年代初，美国陆续制成一些集成电路的小型计算机，尽管它们减少了体积、功耗，但设计思想并未得到突破。直到1964年，美国IBM公司宣告制成集成电路的360计算机系统，它利用集成电路的优越性，对机器的整个软、硬件性能做了根本的改进。它的成功标志着世界电子计算机工业进入了第三代。其后电子计算机的软件配置进一步完善，有了操作系统，机种多样化、系列化并与通信技术相结合，其应用也扩展到了更多的领域。

第四代电子计算机始于20世纪70年代的大规模集成（LSI）电路。大规模集成电路技术使得在一块几平方毫米的半导体芯片上可以集成上千个到十万个电子元件，从而使计算机体积更小、耗电更少，运算速度提高到几百万次每秒，可靠性也进一步提高。

更具划时代意义的是20世纪70年代初微处理器的问世。它把计算机的运算器、控制器制作在一片大规模集成电路芯片上，把处理器和半导体存储器芯片以及外围接口电路芯片等组装在一起构成了微型计算机。随着半导体工艺技术的发展，微型机的发展极其迅速，功能日渐强大，应用领域也越来越广泛。今天，微型计算机市场主要是WinTel体系（即微软的操作系统 + Intel的芯片）。

早在1956年，我国的300多位专家学者齐集北京，制订了“1956—1967年12年科学技术发展远景规划纲要”，提出了12项重点发展的科技任务。计算机技术作为与半导体、自动化、电子学一起并列的四大紧急措施之一，受到了高度重视，从此开创了我国的计算机事业。1958年5月开始试制104通用电子计算机（DJS－2）。1964年研制成功首台晶体管通用计算机，1971年首台使用集成电路的通用计算机研制成功，1987年研制成功运算速度为1亿次每秒的巨型机。

50年来，我国的计算机事业在技术、市场等方面取得了如银河、神州、曙光等巨型机成果，“长城”、“联想”等PC机已形成产业并远销海内外。计算机应用也有了很大发展，已深入到社会经济的各个领域并开始进入家庭。中国已被公认为是计算机技术与市场发展最具潜力的国家。

1.1.2 计算机的种类

目前，为计算机分类是一个比较困难的课题，有多种分类方法。如果根据计算机的规模大小、性能指标（如运算速度、存储容量、传输速率，以及I/O设备、处理器等），可分成微型机、小型机、中型机、大型机、巨型机。

微型机简称微机，是用得最为广泛的一种机型。它又可以分为个人计算机（缩写为PC）、单板机和工作站，还有近来炙手可热的网络计算机（简称NC）。到目前为止，较高档的PC机采用高性能微处理器（例如奔腾系列的Pentium Ⅵ），主频可达到3GHz以上，主存512MB～1GB，硬盘驱动器为80GB～160GB。

小型机性能介于微型机和大型机之间，例如，美国DEC公司早期的小型机PDP和VAX系列以及后来美国IBM公司的AS/400、RS/6000等系列机。小型机主要用于中小企业业务处理，也可用于音像处理和人工智能的研究。

大型机过去一度在计算机中占统治地位，后来随着分布式计算和网络计算的发展，大型机所占市场比重逐年下降。今天的大型机常常采用多个CPU，主要用于大型信息中心、大型通信枢纽等。

巨型机一般用于专业性很强的领域，如大范围的中长期天气预报、航天技术、战略防御系统的多目标跟踪等，因此要求具有极高的运算速度和巨大存储容量。巨型机分为传统的向量机和大规模并行处理机。美国的Cray公司是制造向量机的著名公司。我国自行研制的“曙光”、“银河”计算机也属于巨型机。1994年初，由我国国家智能计算机研究中心研制成功的“曙光号”并行计算机，其定点运算速度可达6.47亿次每秒，标志着我国已跻身于世界巨型计算机的先进行列。

计算机也可按其本身的大小规模、使用方式、应用领域、结构特点等，分为 PC 机、多媒体计算机、嵌入式计算机、容错计算机、加固计算机、分布式计算机、平行处理计算机、服务器、工作站、PDA 等，本书即采用了这种分类方式；同时鉴于军用计算机本身突出的特点，也分别对它们做了介绍。

1.2 计算机的基本知识

1.2.1 数制、字位、字节、字及运算

我们表示数字的习惯方法是立足于 10 这个数的，也就是采用十进制计数法。

通俗地说字位即数位，是组成一个数字的基本单位，记为 bit，简写为 b；位数是字位的数目；数制是数位之间的计数规律，是以几的幂为基础的，也是指表示一个数的相邻两位之间低位逢几向高位进位，如十进制数是逢 10 进 1，十二进制数是逢 12 进 1 等。

在计算机科学中由于组成计算机的元器件的状态基本上都是两种，如开关接通与断开，晶体管的通导与截止等，为了便于计算机的物理实现，广泛采用二进制计数制，即每一位只取两个数码 0 和 1，其计数规律为逢 2 进 1。例如，二进制数字 11001 表示

$$1\times 2^4+1\times 2^3+0\times 2^2+0\times 2^1+1\times 2^0$$

表示成十进制数是

$$11001 = 1\times 16 + 1\times 8 + 1\times 1 = 25$$

显然，用二进制表示稍大范围的数就会显得位数较长，书写和口读都不方便。因此引进了八进制数，即将 3 位二进制数当做 1 位八进制数，如

$$(101\ 111\ 000\ 001)_2 = (5701)_8$$

同理引入十六进制数，即将 4 位二进制数当作 1 位十六进制数，其中 0 ~ 9 语义不变，A 表示 10，B 表示 11，……，直至 F 表示 15，即有

$$(1011\ 1100\ 0001)_2 = (BC1)_{16}$$

而这三种表示是相同的，即有

$$(101111000001)_2 = (5701)_8 = (BC1)_{16}$$

八进制数逢 8 进 1，十六进制数逢 16 进 1。

字节是计算机中最常使用的存储运算单位，一个字节由 8 个二进制位组成，可以被表示成两个十六进制数，记为 byte，简写为 B。字位之间从左到右、从 7 至 0 排序。11001 的表示见图 1.1。

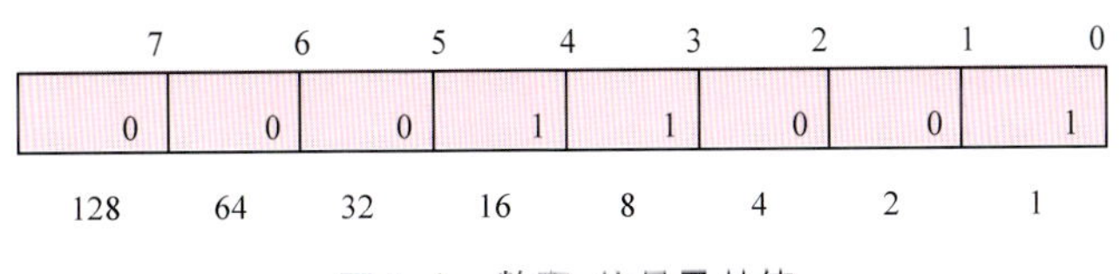

图 1.1 数字、位号及其值

字长是指计算机内参与运算的数的基本单位。它既表示寄存器、运算器及数据总线等的位数，也标志着计算精度。一般来说，字长是字节的整数倍，如 16 位、32 位、64 位或128 位。

运算是计算机巨大能力的基础，一般的计算机可执行算术运算和逻辑运算，其中算术运算包括加法、减法，功能强的计算机有些还具有乘法和除法能力；逻辑运算包括逻辑非、逻辑加、逻辑乘和逻辑异或等。

1.2.2 计算机的组成

1946 年，冯·诺依曼领导的研制小组提出了电子数字计算机设计的一些基本思想。概括起来有如下一些重点：

(1) 采用二进制形式表示数据和指令；

(2) 将程序(包括数据和指令序列)事先存入主存储器，使计算机在工作时能够自动地、高速地从主存储器中取出指令加以执行；

(3) 由运算器、控制器、存储器、输入设备和输出设备五大基本部件组成计算机系统，如图 1.2 所示，并规定了五部分基本功能。

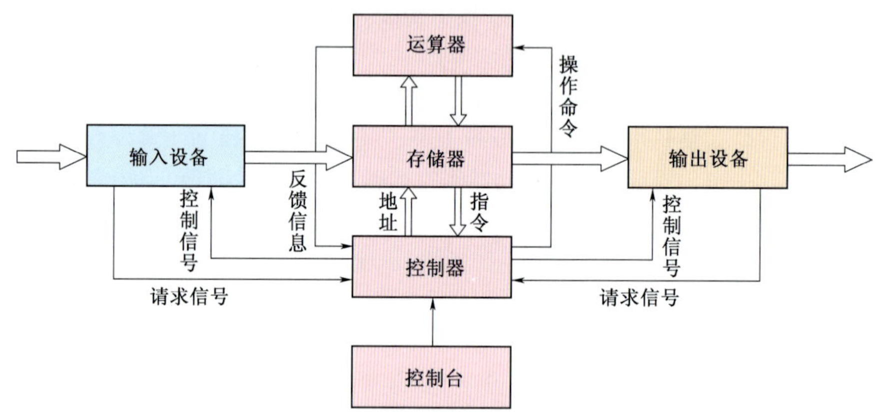

图 1.2 数字计算机简单框图

冯·诺依曼思想被誉为计算机发展史上的里程碑，标志着电子计算机时代的真正开始。迄今为止，尽管电子计算机在体系结构上发生了巨大的变化，但万变不离其宗，可以说所有的计算机都是冯·诺依曼型计算机;其各组成部件的基本功能如下：

(1) 运算器。可以将运算器比成一个由电子线路构成的算盘，其主要功能是对数据进行加、减、乘、除等算术运算及与、或、非等逻辑运算。运算的精度与运算器的位数有关，位数越多精度越高，所用电子器件越多，价格也就相对贵一些。目前的计算机运算器的长度一般为 32 位或 64 位、128 位等。

(2) 控制器。控制器是计算机中发号施令的部件，它控制计算机的各部件有条不紊地进行工作。具体地讲控制器的任务是依一定的次序从主存中取出一串指令，加以分析然后执行相应的操作。

(3) 存储器。存储器的功能是保存或记忆程序和数据。应该指出，无论是数据还是程序，在存放到存储器之前，它们全部变成了用 0、1 表示的二进制数码，因此存储器内存储的全是 0、1 代码。通常我们称存储器中的一个单位为存储单元，位宽一般为 8 位、16 位、32 位等,但最常用的为 8 位。每个存储单元都有称为地址的编号，当控制器访问存储器(读写数据)时要按法定的地址来寻找所选存储单元。存储器所有字节总数称为存储容量，通常用 B、KB、MB、GB 和 TB 来表示。如 640KB、4MB、8MB、16MB 等,其中 $1K = 1024 = 2^{10}$;$1M = 1024 \times 1024$;$1G = 1024 \times 1024 \times 1024$;$1T = 1G \times 1024$。存储容量越大,表示计算机可记忆储存的信息就越多。

(4) 输入设备。理想的计算机输入设备是能看会听的设备，但非常遗憾至今尚做不到这一点,目前常用的输入设备是键盘、鼠标及扫描仪等,其作用是将人们熟悉的某种信息形式变换为机器内所能接收和识别的二进制信息。

(5) 输出设备。理想的输出设备应是能写、会说，目前这一点基本可以达到，如打印机、绘图仪、CRT 显示器等，还有语音输出设备能够向外输出语音，但做到声情并茂尚有待研究。

其中运算器和控制器组成了计算机的核心处理部件——中央处理器(称为 CPU)。

总之，计算机的工作原理类似人类处理问题的过程，人对信息处理的过程分为三部分：信息的收集、信息的加工和存储、信息的反馈。计算机通过输入设备对信息进行采集，通过 CPU 对信息进行处理，通过存储器对信息进行存储，通过输出设备将处理过的信息反馈给用户。

1.2.3 机器指令与程序

计算机的 CPU 中的运算器一般只能完成加、减、乘、除四则运算及其他一些辅助操作，对于比较复杂的计算题，计算机在运算前必须将其化成一步一步简单的加、减、乘、除等基本操作来做。每一个基本操作就叫做机器指令，而解算某一问题的一串指令序列就叫做程序。

每条机器指令应当明确地告诉控制器，应进行何种操作，该操作需要从存储器的哪个单元取数据，运算的结果送回到哪个单元。由此可见，一条指令的内容应由两部分组成，即操作码和地址码。操作码表示操作的性质，地址码则表示操作数地址。地址包括目标操作数地址和源操作数地址。一条指令可以没有操作数，也可有 1 个、2 个或 3 个操作数。指令形式一般为：

操作码	地址码

1.3 中央处理器

若将计算机系统比做人的话，则称为 CPU 的中央处理器就相当于人的大脑。它是计算机的控制与计算中心，它向各部分发出命令、协调工作。因此，CPU 对整个计算机系统的运行是极为重要的，它具有如下四方面功能：

(1) 指令控制。即程序的顺序控制。由于程序是一个指令序列，这些指令的相互顺序不能任意颠倒，必须严格按程序规定的顺序进行。因此，保证机器按顺序执行程序是 CPU 的首要任务。

(2) 操作控制。一条指令的功能往往是由若干个操作信号的组合来实现。因此，CPU 管理并产生每条指令的操作信号，把各种操作信号送往相应的部件，从而控制这些部件按指令的要求进行动作并监督指令执行过程中可能出现的异常情况。

(3) 时间控制。即对各种操作实施时间上的控制。因为在计算机中，各种指令的操作信号均受到时间的严格控制。同时，一条指令的整个执行过程也受到时间的严格控制。只有这样，计算机才能有条不紊地自动工作。

(4) 数据加工。所谓数据加工，就是对数据进行算术运算和逻辑运算处理，完成数据的加工处理，这是 CPU 的根本任务。因为，原始信息只有经过加工处理后才能对人们有用。

1.3.1 指令系统及寻址

计算机可以快速地处理信息，最基本的操作是按照程序执行指令。这些指令详细地规定了计算机的基本操作，即规定完成什么操作，从主存储器哪个单元取操作数、操作结果送到哪个存储单元,或决定要执行的下一条指令。

1) 指令系统

指令系统是指一台计算机中所有指令的集合,指令系统是表征一台计算机性能的重要因素,其格式与功能不仅直接影响到机器的硬件结构,而且也影响到机器的系统软件及适用的范围。指令系统可分为复杂指令集(CISC)及精简指令集(RISC)。

传统的计算机具有相当庞大复杂的指令系统,通常称为复杂指令集,其特点是用硬件的方法实现复杂功能的指令,甚至于一条指令即可以直接支持高级语言的语句,可采用多种寻址方式,以提高程序的运行速度,但指令越复杂,其控制就越难以实现,以至于一般复杂指令系统计算机难以用组合逻辑实现所有指令的操作,常辅之以微程序控制。

CISC 指令系统中有多种指令,功能各不相同。一类是操作性指令,它可使计算机执行逻辑运算、算术运算、数据存取及 I/O(输入/输出)操作。另一类为控制指令,它可以改变程序中指令流的流程,即改变程序中指令的执行顺序,根据某些操作条件或状态进行逻辑判断,把程序控制转向不同的分支或循环某一段程序。

与 CISC 指令系统相比较,RISC 指令系统的基本思想是复杂指令使用的效率相当低,在 80% 以上的时间内程序执行一些简单指令(加、减、取数、转移指令),这些简单指令在微程序控制器中只占 20% 的微码空间;而复杂指令执行时间只占程序中的 20%,但却占用了微程序控制器中 80% 的微码空间。RISC 计算机试图把复杂的指令由软件来实现,指令系统保持最少量的简单指令用硬件实现。

RISC 的指令系统简单,指令种类少,寻址方式也较少,RISC 的机器语言与高级语言相差较大,采用配置优化的编译程序,设法在编译程序生成的目标程序中使用频度最高的一些机器指令,达到执行速度最快。RISC 的指令类型有:加载/存储指令、算术和逻辑指令、控制转移指令、协处理器(浮点)指令等。

指令字长度与计算机字长度有一定的关系,指令字长度取决于指令操作码编码方式,操作地址长度以及寻址方式。在 CISC 指令系统中指令字长度一般是可变的,而 RISC 指令系统则采用固定长度的指令字。

2) 寻址

指令有不同的格式,每条指令必须有操作码,有的指令还有地址码,它规定要操作的操作数存储单元的地址,改变地址就改变了操作数。例如在一段程序中通过改变操作数地址引进多组不同的数据,该程序段反复循环执行时,执行不同操作数的操作。

指令格式中的操作数可为单操作数、双操作数和多操作数。指令把操作数分为源操作数和目的操作数,源操作数是操作的对象,而操作结果送到目的操作数的地址单元中。无操作数指令规定指令字为操作码,这种指令以堆栈的存储单元作为工作寄存器,而堆栈的存储单元地址由堆栈指针给出。

指令确定操作数地址的方式称为寻址方式。寻址方式涉及指令格式及指令功能,一般指令系统采用多种不同的寻址方式,以便提高寻址效率。如果指令中直接指定主存中的绝对地址作操作数,那么需要较长的地址码。即主存储器的容量足够大时,指令字中的绝对地址位段的位数就不够了,因此一般不采用绝对地址。而且由于操作系统以及多道程序,要求程序在主存储器中浮动,因此产生了各种寻址方式。

寻址方式概括起来说有直接寻址、间接寻址和变址寻址。因此描述操作数地址的形式就由寻址方式描述符和形式地址组成,其中,寻址方式描述符指出寻址方式,即间接、直接、变址、立即数等,形式地址也称位移量,是指令字结构中的给定地址。

(1) 隐含寻址。指令中不明显给出指令所需的某个操作数据的地址,即该地址由指令操作码给定,如有些指令的目的操作数为指定的寄存器,如写状态寄存器指令等。

(2) 立即寻址。指令的地址字段指出的不是操作数的地址而是操作数本身。如单地址的移位指令,其移位数即是一个立即数。

(3) 寄存器寻址。指令中给出的操作数地址不是主存的地址单元号,而是通用寄存器的编号,RISC 指令的绝大多数寻址方式均为寄存器寻址。

(4) 直接寻址。是一种基本的寻址方式,其特点是在指令字中的地址字段中直接指出操作数在主存中的地址。见图 1.3(a)。

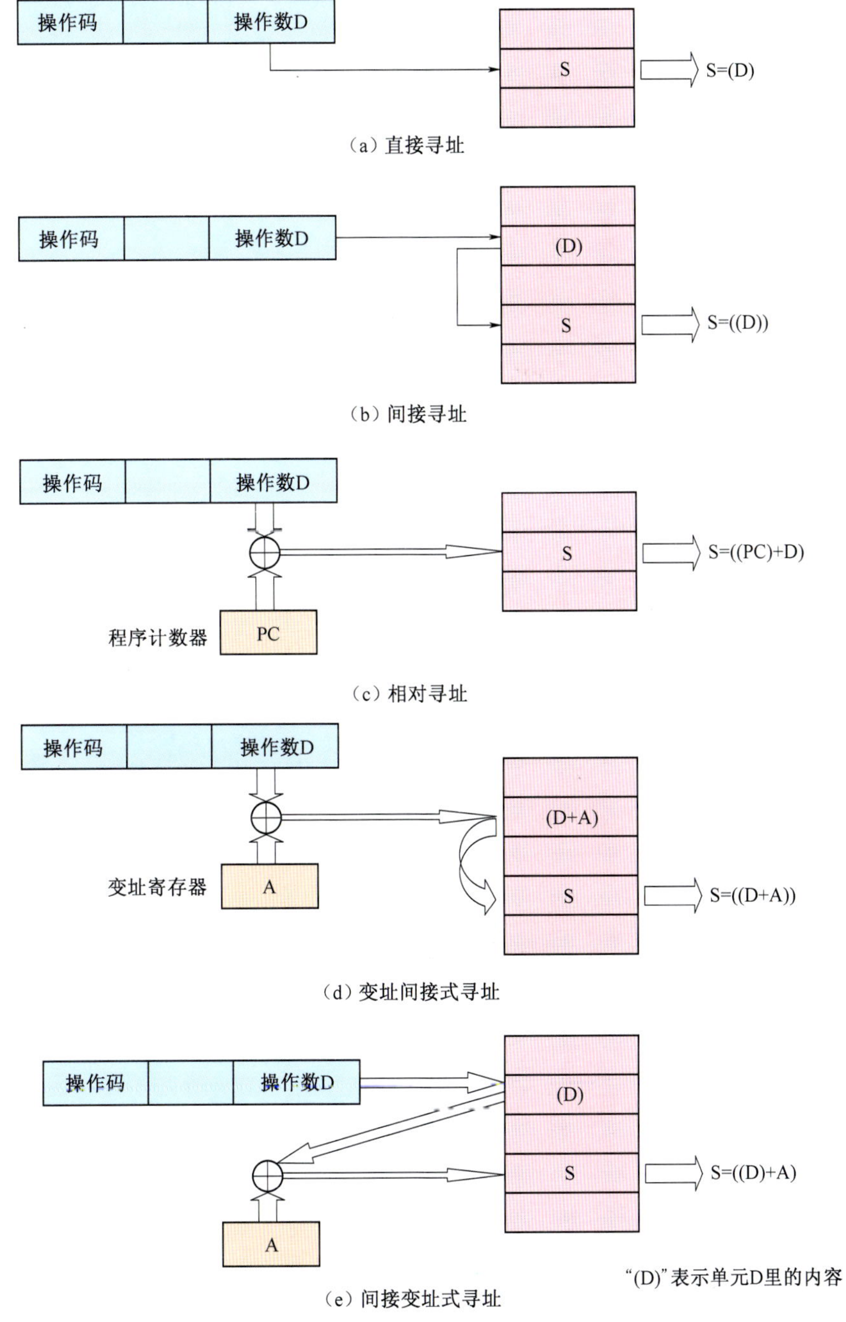

图 1.3　几种常见寻址方式

(5) 间接寻址。间接寻址是相对于直接寻址而言的,其特点是在指令字中的地址字段不是操作数的真正地址,即该地址的内容才是操作数的真正地址,见图 1.3(b)。

(6) 相对寻址。相对寻址一般指相对于当前指令的地址而言,而当前指令地址是由程序计数器 PC(program counter) 的内容指定的,即指令中地址字段的内容加上程序计数器的内容即为操作数地址, 见图 1.3(c)。

(7) 变址寻址和基址寻址。变址寻址与基址寻址类似于相对寻址方式,只是程序计数器 PC 改成了某个变址寄存器或基址寄存器。

(8) 复合寻址。复合寻址方式是把间接寻址方式同相对寻址方式或变址寻址方式结合而形成的寻址方式,分为先间接与后间接两种。

变址间接寻址:将变址寄存器内容与指令字中的地址字段相加得到的地址作为间接地址去寻址,见图 1.3(d)。

间接变址寻址:先将指令字中的地址字段作为间接地址取出一个操作数,再与变址寄存器内容相加得到操作数的地址,见图 1.3(e)。

应该指出,上述只是一些常见的寻址方式,并非是全部寻址方式。

1.3.2 中央处理器的组成及工作原理

根据上面的介绍,中央处理器是由两个主要部分——控制器和运算器组成的。图 1.4 是中央处理器的主要组成部分逻辑结构图。如图所示,控破器由程序计数器、指令寄存器、指令译码器、时序产生器和操作控制器组成,它是发布命令的“决策机构”,即协调和指挥整个计算机系统的操作。控制器的主要功能如下。

(1) 从主存中取出一条指令,并指出下一条指令在主存中的位置。

(2) 对指令进行译码或测试,并产生相应的操作控制信号,以便启动规定的动作。比如一次主存读/写操作,一个算术/逻辑运算操作,或一个输入/输出操作。

(3) 指挥并控制 CPU、主存和输入/输出设备之间数据流动的方向。运算器由算术/逻辑单元(ALU)、累加寄存器、数据缓冲寄存器和状态条件寄存器组成, 它是数据加工处理部件。

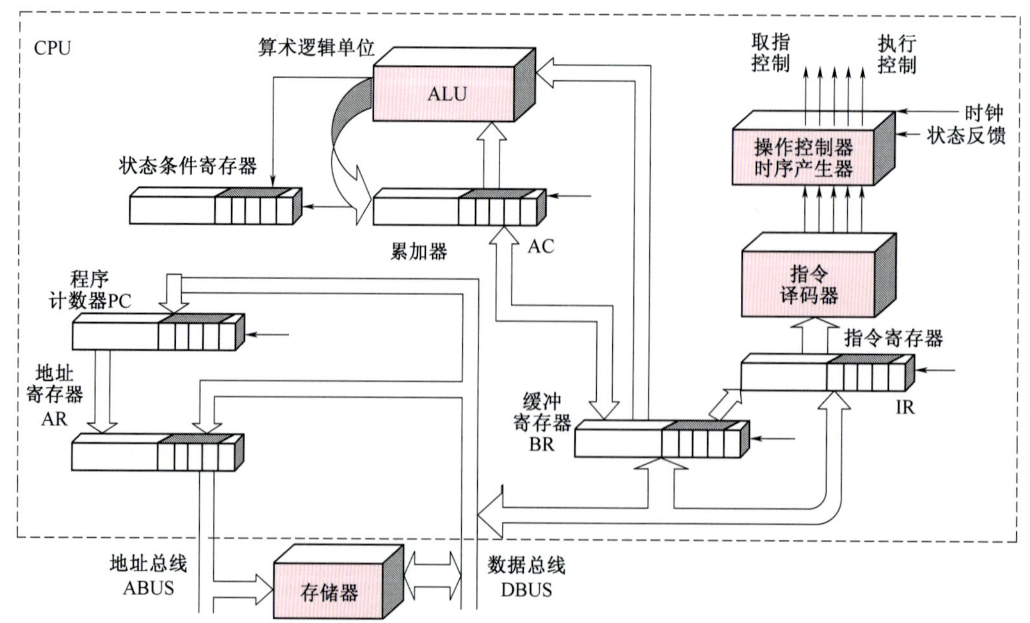

图 1.4 中央处理器结构图

相对控制器而言,运算器接受控制器的命令而进行动作,即运算器所进行的全部操作都是由控制器发出的控制信号来指挥的,所以它是执行部件。运算器有两个主要功能:① 执行所有的算术运算;②执行所有的逻辑运算,并进行逻辑测试,如零值测试或两个值的比较。通常,一个算术操作产生一个运算结果,而一个逻辑操作则产生一个判决。各种计算机的 CPU 都不相同,但是它们至少应有下述 6 个寄存器,它们是指令寄存器(IR)、程序计数器(PC)、地址寄存器(AR)、缓冲寄存器(BR)、累加寄存器(AC)、状态条件寄存器。

如果了解了这 6 个寄存器的功能,则 CPU 的工作原理也就清楚了。

(1) 缓冲寄存器。用来暂时存放由存储器读出的一条指令或一个数据字;反之,当向主存存入一条指令或一个数据字时,也暂时将它们存入缓冲寄存器中。

(2) 指令寄存器。用来保存当前正在执行的一条指令。指令译码器将对指令的操作码部分进行译码,操作码经译码即可向操作控制器发出具体操作的特定信号。

(3) 程序计数器。用于确定下一条指令的地址,也称指令计数器。若程序按顺序执行,则下一条指令的地址只是简单地对 PC 加 1,若程序发生转移,则后续指令的地址(或地址位移量)一定来源于指令寄存器的地址码部分。

(4) 地址寄存器。保存当前 CPU 所访问的主存单元地址。

(5) 累加寄存器。当运算器的算术/逻辑单元执行全部算术和逻辑运算时,为 ALU 提供一个完成累加的寄存器。由于 ALU 的结构不同,中央处理器中可能有多个累加寄存器。

(6) 状态条件寄存器。状态条件寄存器保存算术指令和逻辑指令运行或测试结果建立的各种条件码内容,如运算结果进位标志(C), 运算结果溢出标志(V), 运算结果为零标志(Z),运算结果为负标志(N)等。通常,这些标志分别由 1 位触发器保存。

除此之外,状态条件寄存器还保存中断和系统工作状态等信息,以便使 CPU 和系统能及时了解机器运行状态和程序运行状态。因此,状态条件寄存器是一个由各种状态条件标志拼凑而成的寄存器。

但这 6 个寄存器是怎么工作的呢? 换句话说,数据怎样才能在各寄存器之间传送呢? 通常把许多寄存器之间传送信息的通路称为"数据通路"。信息从什么地方开始, 中间经过哪个寄存器或多路开关,最后传送到哪个寄存器,都要加以控制。操作控制器就是根据指令操作码和时序信号,产生各种操作控制信号,以便正确地建立数据通路,从而完成取指令和执行指令的控制。

根据设计方法不同,操作控制器可分为组合逻辑型、存储逻辑型、组合逻辑与存储逻辑结合型三种。第一种称为常规控制器,它是采用组合逻辑技术来实现的;第二种称为微程序控制器,它是采用存储逻辑来实现的;第三种称为 PLA 控制器,它是吸收前两种的设计思想来实现的。

CPU 中除了操作控制器外,还必须有时序产生器。因为计算机高速地进行工作,每一个动作的时间是非常严格的,不能有任何差错。时序产生器的作用,就是对各种操作实施时间上的控制。

1.3.3 处理器芯片及其技术特点

早期的中央处理器都是由分立元件、小规模集成电路组合而成。超大规模集成电路(VLSI)把运算器、控制器组成的中央处理器集成为处理器芯片。微处理器芯片经历了从 4 位、8 位、16 位的传统复杂指令集的微处理器时代,到今天的 32 位结构的微处理器并向 64 位高性能的微处理器发展。

微处理器芯片的技术呈下列发展趋势:

1）大容量寄存器组及三级高速缓冲存储器直接封装在芯片内

大规模集成电路的发展，容许一个芯片内集成更多的晶体管，特别是当计算机采用 RISC 技术后 CPU 的控制逻辑更加简单，因而芯片内有更多的空间来容纳大容量的寄存器组，而且把高速缓冲存储器(cache)也集成在 CPU 芯片内，还可用芯片高密度封装技术把多个部件封装在一起。例如 Itanium 2 微处理器是 64 位的芯片，采用 0.13μm 工艺，三级高速缓冲存储器容量为 1.5MB ~ 3MB，共集成有 2.2 亿个晶体管。

2）处理器芯片的速度越来越快

超大规模集成电路的发展，使计算机构成 64 位计算环境。而 64 位长度的整数寄存器，又使计算机具有更大的寻址能力，可以处理大型的应用。微处理器系统时钟频率也不断增加，例如微处理器目前主频可达到 3.0GHz ~ 4.0GHz。每一时钟周期处理的操作数越来越多，计算机系统的速度越来越快。

3）处理器结构趋向于 CISC 与 RISC 结合

大规模集成电路除了促使 RISC 微处理器的发展，同样也改善 CISC 结构的微处理器。著名的 Intel X86 系列微处理器中有 8086/8088、80268、80386、i486、Pentium、Pentium Pro。从 Pentium 开始把 CISC 与 RISC 结合起来。而在 i486 以前的微处理器是典型的 CISC 微处理器。一些高性能微处理器采用了 RISC 技术，然而目前微处理器发展趋势是采用 CISC 与 RISC 相结合的结构。

4）多功能集成

单片多处理器、多线程结构并集成诸如信号处理、图像处理、网络处理等功能单元

1.4 存储器

在计算机系统中，随着中央处理器性能的提高和速度的加快，系统中其他各部件的性能如何与之匹配已成为问题，其中最突出的就是存储器。由于存储器要频繁地与 CPU 和高速外设交换信息，存储器的性能已成为影响整个计算机系统性能的重要因素。为了提供高速、大容量的存储器系统，采用了高速缓冲存储器和虚拟存储器技术。存储器系统可分为五层：

第一层是寄存器，都集成在微处理器芯片中。

第二层是高速缓冲存储器，处在处理器和主存之间，容量不大，但速度高，起加速作用。

第三层是主存储器，简称为主存，又称为内存，用来存储程序和数据，并作为指令和数据的输入源和输出目的地。

第四层是大容量存储器，又称外存，普遍使用的是硬盘。当采用虚拟存储技术时，CPU 将其视为与主存相当。

第五层是磁带和光盘，用来保存暂时不用的数据。

这五层中，第一层已集成在微处理器中，第四层和第五层作为外存，将在输入输出设备一节中介绍，这一节主要介绍高速缓冲存储器、主存和虚拟存储器。

1.4.1 高速缓冲存储器

对大量的程序运行结果的分析表明，CPU 访问存储器时，在一个较短的时间间隔内由程序产生的地址，即访问的存储器单元往往集中在存储器逻辑地址空间的很小范围内。这种局部范围存储器地址的频繁访问的现象称为“程序访问的局部性”，又称为“空间局部性”。另外，如一个存储单元一旦被访问，则它将很快再被访问，这称为“时间局部性”。根据这种原理在 CPU 和存储器之间设置一个高速小容量存储器，满足程序访问局部性的要求。我们将这

个高速小容量存储器称作高速缓冲存储器,有时也称为缓存或高速缓存。

必须指出高速缓冲存储器的地址空间是与一部分主存空间相重叠的,而且高速缓冲存储器各单元的内容与相应的主存单元内容应保持一致。

主存的字块与缓存字块的对应方式通常采用地址映射的方法,映射方法有三种方式:

(1) 直接映射。把主存和缓存划分为具有同样大小的字块,这样只需判断所需的字块是否已在高速缓冲存储器中标记,若已标记,就访问高速缓冲存储器,这称为“命中”,如果不命中就访问主存读入新的字块,并用新字块替换缓存中的旧字块,同时置标记。采用这种方法缓存的空间得不到充分的利用。

(2) 联想映射。允许主存中的每一个字块映射到缓存中任何一个字块的位置,可采用任何一种替换算法,确定从已被占满的高速缓冲存储器中替换出任何一个旧字块。这种方法须增加标记位长,在搜索缓存中的字块时,采用一个联想存储器,以便找到按内容与之符合的那些存储单元。

(3) 分组联想映射。采用上述两种方法的结合,这需把主存地址字段划分为字块内地址、高速缓冲存储器组地址以及标记位,每组需要一个联想的存储器。

1.4.2 主存储器

主存储器是存储信息的部件,主要用来存储计算机当前运行时所需的程序和数据,一般称为主存或内存,这是相对于外部存储器(如磁盘、磁带)而言的。主存容量较大,比高速缓冲存储器大得多,但比高速缓冲存储器速度要低,它可由 CPU 直接快速访问,所以主存一般使用动态随机读写存储器(DRAM)。

1) 主存的结构

主存中每个存储单元是以字节编址的。存储器集成电路一般把单元中各个字节的 1 位 ~ 4 位集成在一个芯片中,例如 64K 位的芯片,可以构成 16K 地址单元中的 4 位或 64K 地址单元中的 1 位,由 8 个 64K × 1 的存储器芯片就可构成 64KB 容量的存储器。

主存在读/写操作时都要给出地址来选择存储单元,一般按矩阵形式(行和列)把存储器芯片排列在一起,这样可通过行地址选择线和列地址选择线来确定一个主存单元。例如 32 × 32的阵列构成 1KB 的主存,需用 5 个行地址和 5 个列地址进行译码。

系统中的主存由多个存储器模块组成。

我们考虑一个用 4K × 1 的 DRAM 芯片构成的 16KB 的主存模块,模块中的存储体分为 4 组,4K × 1 的芯片中包含 64 × 64 行列的基本存储单元。芯片上有一个允许信号输入端 CE 和一个片选信号输入端 CS,在刷新时,CS 禁止数据输出。图 1.5 为 16KB 存储器模块的例子。

刷新时序发生器产生存储器刷新周期信号,此信号启动一个刷新周期,刷新地址计数提供行地址,同时刷新时序发生器还使 CS 信号无效,且使 CE 有效,这样模块中具有同一行地址的所有单元同时刷新。对图 1.5 所示的存储组,一个刷新周期只刷新 1 行(64 个单元),因此 64 行存储单元在刷新周期间隔内就需 64 个刷新周期,在刷新周期中主存模块不能启动读/写周期。

2) 主存的属性

主存一般有三个属性,即规模(又叫容量)、访问时间和吞吐率。

主存储器的容量取决存储器的字长以及地址单元数,设地址总线的宽度为 K 位,则可对存储器寻址 2^K 单元。一般来说,存储器以字节为单位依序编址,字地址是 2 的整数倍,是低位字节的地址。访问存储器时是以字为单位,但指令中寻址的最小信息单位可以是字节,也

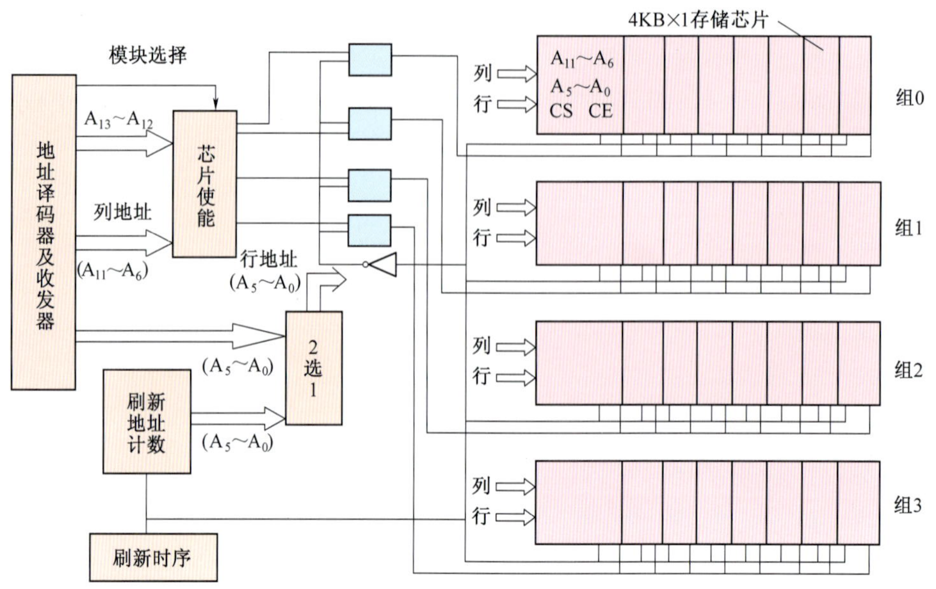

图 1.5 16KB 存储器模块

可以是字。主存空间的大小受地址总线位数限制,例如地址总线为 20 位时最大的主存空间为 1MB。

主存储器的另一个属性是访问读出时间, 它和计算机字长一起决定主存的吞吐率。在访问存储器时,数据总线宽度为 32 位或 64 位,甚至可达 128 位。从启动一次存储器操作到完成该操作所经过的时间称为"存储器访问时间",而连续启动两次独立的存储器操作所需间隔的最小时间称为"存储器周期时间",一般存储器周期时间略大于访问时间。存储器的周期时间是衡量存储器速度性能的重要指标。目前都是用大量的 DRAM 芯片来组成主存储器,访问时间在 20 世纪 90 年代为 30ns ~ 70ns,现在一般在 10ns 以下。

3)构成主存的器件

目前,主存一般采用半导体集成电路存储器,如金属氧化物半导体(MOS 或 CMOS),它可构成 SRAM 和 DRAM。这种随机存储器一般是可读/写的,它是易失性存储器,即容易丢失所保存的数据,因此除了读后进行重写外,还要定时地进行强制性地重写,称为刷新。刷新的时间间隔一般为 2ms, 虽然进行一次读/写操作实际上也是对存储单元进行刷新,但由于读/写操作是随机发生的,因此必须有刷新周期来系统地对 DRAM 进行刷新。

当存储器断电后,不能保存原来存储器中的信息。如果要在断电后仍然保存存储器中的信息,就要用后备电池继续对存储器供电。但一般只对一部分存储单元进行保护,这些单元存放系统的重要数据及软件衔接的重要参数。当电源出现故障导致电压下降时,通过中断进入掉电处理程序,将当前执行程序的状态、标志和关键性数据送入受保护的存储单元,等到系统恢复正常供电时,把这些单元恢复,程序就可以继续执行下去。

由于对提高内存速度的要求,不断有新的 DRAM 出现,它们已不再是单纯的存储单元电路,而是将某些外部电路也一并收容在芯片内。DRAM 主要有以下几种:

(1) CDRAM(高速缓冲存储器 DRAM)。它是在 DRAM 芯片上增加一级高速缓冲存储器,提高 DRAM 的速度。

(2) EDRAM (增强型 DRAM)。它有两个特点,一是采用了一种场屏蔽结构的新的 CMOS 制造工艺,它有效地隔离芯片上的晶体管并降低它们的结电容,使晶体管开关加速;二是在 DRAM 芯片上增加一个 SRAM 高速缓冲存储器,行寄存器用来提供零等待状态读出命中和脉冲读出周期以提高速度。

(3) MDRAM(多体 DRAM)。它是把 RAM 芯片划分成多个(4 个、64 个或 256 个)小的存储体,使其存取速度比整个存储体集中在一起要快得多。

(4) SDRAM(同步 DRAM)。一般的 DRAM 都是异步控制的,即处理器向存储器发出地址和控制电平,指出一组数据要读出或者写入,要经过一段延时(即存取时间)才能完成。造成这一段延时的原因是,DRAM 要完成许多内部工作,如读出数据、选择路径、输出数据等,这就是常说的等待时间,降低了 CPU 的效率。

SDRAM 是使 DRAM 在系统时钟控制下将信息锁存进去。CPU 把给 DRAM 的指令放入一组锁存器,锁存器存储地址、数据和 DRAM 输入端的控制信号,直到 CPU 能处理这个请求为止。由于 CPU 知道 DRAM 要用多少时钟周期才能响应,这样,在 DRAM 处理 CPU 的请求期间(即"等待时间"),CPU 可转去执行其他任务,就构成无等待状态。例如,对于 60ns 读出延时的 DRAM,在 100MHz 时钟(10ns 周期)控制下工作,DRAM 在异步控制时,CPU 要用整个 60ns 存取时间等待信息;同步控制时,CPU 将命令放入锁存器后就去做别的事,等计时到 6 个时钟周期(60ns)后,它们要的数据到了再去做读出操作。

SDRAM 结构还可结合流水线寻址技术进一步缩短平均存取时间。另外,还可在 SDRAM 内应用脉冲串方式、环绕方式和交错组等,以得到高速的 DRAM 存储器。

(5) RDRAM (Rambus DRAM)。RDRAM 芯片及其模块的设计和规范是 Rambus 公司的专利,RDRAM 内存是一个窄通道(18 位,含 2 位校验位)内存,通道工作速率 800MHz,传输速率 1.6GB/s,采用双通道设计则可达 3.2GB/s,一个通道可挂接 32 个 RDRAM 芯片(一种同步型的 DRAM),每个芯片都是 RDRAM 内存的一个存储体。通道的一端连接 RDRAM 内存控制器,另一端连接位于主板上的终结器。通道一端到另一端的传输延时小于 5ns,通道的一次数据传输是 RDRAM 内存控制器与通道的一个芯片进行数据交换,两个芯片不能同时进行数据传输,也不能芯片间直接进行数据交换,RDRAM 采用 184 条引线的 DIMM,每个 RIMM 插卡上可有 4 个、8 个或 16 个 RDRAM 芯片。

总之,DRAM 的发展是相当快的,在 1995 年以前,普遍应用的 DRAM 被称为 FPMDRAM,即快速页面模式的 DRAM,用交错存取和缓存技术构成内存,在物理结构上是做成 72 线的 SIMM 模块,即将若干片 DRAM 芯片集成在一块小条形电路板上,所以又称 SIMM 条,相应地在 PC 机的主板上有 30 线或 72 线的 SIMM 插槽,插入适当的 SIMM 条即可构成用户所需要的内存。而在 1995 年之后,各类新型 DRAM 出现,内存已演进成 EDO DRAM,即扩展数据输出 DRAM,又称作超页面方式 DRAM,以及 BEDO DRAM。1988 年后出现了前述的几种 EDO DRAM 的替代产品,其中用得较多的是 SDRAM、DDR - SDRAM 和 RDRAM。为此,在物理结构上,演变成 168 条(DDR - SDRAM、RDRAM 为 184 条)引线的 DIMM 模块,与之相应的是主机板上的内存插槽演进为 DIMM 槽。DIMM 模块支持各类 EDO 模式的存储器,同时也兼容以前常用模式的存储器。

内存的结构和 DRAM 的结构是紧密结合的,随着 DRAM 的不断改进,内存的结构也在不断改进,其目标就是提高速度、扩大容量。

1.4.3 并行存储器

并行存储器顾名思义指的是可以并行进行访问的存储器。其基本思想是把主存分成很多个相同的存储器模块,各模块有自己的地址寄存器和数据寄存器,在同一时间就允许对这些存储模块独立地进行访问。这相当于把主存划分为多个相同的地址子空间,这种划分可按高位划分、低位划分或混合划分地址空间。

按高位划分时,若把高位的主存地址取出 K 位,则可划分成 2^K 个模块,例如取 2 位则划分为 4 个模块,取 3 位则划分为 8 个模块。访问存储器时,按高位地址 K 位段经译码选择存储模块,然后把低位的地址送地址寄存器,这就可以对指定模块的指定地址单元进行访问。这种划分适应于指令和数据分别存放的情况,在重叠执行指令时可避免取指令和取操作数的时间冲突。

同理,按低位地址划分存储器模块时,把主存地址的低位字段取出 K 位经译码来选择不同的存储器模块,而高位字段指向相应模块内部的存储单元,这样相邻地址可以分布在不同的模块内而同一模块内的地址是不相连的。这样的存储器模块划分可以作为"存储器交叉"的并行操作。同时访问各模块时把多个模块合在一起构成连续的地址空间。

多个并行的存储器模块有两种访问方式,一种是同时启动一次存储访问周期访问所有的模块,相对于各个模块的数据寄存器并行地读出或写入信息,这是一种同时访问;另一种方式是把各个模块按一定的顺序轮流启动各自的存储访问周期,这是一种交叉访问。图 1.6 为低位交叉并行存储器示意图。

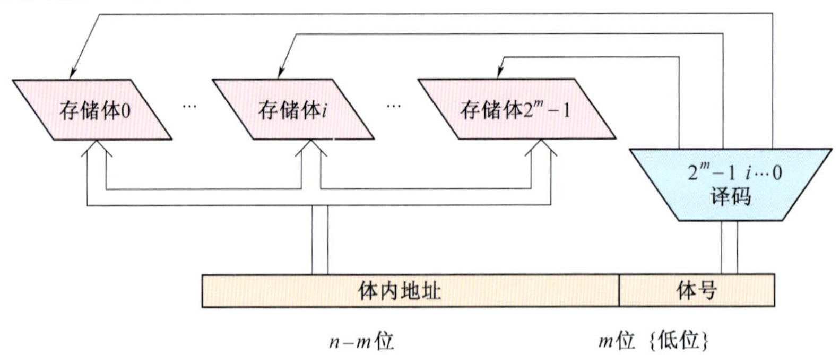

图 1.6　低位交叉并行存储器

同时访问多个模块的存储器时能一次提供多个数据或多条指令,这种情况适用于多处理器的并行处理,它要求多处理器读写数据的频带与并行存储器同时读写的频带相匹配。

交叉访问的并行存储器中,每一个存储器模块本身两次访问时间间隔与单个模块访问周期是相等的,各存储器模块错开访问,如果采用时分总线,把总线时间分割成相等的时间段,每个存储器模块只在分配给它的时间段内使用总线来访问存储器。交叉访问的并行存储器适用于流水线操作,在流水线上提供数据和接收流水线结果之间能较好地取得数据流频带的匹配。

为了配合并行存储器的访问,在中央处理器中,设置了指令高速缓冲存储器和数据高速缓冲存储器这一级缓存。在多条指令一次读出后,然后进行先行控制,同时从主存中取出所需的数据。这样充分发挥了并行存储器的作用并提高处理效能。

1.4.4　相联存储器

前面介绍的存储器都是按地址访问的存储器,而相联存储器是按内容寻址的存储器。

一般而言,相联存储器是其中任一存储项都可以直接用该项的内容作为地址来存取的存储器。用来寻址存储器的字段叫做关键字,简称为键(Key)。这样,存放在相联存储器中的项可以看成具有下列格式:

KEY, DATA

其中键 KEY 是地址,而数据 DATA 是被读写信息。

如图 1.7 所示,相联存储器由存储体、检索寄存器、屏蔽寄存器、符合寄存器、比较线路、代码寄存器、译码选择电路等组成。

其中各部件的主要功能如下。

(1) 检索寄存器。存放检索字。检索寄存器的位数和相联存储器的单元位数相等(n 位),每次检索时,取检索寄存器中若干位为检索项。

(2) 屏蔽寄存器。存放屏蔽码。屏蔽寄存器的位数和检索寄存器的位数相同。检索时,取检索寄存器中相应位为检索项,则屏蔽寄存器的其他位均置 0,即将检索寄存器中这些位屏蔽掉,这些位将不参加对存储体中所有存储单元相应的比较。

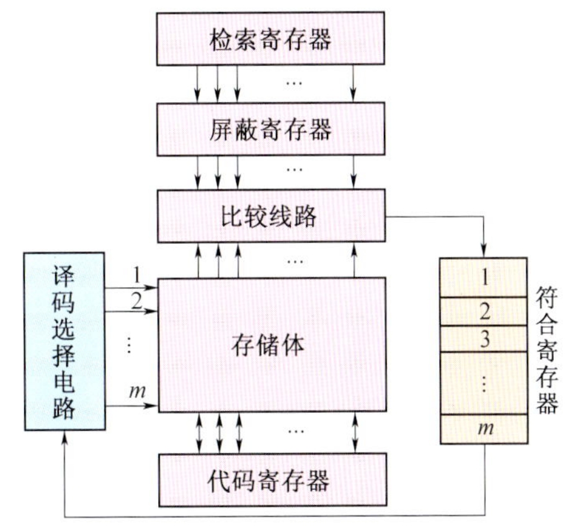

图 1.7 相联存储器的组成框图

(3) 符合寄存器。存放相联存储器中与检索项内容符合的单元地址。所以符合寄存器的位数等于相联存储器的单元数,每一位对应一个存储单元,位的序数即为相联存储器的单元地址。

(4) 比较线路。是把检索项和从存储体中读出的所有单元内容的相应位进行比较,如果有某个存储单元和检索项符合,就把符合寄存器的相应位置"1",表示该单元已被检索。

(5) 代码寄存器。存放存储体中读出的代码,或者存放向存储体中写入的代码。

(6) 存储体。通常用双极型半导体存储器构成,以求快速存取。但由于结构较复杂,成本较高。

由此可知,相联存储器的基本原理是把存储单元所存内容的某一部分作为检索项,去检索该存储器,并将存储器中与该检索项符合的存储单元内容进行读出或写入。

在计算机系统中,相联存储器的用途在于支持快速查找。因此它主要用于存放虚拟存储器的段表、页表等;在高速缓冲存储器中,相联存储器作为存放从主存调入缓存的页面地址之用。

1.4.5 虚拟存储器

目前在大中型计算机系统中,指令的地址码较长,因此,程序可直接访问的存储器空间比主存的实际空间大得多;而在微型计算机中,指令的地址码较短,程序可直接访问到的存储空间又比实际主存空间小得多,为了解决这两种形式的矛盾,在计算机系统中采用虚拟存储技术,以组成虚拟存储器和存储管理部件。

对应上述各种情况,采用两种算法:

(1) 操作系统把磁盘存储器当作主存来使用,从而扩大主存的存储空间,这扩大的存储空间称为虚拟存储器,是实小虚大,实现这种虚拟存储器的技术称为虚拟技术。

(2) 操作系统对访问主存的有效地址重新定位,以扩大地址字长度,扩大了访问内存的区域,这也是一种虚拟存储器,是虚小实大,称为存储管理技术。

显然虚拟存储器不仅是一种扩大主存容量、解决存储容量和存取速度矛盾的一种有效措施,而且是管理存储设备的有效方法。有了虚拟存储器,用户编制程序时就无需考虑所编程序在主存中是否放得下,或放在什么位置等问题,为用户提供了极大的方便。

1) 虚拟技术

虚拟存储器是要虚拟出一个比主存大得多的存储器。虚拟存储技术的本质是虚实地址的映射。一般把整个存储器空间划分为若干段，每个段划分成若干页，虚拟存储器有页式虚拟存储器、段式虚拟存储器、段页式虚拟存储器，对应地址格式如图 1.8 所示。

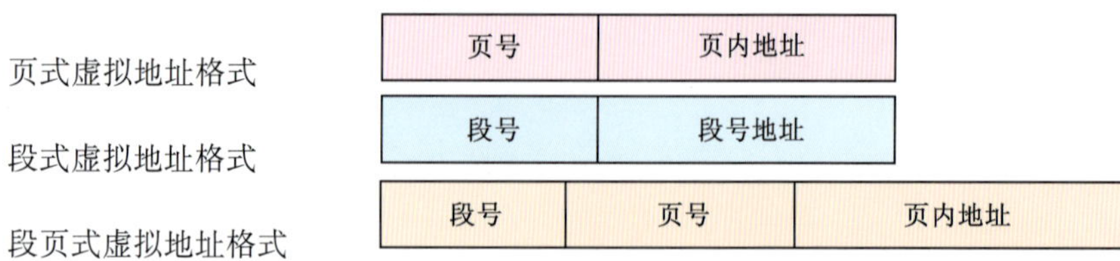

图 1.8　虚拟存储器的地址格式

操作系统把主存和硬盘划分成固定大小的块，称为页面。系统为了识别程序存在硬盘存储器或主存中的位置建立一个换算表，称为页表。页表记录的是一页在主存中的起始位置、硬盘中的起始位置、特征位和读写保护、指示位等，当访问存储器时，虚拟地址需进行虚实地址的变换，对于页式虚拟存储器而言，先在页表中查找页号，若找得到就将它在主存内的起始地址与页内地址合成实际物理地址，如图 1.9 所示。

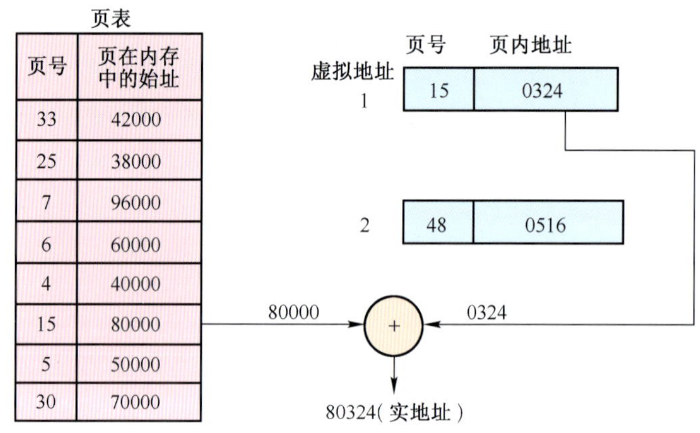

图 1.9　虚实地址变换图

若该页不在主存则需要按一定的页面替代算法进行调页，把要淘汰的页面调出到硬盘存储器，然后把硬盘存储器中有关页面信息调入到主存，替换算法可参照高速缓冲存储器的相关内容。

2）存储管理技术

因为微型机的主存往往大于 CPU 的寻址范围，因此通常采用存储管理部件来扩大寻址范围，这种计算机的存储管理部件采用两组页面寄存器组成。一组称为页址寄存器 PAR，一组称为页面说明寄存器 PDR，这些页面寄存器总是成对设置的，以便实现对虚拟地址的重新定位。

这种虚拟存储器常采用页式虚拟地址结构，所以主存储器也被动态地分成若干个存储页面。假设 CPU 的寻址范围为 16 位，其主要算法思想如下。

（1）中央处理器程序状态字中设置一位用以标志所访问地址空间是核心态还是用户态空间。

（2）用虚拟地址的页址选择页面，每个页面记有页址寄存器及页面说明寄存器的内容，页址寄存器存放的是基地址。页面说明寄存器存放该页面的各种使用特征。

（3）将页址寄存器中的基地址和虚拟地址中的页内块号相加，形成主存储器中的实地址块号。

(4) 把虚地址中的块内地址和实地址块号结合在一块就形成一个多于16位的实地址，显然CPU可寻址的实地址被扩大了。

1.5 总线

1.5.1 总线的基本概念

一个计算机系统的性能如何，CPU固然很重要，但是由于信息只有流动才有意义，所以信息流动的能力也是很重要的。

计算机系统是由若干系统部件构成的，这些部件在一起工作才能形成一个完整的计算机系统。例如我们常用的PC机，是由包含微处理器芯片的主板，包含存储器芯片的主存条及支持显示器的显示卡等构成的。由于计算机各部件之间存在着大量的信息流动，系统各部件之间，甚至几个计算机系统之间都需要用通信线路连接起来。为了方便有效地连接系统中的各个部件，在计算机系统的设计中人们采用各种连接方式，如树形结构、星形结构等。但是由于受到当时电子技术的影响，这些有效的连接方式增加了系统的复杂性，加重了各系统部件的负载，同时这些方式不便于实现机器的模块化。为此，人们设计了公共的信息通道——总线。

所谓总线，是指依据一定的管理规则能为多个功能部件服务的一组信息传送线路，它是计算机系统各部件之间进行信息传送的公共道路。其主要目的是：

(1) 简化硬件、软件的系统设计。从硬件角度上看，接口设计人员只要按总线约定设计插件板，而不必考虑其他，而且所设计的插件板具有通用性与互换性，便于大量生产。从软件的角度看，插件式的硬件结构带来了软件设计的模块性，这可使软件调试方便、省时，并能实现模块化设计，使之为多个用户重复使用。

(2) 使系统结构简单、清晰、便于扩充和更新。显然，采用总线结构可以大大减少互连线的数目，简化机器的结构，提高系统的可靠性。

(3) 总线的标准化为计算机系统的系列化、标准化打下了基础，而计算机系统的标准化与系列化是计算机系统应用与推广的基础。

下面，我们就总线技术中涉及的一些基本知识做分别介绍。

1.5.2 总线的分类

在计算机系统中，总线可有多种分类方法，按照总线的用途，一般可分为以下两类。

(1) 内总线，又称为系统总线，它是计算机内的总线，用于插件之间的信息传递。

(2) 外总线，又称为I/O总线，用于主机与外设之间的通信。

1.5.3 标准总线与专有总线

总线标准化的目的是为连到总线上的各部件提供标准的信息通路。由于不同厂家生产的处理机芯片在体系结构上没有一个统一的规范，因而很难通过简单的连接提供芯片之间的标准信息通路。但是，随着计算机技术的发展，特别是微机的广泛应用，用户要求不同厂家的硬件模块能实现方便互连的愿望越来越迫切，因此围绕着几个主要的体系结构和应用要求形成了一系列的总线。

标准总线不但在电气上规定了各种信号的标准电平、负载能力和时序关系，而且在机械结构上规定了插件的尺寸规格和引脚定义。通过这些严格的电气和结构规定，各模块便可实现标准连接。各生产厂家可以根据这些标准规范生产各种插件或系统，而用户则可以根据自己的需要,购买这些插件或系统来构成所希望的应用系统或扩充原来的系统。

20 世纪 70 年代以后,标准总线随着微型计算机的发展而迅速发展,出现了很多种类,有许多微机总线最终为大多数计算机厂家所接受,成为真正的通用标准总线。如近几年出现的 EISA 总线和 PCI 总线,就被 DEC、IBM 等著名的计算机生产厂家接受而被广泛使用(见第 2 章 2.4 节)。

另一方面,虽然由于通用的标准总线具有一定的通用性,但考虑到实现的技术难度、成本及其对系统性能的影响等因素,各厂家在外总线一级普遍采用通用的标准总线的同时,为不断提高计算机系统的性能,争相开发高性能的系统总线,这些总线一般为一家或几家公司专有,在这些总线上所连接的模块一般为 CPU 模块和主存模块等比较专用的模块。这些总线中比较著名的有 SUN 公司定义的 MBUS 总线,LSI、DEC 公司定义的 MPI 总线等。

此外,为了实现各种专用设备的互连,逐步形成了一些连接专用设备的标准总线。这些总线有连接磁盘的 SCSI 总线,连接自动测量仪器的 IEEE-488 总线等。这些总线都有详细严格的定义与说明,在此不做详细介绍。

1.6 外部设备

外部设备是构成完整的计算机系统不可缺少的部分,它包括输入设备、输出设备及外部存储设备。键盘、鼠标器、扫描仪等都是输入设备;显示器、打印机、绘图仪等则是输出设备,而磁盘机、光盘机、磁带机等则既是输入设备,又可作为输出设备。在一些应用领域中,还有一些诸如测量仪器、仪表及执行部件,也作为输入输出设备与计算机连接。

1.6.1 计算机与外部设备的连接

中央处理器 CPU 与外部设备之间,通过接口部件相连。这些相应的接口部件,按照一定的规程产生一系列的控制信号送到相应的设备控制器,变成各设备所需的控制信号,最后完成输入输出操作。因此在 CPU 与外部设备之间接口的作用是协调数据传送。接口具有缓冲寄存器缓存要传送的数据,接口还应指明数据传送的源地址、目的地址、传送操作的性质,如读/写和数据位宽度等。接口还提供设备的状态信息,合适的定时和控制信号。接口所需的数据流和控制信息通过 I/O 总线传送,总线采用标准的总线协议,因此接口的基本功能必须实现 I/O 总线的协议。

中央处理器与外部设备之间的数据传送一般采用以下三种方式。

1) 程序控制方式

这是采用 CPU 执行输入/输出程序来实现主存储器与外部设备间的数据传送。由于 CPU 与外部设备之间的操作速度是不匹配的,所以 CPU 要不断查询外部设备,确认有效时才进行数据传送。查询时有三个主要的状态信息,即准备好(Ready)、回答(Ask)及忙碌(Busy)。通过这些信息建立 CPU 和外部设备之间的通信关系。例如:当 CPU 执行从外部设备输入数据操作时,要检测 Ready=1, CPU 取走数据后发送 Ask=1。当 CPU 执行把数据传送到输出设备时,CPU 发出 Ready=1 的信号,表示数据已准备就绪,且置 Busy=0, 输出设备接收数据后,置 Ready=0 及 Busy=1。程序控制方式传输数据使高速的 CPU 与低速的输入输出设备同步操作,但其效率较低。

2) 中断方式

为了使 CPU 与外部设备能并行操作,采用中断方式。系统将外部设备设置为中断源,并把中断源分成若干不同的等级,等级高的外部设备的中断将优先得到处理。当外部设备准备接收或发送数据时,向 CPU 发出中断请求。这时,如果 CPU 能够响应该中断请求,则进入中断服务程序,执行向外部设备发送或接收数据的操作,然后退出中断服务程序。如再有中断请求时,再继续执行这一过程传输数据。

3) DMA 方式

为了克服在程序控制输入输出时传输速度慢和效率低的问题,可采用直接存储器访问(DMA)控制输入输出。DMA 控制器的主要组成部分是地址寄存器、字计数器和数据缓冲器。其中地址寄存器用来存放访问主存的地址,该寄存器具有自动加 1 的功能,寄存器的初值为要读写的数据块在主存中的起始地址。字计数器用来存放要传送数据的个数,主存与外部设备每传送一个数据,计数器内容自动减 1, 当字计数器为 0 时,便结束传送操作。数据缓冲器用来存放要传送的数据。

一般说来 DMA 是通过总线传送,它具有优先控制总线的优先权,在成组数据传送完后交出总线的控制权。若系统中有若干个 DMA 控制器,这些控制器之间也要有不同的优先权等级,而 CPU 控制总线的优先级最低,它要等待所有 DMA 控制器释放总线时才能获得总线控制权。

此外,为加强输入输出部件的功能,还可采用通道方式及输入输出智能处理机方式。

CPU 与外部设备进行数据传输时,可采用同步传送方式或异步传送方式。在同步传送时,可采用一个公共的时钟脉冲控制,可用同一个速率,用一个同步字符作为同步时间的信号,适于成组数据的传送。异步传送时,因为要传送的数据事先是未知的,发送器和接收器可用不同的速率,但必须识别传送数据的起始和终止,需附加起始位及终止位。

传送数据时可采用并行传送和串行传送,若按字节或字为单位传送数据时称为并行传送,即每次传送 n 位,n 可为字节的位数或字的位数。若按位为单位传送数据时称为串行传送,即每次只传送 1 位,若要传送 1 个字节或 1 个字,则把要发送的数据放在移位寄存器中,然后 1 位 1 位地移出并发送出去。在接收时也是 1 位 1 位地接收,并接收到移位寄存器中,在接收完一个字节或一个字后,移位寄存器装配成一个字节或一个字。

串行传送时用波特率即每秒传输多少位表示传输速率。但在有些情况下,例如调制解调器,若采用 4 种相位调制而每个相位用 2 位,这样传输率便是波特率的两倍。串行传送可用全双工或半双工方式,全双工方式使前一个字符的回送与后一个字符的输入过程是同时进行的,而半双工方式是输入过程与输出过程使用同一通路。

1.6.2 外部存储器

外部存储器具有存储容量大、价格低廉的特点,可作为主存储器的辅助存储器。在某种意义上,外部存储器既可作为输入设备,也可作为输出设备。外存设备主要有三种,即磁盘存储器、磁带机和光盘机。

1) 磁盘存储器

磁盘存储器是计算机系统最重要的外部存储器,也是构成虚拟存储器的部件之一。

(1) 磁盘存储器工作原理。磁盘存储器的存储原理是利用涂敷极薄磁层的铝合金盘片作为存储介质。根据电磁感应原理,磁盘旋转时,已磁化的磁层经过磁头,在磁头上产生感应电流,就相应读出磁盘中的数据信息。而磁头的磁化电流磁化磁层,就将数据写入磁层。

磁层由导磁材料构成,这种材料有较大的剩磁强度,以便读出较大的信号,且矫顽力小,容易改变剩磁状态,所需的写入电流就小。磁头很接近磁层,但不接触磁层,实际上磁头是浮在高速旋转的盘片表面。

(2) 磁盘存储器结构。磁盘存储器主要由磁记录介质、磁盘控制器和磁盘驱动器三大部分组成。

① 磁记录介质由多个盘片构成,每个盘片同一半径的磁道形成一个圆柱,称为柱面,这些磁道上存储的信息称为柱面信息。各磁道存储等量的数据,因此各磁道的存储密度是不相同的。每个磁道有一个空白区,作为磁道的首尾标志,由起始标志开始将盘面划分为若干个扇区。每个磁道在扇区内的部分称为扇段,每个扇段存储等量的数据位,扇段是磁盘地址的最小单元,磁盘与主机交换信息时是以扇段为基本单位的,在一个扇段中的数据没有地址标志。磁盘机的单元地址可用圆柱面号、盘片号、扇段号共同表示。采用这种磁盘机记录格式,就可推算出磁盘机的总容量。例如一个磁盘组有 16 个记录面,每个记录面有 256 个磁道,每个磁道分 16 个扇段,每一扇段含 512 个字节,则磁盘机的总容量等于30MB 。

磁头采用称为磁阻(MR)效应的先进技术,保证在很窄的磁道上可靠地读出数据,磁阻技术是利用某种金属改变当前磁场中的电流产生磁头阻力,磁阻效应可提高介质的存储密度,改善信噪比。

② 磁盘控制器的作用是控制磁盘存储器的操作,包括对数据进行串—并变换及并—串变换。

③ 磁盘驱动器中采用先进的电子线路技术,控制器采用 ASIC 芯片组,包括读/写芯片、接口控制芯片、伺服和电机控制芯片、微控制器芯片。读/写通道具有脉冲检测、数据同步和编码/译码的功能。接口控制器具有格式化电路,纠错等部分。控制器还能进行伺服检测、定位处理、主轴速度控制等。

磁盘驱动器与计算机的接口有多种标准,普遍使用的曾有 ATA/IDE、SCSI 接口、串行 SCSI 和光纤通道接口。

目前磁盘机多采用大容量小型温彻斯特硬盘驱动器,磁头小而轻、加载力小, 介质经过润滑处理,磁头浮动间隙小,磁头和磁盘的组件密封。这种小型磁盘机的尺寸常用的有单片 3.0 英寸①, 单片 2.5 英寸, 以及适用便携机的 1.8 英寸和 1.3 英寸硬盘驱动器。

磁盘存储器除有上述介绍的硬盘存储器之外,还有软盘存储器。

软盘也是一种磁表面介质存储器,但其主要特点是软盘介质可以活动地取出。它封装在方型的外壳内,留有中心轴孔及读/写窗口,磁头加载后与软盘片表面接触而读出/写入数据。不工作时磁头与软盘片是分开的,软盘机有 5.25 英寸和 3.5 英寸两种,其容量为 1.2MB、1.44MB、2.88MB。由于软盘存储器容量小, 传输速率低,因此很快出现了软盘的替代产品,如 Zipdrive,其容量可达 100MB, LS-2 存储容量为 120MB, 以及 LIHC, 存储容量为128MB。

(3)磁盘存储器的技术指标。磁盘存储器的主要技术指标包括存储密度、存储容量、存取时间及数据传输率。

① 存储密度。分为道密度和位密度。道密度指沿磁盘半径方向单位长度上的磁道数,单位为磁道/in,位密度是磁道上单位长度内能记录的二进制代码位数,单位为位/in。位密度和道密度的求积为面密度,用位/in^2 表示,面密度差不多 1.5 年翻一番,目前在 10Gb/in^2 ~ 20Gb/in^2,在 PC/XT 推出时盘的面密度为 10Mb/in^2 。

② 存储容量。一个磁盘所能存储的字节总数即一个磁盘的存储容量。目前硬盘的存储容量一般在 80GB ~ 500GB。

③ 平均存取时间。存取时间是指从发出读写命令后,磁头从某一起始位置移动到指定

① 1 英寸(in)=2.54cm。

记录位置,到开始从盘片表面读出或写入信息所需的时间。这个时间是随机的,因此取平均值。目前平均存取时间为2ms~4.2ms。

④ 数据传输率。它是单位时间内磁盘存储器读得的二进制信息量。目前磁盘的接口数据传输率可高达到在100MB/s以上。

2) 磁带机

磁带机一直是计算机用来保存数据文件档案的大容量外部存储器,随着高速大容量磁盘和光盘存储器的出现,现在已经很少使用了。曾用的磁带机有以下几种。

(1) QIC磁带机。这是一种1/4英寸盒式磁带机。它采用纵向记录(线性记录)技术和GCR编码方式,利用复杂的固定多磁头部件,把数据串行记录在并行的蛇形磁道上。磁带移动速度为120in/s,具有较高的数据传输速率。QIC磁带机有两组固定磁头,可从磁道的任意方向记录信息。QIC磁带机有两种形式,一种是3.5英寸的DC2000微型盒式磁带机,它有半高(2in)及1/3高(1in)两种结构,容量为20MB~1.35GB,速率可达500KB/s~1MB/s。另一种是5.25英寸的DC6000数据盒带机,容量为60MB~5GB,速率可达800KB/s。QIC磁带机容量和传输速率不断提高,曾广泛用于数据库、文件交换、档案存储、CAD/CAM、多媒体以及多用户系统。

(2) 4mm数字音频磁带机(DAT)。这种磁带机体积小且记录密度高。采用DDS、DDS-2以及Data/DAT等记录格式。DDS是按顺序写入固定容量的信息组,可在现存的数据中添加数据及随机读取数据。存储容量可达2GB,数据传输速率可达183KB/s,若用数据压缩技术,存储容量和传输速率可提高一倍。DDS-2是DDS的扩展形式,允许SCSI以脉冲串方式进行数据传输。DDS-DC格式增加了数据压缩标准,也允许存储非压缩的数据。Data/DAT格式既支持流式存取,又可随机存取,可在磁带任何位置上改写现存的数据文件。4mmDAT磁带机采用螺旋扫描记录技术,两个读磁头和两个写磁头装在高速旋转的磁鼓上,以串行方式读写数据。为了保证数据的完整性,减少误差率,可采用ECC误差校正码与冗余的电子线路。适当调整磁头与磁头的夹角,可实现更高的道密度和更高的数据密度。采用自动跟踪搜索(ATF)电路可平衡相邻磁带的弱信号使磁头保持在磁道中心线,提高数据的完整性。

(3) 8mm视频盒式磁带机。和DAT磁带机相似,这种磁带机有3个磁头(读/写/伺服磁头)安装在高速旋转的磁鼓上,采用螺旋扫描的记录方式,磁鼓转速1831r/min,而磁带移动速度为11.1mm/s。

3) 光盘存储器

光盘存储器是一种新型存储信息设备,容量大、可靠性高。它是光学、光电子学、微电子学和材料学等技术的结合。光盘的存储原理是利用聚焦激光光束在存储介质上进行光学读写。由于高能量的激光光束可以聚焦成约1μm以下的光源,因此可实现极高的存储容量。目前有三种类型的光盘存储器:CD-ROM,只读型光盘;WORM,一次写入多次读出型光盘;RWCD,可擦写型光盘。

(1) CD-ROM。由于尺寸紧凑,便于携带,容量大成本低,记录的信息只能读,不能被修改,目前市场大批流行的光盘多用于记录多媒体的声、文、图的信息。CD-ROM有多种格式,作为数字信号的载体,国际标准ISO9660规定了CD-ROM光盘的物理格式和物理地址及逻辑格式。其他的格式还有CD-DA、VCD、DVD。

(2) WORM。WROM可以联机一次写入,多次读出。适用于记录档案性的数据及永久性追踪审查的记录,还可记录军事测绘、地图等信息。

(3) RWCD。RWCD具有随机读写的功能,但它的价格昂贵,存取速度介于磁带与硬盘之间。光盘的存取时间是指从光盘驱动器发出命令，到光盘驱动器接收读写命令的时间，它是读写光头移动时间（寻道时间）、读写稳定时间，以及旋转等待时间之和。一般移动全程 1/3 的长度所需的时间为平均寻道时间，盘片旋转一圈时间的 1/2 为平均等待时间。

光盘的传输率是从光盘驱动器送出数据的传输率，它与记录密度、盘片转速有关。光盘驱动器中有缓冲存储器，可以进行突发传输，若无缓存时，传输率称为持续传输率，它只有突发传输率的一半。

1.6.3 输入设备

1）键盘

键盘是最基本的输入设备，它通过键盘上的按键直接向计算机输入信息。最常用的按键种类有机械式和电容式两种，机械式按键是利用机械簧片的接通与断开来表示信息，而电容式按键是利用电压或电流的变化来表示信息，也有的利用磁场的变化即霍耳效应开关来表示信息。

键盘一般采用非编码的方法来识别按键的位置，然后将位置码通过软件查表程序转换为相应的编码信息（如 ASCII 码）。键盘内所有的按键根据其位置可组成行列阵列，采用行或行列扫描方法来确定所按下键的位置。

行扫描法是用一个步进信号加到列线组上步进地读回行线上的状态信息，若无按键按下，则行线上的信息为 0，一旦某键接下，对应键的某行列计数时读回信息 1，就可确定按键的代码。行列扫描法类似地分别对行线和列线进行扫描，在每条列线加入步进信号，然后再在行线加入步进信号，根据两者扫描结果可确定按下键的位置。

键盘有一个先进先出的缓冲器，它保存按下键的位置代码。当按下一个键时，键盘连续送出该键用的接通码直到释放该键为止。送出接通的速率称为按发速率。当两个键或更多键按下时，只有最后按的键在按发速率上重复，在释放最后按键时，即使其他键仍旧按，也停止按发操作。在封锁接口时，按下并保持一个键，只有第一个接通码存储在缓冲器内，这就防止缓冲器由于按发作用而溢出。

2）鼠标器

鼠标器与键盘、显示器配合，可以快速、准确、直观地在屏幕上定位要输入的信息，是必要的输入设备。鼠标器一般分为机械式或光电式两种。机械式鼠标器的底部有一个橡胶的钢球，钢球滚动时带动栅轮，光电二极管检测透过栅轮光线并转换为电脉冲，计数脉冲可以准确地确定 X、Y 方向的位移。光电式鼠标器没有机械滚动部分，采用两对互为直角的 X、Y 方向的光电探测器，光电鼠标器在具有很多小方格的滑板上滑动，当发光二极管的光线照射到滑板上的空白处时反射到光电二极管，并转换 X、Y 方向的脉冲计数，从而可以确定位移信息。鼠标器一般通过串行口接到计算机系统中。

3）扫描仪

扫描仪是一种快速输入设备，能快速输入数据、文字、图形与图像。由于使用了扫描仪，基本解决了计算机输入的瓶颈。扫描仪已广泛用于图像处理、桌面排版、字符识别、广告美术设计、多媒体图文通信，以及办公室自动化等领域。

扫描仪可分为黑白、灰度、彩色扫描仪，手持、平板、滚筒及大型鼓式扫描仪。扫描尺寸有 A4、A3、A1、A0 等幅面。

扫描仪的输入效果很大程度取决于扫描仪的扫描精度，即扫描仪的光学分辨力。扫描仪采用电荷耦合器件（CCD），CCD 光元素器件的单元数量影响了光学分辨力。为了提高扫描仪的分辨力可采用软件插值算法，在硬件产生的像点之间用软件插入平滑的像点，这称为间插分辨力，这不是图像自然信息。例如，2400点的分辨力是在600点光学分辨力基础上用软件算法插值两次。插值次数太多反而会使图像质量下降。

扫描仪有三次扫描及一次扫描两种方式。三次扫描采用一支白光灯和三个滤色镜，当光线照射到图像再反射到CCD之前，必须经过红、绿、蓝三个颜色滤光镜，反射到CCD器件上变成相应电荷，再把电荷的模拟量变为红绿蓝（RGB）的数字信息输入到计算机。在一次扫描方式时，一次扫描过程就能变为RGB数据，不必经过转换，不需色彩重复定位，因而扫描仪的输入速度快，并改善了图像质量。

扫描图像的质量取决于图像的色彩、影调和层次。彩色位越多，扫描颜色就越丰富，影调和层次更加细腻，一般24位彩色位可达1680万种颜色，目前使用的最高彩色位为36位，可表达687亿种的颜色。扫描仪需配置相应的软件，如采用图像处理软件以及光学字符识别（OCR）软件。

1.6.4 输出设备

通俗地说，输出设备是指那些可以将计算机内的信息输出来的设备，如打印机、显示器、绘图仪等。

1）打印机

打印机是计算机系统的基本输出设备。目前打印机打印速度快、噪声低，字体美观清晰，且具有彩色、图形、图像打印的功能。

打印机的种类繁多，按与主机接口方式可分为串行打印机及并行打印机，按打印方式可分为打击式和非打击式打印机，按打印字符形式可分为点阵式及非点阵式打印机。

（1）点阵式打印机。点阵打印机由于可用来打印图形和汉字，因此使用普遍。它是通过打印钢针打印出点阵字符，有9针、16针、24针、48针打印机，这些钢针可构成一排、二排或四排，以垂直方向排列起来。打印头台架左右移动，并带动色带转动，而前进电机带动走纸机构进行换行与走纸。

点阵打印机通常采用并行接口，多数采用Centronic公司的接口标准，但它不是国际标准。有的点阵打印机也采用串行接口，即RS-232C的国际标准接口。由于采用了双向打印方式，提高了打印速度。

（2）激光打印机。这种打印机属于页式打印机，一次输出一页正文和图形。激光打印机从主机接收到要打印的数据后，由字形发生器形成字符点阵的脉冲信息，经频率合成和功率放大后送到激光器件上，使射入的激光束衍射出字符的调制光束，并射入棱柱形多面镜，光束被聚焦成所要求的光点尺寸后落到光导板上形成静电潜像，并经磁刷显影变成可见的墨粉像，利用转印电极的电晕电场把墨粉转印到普通纸上，形成打印的字符或图像。激光打印机的字模包括字、数字、标点符号、正斜字体、垂直型字体以及粗体、细体、印刷体、草体等。

（3）喷墨打印机。喷墨打印机是使墨水通过极细的喷嘴射出，并用电场控制喷出墨滴的飞行方向，因而打印出图像，喷墨打印机可用墨水和普通纸进行记录，噪声低、速度高。喷墨打印机墨水从细小喷嘴射出的喷射方法和墨粒控制的方法有多种多样，例如采用充电式控制、电场控制、压力控制等方式。彩色喷墨是采用喷射品红、黄、青、黑四支并列的喷嘴，并精确控制四种颜色墨水的微粒喷射到纸面的位置，就可形成彩色喷墨印刷。

2）显示器

显示器是最常用的输出设备，它将计算机的输出信息以字符或图形的方式显示在屏幕上，它也将键盘或鼠标输入的信息显示在屏幕上。显示器可以非常方便地、直观地、形象地实现人机对话，因此显示器是计算机系统中必不可少的交互式终端设备。

显示器一般分为电子束管显示器和非电子束管显示器，如离子、液晶、激光、固体显示器等。电子束管显示器即阴极射线管显示器，是最常见的一种，它的显像原理是电子束经聚焦后轰击阴极射线管(CRT)的荧光屏，形成一个可在二维平面上快速移动的光点，同时控制电子束的速度使光点获得不同的灰度。利用彩色显像原理获得不同颜色的光点，显示器可以显示黑白或彩色的图像。

显示器的技术指标主要有如下几种。

① 屏幕尺寸。有三种常用的尺寸，显像管尺寸、可视尺寸和光栅尺寸。显像管尺寸是指CRT表面的物理尺寸即对角线的长度，目前PC机常用的是14英寸、17英寸，工作站用19英寸的居多，而图形、图像和视频更常使用20英寸。可视尺寸是指显示器显示信号区域的大小，它通常比显像管尺寸小。光栅尺寸用高和宽两个参数来定义屏幕上实际显示的最大尺寸。

② 扫描频率。水平扫描频率是指电子枪在屏幕上写一行点的频率，以kHz为单位，较高频率用于显示高分辨力模式，如1024×768或800×600。影响显示分辨力的另一个频率参数是垂直刷新率，它是对整个屏幕进行重写的频率。

③ 隔行扫描与非隔行扫描。隔行方式指显示器在每遍扫描时隔一行更新一行数据，更新整个屏幕需要两遍扫描。非隔行方式扫描时逐行进行数据更新，隔行方式实现较便宜，但由于采取两遍扫描更新一屏使显示不够稳定。

④ 模拟信号接口和数字信号接口。显示器与显示板之间的连接线的信号形式有两种：数字信号和模拟信号。CGA和EGA显示系统均采用TTL方式的9针数字接口，而最为流行的VGA则采用15针模拟信号接口。由RGB信号可获得无限的颜色值。模拟接口满足了显示系统未来发展的需要。

3）绘图仪是一种机电结合的计算机图形输出设备

绘图仪可分为笔式、滚筒式、平板式、单色与彩色、连续式与非连续式等类型。可根据不同的用途选用不同类型的绘图仪。对于大型工程绘图选用大型平板式绘图仪，例如在地理信息系统中要求绘制地质、地理各种资源分布就需彩色喷墨绘图仪。而对印刷字体不必采用高分辨的绘图仪。

绘图仪的重要性能参数是分辨力和绘图速度。分辨力越高、绘图质量越好、清晰度也越好。对于计算机辅助设计工程图采用600点/in的单色分辨力就能在普通纸上绘出清晰的线条、文字符号以及工程图样，建筑工程绘图选用300点/in全彩色绘图就有良好的效果。绘图速度受绘图机结构和绘图模式及幅面的限制，无笔式绘图仪可达较快的速度，如激光、热敏绘图仪比喷墨绘图仪速度快。

1.7 计算机系统性能指标及评测

计算机系统性能指标及性能评测是一个正在兴起的重要研究领域。它与计算机体系结构、系统软件及计算方法构成了计算机技术的重要支柱。建立客观、公正和较为通用的计算机系统性能指标及评测标准，在计算机系统研制、推广、选型以及促进应用系统水平的提高等方面起着至关重要的作用，已成为当今计算机产业界推动计算机技术向前发展不可缺少的一项重要工作。

客观、公正地评估当今世界上众多计算机的性能不是一件容易的事情，要涉及到计算机系统的诸多因素。它不仅与硬件芯片的速度有关，而且还与系统体系结构、编译优化、编程环境乃至所测试问题的算法有关。

1.7.1 计算机系统的主要性能指标

全面评价计算机系统效率或性能的高低是一门非确定性的学科。目前很难找到统一的规则和标准去评测所有的计算机。其主要原因在于计算机系统本身的复杂性,以及用户需求和求解程序的千差万别。但是，多年来计算机厂商、用户和计算机科技工作者一直致力于建立一种各方能够接受的标准以达到计算机系统生产方和需求方的共识。

计算机系统的主要技术指标是对系统性能和特征的描述。一般来看，它应该反映系统性能的高低，而所有性能指标都与工作负荷及系统特性(例如，结构组成、机器语言、操作系统、程序语言等)密切相关。

从生产厂家的角度看，计算机系统的技术指标主要靠硬件和软件的平衡设计来达到。在一定范围内及成本限定的前提下，软、硬件的综合指标可以作相对调整。

除了那些尚难以定量度量的可靠性、可维护性、可用性、可扩充性、兼容性、安全性、保密性等指标外,计算机系统可度量的性能指标主要分为工作量、响应性、利用率等类别。

(1) 工作量与系统吞吐率、CPU 速率、指令执行速率、数据处理速率、存储容量、存取速度、I/O 通道流量、操作系统开销和编译速度等指标有关。其中系统吞吐率是系统在单位时间内能处理的作业数。

(2) 响应性与系统响应时间、作业周转时间等指标有关。其中系统响应时间指的是从给定系统输入到再现对应的输出之间的时间间隔。

(3) 利用率与硬件的利用率、软件的利用率等指标有关。这里利用率的定义是在给定的时间内，系统某一部分的实际使用时间所占比例。

需要注意的是，上述性能指标均与工作负载有关。对计算机性能进行评估及测量时，必须清楚是在何种负载条件下所得到的指标，否则将失去意义。因此，在对计算机系统进行技术指标分析时，需要首先建立一种公认的工作负载条件，大多通过设计基准测试程序来达到这一目的。

1.7.2 反映系统性能的主要因素

理想的计算机系统的性能要求机器功能和程序行为之间有良好的匹配。机器功能可以通过对硬件技术、系统结构特性和软件技术等进行改进来提高。

程序行为很难预测，因为它与应用及运行时的条件有密切联系。程序行为不仅反映出 CPU 时间、磁盘和存储器访问时间、I/O 操作延迟、操作系统开销、编译优化等系统基本参数，还包括数据结构、语言效率、算法设计、程序员技能等软件因素。这些参数和因素都与系统性能直接相关。

由于程序行为的因素,计算机在实际运行过程中，其性能距系统峰值差距甚远，这一点在并行计算机体系结构研究中显得尤为突出，往往并行程序只发挥出系统 5% ~30% 的峰值性能,这也使得性能测试与分析成为当今改进并行计算机系统设计工作中不可缺少的一环。

机器性能会随程序而变化，这说明在实际应用中要达到峰值性能的目标是不可能的。但是，又不能把机器描述为具有某种平均性能。实际上，所有的性能指标和测定结果都一定是由执行综合性的程序产生的。目前，往往在一定范围内或按调和分布来描述性能。因此，分析机器性能往往基于性能测试程序这一有力工具。

下面是反映系统性能的几个主要因素：

(1) 时钟频率和 CPI。目前，计算机的 CPU 是由一个恒定周期(τ,以 ns 表示)的时钟驱动的。周期的倒数是时钟频率($f=1/\tau$, 以 MHz 表示)。计算机的时钟频率在一定程度上反映了机器速度，一般来讲，主频越高，速度越快。但是相同频率、不同体系结构的机器，其速度可能会差很多倍。

程序的规模是由其指令数(I_c),也就是程序串要执行的机器指令数来决定的。执行不同的机器指令所需要的时钟周期数也不一样。因此，一条指令的周期数 CPI 就成为衡量执行每条指令所需时间的重要参数。

(2) 性能因子。设 I_c 是程序的指令数，那么程序运行的 CPU 时间 T 可由三个主要因素的乘积来计算:$T=I_c\times \text{CPI}\times\tau$。

由于执行一条指令需要经历取指、译码、取数、执行和存储结果等阶段，其中只有译码和执行在 CPU 中进行，其他操作可能涉及存储器访问。通常完成存储器访问的周期比 CPU 周期 τ 大 k 倍。这样,上式可以重写成如下形式

$$T=I_c\times(p+m\times k)\times\tau$$

式中，ρ 为 CPU 周期数;m 为存储器访问次数;I_c、p、m、k 和 τ 均称为性能因子。

(3) 系统属性。上面五个性能因子与四种系统属性有关：指令系统结构、编译技术、CPU 实现和控制技术、高速缓存与存储器层次结构，其关系如表 1.1 所列。指令系统结构对指令条数(I_c)和所需的处理机周期数(ρ)都有影响，编译技术则影响 I_c、ρ 值和存储器访问次数(m)。CPU 实现和控制技术决定总的处理机所需时间($\rho\cdot\tau$)，而存储器技术和层次结构的设计则影响存储器访问时延($k\cdot\tau$)。这样得到的 CPU 时间可以作为估算处理机执行速率的基础。

表 1.1　性能因子与系统属性的关系

系统属性	性能因子				
	指令条数 I_c	CPI			τ
		p	m	k	
指令系统结构	√	√			
编译技术	√	√	√		
处理机实现和控制技术		√			√
高速缓存和存储器层次结构				√	√

(4) MIPS 速率。设 C 为执行已知程序所需的时钟周期总数，于是 CPU 时间可由 $T=C\times\tau=C/f$ 来计算。此外，$\text{CPI}=C/I_c$,则 $T=I_c\times\text{CPI}\times\tau=I_c\times\text{CPI}/f$。处理机速率通常用 10^6 指令/s(MIPS) 来表示。我们将它简称为处理机的 MIPS 速率。应当指出，MIPS 速率与许多因素有关,其中包括时钟速率(f)、指令条数(I_c)和给定机器的 CPI，如下式所示：

$$\text{MIPS 速率}=I_c/(T\times10^6)=f/(\text{CPI}\times10^6)=(f\times I_c)/(C\times10^6)$$

一台计算机的 MIPS 速率与时钟速率成正比,与 CPI 成反比。所有四种系统属性即指令系统、编译器、处理机和存储技术对 MIPS 速率都有影响,MIPS 还随程序变化而变化。

(5) 吞吐率。另一个重要的概念是系统在单位时间内能执行多少个作业，这称为系统的吞吐率,单位为作业数/s。在多道程序系统中，系统吞吐率通常低于 CPU 的吞吐率。这是因为当多道程序在 CPU 上分时运行时输入/输出、编译器和操作系统会产生额外的系统开销和延迟。

1.7.3 计算机系统性能评价技术

根据计算机系统结构与配置,针对一定的工作负载,通过建模、分析计算、模拟仿真或实际测试对计算机系统性能所做出的评估称为计算机性能评价。为了进行性能评价，必须收集有关系统性能的数据，我们将获得系统性能数据的方法称为评价技术。

性能评价技术可分为两类:一是测试技术,即系统的性能数据直接从对系统的测试得到;另一类是建模仿真技术,即性能数据,按模型求得。

测试技术一般可分为四种。

实际测试。即利用实际问题对一实际存在的系统的性能进行测试。因为是针对特定系统的特定求解,所以无一般性可言。

基准程序测试。即利用一组基准程序对系统进行性能测试。

原型测试。这是在系统研制过程中的一种仿真测试。

实测。这是对一个系统的跟踪测试。基准程序测试是目前使用最普遍、最直接、最有效,同时也是最容易被接受的技术。系统研制者用之作为计算机系统性能的预测、跟踪乃至质量保证。用户则用作购买系统的决策依据。

基准程序有多种多样，如测试整数性能的基准程序、测试浮点性能的基准程序等。这里主要介绍常用的几种测试程序。

1）整数测试和浮点测试程序

(1) MIPS 和 Mflops。MIPS 值是人们用来表征计算机整数性能使用得最普遍的一种方法。一般将 VAX11/780 计算机的运算速度定为执行一百万条指令每秒，其他机器的运算速度和 VAX11/780 机相比，如果它的速度比 VAX11/780 快一倍，则为 2MIPS。早期用 MIPS 值来衡量机器速度时，无论是简单的整数指令或复杂的浮点指令皆笼统地称为一条指令。

大多数计算机制造商常用 MIPS 或 Mflops(一百万次浮点运算每秒)表示系统的峰值性能或持续性能，这些性能指标绝不是对系统做的结论。实际性能总是与程序有关。一般说来，MIPS 速率往往与指令系统有关，可随程序不同而变化，甚至朝性能的反方向变化。

同样，Mflops 速率也与机器硬件设计和程序性能有关。MIPS 和 Mflops 速率是不能转换的，因为它们测量的是不同的操作。

早期设计的计算机，通常用一个时钟周期完成一条整数指令操作。因此每秒钟能执行 100 万条指令数（MIPS），反映了 CPU 对整数的运算速率。现在最快的计算机系统可达数亿 MIPS,而 Pentinm Ⅳ CPU 速度也在 2000MIPS 左右。

表 1.2 和表 1.3 分别列出 IBM 公司和 DEC 公司先前的一些计算机系统的 MIPS 值。

表 1.2 IBM 公司机器的 MIPS 值

系统	4381 - 1	4381 - 2	9370	3083Ex	3081 - Gx	Es/9000
MIPS	2.1	2.7	1.4	3.3	12.5	2 - 230

表 1.3 DEC 公司机器的 MIPS 值

系统	VAX11/780	VAX8300	VAX8700	VAX6000	VAX9000
MIPS	1.06	1.70	6.36	3.0 ~ 38.2	42.4 ~ 159.0

（2）Dhrystone。Dhrystone 是测试 CPU 整数性能的一个综合性基准测试程序，本身没有现实的应用意义。Dhrystone 程序测试的结果由每秒多少千个 Dhrystone（KDhrystone/s）来表示机器的性能，这个数值越大，说明性能越好。

VAX11/780 机的 Dhrystone1.1 版本的测试结果为 1.7，为便于比较，人们假设 1VAXMIPS = 1.7KDhrystone/s，将被测机器的结果除以 1.7，就能得到被测机器相对于 VAX11/780 的 MIPS 值。

表 1.4 是一些计算机的 Dhrystone 1.1 版本结果和相对 MIPS 的对照表。

表 1.4　某些机器的 Dhrystone(VI.1)结果和相对 MIPS 性能

机　器	KDhrystone/s	相对 MIPS	机　器	KDhrystone/s	相对 MIPS
VAX11/780	1.7	1.0	i80486 25MHz	24.0	14.1
Sun 4/260（SPARC）	16.8	9.8	AMD29000.25MHz	21.1	12.4
MIPS R3000 25MHz	43.1	24.5	IBM RS/6000 25MHz	60.7	35.7

（3）Whestone。CPU 的浮点性能是评测机器的关键性指标。在科学与工程计算等应用领域，要求做浮点计算的工作量往往占很大的比例。所以各个计算机生产厂商在产品说明书中，都力争突出对机器浮点操作性能的说明。

Whestone 是评价 CPU 浮点性能的一个综合性基准测试程序。Whestone 的测试结果用 Kwips 表示，lKwips 表示机器每秒能执行 1000 条 Whestone 指令。表 1.5 列出一些机器双精度(DP)和单精度(SP)浮点运算的相对 Whestone 结果。

表 1.5　Whestone 基准程序测试结果

系　统	DP Kwips	DP 相对值	SP Kwips	SP 相对值
VAX11/780	854	1.0	1313	1.0
SUN3/260 25MHz	1230	1.4	1250	0.95
Sun 4/110	2940	3.4	4215	3.2
MIPS M/2000 - 8	14100	16.5	18000	13.7
Intel i860 33MHz	20000	23.4	25600	19.5
IBM 3090 - 200	25000	29.3		
Cray X - MP/2	35000	41		

值得说明的是，虽然 Whestone 包含大量的标量浮点运算，但 Whestone 性能并不与 Mflops 性能等效。

Dhrystone 和 Whestone 都是综合性基准程序，其性能结果与所用的编译器密切相关。这两种基准程序的缺点是对编译器比较敏感，不能预测用户程序的性能。

（4）Linpack。Linpack 基准测试程序是一个实际使用的软件包。Linpack 程序完成的主要操作是浮点加法和浮点乘法。由于 Linpack 软件包可以向量化和并行化，因此它常被用来评价当今最先进计算机的性能。

测量计算机的浮点运算性能时，是让机器运行 Linpack 程序，测量运行时间，结果直接用 Mflops 表示。

2）SPEC 基准程序

SPEC 是由几十家世界知名计算机大厂商于 1988 年联合成立的一个组织，旨在开发共同认可的标准基准程序。SPEC 基准程序是由 SPEC 选择和开发的一套用于计算机性能评测的

程序集，能比较全面地反映系统性能，具有很高的参考价值。

SPEC 基准程序(Benchmark)可分为以下几个方面。

(1) CPU 测试程序。用来测试 CPU、存储器和编译器的性能，如 SPECint、SPECfp 基准程序。

(2) 图形/应用测试程序。如：SPECviewperf、SPECapc 基准程序。

(3) 高性能计算/开放的共享存储器的平行处理(HPC/OMP)系统测试程序。用来测试多处理机系统、群机系统、分布式计算机系统、MPP 等高性能计算机系统的性能，如：HPC96、HPC2002、MPI2006、OMP2001 基准程序。

(4) Java Client/Server 测试程序。如：JVM98、JBB200、JBB2005、JAPP Server2004 基准程序。

(5) Mail 服务器测试程序。如：Mail2001、SPECimap 基准程序。

(6) 网络文件系统测试程序。用来测试网络文件服务器性能。如：SFS97、SFS93 基准程序。

(7) Web 服务器测试程序。用来测试 Web 服务器性能。如：Web96、Web99、Web99_SSL、Web2005 基准程序。

SPEC 曾先后公布过 SPEC89、SPEC92、SPEC95 和 SPEC2000 四套 CPU 基准测试程序，见表 1.6 所列。其中每套 CPU 基准程序分为二组，即 CINT 和 CFP，分别用于测试整数计算和浮点计算性能。以 SPEC95 为例，则可分别用 CINT95 和 CFP95 表示之。

表 1.6　CPU 基准程序

名　　称	CINT 基准程序数	CFP 基准程序数	基准机器	备　　注
SPEC89	4	6	VAX11/780	过时
SPEC92	6	14	VAX11/780	过时
SPEC95	8	10	SUN SPARC Station 10	少用
SPEC2000	12	14		常用

SPEC89 和 SPEC92 用的基准机器是 VAX11/780。为适应机器性能的不断提高，SPEC95 的基准机器改用 40MHz Sun Sparc Station 10。例如，DEC Alpha 21164 用 SPEC92 和 SPEC95CPU 基准程序测试的结果如表 1.7 所列。

表 1.7　基准程序测试结果表

基 准 程 序	测 试 结 果	基 准 程 序	测 试 结 果
SPECint92	500	SPECint95	11
SPECfp92	750	SPECfp95	17

SPEC2000 没有给出基准机器而是给出每个基准程序，在 Sun ultra10 为参考机器上执行的参考时间，而被测系统限于运行 Unix 或 Windows/NT 的操作系统，内存≥256MB，盘容量≥1GB。

下面以 SPEC95 为例(SPEC89、SPEC92 也一样)说明如何用于计算机速度和吞吐率的测试。

1) 对于速度的测试结果

(1) SPECratio——一个基准程序在被测机器上执行一次所需的时间和在基准机器上执行一次所需时间之比。

(2) SPECint95——CINT95 中的 8 个基准程序的 SPECratio 的几何平均值。

（3）SPECfp95——CFP95 中的 10 个基准程序的 SPECratio 的几何平均值。

（4）SPECbase - int95——按基线测试规则，CINT95 中的 8 个基准程序的 SPECratio 的几何平均值。

（5）SPECbase - fp95——按基线测试规则，CFP95 中的 10 个基准程序的 SPECratio 的几何平均值。

2）对于吞吐率的测试结果

（1）SPECrate——在给定的时间里完成基准程序所表征的特定类型的作业数（相对于基准机器），叫作该基准程序的 SPECrate。

（2）SPECrate - int95——CINT95 中的 8 个基准程序的 SPECrate 的几何平均值。

（3）SPECrate - fp95——CFP95 中的 10 个基准程序的 SPECrate 的几何平均值。

（4）SPECrate - base - int95——按基线测试规则，CINT95 中的 8 个基准程序的 SPECrate 的几何平均值。

（5）SPECrate - base - fp95——按基线测试规则，CFP95 中的 10 个基准程序的 SPECrate 的几何平均值。

所谓基线测试规则是 SPEC 指导委员会于 1994 年 6 月引入的，基线测试采用更严格的运行规则，且使用基础的编译优化选择。

下面以 SPEC CPU2000 为例说明如何用于计算机系统速度和吞吐率的测试。

1）对于速度的测试结果

（1）SPEC ratio——一个基准程序在被测试机器上的运行时间和 SPEC 给定的参考时间之比。

（2）SPECint2000——按顶级（peak）测试规则测得的 SPECint2000 中 12 个基准程序的 SPEC ratio 的几何平均值。

（3）SPECfp2000——按顶级测试规则测得的 SPECfp2000 中 14 个基准程序的 SPEC ratio 的几何平均值。

（4）SPECint - base2000——按基线（Baseline）测试规则测得的 SPECint2000 中 12 个基准程序的 SPEC ratio 的几何平均值。

（5）SPECfp - base2000——按基线测试规则测得的 SPECfp2000 中 14 个基准程序的 SPE-Cratio 的几何平均值。

2）对于吞吐率的测试结果

（1）SPEC rate——在 SPEC 规定的时间里，完成基准程序所表征的特定类型的作业数，叫该基准程序的 SPEC rate。

（2）SPECint _ rate2000——按顶级测试规则测得的 SPECint2000 中 12 个基准程序的 SPEC rate 的几何平均值。

（3）SPECfp _ rate 2000——按顶级测试规则测得的 SPECfp2000 中 14 个基准程序的 SPEC rate 的几何平均值。

（4）SPECint _ rate _ base2000——按基线测试规则测得的 SPECint2000 中 12 个基准程序的 SPEC rate 的几何平均值。

（5）SPECfp _ rate _ base2000——按基线测试规则测得的 SPECfp2000 中 14 个基准程序的 SPECratio 的几何平均值。

SPEC 基准程序的测试结果虽然被众多厂家认可，但它毕竟是种模拟程序，与系统的实际运行是有差别的。SPEC 基准程序并未测试输入/输出性能，对 I/O 密集型的应用，如事务处理之类，SPEC 的测试结果并不准确。SPECint2000（12 个）、SPECfp2000（16 个）如表 1.8 所列。

表 1.8 SPECint2000、SPECfp2000 基准程序一览表

SPECint2000 的 12 个基准程序

名 称	参考时间/s	编程语名	说 明
164. gzip	1400	C	数据压缩实用程序
175. vpr	1400	C	现场可编程门阵列电路布局和通路选择
176. gcc	1100	C	C 编译程序
181. mcf	1800	C	组合优化
186. crafty	1000	C	象棋游戏程序
197. parser	1800	C	自然语言处理
252. eon	1300	C ++	计算可视化
253. perlbmk	1800	C	Perl 语言
254. gap	1100	C	计算组合理论
255. vortex	1900	C	面向对象的数据库
256. bzip2	1500	C	数据压缩实用程序
300. twolf	3000	C	位置和路径模拟程序

SPECfp2000 14 个基准程序

名 称	参考时间/s	编程语名	说 明
168. wupwise	1600	Fortran77	量子动力学
171. swim	3100	F77	浅水模型
172. mgrid	1800	F77	3D 领域中的多重栅格解释程序
173. applu	2100	F77	抛物线/椭圆形偏微分方程
177. mesa	1400	C	3D 图形库
178. galgel	2900	F90	流体动力学、振动的非稳定性分析
179. art	2600	C	神经网络模拟;自适应反射理论
183. equake	1300	C	有限元仿真;地震模型
187. facerec	1900	F90	图像处理;面识别
188. ammp	2200	C	计算化学
189. lucas	2000	F90	数论
191. fma3d	2100	F90	有限元碰撞仿真
200. sixtrack	1100	F77	高能物理核子加速器模型
301. apsi	2600	F77	有关温度、风、污染物速度和分布的问题

3) TPC 基准程序

TPC(事务处理性能委员会)成立于 1988 年,几乎包括了所有主要的商用计算机系统厂商和数据库厂商。TPC 基准程序是由 TPC 开发的评价计算机事务处理系统性能的测试程序,用以评测计算机在事务处理、数据库处理、企业管理与决策支持系统等方面的性能。

TPC 已推出五套基准程序:TPC－A, TPC－B, TPC－C, TPC－D, TPC－E。其中 TPC－A 和 TPC－B 已过时而不再使用。TPC－C 是测试联机事务处理(OLTP)系统的基准程序, TPC－D 是测试决策支持系统的基准程序, TPC－E 是测试企业信息服 务系统的基准程序。TPC－C

模拟一个批发商的货物管理环境，有5类事务请求，如表1.9所列。

表1.9 TPC－C基准程序事务请求

事务请示类型	数据库查询类型	事务请示工作量	执行频率	90%以上请示的响应时间/s
新订单	读/写	中等	尽可能高	<5
付款	读/写	轻	≥43%	<5
订单状态	只读	中等	≥4%	<5
发货	读/写	重	≥4%	<5
库存量	只读	重	≥4%	<20

TPC－C使用以下三种系统的性能和价格度量。

(1) 性能：由TPC－C吞吐率表示，单位是tpmC。tpm是每分钟系统处理新订单事务的个数;C指TPC中的C基准程序。

(2) 价格：即系统的总价格，单位是$(美元)。

(3) 价格/性能比：即为系统总价格/性能，单位是$/tpmC。

这里要注意的是系统在处理新订单的同时，还要处理表1.10中其他4类事务请求。由表1.10可以看出新订单请求不可能超出全部事务请求的45%，因此，当一个事务处理系统的性能为1500tpmC时，它每分钟实际处理的事务数是3000多个。

4) AIM基准程序

这是用于综合测试计算机性能价格比的基准程序。

5) 目前常用的微机和CPU测试程序

由于应用的需要，目前已涌现出了不少新的CPU和微机系统性能的测试程序，主要有以下几个方面。

(1) 办公效率性能。测试运行办公软件时CPU和微机系统的性能。例如对微机系统测试的有SYSmark2000和Winstone2000测试程序，对CPU进行测试的有SPECint2000和SPECint_base2000测试程序。

(2) 多媒体性能。测试微机系统在视频、音频和图像处理方面的性能。例如Video2000测试程序。

(3) 3D/浮点性能。测试微机系统的3D图形显示性能。例如3D Winbenck2000光影和变换测试程序、3Dmark2000 CPU速度测试程序、SPECfp2000和SPECfp_base2000测试程序。

(4) 因特网技术性能。测试CPU在因特网服务器中数据处理性能。例如Web Mark2001和SYSmark测试程序。

目前常用的微机和CPU基准测试软件如表1.10所列。

表1.10 常用微机和CPU基准测试软件

软件公司	测试软件	说明
Intel	ICOMP 1.0～3.0	CPU性能测试
Ziff Davis	Winstone 2000	系统性能测试
Ziff Davis	Winbench 2000	系统性能测试
Ziff Davis	3D Winbench 2000	3D性能测试
Ziff Davis	CPU Mark 2000	CPU整数性能测试
Ziff Davis	FPU WinMark	CPU浮点性能测试

（续）

软件公司	测试软件	说明
日本 H-Oda	WCPUID	CPU 主频、外频、支持指令集、Cache 等测试
SiSoft	Sandra 2001	CPU 性能测试
Standard	SPECint2000	CPU 整数性能测试
Evaluation	SPECfp 2000	CPU 浮点处理性能测试
MadOnoin	3D Mark 2001	3D 性能测试

第2章 PC机

PC 机在信息技术革命中担负着重要角色,它不只是作为个人计算机被广泛应用,而且在网络环境中,在客户/服务器环境中,PC 机正在充当能够共享资源的台式客户系统角色。特别是随着 Internet 的迅速发展,PC 机已开始成为各种 Internet 应用的主要执行者。本章对 PC 机的主要组成部分,即微处理器、存储器、总线、显示器等分别进行介绍,以使读者对 PC 机能从定性和定量两方面有所理解,便于更好地使用它。

2.1 从微处理器到 PC 机

PC 机是随着高度集成化的微处理器芯片的产生而产生,并随之发展而发展的。

1971 年美国 Intel 公司研制出世界上第一片微处理器——4004,由此而宣告一个集成电子新纪元的到来,即能把一个微型程序控制处理器放置在一个半导体芯片中。进而在 1972 年设计出 8008,这是第一个 8 位的微处理器芯片。到 1974 年,采用 CMOS 工艺的 8080 微处理器上市,这是一个真正实用的微处理器芯片。与之相应又推出了一系列配套芯片,如时钟电路、定时器、中断控制器、I/O 接口电路等,为构成一台完整的电子计算机奠定了基础。1975 年,一家位于美国新墨西哥州的小公司,以 Intel 的 8080 为 CPU,设计出世界上第一台微型计算机,名叫 Altair。它宣告了个人计算机时代的来临。

第一台 PC 机一出现,一些年轻的有识之士抓住机遇,为 PC 机开发软件,如美国的盖茨(Bill Gates)和艾伦(Paul Allen)着手建立一家小公司,为 8080 编写 BASIC 编译程序,这家公司就是以后有名的微软公司(Microsoft)。正是由于各类软件的开发成功,为 PC 机的实用打下了基础。

与此同时,另外两个美国年青人,乔布斯(Steve Jobs)和乌兹尼克(Steve Wozniak)以美国 Motorola 公司的 6502 微处理器为 CPU,开发了苹果电脑——Apple Ⅱ,于 1977 年推向市场,它吸引了众多的电脑迷。当时的电脑迷不是一般用户，而大多是程序开发者，他们看到了PC机走向寻常百姓家庭的美好前景，因而致力于PC机的软件及硬件的开发，从而为PC机的发展打下了基础。

苹果Ⅱ型电脑的出现，可以说是PC机产业的真正萌芽。也正是苹果公司的创始人乔布斯第一个定义了PC机这个名称，即“可以个人拥有的工具”。

世界电脑巨人IBM公司的加盟，使得PC机在世界范围内逐渐火爆起来。1979年IBM公司开始进入PC机领域，1981年推出以Intel 8088为CPU的IBM PC机，配置微软公司的MS-DOS操作系统。1982年又推出以Intel 80286为CPU的IBM AT机，它定义了微机的总线（即ISA总线），并将技术参数公开，从而促成了与IBM PC机相兼容的PC机各类部件及PC机整机的生产厂商的出现，并进入了PC机的昌盛期。

正是由于PC机的开放性，OEM（初始设备制造厂）的生产方式，以及它是根据市场需求来不断开发新产品的方法，使得PC机的发展十分惊人。从世界范围来讲，1992年销售量为2900万台，以后几乎每年以20%以上的速度递增。PC机的性能平均每两年更新淘汰一代，而其价格平均每年下降40%。

1992年以后，PC机的发展进入了一个普及化时期。随着互联网的飞速发展，PC的涵义发生了革命性的变化。PC机已不仅仅是单纯的个人计算工具，而更多地强调了联网能力和信息交互，PC机已经成为工作和生活的必备工具。

虽然面临后PC时代的挑战，PC机作为一个强大的信息处理中心，它的地位还是不可以取代的，数码产品和数字终端由于处理能力有限，还需要PC这样的数据中心来提供强有力的应用支持。因此，PC机正在成为多样化的数码设备和小型数据终端的后台支撑设备，PC的应用在发生转变，客户对PC的需求也发生了转变。多媒体应用也是PC机发展的强驱动力，PC机逐渐发展成为多媒体应用、网络应用的平台。

PC机是完整的计算机，其构成正如第一章所述，即由运算器、控制器、存储器、输入设备和输出设备组成。下面分别对各部分进行介绍。

2.2 PC机的心脏——微处理器

微处理器是PC机的心脏，从电子计算机的结构来说，它就是集成化的中央处理器（CPU）。自从Intel公司推出世界上第一颗微处理器芯片以后，又有许多半导体厂家也推出了自己的微处理器产品。它们都经历了20多年的不断更新换代，功能越来越强，速度越来越快，集成度也越来越高。其中Intel公司的80X86系列微处理器的应用最为广泛，因此以此为例，介绍各代微处理器的特点及主要用途。

1）8088和8086（图2.1）

8086是1978年推向市场的真正的16位微处理器，它的数据总线是16位，地址总线20位，可寻址1MB存储器。在保持与8位的8080兼容的基础上，为提高指令集的速度和减少微指令占用的空间，采用了微指令和组合逻辑相结合的方法。在组合逻辑部分又采用了流水线结构，以达到在不增加芯片面积的前提下提高速度的目的。由此可见，在8086中已开始引入了并行处理的概念。

图2.1 8086 CPU

8088与8086的结构相同，只是其外部数据线为8位而内部为16位，这样作的目的是因为当时的外围芯片（如时钟、中断、DMA、串口、并口等）都是8位的。如果用8088CPU，则可直接使用这些外围芯片，这正是IBM PC选用8088作CPU的理由。

2) 80186 和 80188

80186 和 80188 分别是以 8086 和 8088 为核心,而将一些外部接口电路(如计时器、DMA 通道、中断控制器及串/并接口)同时集成在一块芯片上。这样,与 8086 和 8088 相比,功能更强、速度更快。这两种芯片相当于单片机,主要用于一些智能型控制器、通信和网络接口卡等。

3) 80286(图 2.2)

80286 是 Intel 公司于 1982 年推出的 16 位微处理器,是向 32 位微处理器过渡的产品。它与 8086 相比,主要有以下几方面的改进。

(1) 80286 的地址总线为 24 位,因此可寻址 16MB 的内存。

(2) 80286 可使用虚拟存储器,即可以使用外存(如硬盘)来模拟实际内存的操作。这样,对虚拟存储器则可寻址至 1GB。

(3) 80286 支持多个任务,可通过硬件控制使处理器在多个任务之间迅速、方便地切换。

(4) 80286 有两种工作模式,即实模式和保护模式。所谓实模式即 8086 工作方式,DOS 的应用程序占用整个系统资源;保护模式则利用 80286 提供的虚拟存储管理和多任务的硬件控制,处理器在处理多任务时,每个程序各自分开,在自己的空间运行。这样,即使某个程序崩溃也不会损坏整个系统。

(5) 80286 虽与 8086 一样都是 16 位的 CPU,但 80286 的时钟频率高。8086 时钟为 4.77MHz,而 80286 为 6MHz,并进一步提高至 8MHz、10MHz、12.5MHz、16MHz,最高到 20MHz。因此,运行速度比 8086 高得多。

IBM 公司用 80286 为 CPU,推出 AT 机,这种机型的结构被大家公认为工业标准,所谓兼容机就是指与 IBM AT 机兼容。

4) 80386(图 2.3)

图 2.2 80286 CPU　　图 2.3 80386 CPU

1985 年 Intel 公司推出 80386,这是内部和外部数据线都是 32 位的真正的 32 位 CPU,是第一个具有多任务同时又具有较强的存储器管理机制的微处理器。其运行速度在 16MHz 时钟频率时为 3MIPS ~ 4MIPS,而在 33MHz 时钟频率时为 11.5MIPS。Intel 公司将 20386 作为以后开发的 80X86 系列新产品的体系结构的标准,所以下面有必要概述它的结构特点。

80386 采用由 6 个处理器部件组成的流水线结构,使得指令的预取、译码、地址产生、执行、回写等可以相互同步并行执行。它的执行部件由 32 位宽的寄存器堆、新增加的筒形移位寄存器及乘除法运算硬件组成,使其处理能力有了飞跃的提高。

80386 的最大特点是有一个片载的存储器管理部件(MMU),可管理 64TB 的虚拟存储器和 4GB 的物理存储器,进行页面管理(页面固定为 4KB)。386 分页和分段管理分别由段部件和页部件完成。段部件将逻辑地址转换成线性地址,同时进行转换中的合理校验。而页部件是否工作，可由软件进行选择。当不使用页部件时，线性地址作为物理地址输出；当使用时，则将线性地址根据页表内的信息转换为页面号和页内地址，再行输出。

存储器的保护功能是通过四级连接，设置特权级进行代码和数据的保护，由局部描述符表（LDT）和块描述符表（GDT）进行管理，实现任务间数据和代码的隔离，同时便于共享。这样，就使得 CPU 具有了多任务、多用户环境的特色，具有了配合操作系统进行大程序处理的能力。

80386 和 80286 相比，其特点如下。

（1）时钟频率在 20MHz 以上，比 80286 高得多。

（2）地址总线为 32 位，寻址能力达 4GB，比 80286 的 16MB 高得多。

（3）80386 不仅保留了实模式和保护模式，同时增加了虚 86 工作模式。这种工作模式下，可同时模拟多个 8086 处理器。在软件控制下，则可同时运行相互隔开的多个 DOS 程序，这是在保护模式下不能实现的。

（4）在 80386 内部具有一个 16 位的用于预先存取的高速缓冲存储器，大大提高了运行速度。

80386 推出之后，获得了广泛的应用。为适应 PC 机的发展与不同应用的需求，Intel 又推出了一些 80386 的派生产品。为了区别下述的派生产品，将上述的 80386 称作 80386DX。

（1）80386SX。该处理器内部结构与 80386DX 相同，可运行 32 位的应用程序，只是外部数据总线为 16 位，地址总线为 24 位，使处理器的价格与 80286 相当，而运行速度为 80386DX 的 70%～90%。同时，由于 16 位的外部数据总线，从而可采用低价格的存储器和外设。

（2）80386SL。它是一种基于 80386SX 的低功耗、节能型处理器，其耗电比 80386SX 减少 75%，为达到节能的目的，在 80386SL 芯片中增加了系统管理模式（SMM），它用系统管理中断（SMI）进行控制，当进入这种工作模式时，CPU 根据不同的运行环境可以自动减速或停止运行，同时可控制其他部件停止工作，以降低能耗。该处理器有四种类型，主要是有不同的电压（5V 或 3.3V）及不同的时钟频率（16MHz 或 20/25MHz），及有无片内高速缓冲存储器等区分。这些芯片主要用于便携式微机等需降低能耗的机型中。

（3）80386DL。这是一种基于 80386DX 的低功耗处理器，也是采用与 80386SL 相同的能源管理技术。它有 3V 和 5V 电源的两种型号。

（4）80386EX。这是基于 80386SX 的另一种处理器，与 386SX 不同的是其地址总线为 26 位，同时使用了与 386SL 类似的能源管理技术。它主要用于嵌入式计算机或抗恶劣环境的机种。

5）80486（图 2.4）

80486 是 Intel 公司于 1989 年推出的 32 位处理器，从表面看来，80486 比 80386 增加了片内的 8KB 高速缓冲存储器（它与 CPU 间的数据传送为 128 位）和协处理器（80387，它与 CPU 之间的数据传送为 64 位）。其结构与 80386 相比主要有以下几方面的改进。

（1）它的多任务功能是可以模拟多个 80286；

（2）首次采用了 RISC 技术；

（3）采用了突发总线方式与内存进行高速数据交换，从而大大加快了 CPU 与内存的数据交换速率。

有关 80486 的结构，在下面将与奔腾（Pentium）处理器作一比较详细的介绍。

与 80386 一样，80486 也有几种派生产品，因此，也将标准的 80486 称作 80486DX。

① 80486SX。该处理器与 80486DX 不同的是片内没有协处理器 80387，而与 80386DX 不同的是片内有 8KB 的高速缓冲存储器，其速度比 80386 快得多，如 80486SX/20 比 80386DX/33 加外部高速缓冲存储器要快 70%。

② 80486SL。它是基于 80486DX 的节能型处理器，使用 3.3V 电源，片内有电源切断线路，可提供 SMI 中断。

③ 80486DX2。它是基于 80486DX 的升级处理器，其管脚与 80486DX 完全兼容，只是内部采用了时钟倍频技术，使 CPU 内部时钟提高一倍，从而加快了运行速度。如 80486DX2/66，即 CPU 外部时钟为 33MHz，而内部时钟为 66MHz。

④ 80486DX4。这也是一种内部时钟加倍的 80486DX，即内部时钟为外部时钟的三倍。而且，芯片内的高速缓冲存储器由 8KB 增加到 16KB。

6）奔腾处理器（Pentium Processor）（图 2.5）

奔腾处理器是 Intel 公司于 1993 年制造成功的新型处理器，它是以 80486DX 为基础，采用 0.6μm 的静态 CMOS 制造工艺，在结构和性能上比 80486 都有很大的提高。下面以两种处理器对比的方法，简要介绍奔腾处理器的结构和特点，如图 2.6 所示。

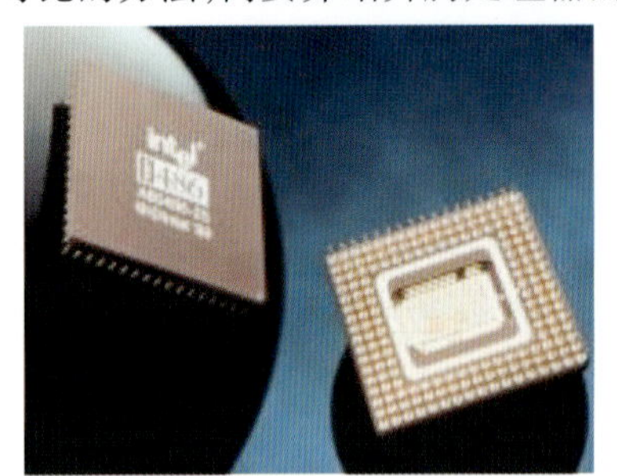

图 2.4　80486 CPU

图 2.5　Pentium 处理器

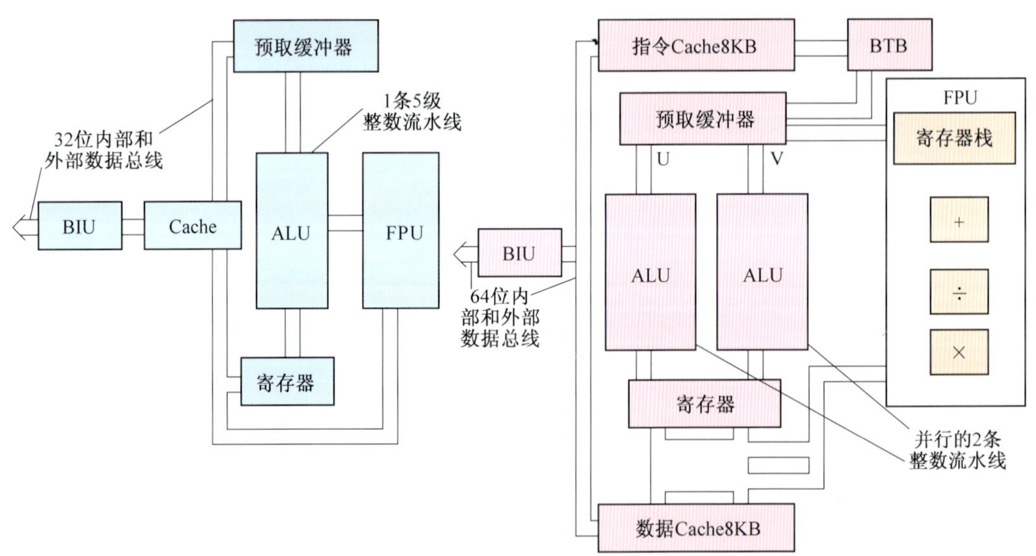

图 2.6　80486DX 和 Pentium 处理器结构示意图

（1）流水线。80486 和奔腾处理器（以下简称奔腾）都采用 5 级整数流水线，即预取、译码、地址产生、执行和回写。然而，奔腾采用超标量结构，它有两个整数处理单元（ALU），两条并行的整数流水线，即 U 线和 V 线。整数单元每次预取两条指令并进行译码，然后检查这两条指令能否同时执行。若能（如为简单指令，第二条指令的执行不依赖于第一条指令的执行结果），则将这两条指令分别送往 U 流水线和 V 流水线，分别在两条流水线中进行解码、执行和写出结果；如判断不能，则处理器的控制单元就把第一条指令送入 U 流水线，而将第二条指令与下次译码得到的下一条指令进行配对，检查能否并行执行，如仍不能，则等第一次的第一条指令执行完后将第二条指令送入U流水线（图2.6）。

U线和V线不同，U线中有链式移位寄存器以进行位操作，所以可以执行任何80X86的指令。U线还负责将指令执行结果标上各种标志位。同时，U线又是浮点处理单元的前级。

（2）高速缓冲存储器。在80486中有一个8KB的高速缓冲存储器，供数据和指令混合用，而在奔腾中则有两个8KB的高速缓冲存储器，分别为数据高速缓冲存储器和指令高速缓冲存储器，并且内部将内外数据总线都扩展为64位。

由于奔腾中有两个并行的ALU，因而经常有两条指令要同时访问数据高速缓冲存储器的可能。为此，将数据高速缓冲存储器的TLB和缓存标记均作成双端口，即可供两个ALU同时读出。应说明的是，数据高速缓冲存储器并非整个都是双端口，而是将其分成8个缓存区，各区以4字节为单位交叉编组。因此，只要两个ALU没有存取到同一缓存区，高速缓冲存储器就可把同时存取的两个数据送到同一高速缓冲存储器线上。

80486的高速缓冲存储器是直写型，而奔腾的高速缓冲存储器是回写型，比80486具有更高的命中率。

（3）转移预估电路。它有两个32字节的预取缓冲器。一个缓冲器按次序处理指令地址，一直到发现转移指令为止。此时，转移目标缓冲器（BTB）根据它内含的转移历史信息确定这条转移指令是否会引起转移。如果BTB估计不会，则预取工作按原来次序继续执行下去。反之，第二个预取缓冲器就开始预取BTB所预估的那些新指令。因此，如果BTB的预估准确，则转移所需的新指令已在预取缓冲器中，因而转移不会使流水线的执行工作拖延任何时间。如果预估不正确，则CPU将需要清理流水线并重新读取正确指令，这至少会引起3个时钟周期的延迟。

（4）浮点处理单元（FPU）。在80486DX中加入了FPU，在奔腾中则更加强，其性能可与RISC相比，而且与80486兼容。奔腾比80486的最大改进是在FPU中分设加法器、乘法器和除法器。不管是什么精度的运算，加法器和乘法器都可在3个时钟周期内完成运算。除法器的运算速度是每个周期产生一个商数的两位。与之相比，80486的浮点加法指令要10个周期，乘法指令则要12个~15个周期。

奔腾的浮点运算也采用流水线方法，而且与整数流水线集成在一起。浮点流水线包括8级，其前4级就是整数流水线的前4级。一条浮点指令利用两条整数流水线，因而可在一个周期内读取一个64位的操作数。在该指令告诉ALU去读取操作数之后，浮点的执行工作放在U流水线中进行。

（5）奔腾还有一些增强性的改进。例如，常用指令（如MOV、ALU、JMP、TEST等）改为硬件实现，而不再用微码操作。页尺寸除保留4KB外，增加了4MB页，避免了图形处理等的频繁换页。

（6）Intel的MMX技术。为提供高效的多媒体处理和通信处理的支持，一般采用两种方式：一是对每项多媒体功能和通信功能分别采用专用的控制芯片；另一种方式是用媒体处理器与CPU并行工作。这两种方式，在性能升级、设计的复杂性以及成本上都有缺点。为此，Intel公司提出新的方法，即增加CPU本身的多媒体指令，同时提高CPU本身的速度，以达到处理多媒体和通信的要求，这项技术称作MMX。

MMX技术主要是增加了57条新指令及一些新的数据类型，以支持多媒体处理和通信处理。Intel处理器的基础是80386，在指令系统上，到80486增加6条指令，到Pentium又增加了7条指令，Pentium Pro再增加4条指令。MMX增加的指令不包括上述处理器的指令集。这些增加的指令，是将用于多媒体和通信的功能块中最常用的程序段、功能块变成一条硬指令。

MMX 采用了 SIMD(单指令流多数据流)型指令,1 条指令可处理 8 个 8 位数据或 4 个 16 位数据或 2 个 32 位数据。

另外,MMX 技术拥有积和运算能力,用于矢量计算和矩阵计算,可提高处理效率。同时又具有饱和运算功能,对发生溢出时的值作为一定值处理,而不需溢出处理,这在像素数据的处理和解压缩处理方面大有益处。

对于奔腾处理器,如果加入 MMX 技术,则称之为带 MMX 的 Pentium,又称作多能奔腾(图 2.7)。其性能的提高是相当明显的。在 ISDN 视讯会议功能上提高 100%,语音识别能力提高 80%,图像处理能力提高 3 倍,视频处理能力提高 40%,音频处理能力提高 80%。

7) 高性能奔腾处理器(图 2.8)

图 2.7　Pentium MMX 处理器

图 2.8　Pentium Pro 处理器

高性能奔腾(Pentium Pro)是为运行 32 位操作系统(如 Windows NT、UNIX 等)和 32 位应用程序(如 CAD、3D、多媒体创作及服务器上的大型数据库等)而专门设计的新一代处理器,主要用于高档台式系统、工作站和服务器等。该处理器采用 0.6μm 和 0.35μmBiCMOS 工艺,集成度高达 550 万晶体管。

Pentium Pro 与 Pentium 比较,增加了新的功能。

(1) 采用动态执行技术(Dynamic Execution)。使用处理器可以并行执行多条指令,它包括:

① 多分支预测,通过多个分支来预测程序流;

② 数据流分析,安排就绪指令的执行速度,执行顺序与原程序中的顺序无关;

③ 推测性执行,预先准备可能会用到的程序计数器和执行指令,以此提高执行速度。

(2) 增强数据完整性和可靠性的支持。包括错误检查和纠正(ECC),错误分析和修复以及功能冗余检测(FRC)。

(3) 处理器组件构成一体化结构。在处理器组件中封装了 Pentium Pro 处理器、二级高速缓存 L2(256KB 或 512KB),以及系统总线接口,构成一体化结构。处理器与 L2 之间使用专用的内部总线进行通信,其处理器总线设计与 Pentium 不同,因此,二者的引脚不兼容。

Pentium Pro 有四种产品:

① 200MHz Pentium Pro(512KB 和 256KB 的 L2 高速缓存);

② 180MHz Pentium Pro(256KB 的 L2 高速缓存);

③ 166MHz Pentium Pro(512KB 的 L2 高速缓存);

④ 150MHz Pentium Pro(256KB 的 L2 高速缓存)。

8) Pentium Ⅱ(图 2.9)

图 2.9　Pentium Ⅱ 处理器

1997 年 5 月 Intel 公司正式推出了 Pentium Ⅱ CPU,这款

CPU 集成了 Intel MMX 媒体增强技术,专门为高效处理视频、音频和图形数据而设计。

Pentium Ⅱ 的中文名称叫奔腾二代,它有 Klamath、Deschutes、Mendocino、Katmai 等几种不同核心结构的系列产品,其中第一代采用 Klamath 核心,0.35μm 工艺制造,内部集成 750 万个晶体管,核心工作电压为 2.8V。

Pentium Ⅱ 微处理器采用了双重独立总线结构,即其中一条总线连通二级缓存,另一条负责主要内存。Pentium Ⅱ 使用了一种脱离芯片的外部高速 L2 Cache,容量为 512KB,并以 CPU 主频的一半速度运行。作为一种补偿,Intel 将 Pentium Ⅱ 的 L1 Cache 从 16KB 增至 32KB。另外,为了打败竞争对手,Intel 第一次在 Pentium Ⅱ 中采用了具有专利权保护的 Slot 1 接口标准和 SECC(单边接触盒)封装技术。

1998 年 4 月,Intel 第一个支持 100MHz 额定外频的、代号为 Deschutes 的 350MHz、400MHz CPU 正式推出。采用新核心的 Pentium Ⅱ 微处理器不但外频提升至 100MHz,而且采用 0.25μm 工艺制造,其核心工作电压也由 2.8V 降至 2.0V。L1 Cache 和 L2 Cache 分别是 32KB、512KB。支持芯片组主要是 Intel 的 440BX。

(1) 双重独立总线结构。Pentium Ⅱ 处理器的核心采用了双重独立总线结构。该结构是由两条总线组成的:二级高速缓冲存储器总线和处理器到主存储器的系统总线。

Intel 发明双独立总线结构的目的是加宽处理器总线带宽。由于 Pentium Ⅱ 处理器具有两条独立的总线,因而能通过任何一条总线平行地访问数据,而不是在单总线系统中所采用的单一顺序方式。双独立总线结构首先在高能奔腾处理器上实现,并将在 Pentium Ⅱ 处理器中得到广泛应用。

Pentium Ⅱ 处理器可以同时使用两条总线。如双独立总线结构可使 400MHz 的 Pentium Ⅱ 处理器的二级高速缓冲存储器的运行速度达到奔腾处理器单总线二级高速缓冲存储器运行速度的 3 倍。随着将来 Pentium Ⅱ处理器主频的提升,二级高速缓冲存储器的速度也将得到提升。

这种系统总线可同时处理多个事件(非单顺序事件处理方式),加速系统内信息流速,并提升系统总体性能。总而言之,双独立总线结构带来的改进使其带宽性能是单总线处理器的 3 倍。另外,双独立总线结构对当今 100MHz 系统总线的发展提供了支持。而这个高带宽系统总线技术也是专为配合高性能的 Pentium Ⅱ 处理器而设计的。

(2) 动态执行技术。动态处理是在奔腾和高能奔腾处理器中创造性地把三项专为提高处理器对数据的操作效率而设计的技术融合在一起。这三项技术是多路分流预测、数据流量分析和猜测执行。动态处理并不是简单执行一串指令,而是通过操作数据来提高处理器的工作效率。

(3) Intel MMX 媒体增强技术。与 Pentium MMX 一样,Pentium Ⅱ处理器也集成了 MMX 技术,增加了 57 条 MMX 指令,增强了音频、视频和图形等多媒体应用的处理能力,加速了数据加密和数据压缩与解压缩的过程,同时 Pentium Ⅱ处理器的 MMX 技术和核心架构非常好的结合,强大的 MMX 技术指令集充分利用了动态执行技术在多媒体和通信中的卓著性能表现。

9) Pentium Ⅲ(图 2.10、图 2.11)

1999 年 2 月,Intel 公司发布了采用 Katmai 核心的新一代微处理器——Pentium Ⅲ,它属于 Intel x86 体系的第六代 CPU 产品。该微处理器除采用 0.25μm 工艺制造,内部集成 950 万个晶体管,除 Slot 1 架构之外,它还具有以下新特点:系统总线频率为 100MHz;采用第六代 CPU 核心 P6 微架构,针对 32 位应用程序进行优化,双重独立总线;一级缓存为 32KB(16KB 指令缓存加 16KB 数据缓存),二级缓存大小为 512KB,以 CPU 核心速度的一半运行;采用 SECC2 封装形式;新增加了能够增强音频、视频和 3D 图形效果的 SSE 数据流单指令多数据扩展)指令集,共 70 条新指令。Pentium Ⅲ 的起始主频速度为 450MHz。

图 2.10　老版本的 Pentium Ⅲ

图 2.11　新封装的 Pentium Ⅲ

2000 年 2 月 Intel 公司发布了采用 0.18μm 工艺的 Pentium Ⅲ处理器。Intel 公司 Pentium Ⅲ500E 处理器开始采用 FC-PGA(反战针栅阵列)的封装形式。PGA 封装是一种针栅阵列封装技术,它的引脚看上去呈针状,采用 Socket 插座的方式与主板相连,主要适用于引脚多,内部设计比较复杂的芯片。

(1) 流式单指令多数据扩展(SSE)技术。PentiumⅢ首次采用了 SSE 技术,该技术包括 70 条 SSE 指令集和新增加的 8 个 128 位单精度浮点数寄存器,每一个寄存器可以存储四个 32 位浮点数。它克服了 MMX 不能同时处理数据和浮点数的欠缺,极大地提高了浮点数运算能力,这些数据通常用于几何运算中,比如 3D 图形应用软件,电脑游戏,3DStudioMax 等软件中。

SSE 可同时处理 4 对单精度浮点数,而且还可以同时处理单精度和双精度浮点数。SSE 指令集中新增了 12 条多媒体指令,采用更先进的算法来提高视频和图像的处理质量。SSE 指令集中还有连续数据流内存优化处理指令,通过采用新的数据预存取技术,大大提高 CPU 处理连续数据流的效率。

SSE 技术使 PentiumⅢ处理器在三维图像处理、语音识别、视频实时压缩等方面都有很大的提高,在互联网应用中最能体现这种技术带来的优势。

(2) PentiumⅢ不同工艺。Intel 公司为了便于用户辨别不同工艺的 Pentium Ⅲ处理器,在采用 0.18μm 工艺的处理器后加一个"E"。对于主频等于和高于 600MHz 的 Pentium Ⅲ处理器,由于都采用 0.18μm 的新工艺,所以它们的产品编号中不会再添加一个"E"以示区别。Intel 的 Pentium Ⅲ处理器中有一部分已经采用了 133MHz 的外频。有人误认为 Coppermine 的 Pentium Ⅲ处理器都采用了 133MHz 的外频,其实目前的采用 0.18μm 的 Pentium Ⅲ处理器既有采用 133MHz 外频的也有采用 100MHz 外频的。基于同样的原因,Intel 公司在当前推出的外频为 133MHz 的 Pentium Ⅲ处理器的产品编码上加了一个"B"。例如,Pentium Ⅲ 600B,Pentium Ⅲ 600E 和 Pentium Ⅲ 600EB,其中 Pentium Ⅲ 600B 表示它的主频为 600MHz,外频为 133MHz;Pentium Ⅲ 600E 表示它的主频为 600MHz,外频为 100MHz,还采用了 0.18μm 的新工艺;而 Pentium Ⅲ 600EB 表示它的主频为 600MHz,外频为 133MHz,采用的是 0.18μm 的工艺。

(3) 处理器序列号。Pentium Ⅲ处理器首次设置了处理器序列号的功能。PSN(处理器序列号)是一个 96 位的二进制数,制造芯片的时候将它编入处理器硅晶片的核心代码中,可以用软件读取但不能修改。PSN 设计的目的是为了加强资源的跟踪、安全保护和内容管理,但是也影响到涉及隐私权保护的问题。

10) Pentium Ⅳ(图 2.12、图 2.13)

图 2.12　Pentium Ⅳ微处理器

2000 年 6 月 Intel 公司发布了 Pentium Ⅳ CPU,它仍然属于 Intel 第 6 代 CPU 产品。用户使用基于 Pentium Ⅳ处理器的个人电脑,可以创建专业品质的影片,透过因特网传递电视品质的影像,实时进行话音、影像通

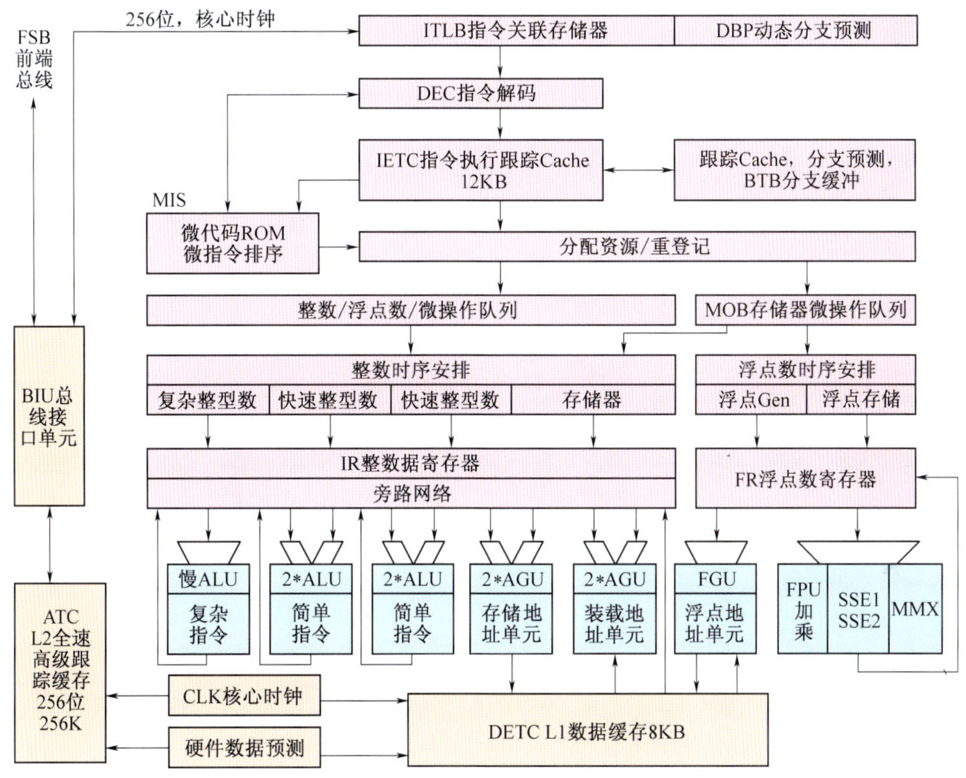

图2.13 Pentium Ⅳ系统结构图

信，实时3D渲染，快速进行MP3编码解码运算，在连接因特网时运行多个多媒体软件。

Intel Pentium Ⅳ第一代CPU的核心为Willamette。第二代Pentium Ⅳ CPU引入了Northwood内核，该内核采用0.13μm工艺制造，封装形式为mPGA－478，具有512K二级缓存，并支持100MHz、133MHz的外频。通过Pentium Ⅳ特有的4倍频技术，前端总线(FSB)将达到400MHz～533MHz。

Pentium Ⅳ 的主频一推出就超过了1GHz，Pentium Ⅳ CPU具有以下特点。

① 超级流水线技术将流水线深度增加了一倍，达到20级，显著提高了处理器性能和频率能力；② 它的快速执行引擎使处理器的算术逻辑单元达到了双倍内核频率，从而实现了更高的执行吞吐量，并缩短了等待时间；③ 它具有400MHz前端总线，增强的高级动态执行，增强的浮点使数据能够有效地穿过流水线，实现了逼真的视频和三维图形；④ 它改进了指令执行的超标量体系结构，实现了深层次的无序执行；⑤ 它具有改进的多媒体单元和浮点处理单元。

(1) 4倍速处理器前端总线。当程序指令与数据一开始进入处理时，就会进入系统总线队列。Pentium Ⅲ处理器外频设定在133MHz，每时钟周期传输64位数据，提供8字节×133MHz＝1066MB/s的数据带宽；而Pentium Ⅳ处理器的外频虽然仅为100MHz，同样是64位数据带宽，但由于其利用了与AGP4X相同的原理"四倍速"(即FSB400)技术，因此可传输高达3200MB/s的数据传输速度。因此，Pentium Ⅳ处理器传输数据到系统的其他部分比目前所有的x86处理器都快，也打破了Pentium Ⅲ处理器受外频瓶颈的限制。其后Intel又不断改进前端总线技术，推出了FSB533、FSB800的新规格，将数据传输速度进一步提升，并且在最新的Pentium Ⅳ处理器，Intel已经支持双通道DDR技术，让内存与处理器传输速度也有很大的改进。

(2) SSE2。数据流单指令多数据扩展2(SSE2)扩展了MMX和SSE技术，包括57条MMX指令、70条SSE指令和新增加的144条指令。而且，利用新增加的144条指令，Pentium Ⅳ处理器提供了先进的技术，能够在今天乃至将来获得最丰富的互联网体验。

(3) 20 段超流水线技术。Pentium Ⅱ和 Pentium Ⅲ的流水线已经有 12 段,Pentium Ⅳ的流水线达到了 20 段。这样做所带来的好处就是,有利于在不同段中同时进行操作的指令数多;另外,指令流水线的段数越多,每段规定完成的任务就越少,从而允许流水线以更高的时钟频率运行。超流水线的负面作用是转移预测错误,这样将会有很大的性能损失。为此,Pentium Ⅳ采用了静态和动态两级转移预测,使转移预测的失误率比 Pentium Ⅲ减少,提高了转移预测的正确率。

(4) HyperThreading(超线程)技术。超线程技术是 Intel 为了弥补传统处理器在执行单元效能上的利用率不足而开发的一项全新技术。简单来说,超线程技术原理可以被理解为借用了 x86 平台下的同步多线程技术,即 SMT,令一块 CPU 能够同时处理两个线程的数据。在带有超线程技术的 CPU 上,CPU 将由两个逻辑处理器轮流进行指令取数/解码并尝试同时执行两个线程,因此解决了 CPU 执行单元利用率低下的问题。在运行针对超线程技术做过优化的操作系统及软件时,CPU 的处理能力将有 30% 以上的提高。然而在运行没有对超线程技术做过优化或单线程软件时,这一技术的存在反而会降低处理器的处理效能,特别是多线程操作系统运行单线程软件时这一缺点将表现得尤为突出。就目前来说,虽然仅有少数的应用软件对这一技术做过优化,但是随着今后超线程技术的广泛采用,大量对其做过专门优化的操作系统和应用软件便会应运而生。

11) Celeron(图 2.14)

Intel 公司于 1998 年 4 月推出了一款廉价的 Celeron(中文名叫赛扬)。最初推出的 Celeron 有 266MHz、300MHz 两个版本,且都采用 Covington 核心,0.35μm 工艺制造,内部集成 1900 万个晶体管和 32KB 一级缓存,工作电压为 2.0V,外频 66MHz。至今,赛扬的频率已经提高了 10 倍以上,赛扬的核心也更换了 6 代。Intel 公司十分重视低端市场,赛扬 CPU 产品是同期高端产品的简化版本。

Celeron 是专门为低于 1000 美元 PC 市场而制造的产品。为了赶快挽回在低端市场的损失,Intel 采取了一个另类的方法,那就是将 Pentium Ⅱ处理器中的二级缓存完全拿掉(Covington 内核),这样既节省了研发时间和成本,又不会对 Pentium Ⅱ的高端市场造成冲击。早期的赛 Celeron 采用了当时非常先进的 0.35μm 工艺制造。其超频和发热量的控制都很出色,但没有二级高速缓存的实际表现令人非常失望;1998 年 8 月,在 Pentium Ⅱ - 450 问世的同时,Intel 宣布了新赛扬,即 Celeron 300A 和 Celeron 333,面对之前的失败,Intel 吸取了之前的教训,新赛扬的特点是在处理器芯片内集成了 128KB 二级高速缓存,虽然相比 Pentium Ⅱ那 512KB 的二级缓存而言,Celeron 内部集成的 128KB 二级缓存不会对高端和商务用户市场带来很大的冲击,但 Celeron 的二级缓存的工作频率与处理器相同,而不像 Pentium Ⅱ那样,工作频率为主频的一半,但就是这 128KB 的全速二级缓存给予了 Celeron 巨大的改变,极大地改善了赛扬的整体性能,而之后推出采用 Socket 370 接口的 Celeron 366MHz/400MHz 则更大地增强了在

图 2.14　Celeron 微处理器

图 2.15　新 Celeron 微处理器

低价 PC 市场上竞争力。同时,Celeron 300A 也造就了一个经典。

在 Pentium Ⅲ时代,Intel 推出了 Pentium Ⅲ铜矿核心的 Celeron Ⅲ CPU 产品,二级缓存减少到 128KB,同时外频只有 66MHz。当 Celeron Ⅲ达到 1.1GHz 的频率时,基于铜矿核心的 Celeron Ⅲ无法提升频率,Intel 公司推出了采用 Tualatin 核心的新 Celeron Ⅲ,该产品采用 0.13μm 工艺制造,100MHz 外频,256KB 的二级缓存,双独立总线结构,16KB 指令缓存和 16KB 数据缓存,而 Tualatin 核心的 Pentium Ⅲ和新 Celeron Ⅲ的唯一区别是 Pentium Ⅲ外部总线频率可以达到 133MHz。

随后,Intel 推出了 Tualatin - b 核心的 Celeron Ⅲ,外频提高到 133MHz,主频从 1.3GHz 开始,可以达到 1.7GHz。

2000 年 11 月,Intel 推出了基于 Willamette 核心的 Celeron Ⅳ。新 Celeron Ⅳ与基于 Willamette 核心 Pentium Ⅳ内核完全一样,唯一的差别是 Celeron Ⅳ只配置了 128KB 的二级缓存。Celeron Ⅳ采用 0.18μm 的铝连线工艺,采用了集成度更高的 Socket 478 结构,400MHz 的前端总线使它的核心频率可以达到 1.7GHz 以上。

Celeron Ⅳ目前采用的是 Northwood 核心,采用 0.13μm 的铜连线工艺,前端总线为 400MHz,而二级缓存只有 128KB。

12) Xeon(图 2.16、图 2.17)

1998 年 6 月 Intel 发布了第一款 Xeon(中文名称至强)产品,这款产品是基于 Pentium Ⅱ核心推出的面向服务器的 CPU 产品。至强和 Pentium Ⅱ的最大区别在于提高了二级缓存的容量,配置了最大达 2MB 的二级缓存。Pentium Ⅱ Xeon500、550 采用 0.25μm 技术,Slot 2 架构和 SECC 封装形式,由于二级缓存封装在 CPU 内,所以至强的体积比 Pentium Ⅱ大了近两倍。

图 2.16 Pentium II Xeon 至强微处理器

图 2.17 Pentium III Xeon 至强微处理器

和 Pentium Ⅱ Xeon 一样,Intel 同样也推出了面向服务器和工作站系统的高性能 CPU——Pentium Ⅲ Xeon 至强微处理器。前期采用 0.25μm 技术,后期采用 0.18μm 工艺制造,Slot 2 架构和 SECC 封装形式,内置 32KB 一级缓存和 512KB 二级缓存,工作电压为 1.6V。

Pentium Ⅳ至强(图 2.18)和 Pentium Ⅳ的核心基本相同,Pentium Ⅳ的至强分为多处理器(MP)和双处理器(DP)两种。

至强 MP(图 2.19)有三级缓存,而至强 DP 没有配置三级缓存。按照核心类型,至强有三种核心 Foster、Gallatin、Prestonia,前两种采用 Socket603 插座,而 Prestonia 采用 Socket604 插座。

图 2.18 Pentium Ⅳ Xeon 微处理器

图 2.19 Xeon MP 微处理器

13）Itanium（图 2.20）

2000 年 11 月，Itanium 处理器问世，中文名称安腾，它是 Intel 的第一代 64 位 CPU，从此 Intel 的 CPU 历史又迈开新的一步。对于安腾处理器设计，Intel 将 RISC 机构、CISC 结构和 Intel 推出的新方法——精确并行指令计算结构（EPIC）相结合，这三种体系结构结合在一个芯片内，意味着现存的应用程序将仍然可以运行在新芯片的服务器上。但是如果没有软件支持并行计算，系统性能的提高是非常有限的。

Merced 核心的 Itanium 产品，工作频率 800MHz 以上，采用 0.18μm 工艺，每个时钟周期可发射 6 条指令。

14）Itanium Ⅱ（图 2.21）

Intel 公司在 2002 年 7 月推出了 Mekinley 核心的 Itanium Ⅱ产品，这款 CPU 采用 0.13μm 制造工艺，工作频率在 900MHz ~ 1.5GHz 之间，高速缓存容量为 1.5MB ~ 3MB 全速，核心共集成 2.2 亿个晶体管，它与 Itanium 最大的不同是加入了 3MB 全速三级缓存，并且集成在 CPU 核心内部，同时还带有 6 个整数单元，而 Itanium 产品只有两个整数单元。

图 2.20　Itanium 微处理器

图 2.21　Itanium Ⅱ微处理器

对比 Xeon 和 Opteron 每个时钟周期发出最多三条指令的设计，Itanium Ⅱ能够每个时钟发出八条指令，此后的 Itanium 芯片能发出更多的指令而无需重编译代码。理论上，1 GHz Itanium 芯片能够表现得差不多跟 2.66 GHz Xeon/Opteron 一样快，或是 1.5 GHz Itanium Ⅱ大约跟 4 GHz Xeon/Opteron 一样快。

Madison 是 Itanium Ⅱ的更新产品，主频在 2GHz 以上，采用 0.13μm 工艺，而 Montecito 主频在 3GHz 以上，采用 0.09μm 以下工艺。

表 2.1 列出了 Intel 公司的 80x86 系列 CPU 的主要性能参数。

表 2.1　Intel 公司 80X86 系列 CPU

特性 \ 系列	8086	80286	80386DX	80486DX	80486DX2	Pentium	Pentium Pro
外频/MHz	4.77	8/12/20	12/25/33	16 ~ 50	16 ~ 50	60/66	60/66
倍频	1X	1X	1X	1X	2X	1 ~ 3X	2 ~ 3X
运算特性			11.5MIPS (33MHz)	20MIPS (25MHz)	54Dhrystone MIPS 33.6SPECint89 18.3SPECfp89	100Dhrystone MIPS 70SPECint89 70 SPEC fp89	300MIPS
制造技术	HMOS	HMOS	CHMOS	1μmCMOS	0.8μmCOMS	0.6μmBiCMOS	0.35/0.6μm CMOS/BiCMOS
整数运算单元/个	1	1	1	1	1	2	3
浮点运算单元/个	无	无	无	1	1	1	1

（续）

系列 特性	8086	80286	80386DX	80486DX	80486DX2	Pentium	Pentium Pro
内藏高速缓冲存器	无	无	无	8KB(指令，数据混合)	8KB(指令，数据混合)	16KB(指令，数据各半)	8KB(指令)+8KB(数据)+256KB/512KB/1M
地址总线宽度	20	24	32	32	32	32	36
数据总线宽度	16	16	32	32	32	64	64
封装	40针双列直插	68针LCC/PGA	132针PGA	168针PGA	168针PGA	273针PGA	387SPGA
集成度/万晶体管	2.9	13.4	27.5	120	120	310	2100(核心550万、256KBL2：1550万)
功耗/W					6	13	39.4
推出日期	1978.6	1982.2	1985.10	1989.8	1992.8	1993.3	1995.11

系列 特性	Pentium Ⅱ	Pentium Ⅲ	Pentium Ⅳ	Celeron	Xeon	Itanium	Itanium Ⅱ
外频/MHz	66/100	100/133	100/133	66/100/133	66/100/133	133	133
倍频	3.5～4.5X	4～10X	13～21X	3.5～21X	3.5～21X		
运算特性							
制造技术	0.25/0.35μm COMS	0.18/0.35μm COMS	0.13/0.18μm COMS	0.13～0.35μm COMS	0.13～0.35μm COMS	0.18μm COMS	0.13μm COMS
整数运算单元/个	3						
浮点运算单元/个	1						
内藏高速缓存	L1:16KB(指令)+16KB(数据)L2:512KB	L1:16KB+16KB L2:512KB	L1:8KB+12KB L2:512KB	L1:16KB+16KB L2:128KB L3:256KB	L1:8+12KB L2:512KB L3:1MB～4MB	3MB	1.5MB～3MB
地址总线宽度	36	36	36	36	36		
数据总线宽度	64	64	64	64	64	128	128
封装	242针SEC	242针SECC2/370针FC－PGA	FC－PGA/FC－PGA2	SEPP/PPGA/FC－PGA/FC－PGA2	SECC/FC－PGA/FC－PGA2		
集成度/万晶体管	750	950～2800	5500	750～	750～	2540	2.2亿
功耗/W	27.1(450MHz)	40.4	49.8(2.0GHz)81.8(3.06GHz)	29	74	130	
推出日期	1997.5	1999.2	2001.7	1998.4	1998.6	2000.11	2002.7

15）中国龙芯

（1）龙芯1号（图2.22）。2002年9月，中国科学院下属的北京神州龙芯集成电路设计有限公司设计推出了我国第一款商用化的通用高性能CPU芯片龙芯1号（Godson），拥有自主知识产权。

龙芯1号采用与MIPSⅢ（32位）指令系统兼容的RISC芯片，采用0.18μmCMOS标准单元生产。芯片采用了动态流水线结构，定点字长32位，浮点字长64位，片内集成了8KB指令高速缓存和8KB数据高速缓存，支持乱序执行和精确中断处理。

龙芯1号功耗低，主频为200MHz时，工作功耗为0.4W，目前支持的操作系统是Linux。

龙芯1号的流水线结构先进，效率高，定点和浮点运算最高速度均超过2亿次每秒。同时，龙芯1号具有防缓冲区攻击的硬件设计，可以抵御缓冲区溢出型黑客攻击和病毒攻击，适合做安全的网络服务器。

（2）龙芯2号（图2.23）。2005年4月，中国科学院计算技术研究所正式对外发布其自主研发的龙芯系列CPU的最新研究成果龙芯2号高性能通用处理器（简称龙芯2号）。龙芯2号的研制是国家“863”计划计算机软硬件技术主题重点课题和中科院知识创新工程重大项目。它采用先进的四发射超标量超流水结构，片内一级指令和数据高速缓存各为64KB，片外二级高速缓存最多可达8MB。为了充分发挥流水线的效率，龙芯2号实现了先进的转移猜测、寄存器重命名、动态调度等乱序执行技术，以及非阻塞的高速缓存和取数操作猜测执行等动态存储访问机制。

图2.22　龙芯1号微处理器

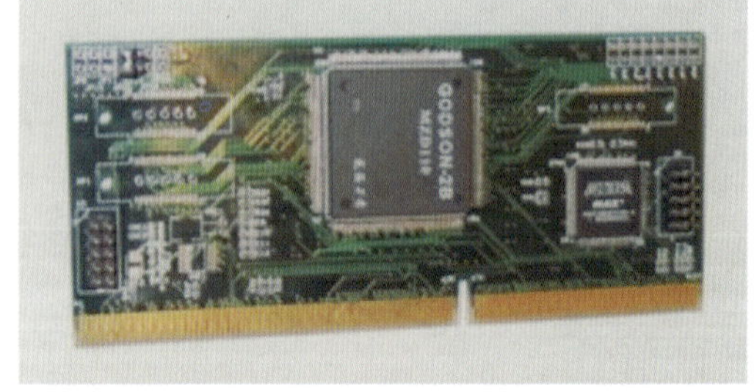

图2.23　龙芯2号微处理器

龙芯2号最高频率为500MHz，功耗为3W～5W，远远低于国外同类芯片，其SPEC CPU2000测试程序的实测性能是1.3GHz的威盛处理器的2倍～3倍，已达到Pentium Ⅲ的水平。在短短的22个月时间里，龙芯2号CPU性能比龙芯1号提高了10倍。

龙芯2号是国内首款64位的高性能通用CPU芯片，支持64位Linux操作系统和X－Window视窗系统。

16）其他厂家的CPU

（1）AMD K5（图2.24）。K5是AMD公司第一个独立生产的x86级CPU，发布时间在1996年。作为第一款与Intel Pentium竞争的产品，K5系列内置了24KB的一级缓存，整数运算能力比Pentium强，浮点运算能力比不上Pentium。工作频率为75MHz～166MHz，采用0.35μm的制造工艺，核心共集成430万个晶体管，采用了64位数据总线。K5的核心采用了超标量设计，内置了6个并行执行单元，具有线性寻址、推理执行、动态分支预测、动态线性导向分支预测等功能。K5的封装采用PGA的封装形式。综合来看，K5属于实力比较平均的一种产品。K5低廉的价格显然比其性能更能吸引消费者，低价是这款CPU最大的卖点。

（2）AMD K6（图2.25）。在Intel宣布采用MMX技术之后，AMD在1997年推出了K6系列产品（K6，K6－Ⅱ，K6－Ⅲ）。K6兼容MMX技术，这款CPU拥有全新的3DNOW！指令以及64KB L1 Cache（比Pentium MMX多了一倍），整体性能要优于Pentium MMX，接近同主频

Pentium Ⅱ的水平。K6 与 K5 相比,可以平行地处理更多的指令,并运行在更高的时钟频率上。AMD 在整数运算方面做得非常成功,K6 稍微落后的地方是在运行需要使用到 MMX 或浮点运算的应用程序方面,比起同样频率的 Pentium 要差许多。

图 2.24　AMD K5 微处理器

图 2.25　AMD K6 微处理器

K6 拥有 32KB 数据 L1 Cache,32KB 指令 L1 Cache,集成了 880 万个晶体管,工作频率为 116/200/233/300MHz,采用 0.35μm 技术,五层 CMOS,C4 工艺反装晶片,内核面积 $168mm^2$(新产品为 $68mm^2$)。K6 的核心采用了 RISC86 超标量微结构,内置了 6 个并行执行单元,具有两个精密 X86 译码器,16 个分支目标缓冲区,数据总线带宽 528MB。使用 Socket7 架构。1998 年 AMD 推出 K6-Ⅱ,工作频率为 233MHz ~ 500MHz,采用 0.25μm 技术,1999 年又推出了 K6-Ⅲ工作频率为 400MHz。

(3) AMD K7 Athlon(图 2.26)。1999 年 6 月,AMD 公司推出了具有重大战略意义的 K7 微处理器,并将其正式命名为 Athlon。K7 有两种规格的产品:第一种采用 0.25μm 工艺制造,使用 K7 核心,工作频率为 500MHz ~ 700MHz,工作电压为 1.6V(其缓存以主频速度的一半运行);第二种采用 0.18μm 工艺制造,工作频率为 550MHz ~ 1000MHz,工作电压有 1.7V 和 1.8V 两种。上述两种类型的 K7 微处理器内部都集成了 2200 万个晶体管,外频均为 200MHz。

Athlon 包含 128KB 的 L1 Cache;512KB ~ 1MB L2 Cache 的片外缓存。同时,它还采用了全新的宏处理结构,拥有三个并行的 x86 指令译码器,可以动态推测时序,乱序执行;K7 拥有一个强劲的浮点处理单元,在 3DNOW! 指令的帮助下会有更进一步的 3D 和多媒体处理能力,这个先进的 FPU 使 K7 拥有超越其他 x86 微处理器 2 倍的性能。另外,K7 采用了一种类似于 Slot 1 的全新的 Slot A 架构,从物理结构上两者可以互换,但后者的电器性能和前者完全不兼容。在总线方面,使用的是 Digital 公司的 Alpha 系统总线协议 EV6,外频达 200MHz;Athlon 是 AMD 第一个具有 SMP(对称多微处理器技术)能力的桌面 CPU,即使用者可以用 Athlon 构建双微处理器系统甚至 4 微处理器系统。

(4) Athlon XP(图 2.27)。AMD 公司 2001 年 11 月发布新型的 Athlon XP 处理器。Athlon XP 处理器基于 Palomino 核心,0.18μm 技术制造,集成 128KB 一级缓存、256KB 二级缓存,SocketA 架构,并采用了更加先进的技术,包括增强型的 3DNow!、SSE 指令集、数据预读等。AMD 公司随后于 2003 年推出了采用 Barton 核心的 XP 处理器 XP3000+,0.13μm 技术的 Barton 与 2002 年推出的 Thorougbred 核心的区别就是 Barton 核心的二级缓存增加到了 512KB,这

图 2.26　AMD Athlon 微处理器

图 2.27　AMD Athlon XP 微处理器

能使 Barton 处理器的性能得到大幅度提升。Barton 核心的 CPU 产品分为“Barton A”和“Barton B”, Barton A 的前端总线为 333 MHz(外频 166MHz),Barton B 的前端总线将达到 400MHz(外频 200MHz),内核没有改变。Barton B 的实际时钟频率为 2.2GHz 的型号为 3200 +,而时钟频率为 2.4GHz 的 400MHz FSB Barton 的型号为 3600 +。

(5) Athlon 64(图 2.28)。AMD 公司 2003 年 9 月正式发布了 Athlon 64、Athlon 64 FX 和移动 Athlon 64 处理器。

AMD 的 Athlon 64 处理器基于 x86 系统架构并对其进行了根本性的改造,作为下一代全新设计的 x86 架构,AMD 64 架构不仅提供了对 32 位 x86 软件的完全支持,同时也是第一款基于 x86 架构的 64 位处理器。

图 2.28　AMD Athlon 64 微处理器

其中 Athlon 64 处理器需要使用 Socket 754 主板,集成单通道 DDR400 内存控制器,实际频率 2.0GHz,L1 缓存 128KB,L2 缓存 1MB。Athlon 64 FX 的实际频率则为 2.2GHz,需要 Socket 940 主板,支持 registered DDR400 内存,L1 缓存 128Kb,L2 缓存 1MB。两款处理器均采用 0.13μm 制造技术。

2.3　PC 机的存储器

在第 1 章,已对计算机的存储器作了介绍。对于 PC 机来说,随着微处理器速度的提高,存储器的速度远远跟不上要求,而且存储容量又与存取速度相矛盾。因此,只能采用分级的方法,即分作处理器的寄存器堆和芯片内的高速缓存、片外的二级高速缓存(一般 16KB ~ 512KB)、主存(一般 1MB ~ 数百 MB)和外存(一般为软盘、硬盘、光盘等)。

2.3.1　PC 机的高速缓冲存储器

在 Intel 公司的 80x86 系列 CPU 中,80486DX 以上的处理器芯片中已集成了高速缓冲存储器,如 80486DX 中有 8KB 的高速缓冲存储器,用于指令和数据混合存取。而奔腾处理器中,则集成了 16KB 高速缓冲存储器,其中 8KB 存储指令,8KB 存储数据。在实际应用中,仍会感到容量不够,于是还要外加高速缓冲存储器,这样就把前者(芯片内的)称作一级高速缓冲存储器,而后者(芯片外的)称作二级高速缓冲存储器。对于二级高速缓冲存储器,必须有一个特殊的控制器和一个特征存储器,执行对高速缓冲存储器的控制,并掌握哪些存储块在高速缓冲存储器中,它们的状态如何。

2.3.2　主存储器

1) PC 机主存的特点

现在大量使用的 PC 机都是由 IBM PC 发展而来,IBM PC 机是用 Intel 8088 为 CPU,DOS 为操作系统,由此而形成了 PC 机主存的特点。

8088 CPU 的地址总线宽度 20 位,可寻址的存储空间为 1MB。DOS 操作系统的一部分是放在 ROM 中,要占用内存空间,而且显示器的显示缓存也要占用内存空间。因此,IBM PC 机将 1MB 的内存空间分为两部分,即由 0 地址开始向上的 640KB,供应用程序使用,而将这以上到 1MB 的 384KB 作为保留空间,供 PC 机系统使用。由此延续至今,将 PC 机的基本内存视为 640KB。

随着 80286、80386 等 CPU 的出现,其可寻址的存储器空间大大增加,远远超过 1MB 的范

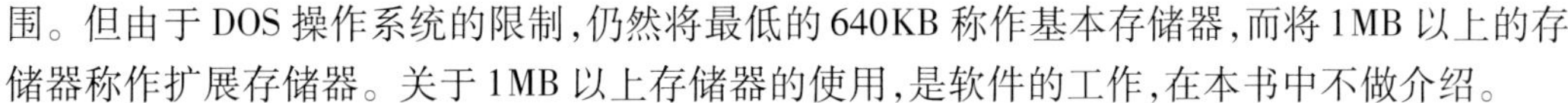

围。但由于DOS操作系统的限制，仍然将最低的640KB称作基本存储器，而将1MB以上的存储器称作扩展存储器。关于1MB以上存储器的使用，是软件的工作，在本书中不做介绍。

2）PC机主存的构成

主存容量较大，一般都使用DRAM。DRAM的速度和价格都比SRAM低，但组成DRAM的单元（一个单元存储1比特信息，由一个晶体管和电容器组成）比组成SRAM的单元（一个单元由4个或6个晶体管触发器组成）的芯片面积要小得多，因此，其集成芯片的密度要高得多。

存储器有三个关键属性，即规模、等待时间和吞吐量。存储器的三个关键属性对应了DRAM的三个特性。即规模—密度（集成度）、等待时间—存取时间和吞吐量—周期时间。DRAM的密度（集成度）大约每三年提高四倍，而存取时间和周期时间都不可能有很快的提高。因此，提高吞吐量和降低等待时间就可提高主存的速度。特别是在以Intel公司的80x86系列为CPU的PC机中，因为CPU总线和存储器总线是统一的，具有同样的时钟频率，因此更需要解决存储器的速率的提高。为提高主存的速度，要做两方面的工作。一个是存储器系统的设计，另一个是DRAM结构的改进。

在主存系统的设计上，一般采用两种方法。

第一种方法是页面工作方法。这种方式下，当一个整行（指一个芯片页面）被读出到读出放大器时，保持该行为激活，只改变列地址进行数据的存取。只要存取还保留在页面上，就可提高主存的速度。由上可知，页面方式是有条件的，即只有在存储器引用流中总是有顺序性时才有效。

第二种方法是交错存取方法。提高吞吐量的最普通的方法是交错存取，即把存储器分作几个相同的存储阵列，或称作“组”（Bank）。最简单的形式是在分配存储器地址时，使相邻地址占据相邻的组，使用的组数 N 是2的指数。将地址被 N 除，其模数为0则在0组，模数为1则在1组。交错存取是按照因数 N 来增加存储器的吞吐量，又称作增加带宽。即每个周期读出 N 个字，而不是一个，将这 N 个字存储在寄存器中，空出存储器组以进行下一个存取。如果存取的存储器地址大部分是顺序的，则交错处理是成功的；如果是非顺序存取，则效果较差。于是又出现了下面的交错存取方法。

另一种方法略为复杂，但有利于非顺序存取。它也是将存储器分作 N 块，地址以同样方式分到组。但这种形式下，存储器控制器承担额外的调度存取的责任，它监视着每个单独的请求，并按最大限度利用数据总线的要求来调度这个请求。控制器的目标是尽可能交错各存储器之间的操作。

交错存取的缺陷是填充较宽的总线所需存储量太大，同时，为维持交错存取，存储器必须按 N 的量升级，从而会导致庞大而复杂的存储系统。

在存储器的结构中还必须指出的是，对高速存储器系统还必须把存储器通路看作传输线，必须小心控制它们的阻抗以及端接，减少反射，而且印制电路板的走线设计必须尽量减少寄生电容和电感。

2.3.3 不同的存储器

在80286主板发布之前，内存并没有被世人所重视，这个时候的内存是直接固化在主板上，而且容量只有64KB~256KB，对于当时PC所运行的工作程序来说，这种内存的性能以及容量可以满足当时软件的处理需要。不过随着软件和新一代80286硬件平台的出现，软件和硬件对内存性能提出了更高要求，为了提高速度并扩大容量，内存必须以独立的封装形式出现，因而诞生了内存条概念。

1) SIMM(图 2.29)

在 80286 主板刚推出的时候,内存条采用了 SIMM(单列存储器模块)接口,内存条有 30 个接触点,因此被称为 30pin(线)。30pin SIMM 一般是四条一起使用,配合 80286 处理器的 30pin SIMM 内存条是 PC 机中使用的最早的内存条。

图 2.29　72pin 的 SIMM

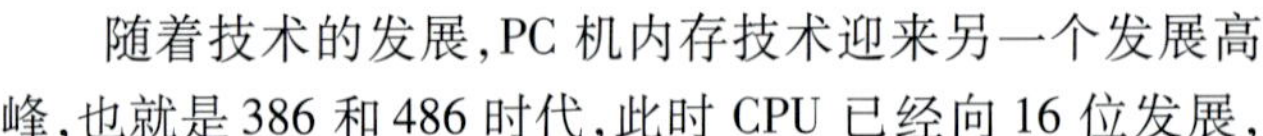

随着技术的发展,PC 机内存技术迎来另一个发展高峰,也就是 386 和 486 时代,此时 CPU 已经向 16 位发展,所以 30pin SIMM 内存再也无法满足需求,其较低的内存带宽已经成为亟待解决的瓶颈,所以此时 72 线 SIMM 内存出现了,72pin SIMM 支持 32bit 快速页模式内存,内存带宽得以大幅度提升。72pin SIMM 内存单条容量一般为 512KB ~2MB,而且仅要求两条同时使用,由于其与 30pin SIMM 内存无法兼容, 30pin SIMM 逐渐被淘汰了。

2) SDRAM(图 2.30)

SDRAM,即 Synchronous DRAM(同步动态随机存储器),曾经是 PC 电脑上最为广泛应用的一种内存类型,即便在今天 SDRAM 仍旧还在市场占有一席之地。既然是"同步动态随机存储器",那就代表着它的工作速度是与系统总线速度同步的。SDRAM 内存又分为 PC66、PC100、PC133 等不同规格,而规格后面的数字就代表着该内存最大所能正常工作系统的总线速度,比如 PC100,那就说明此内存可以在系统总线为 100MHz 的电脑中同步工作。

图 2.30　SDRAM 内存

与系统总线速度同步,也就是与系统时钟同步,这样就避免了不必要的等待周期,减少数据存储时间。同步还使存储控制器知道在哪一个时钟脉冲期由数据请求使用,因此数据可在脉冲上升期便开始传输。SDRAM 采用 3.3V 工作电压,168pin 的 DIMM 接口,带宽为 64 位。SDRAM 不仅应用在内存上,在显存上也较为常见。

3) DDR SDRAM(图 2.31)

DDR 是一种继 SDRAM 后产生的内存技术,是双数据传输模式。之所以称其为"双",也就意味着有"单",我们日常所使用的 SDRAM 都是单数据传输模式。这种内存的特性是在一个内存时钟周期中,在一个方波上升沿时进行一次操作(读或写),而 DDR 则引用了一种新的设计,其在一个内存时钟周期中,在方波上升沿时进行一次操作,在方波的下降沿时也做一次操作,之所以在一个时钟周期中,是因为 DDR 可以完成 SDRAM 两个周期才能完成的任务,所以理论上同速率的 DDR 内存与 SDR 内存相比,性能要超出一倍。

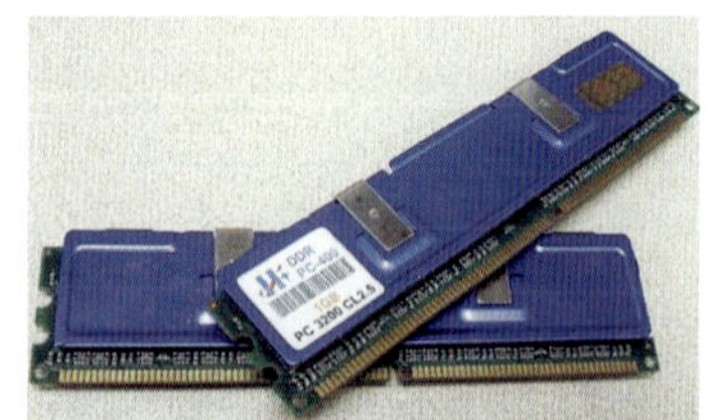

图 2.31　DDR 内存

DDR 内存采用 184 线结构,DDR 内存不向后兼容 SDRAM,要求专为 DDR 设计的主板与系统。

4) DDR2 SDRAM

DDR2(Double Data Rate 2) SDRAM 是由 JEDEC(电子设备工程联合委员会)进行开发的新生代内存技术标准。在同等核心频率下,DDR2 的实际工作频率是 DDR 的两倍。这得益于 DDR2 内存拥有两倍于标准 DDR 内存的 4BIT 预读取能力。换句话说,虽然 DDR2 和 DDR 一样,都采用了在时钟的上升沿和下降沿同时进行数据传输的基本方式,但 DDR2 拥有两倍于 DDR 的预读取系统命令数据的能力。也就是说,在同样 100MHz 的工作频率下,DDR 的实际频率为 200MHz,而 DDR2 则可以达到 400MHz。DDR2 内存技术最大的突破点其实不在于用户们所认为的两倍于 DDR 的传输能力,而是在采用更低发热量、更低功耗的情况下,DDR2 可以获得更快的频率提升,突破标准 DDR 的 400MHz 限制。

2.4 PC 机的总线

PC 机系统中,采用总线结构设计,使系统结构变得简单。系统可根据总线性能,把其分成若干功能子系统或功能模块,再利用总线将这些子系统或功能模块联系起来,按一定的规约进行协调工作。在 PC 机中,其核心部件——微处理器、存储器、磁盘、显示器、网络等以总线方式相连接从而构成一个结构紧凑的计算机系统。

总线有内部总线(系统总线)和外部总线(I/O 总线)等。对用户来说,最关心的是 I/O 总线,因为它是主机与 I/O 插卡的连接总线,而各类 I/O 插卡则可由用户根据自己的需求进行选择和配置,来构成所需的 PC 机系统。

PC 机的 I/O 总线主要由三部分组成:

(1) 数据总线,它传递信息"是什么";

(2) 地址总线,它指定信息"在哪里,到哪里";

(3) 控制总线,它指定信息"传递发生在何时"。

下面对目前 PC 机中通用的各类 I/O 总线分别介绍。

2.4.1 ISA 总线

IBM 公司推出 IBM PC/XT 机时定义了 XT 总线,这是针对 Intel 的 8088 CPU 设计的总线,它有 8 位数据线,20 位地址线,共有 5 个扩展插槽,每个插槽有 64 个信号触片(分两边,每边 32 个),用于连接扩展的插件板,插槽间距离为 2.54cm。

1982 年 IBM 推出 IBM PC/AT 机,定义了 AT 总线,这在当时是非常完善的总线,一直沿用,并成为工业界公认的标准,这就是 ISA 总线。

ISA 的中文意思是工业标准体系结构,它是在 XT 总线的基础上增加了 32 引脚的扩展槽(每边 16 个触片),将数据线扩展到 16 位,地址线扩展到 24 位(可寻址 16MB 的内存),同时增加了中断线和 16 位的 DMA 通道。ISA 总线的工作频率为 8MHz,最高数据传输速率为 5MB/s。

ISA 总线的特点是采用独立于 CPU 的时钟,从而解脱了总线对 CPU 的束缚,使得 CPU 可以使用比总线频率更高的时钟频率,给 CPU 的更新换代带来方便。同时,ISA 总线是一个开放结构,提供了外设与微处理器挂接的规范化接口,给系统的模块化设计提供了方便。ISA 总线正是大量 IBM PC 兼容机产生和发展的基础。

ISA 总线的不足之处是总线上的所有数据的传输都必须通过 CPU 或 DMA 控制器来管理,这样就加重了 CPU 的负担。

2.4.2 EISA 总线

随着 32 位 CPU 的出现,16 位总线已不能满足要求,32 位总线的出现势在必行。1989 年,由 Compaq、HP、AST 等九家公司联合推出了 32 位总线,即 EISA 总线。1989 年,这些公司推出了第一批面向服务器市场和高性能应用的 EISA 总线 PC 机。1990 年,大量 EISA 系统上市。

EISA 总线是 ISA 总线的扩展,总线时钟保持 8MHz,但数据传输速率提高到33MB/s,同时,它将总线的控制权从 CPU 分离出来,可支持多个总线主控和突发方式传输,并且有自动配置功能,是一种智能总线。按 EISA 设计的系统,最多可支持 15 个扩展插槽。

EISA 总线最突出的优点在于它同 ISA 总线的兼容。这样,使得 ISA 总线的大量接口卡及大量应用软件可以继续使用。同时,它仍保持了 ISA 总线的开放技术规范,以获得众多厂商的支持。

EISA 总线的主要性能特点可归纳为:

(1) 采用开放式结构,与 ISA 总线兼容。它包括与时钟频率、数据信号、控制信号相容,以及在物理结构上的兼容。

(2) 地址总线扩展到 32 根,使微处理器的直接寻址范围达到 4GB。

(3) 数据总线 32 根,以充分发挥 32 位微处理器的性能。

(4) 不用提高总线时钟频率,而用减少一次传送的周期数的方法来提高数据传输率,这样处理兼顾了兼容性。最大传输率为 33MB/s。

(5) 增强了 DMA 功能,且能在需要时自动将 8 位、16 位、24 位或 32 位数据转换到相应的数据宽度。

(6) 支持多处理机结构。采用自带微处理机的总线控制器(或称总线主控器),最多可达 16 个。设有专门的总线仲裁机构。

EISA 总线共有 188 个引脚,它在原来 ISA 的基础上增加了 64 个逻辑信号引脚和 26 个电源、地线引脚。在每对电源和接地引脚之间的信号引脚数不多于 4 个,以此增强电磁兼容性和降低引脚间的串扰。为了支持 EISA 总线,Intel 公司还专门设计了一套 EISA 芯片。采用这套芯片后,系统可使用双端口 RAM 结构,缩短了访问 RAM 的时间。同时,该芯片组支持各种速度的 80386、80486 微处理器,允许存储器部分能在与 CPU 时钟速率无关的情况下独立操作。

EISA 总线和 ISA 总线的结构基本相同,如图 2.32 所示。

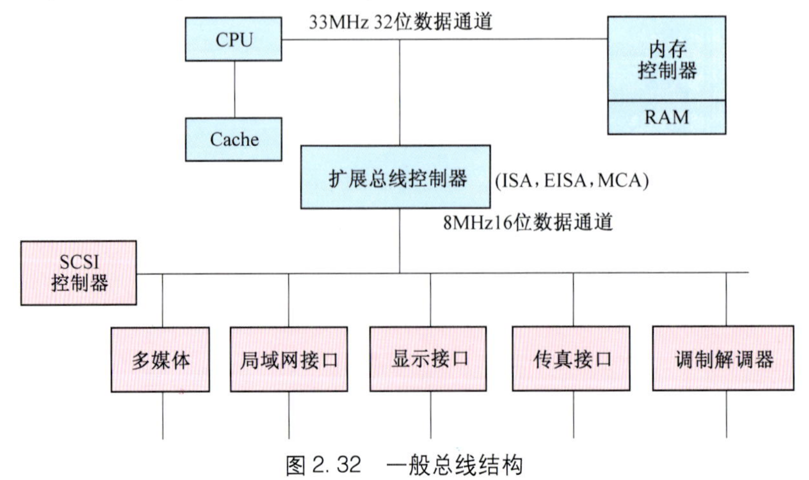

图 2.32 一般总线结构

EISA 总线虽然比 ISA 总线有很多改进，但比较复杂，而且价格昂贵。特别是随着 Windows、OS/2 等图形界面(GUI)软件的普及，对视频显示的要求不断提高，使得总线的传输速率难于满足要求。如以 30 帧/s 的视像播放为例，假设彩色显示为 24 位真彩色，分辨力为 640×480，则要求数据传输速率为 27.65MB/s；若分辨力提高到 1024×768，则传输速率要求 70.78MB/s。对于这种要求，EISA 总线是无法满足的，这将影响到 PC 机整体性能的提高。

为满足图形显示的要求，只有将外设尽量靠近 CPU 本身的总线并与 CPU 同步或准同步工作，才可能消除总线数据传输的瓶颈，于是出现了局部总线。

2.4.3 VESA 总线

VESA 总线是 1991 年由视频电子标准协会推出的 32 位总线，它是一种局部总线(Local Bus)，是针对视频显示的高数据传输率要求而产生的，因此又叫做视频局部总线(VL Bus)，简称 VL 总线。

所谓局部总线，就是 CPU 总线的扩展，即将外部设备(主要是对要求高数据传输率的显示卡、网络卡等)通过局部总线控制器，直接与 CPU 总线相连，使得总线时钟与 CPU 时钟相同，从而达到外设与 CPU 同步工作的目的。这样，如果在 33MHz 时钟频率下，总线传输速率可达 132MB/s。但由于总线扩展插槽的电气性能的限制，最高工作频率只能为 40MHz，则数据传输率最高只能达到 160MB/s。而将低速的外部设备(如：打印机、Fax/modem、CD－ROM 等)，仍然通过 ISA 总线控制器，以 8MHz/16MHz 的速率运行。这样，一般构成的系统是 VESA 和 ISA 两种总线的结合，即在主板上同时存在两种扩展插槽。其结构如图 2.33 所示。

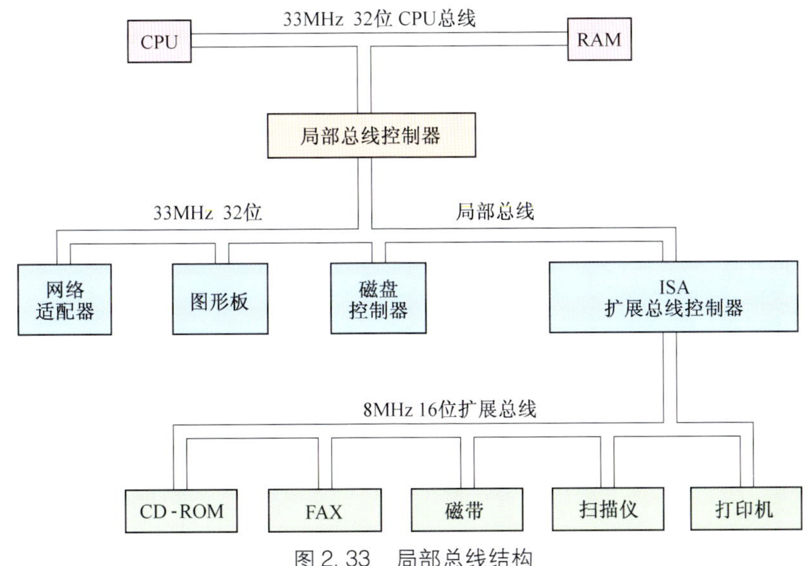

图 2.33 局部总线结构

VL 总线相当于直接连在 CPU 的管脚上，因此成本低。VL 总线的构成是在传统总线的扩展总线控制器与 CPU 之间，嵌入一级简单的仲裁机构，即局部总线控制器，实现将外设与 CPU 直接挂接的功能。由此也可知，VL 总线不是一种独立的总线，它必须附在传统的总线上(如 ISA、EISA)，而不是取而代之。

VL 总线的主要特点是：

(1) 支持多种微处理器，如 80486DX、80486DX2 等；

(2) 数据总线宽度为 32 位，可扩展为 64 位，也支持 16 位 CPU；

(3) 最大总线传输速率为 132MB/s；

(4) 与 ISA/EISA/MCA 总线兼容；

(5) 支持 0～3 个 VL 总线插槽，最多可支持 3 个 VL 总线物理设备，主要目标是高速视频控制卡、硬盘控制卡和局域网卡；

(6) EISA 总线需用一套专用芯片，VL 总线不需要专用芯片，因而成本低。

VL 总线没有严格的标准，主要规定了信号线的定义。对总线信号的逻辑时序关系、负载情况等无精确规定。所以，在各个厂家生产的主机板上，VL 总线都有差别，换句话说就是兼容性较差。另外，因为 VL 总线是 CPU 总线的扩展，因此负载能力较低，一般在 33MHz 时钟频率下可支持 3 个带缓冲的外设，而在 50MHz 时不允许使用扩展槽。因此，一般在主板上都做成多个 ISA 插槽外加 2 个～3 个 VL 扩展槽。

另外，应指出的是 VL 总线主要是针对 80486CPU 设计的，它几乎是 80486CPU 信号的延伸，因此，与 80486 的匹配最佳。一般来讲，VL 总线主要用于显示设备接口和网络接口。

2.4.4 PCI 总线

PCI 总线也属于局部总线，但它与 VESA 局部总线有所不同，性能上也比 VESA 要优越得多。它的结构如图 2.34 所示。

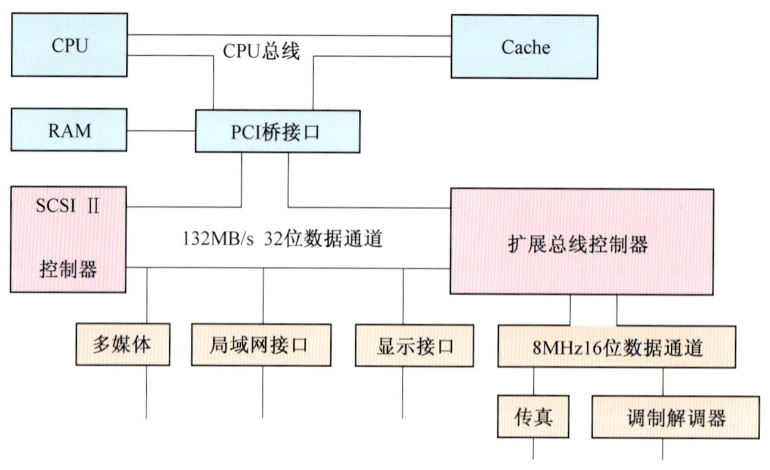

图 2.34 PCI 总线结构

(1) PCI 总线的构成是在 CPU 与传统总线控制器之间加入 PCI 桥路。这个 PCI 桥包括 PCI 控制器和 PCI 加速器，使得 PCI 总线不与 CPU 总线直接相连。这样，PCI 总线上的设备参数与 CPU 类型无关，只要使 PCI 桥与 CPU 类型搭配，就能使 PCI 总线与不同类型的 CPU(包括 RISC)相连。

另外，PCI 桥也增加了 PCI 的负载能力，使其所带负载数可达 10 个。

(2) PCI 总线有严格的规范，保证有良好的兼容性。因此，凡符合 PCI 规范的扩展卡，均可插入任何 PCI 系统而可靠地工作。

(3) PCI 总线具有很高的性能，这不只是因其数据宽度能从 32 位升至 64 位，数据传输速率可达 264MB/s，而且支持线性突发方式。就是说，在突发方式下，地址可以无限地线性递增。同时也支持持续突发方式和写突发方式。这些对于支持高性能的图形加速器是尤为重要的。

(4) PCI 总线具有多重缓冲器，使其具有独特的同步操作功能，可使外设与 CPU 同步工作，无需等待时间。

(5) PCI 总线具有自动配置功能，可以做到真正地即插即用(Plug&Play)，使得各类扩展卡不需开关或跳线设置。每个 PCI 插件上都含有 256 字节的空间,用于存放自动配置信息。每当系统新增加 PCI 插件卡时,系统 BIOS 中的配置软件在上电后即读出该插件卡的有关信息,自动为所有插件卡统一分配存储器地址、中断、端口地址等。

(6) 考虑到“绿色电脑”的要求,PCI 总线允许供电平滑地由 5V 过渡到 3.3V。

(7) PCI 总线属于局部总线的一种,所以是一种中间总线,连接在 CPU 总线和I/O总线之间,使用不同的 PCI 桥路,即可实现与 ISA 或 EISA 或 VESA 等总线的并存,同时又可支持 Pentium、RISC 等各类 64 位系统,是目前性能最好的 PC 机总线,也是一种有发展和应用前途的总线。

(8) 支持总线主控技术,允许智能设备在适当的时候取得总线控制权,以加速传输和对高度专门化任务的支持。

(9) 与 ISA/EISA/MCA 总线兼容。

上述的各种总线各有特点,对于不同的 PC 机系统,适合采用不同的总线结构。如以 80486 为 CPU 的 PC 机,采用 VL 总线较合适,而高档的 PC 机及服务器等,则宜采用 EISA 总线或 PCI 总线。对于用户已有的机器,由于总线结构已经确定。因此,对其 CPU 的升级应如何处置,是应慎重处理的。

为清楚起见,在表 2.2 中列出了几种总线的有关参数,以供参考。

表 2.2 PC 机总线比较

模型参数	PCI	EISA	VESA	ISA
地址线	2^{64}	2^{32}	2^{32}	2^{24}
数据线	64 位	32 位	32 位	8 位
直接存储器存取		8/16/32	8/16/32	8/16
直接存储器速度		32MB	CPU 速度	2MB
总线控制仲裁	多重控制	多重控制	多重控制	单一控制
总线主控器	16/32/64	16/32	16/32	16
突发方式	无限	有限	无	无
并发内存	是	是		
CPU	Intel、RISC, Alpha	Intel	Intel	Intel
总线传输速度	(132MB/s)/(264MB/s)	33MB/s	132MB/s	5MB/s
自动配置	有	有	无	无
电源	3.5V/5V	5V	5V	5V
奇偶校验	数据/地址	数据	数据	数据
发表年代	1993	1988	1992	1984
成本	低	高	低	低

2.4.5 AGP 图形加速接口

虽然现在 PC 机的图形处理能力越来越强,但要完成细致的大型 3D 图形描绘,PCI 结构的性能仍然有限,为了让 PC 的 3D 应用能力能同图形工作站一较高低,Intel 公司开发了 AGP 标准,推出 AGP 的主要目的就是要大幅提高高档 PC 机的图形尤其是 3D 图形的处理能力。

AGP 意思是图形加速端口,也称 AGP 总线。AGP 是一种新型接口标准,可直接向图形分支系统的存储器提供高速带宽。这种端口减轻了 PCI 总线传输速度慢的瓶颈状况,使图形加速卡计算速度更快。严格说来，AGP 不能称为总线，因为它是点对点连接，即连接控制芯片和 AGP 显示卡。采用 AGP 的目的是为了使 3D 图形数据越过 PCI 总线，直接送入显示子系统。这样就能突破由 PCI 总线形成的系统瓶颈。

PCI 总线的优势是带宽为所有外围设备部件共用，包括从 SCSI 接口卡到声卡和图形加速卡。相比之下，AGP 非常单一，只是图形加速卡使用的一个专用的图形连通线。AGP 带宽比 PCI 更加高。确切地说，AGP 总线运作时钟速度为 66MHz（相当带宽 266MB/s），而 PCI 总线运作时钟速度为 33MHz（带宽 133 MB/s）。

AGP 以 66MHz PCI Revision 2.1 规范为基础。在此基础上扩充了以下主要功能。

1）数据读写操作的流水线操作

流水线（pipelining）操作是 AGP 提供的仅针对主存的增强协议。由于采用了流水线操作减少了内存等待时间，数据传输速度有了很大提高。

2）具有 133MHz 的数据传输频率

AGP 使用了 32 位数据总线和双时钟技术的 66MHz 时钟。双时钟技术允许 AGP 在一个时钟周期内传输双倍的数据，即在工作脉冲波形的两边沿（即上升沿和下降沿）都传输数据，从而达到 133MHz 的传输速率，即 532MB/s（133M ×4B/s）的突发数据传输率。

3）直接内存执行 DIME

AGP 允许 3D 纹理数据不存入拥挤的帧缓冲区（即图形控制器内存），而将其存入系统内存，从而让出帧缓冲区和带宽供其他功能使用。这种允许显示卡直接操作主存的技术称为 DIME。应该说明的是，虽然 AGP 把纹理数据存入主存，也可以称为 UMA（统一内存体系结构）技术。但是与一些低端机采用的 UMA 有以下两点区别：

（1）通过 AGP 技术使用的主内存（称为 AGP RAM）并没有完全取代显示卡的显示缓存，AGP 主存只是对缓存的扩大和补充。

（2）低端机的 UMA 是通过 PCI 接口运行的，其速度较慢。

4）地址信号与数据信号分离

采用多路信号分离技术（demultiplexing），并通过使用边带寻址 SBA 总线来提高随机内存访问的速度。

5）并行操作

允许在 CPU 访问系统 RAM 的同时 AGP 显示卡访问 AGP 内存，显示带宽也不与其他设备共享，从而进一步提高了系统性能。

2.4.6 PCI - E 总线

PCI - E（PCI Express）（图 2.35）是下一代的总线接口，而采用此类接口的产品，目前也只有显卡需要 PCI - E 提供的带宽。PCI - E 接口的显卡，已在 2004 年正式面世。早在 2001 年的春季 Intel 开发者论坛（IDF2001）上，Intel 公司就提出了要用新一代的技术取代 PCI 总线和多种芯片的内部连接，并称为第三代 I/O 总线技术。随后在 2001 年底，包括 Intel、AMD、DELL、IBM 在内的 20 多家业界主导公司开始起草新技术的规范，并在 2002 年完成，对其正式命名为 PCI Express。

1）点对点串行连接

我们目前所使用的总线大体上是趋于并行式的连接界面，包括了 AGP 接口。并行连接界面最大的一个问题即是，信号的传递需要依赖于时钟频率与电压。无论发送端还是接收端，即使在已完成发送或接收信号的工作，但依然需要花费时间在等待下一个传输周期的到来，而传输周期一般以总线频率为主，总线类型与数据传输速率如表 2.3 所列。

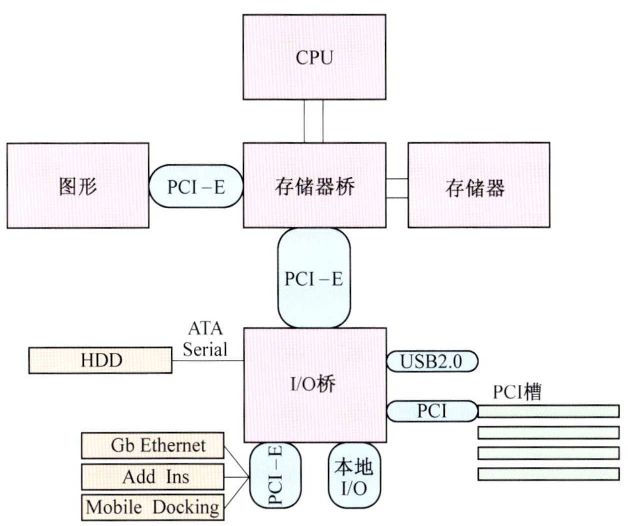

图 2.35　PCI－E 总线结构图

表 2.3　总线类型及数据传输速率

总线类型	数据传输速率	总线类型	数据传输速率
ISA	8.33MB/s	AGP－8X	2.133GB/s
EISA	133MB/s	PCI Express1X(双通道)	500MB/s
VESA	133MB/s	PCI Express2X(双通道)	1GB/s
PCI	133MB/s	PCI Express4X(双通道)	2GB/s
AGP－1X	266MB/s	PCI Express8X(双通道)	4GB/s
AGP－2X	533MB/s	PCI Express16X(双通道)	8GB/s
AGP－4X	1.066GB/s		

PCI Express 采用的是目前业内流行这种点对点串行连接，比起 PCI 以及更早期的计算机总线的共享并行架构，每个设备都有自己的专用连接，不需要向整个总线请求带宽，而且可以把数据传输率提高到一个很高的频率，达到 PCI 所不能提供的高带宽。相对于传统 PCI 总线在单一时间周期内只能实现单向传输，PCI Express 的双单工连接能提供更高的传输速率和质量，它们之间的差异跟半双工和全双工类似。

2）低电压信号差

数字信号的最终还原还是要通过模拟的电压信号，就如我们实现传统中 1 和 0 的 5V 电压信号时，超过 3V 的即推算为数字信号 1，低于 3V 的将为数字信号 0，而如何降低这个电压差的标准则是减少功耗的关键。PCI－E 仅使用了 800mV 的电压差来实现信号的操作，而移动版本的 PCI－E 图形设备更只动用到了 400mV 的电压差，这也是 PCI－E 真正能节省功耗秘密所在，800mV 的电压差还能降低噪声，以及 EMI 电磁干扰。

3）高带宽

内嵌式时钟发生器已经把每一个频率即 2.5GB/s 内置于每一个 bit 信号之内，这样大大节省了利用外置时钟发生器来加载信号的操作，虽然按理一个字节应被分为 8 个 bit 信号，但由于这种内嵌式的时钟发生模式本身需要一定可允许损失操作的时间，所以可能最终要有一点的补充，总值约为 10bit 左右。目前仅以单通道 16X 和 2.5GB/s 的规格就远远地把 AGP 8X

甩在了后面,那么将来升级至 32X 及 5GB/s 时,我们仍可有将近 16GB/s 的带宽。

PCI - E 技术正是为了解决未来十年甚至更长的时间内带宽不足的问题而研发推出的。PCI Express 的接口根据总线位宽(带宽)不同而有所差异,包括 X1、X4、X8 以及 X16(X2 模式将用于内部接口而非插槽模式)五种。X1 表示有 1 条数据通道,X2 表示有 2 条数据通道,X4 表示有 4 条数据通道,依此类推。其中每条数据通道均由 4 个针脚组成,在 PCI - E 下,每个针脚的数据传输速率为 100MB/s。PCI Express X1 已经可以满足主流声效芯片、网卡芯片和存储设备对数据传输带宽的需求,但是远远无法满足图形芯片对数据传输带宽的需求。因此,必须采用 PCI Express X16 来取代传统的总线,其同样支持双向数据传输,每向数据传输带宽高达 4GB/s,双向数据传输带宽有 8GB/s,同为 PCI,新的 PCI - E 有着无可比拟的带宽优势。

4) 兼容性

PCI Express 支持高阶电源管理,支持热插拔,支持数据同步传输,为优先传输数据进行带宽优化。在兼容性方面,PCI Express 在软件层面上兼容目前的 PCI 技术和设备,支持 PCI 设备和内存模组的初始化,也就是说目前的驱动程序、操作系统无需推倒重来,就可以支持 PCI Express 设备。

2.4.7 STD 总线

STD 总线由 Pro - Log 公司于 1978 年推出,同年被美国电子电气工程师协会定为 IEEE961 标准。它是一种面向工业领域的总线。主要用于过程控制、数控机床、机器人、仪器仪表、数据采集等方面。STD 总线原为 8 位总线,后扩展为 16 位,现已出现 32 位的 STD32 总线。

STD 总线采用开放式结构和功能模板。所谓开放式结构,是指采用这种结构的系统,能面向未来,在技术上照顾今天和明天,预留采用未来新技术的余地;可以满足不同层次用户的需要;兼顾设计周期和生产成本,发挥各厂商的积极性;能构成基本系统又能满足用户的专用要求等。所谓功能模板,是指按功能划分模板,如 CPU 板、存储板、A/D 板、D/A 板、开关量 I/O板等,每个模板的功能单一。STD 总线模板采用小板结构(162.10mm × 114.30mm),因而耐震动、耐冲击,具有良好的坚固性。STD 总线系统的组态灵活。在基本系统的基础上,用户可以根据需要购置有关功能模板来构成一个系统。硬件冗余小、使用维护方便。

STD 总线面向 I/O 设计,总线扩展能力强。采用了多项技术提高系统的可靠性,能适应工业控制的恶劣环境。

STD 总线是一种具有 56 根信号线的并行底板总线,其中数据线 8 根,地址线 16 根,控制线 22 根,电源和接地线 10 根。每一根信号线都有严格定义(没有一根可由用户定义的线)。这种严格的标准,带来的是广泛的兼容性。只要是按此标准设计的模板,插上去即可使用。兼容性的另一方面是软件的兼容。在采用 Intel 8088 ~ Intel 80286 及至 Intel 80486 的系统中,可以从 IBM PC 机的丰富软件中得到好处。

STD 总线的性能如下。

(1) 地址空间:64KB ~ 16MB。

(2) 地址总线宽度:16bit ~ 24bit。

(3) 数据总线宽度:8bit ~ 16bit。

(4) 系统时钟:4MHz ~ 8MHz。

STD 总线可以支持主/从系统,也可支持多 CPU 系统。STD 总线组成的系统的典型配置如图 2.36 所示。

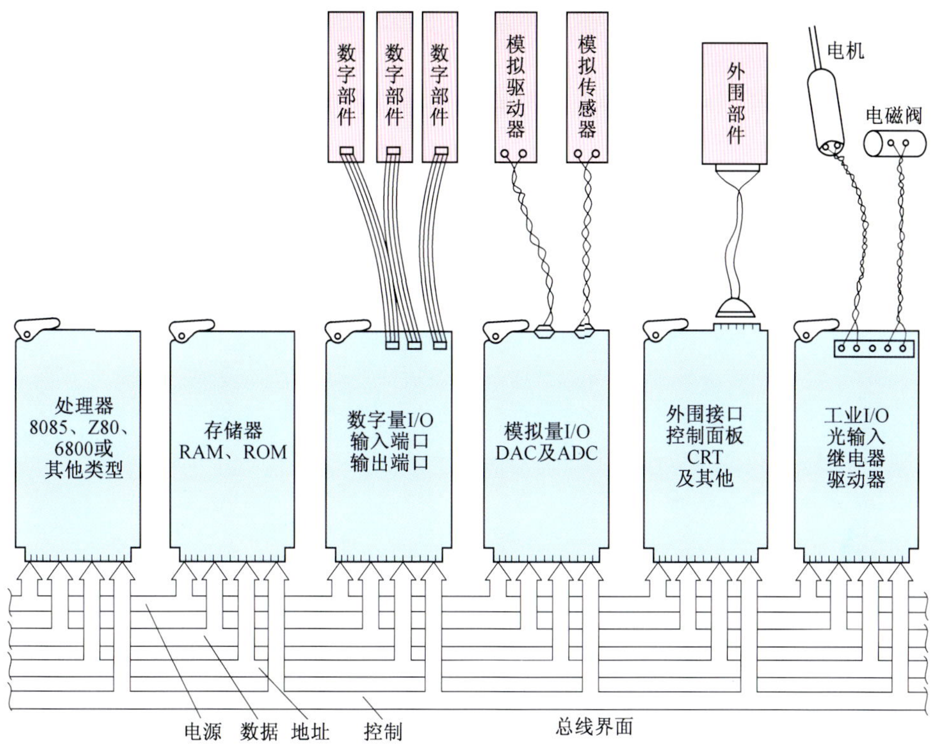

图 2.36 STD 总线系统

2.5 PC 机的显示器

显示器是 PC 机的必备的输出部分，又可称为窗口，在对 PC 机进行操作时及程序运行中的各类信息，都由显示器进行显示。

显示系统由显示适配器（俗称显示卡）和显示器组成。显示卡一般插在主机板的扩展插槽上，它通过 PC 机的总线取得显示信息，进行组合和变换，变为视频信号，经电缆送显示器独立的部件。在选用 PC 机时，应根据实际应用的需求来选择适宜的显示卡和显示器，才能构成一台理想实用的 PC 机。

2.5.1 分辨力和点距

PC 机显示的各类信息在显示器屏幕上是由一些亮暗不同的小点组成，这些小点称作像素。对于彩色显示器，则每个像素中又由红、绿、蓝（R、G、B）三个子像素组成。控制各个像素的亮或暗，就可组成字符或图形；而变化 R、G、B 三色的亮点，即可得到不同的色彩。

画面清晰的程度，决定于显示器的分辨力，又称解像度（Resolution），即对一个画面的解析能力，一般用横向多少像素点和纵向多少条线来表示，如常说的 640×480，就是指横向 640 个像素点，纵向 480 线，全屏幕的像素点数为 307200。

分辨力的确定，是以显示英文字符为基础的。显示字符时，要求一屏显示 25 行，每行 80 个字符，共 2000 个字符。每个字符由横向 8 个像素纵向 8 个像素组成，即 64 个像素组成。这样，如显示一屏字符（即每行 80 个共 25 行），要求 640×200 个像素，这就是 IBM 公司提出的 CGA 标准，分辨力为 640×200，每个像素之间的距离为 0.43mm 或 0.39mm，这就是点距。

为提高分辨力，就要提高总的像素的数量，同时缩小点距。为此，IBM 公司制定了显示分辨力的系列标准,并为大家所承认,这些标准如下。

(1) IBM CGA:分辨力 640×200 点距 0.39mm。

(2) IBM EGA:分辨力 640×350 点距 0.31mm。

(3) IBM VGA:分辨力又分为 640×350,为延续 EGA 软件用 640×400,为文字处理器用;640×480,为图形显示用。

(4) IBM 8514/A:分辨力 1024×768 点距 0.28mm。

(5) VESA SVGA:分辨力 800×600。

2.5.2 显示卡

显示卡是微处理器与显示器的接口,PC 机显示系统功能的强弱,主要取决于显示卡。显示卡主要由以下几部分组成。

(1) CRT 控制器,其主要功能如下。

① 以一定的场频提供显示存储器的刷新地址。

② 提供字符发生器和图形发生器的扫描地址,保证字符和图形的正确显示。

③ 提供水平和垂直同步信号。

(2) 方式寄存器,提供各种显示方式的选择。

(3) 显示存储器,是可由 CPU 和图形控制器双向访问的 RAM。CPU 将其要显示的信息写入其中,图形控制器则从中取出信息进行组合与变换,变作视频信号。显示系统的分辨力越高,色彩越多,要求的显示存储器则越大。例如,显示 RAM 为 16KB 时,只能支持分辨力 320×200,同时 4 个色彩,存储一屏的信息。如果显示 RAM 为 128KB,则支持分辨力 640×400,16 种色彩。对于常用的 VGA 模式,则要求显示 RAM 至少 256KB,支持分辨率 640×480,16 种色彩。而对 SVGA 模式,现在一般为 1MB 的显示 RAM,以支持 256 色。

(4) 字符发生器,它是一块 ROM 芯片,存放组成字母和数字的点阵。在文本方式下显示的字符便是根据显示 RAM 中存放的字符代码,由字符发生器中取出点阵送往显示器。

(5) 彩色编码器,其功能是按照字符的属性(文本方式)或像素的颜色(图形方式)要求,产生三元色(R、G、B)的视频信号。

(6) 调色板,其功能是从显示 RAM 中取出的像素信息通过它来选择显示的色彩,送往彩色编码器。

此外还有定时器,总线接口等电路。

随着对显示要求的不断提高,显示卡的发展十分迅速,现在普遍使用的显示卡都是将上述的主要功能部件集成在一个大芯片中,如 Trident 公司的 TVGA8900D,在一块芯片中就包含了与主机的总线接口、CRT 控制器、图形控制器、属性控制器、显示存储器接口等。这样,在显示卡上所见到的基本上就是一块大芯片和一排显示存储器芯片。

2.5.3 视频信号

在显示器上显示的信息全部包含在由显示卡送出的视频信号中,对于上述的各种显示模式,其视频信号有两类。

1) TTL 信号(数字信号)

对于单色的 MDA 模式,彩色的 CGA 和 EGA 模式,视频信号都是数字信号。其优点是简单、稳定、抗干扰力强;但缺点也十分明显。因为彩色显像管有红(R)、绿(G)、蓝(B)三只电子枪,每只电子枪有一个数字波输入,再怎么变化,依排列组合只能产生 $2^3=8$ 种颜色变化,如再加一个亮度信号,也仅能产生 $2^4=16$ 种颜色。为增加颜色,EGA 模式则利用网络将 R 分

成 R 和 r,G 分成 G 和 g,B 分成 B 和 b,从而使得颜色增加到 $2^6=64$ 种。

2）模拟信号

VGA 显示模式将视频信号由数字信号变成模拟信号,信号波幅是 0.7V。将 R、G、B 信号分别分割为 16 个位阶,分别代表 16 个色层,如红色分为深红、中红、……共 16 层,这样就可以显示出 $2^{16}=65536$ 种颜色。

2.5.4 显示器

显示器主要由电子束发射、聚焦机构、偏转机构等几部分组成。电子枪发出的电子束经聚焦后在扫描控制器的控制下进行由左到右的横向扫描。这样,电子束打击在荧光屏上使其上的荧光材料发光,形成一条由亮点组成的横线,然后再作第二行扫描,直至扫满一屏,称为一帧。之后又从第一行开始,即换一帧。我们把使扫描线按一定规律进行扫描的控制信号,称作同步信号。这是显示器最主要的技术参数。

同步信号是 TTL 数字信号的稳定的脉冲序列,控制扫描的起始点以产生稳定的画面。同步信号又分为水平同步和垂直同步。水平同步控制换行,水平同步的频率称作行频。行频的同步跟踪范围是显示器适应不同显示模式的能力的标志,其范围越大,显示器能适应的显示模式就越多,显示功能就越强。垂直同步则控制换帧,即重新开始新的一屏。垂直同步的频率称作帧频,即改换一帧的速率。如帧频为 70Hz,即每秒刷新屏幕 70 次,这个频率就能使人的眼睛感觉不到闪烁。帧频越高,画面越稳定,人眼就越不觉得疲劳。

根据分辨力的不同,同步信号的频率也不同,分别如表 2.4 所列。

表 2.4 显示器的分辨力与同步频率

方式	1	2	3	4	5	6	7
水平像素×垂直线数	640×350	640×400	640×480	1024×768	800×600	640×480	800×600
行频/kHz	31.47	31.47	31.47	32.52	32.16	37.8	37.8
帧频/Hz	70.08	70.08	59.95	86.96	56.25	72	60.3
显示模式	VGA	VGA	VGA	IBM8514/A	SVGA		

水平扫描方式又分为隔行扫描和逐行扫描两种。所谓隔行扫描就是将一帧分作两个半帧,即先扫描 1,3,5,…的奇数行形成半帧画面,再扫描 2,4,6,…的偶数行形成另外半帧,二者重叠形成一帧画面。这样做的优点是扫描频率可以降低,设计容易,因此成本低。但其质量相对逐行扫描来说要差,甚至会出现轻微的闪烁。

显示器的另一项重要指标就是亮度和对比度,直接影响人的视觉效果。所谓亮度,就是电子束以足够能量轰击荧光屏玻璃使人眼观察到发射的亮光的强度。所谓对比度是指荧光屏上发出的光与荧光屏面外反射光之比。改善亮点和对比度涉及许多因素,如电子束流量、高压、荧光涂料、屏面玻璃透射率等。这些技术的改进到现在已接近极限。现在可再采用的新技术,一个是在荧光屏和屏幕玻璃之间设置滤光器,吸收外界光的反射,以提高对比度;另一个就是提高 R、G、B 三色的纯度,改善彩色再现性来吸收外来光线。

对于显示器来说,还有涉及人身健康的因素,这就是 CRT 的电磁辐射。至于 X 射线,现在的产品已做到由屏幕玻璃全部吸收掉,而电磁辐射极其微弱,比地球磁场还微弱许多,但仍值得重视,现在普遍采用的标准是欧洲标准,如表 2.5 所列。

表 2.5 欧洲电磁辐射标准

频率		5Hz~2kHz	2kHz~100kHz
磁场		最大 250nT	最大 25nT
电场		最大 25V/m	最大 5V/m
实验环境	磁场	最大 40nT	最大 5nT
	电场	最大 2V/m	最大 0.2V/m

2.5.5 显示系统与 PC 机处理能力的关系

前面已讲到，PC 机的显示过程是由 CPU 将要显示的每一个像素的位置、颜色等信息计算出来，并将其填入显示存储器中，再由显示卡去做处理，送显示器显示。要求的分辨力越高，色彩越丰富，CPU 需要计算的数据以及传输的数据量就越大，对 CPU 和总线的要求就越高。

在原 DOS 操作系统的文本方式下，为有效地显示字符，对显示处理能力的要求如表 2.6 所列。

表 2.6 DOS 文本方式对显示处理的要求

文本行数	文本列数	屏幕更新率/(屏/s)	数据处理率/(KB/s)
25	80	10	20

随着 Windows 及 OS/2 等的广泛应用，图形用户界面日益为大家接受，由此而使信息处理量大大增加，对于不同分辨力下的信息量大致如表 2.7 所列。

表 2.7 图形方式下的信息处理量

分 辨 力	彩色位数/位	彩色数/种	屏幕更新率/(屏·s^{-1})	数据处理率/(MB·s^{-1})
640×480	8	256	10	2.9
1024×768	16	65536	10	15
1280×1024	24	16M	10	37.5

由于多媒体应用的发展，进一步要求显示活动图像，这对 PC 机的处理能力提出更高的要求，从表 2.8 中可知大致情况。

表 2.8 活动图像下的信息处理量

图像帧幅分辨力	彩色位数/位	彩色数/种	帧频/(帧·s^{-1})	数据处理率/(MB·s^{-1})
160×120	8	256	15	0.288
320×240	24	16M	15	3.5
640×480	24	16M	30	26.3

由此而产生了新的想法，即减轻 CPU 的负担，而将其转移到显示卡中，于是产生了图形加速卡。

图形加速卡与一般的 VGA 显示卡有完全不同的工作方式。一般 VGA 卡是采用逐点作图方式，如画一条直线，则 CPU 要将直线上的每一点的位置、颜色等信息全部计算出来送显示存储器。而图形加速卡则不同，它只需 CPU 将计算的直线的首尾位置及颜色送显示存储器即可，而直线的每一点的计算则由加速卡去做，省去了 CPU 的工作。加速卡的控制芯片与显示存储器之间是 32 位甚至 64 位数据通道，所以画图速度非常快。其他像画圆、方框、填

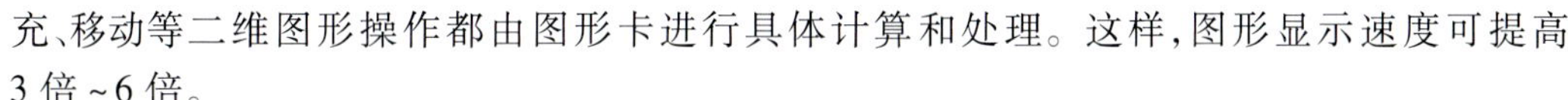

充、移动等二维图形操作都由图形卡进行具体计算和处理。这样，图形显示速度可提高3倍～6倍。

图形加速卡也分低、中、高档次，一方面决定于图形处理器的类型，另一方面则是显示存储器的速度和容量。应用中应根据实际需求进行选择和配置。同时应强调的是使用图形加速卡必须安装相应的显示驱动程序，其功能是将原来的逐点作图子程序去掉，换成具有GUI功能的图形显示器的控制作图程序。

2.6 PC机的外设接口

PC机的外围设备，如磁盘驱动器、CD－ROM、鼠标器、打印机、视频摄像机等，都是独立的物理设备，它们与PC机相连时，必须按照规定的物理互连特性、信号特性及其他相应的特性进行连接，这些特性的技术规范称为接口。

从物理结构来看，例如硬盘驱动器，通过电缆与盘控卡相连，盘控卡则插在主机板的扩展槽中。这块盘控卡就是磁盘机的接口卡，它一方面通过扩展插槽与CPU相连，要符合PC机的总线规范；另一方面与硬盘驱动器相连，则要符合外设接口规范，即与相连的硬盘驱动器具有相同的外设接口。

外设接口有各种各样的规范，它不仅关系到外围设备，而且涉及到操作系统、驱动软件直至电缆等诸多因素。所有外围设备中，可分为高速外设和低速外设，它们有不同的接口规范。

2.6.1 高速外设接口

高速外设（如磁盘机）常用的接口有两个规范。

一个是ATA（AT Attachment）规范，一般又称为IDE规范，这是普通PC机常用的外设接口。

另一个是SCSI规范，它是几乎所有的计算机都用的外设接口，也是高档PC机、工作站和服务器选用的外设接口。关于SCSI接口，我们将在第3章详细讨论。

1）IDE接口的主要特点

IDE接口是1986年推出的外设接口，随之获得广泛的应用，其主要特点是：

（1）数据传输速率3MB/s。

（2）可连接的外设为2台。

（3）可支持的硬盘容量限于528MB。

（4）成本低廉。

2）扩展IDE接口的技术性能

随着硬盘机的容量越来越大，同时对数据传输速率要求不断增高，特别是多媒体技术的发展，IDE接口已不能满足要求，于是在1994年推出了扩展的IDE接口。

扩展IDE接口又称FAST ATA接口，其技术性能有很大提高。

（1）最大数据传输速率为13.3MB/s。

（2）支持的硬盘机容量可达8.4GB。

（3）可连接外设4台。

（4）可连接CD－ROM。

3）不断提高的IDE接口

扩展IDE接口推出后，每年都有更新版本，如95版、96版。这些新的扩充规程主要是在以下几方面有新的提高。

(1) 扩展 IDE 的一个主要目的是提高 IDE 总线的数据传输速率。

(2) 提高电缆的电性能稳定性。当数据传送周期达到 60ns 时,传输电缆的电性能稳定性尤为重要。

(3) 支持 Intel 公司的面向廉价 PC 的体系结构 ATX。

(4) 故障预测(自行监视、分析和报告技术 SM ART 的定义和实际应用)。

(5) DMA 传送和中断筛选环技术。

(6) 命令重叠执行(Command Overlap),即主机可以同时发布多条命令使多个外设进行工作。

(7) 支持电源为 3.3V 的设备。

(8) 使用容易,不需跳线。

(9) 电力控制功能。

2.6.2 低速外设接口 USB

USB 是低速外设(如电话机、打印机、鼠标器、键盘等)用的串行接口,又称通用串行总线。其规范如表 2.9 所列。

表 2.9 USB 规范

数据传输速率	12MB/s 用于连接打印机、扫描仪、电话机、交换机、扬声器
	1.5MB/s 用于连接键盘、鼠标、调制解调器、操作杆、指示笔
节点数	127 个
节点间距离	5m
控制器 LSI(大规模集成)	主机用 LSI 约 1.5 万个门, 外设用 LSI 约 1000 个 ~2000 个电路
电缆	12MB/s 用带屏蔽双绞线
	1.5MB/s 用普通无屏蔽双绞线
连接器	4 条插针(2 针为信号,2 针为电源)

运用 USB 总线可把各类低速外设按树形结构连接起来。PC 机为根,它可以有 2 个或 3 个 USB 连接器。每个连接器外接的外设又分为两类:一类称作 Hub,这类外设具备再连接其他外设的 USB 端口;另一类称作 Function,即为末端外设,它不可再连另外的外设。USB 的根为主控,而且只许可根有主控权。主机与外设交换数据是以 Hub 和 Function 对于根提出的问询进行应答来进行的。

USB 总线具有自动识别外设的功能,用户不必去管连接外设的顺序。由根对所有的 Hub 作出指示,报告所连接外设的台数和种类,它汇总由 Hub 来的应答,对所有的 Hub 和 Function 分配或修改地址。

USB 总线采用电缆馈电,即连接电缆中包含电源线。所以,所连外设可以自身不带电源。但 USB 的最大负荷为 5A,因此要求每个外设消耗的电流不得超过 500mA。

早先,USB 总线的控制芯片 LSI 有两种,一种是 Intel 公司的产品,另一种是 Compaq 和微软等公司联合推出的产品 Open HCI。

2.6.3 IEEE1394 接口

随着 PC 机、通信机器和消费电子产品市场的融合,逐步形成以多媒体技术产品为核心的巨大市场,PC 机要与数字化视听 AV 设备等相接,要求有新的接口——视听设备用接口。

目前的视听设备已向数字化发展，如致密光盘 CD、DVD、小型磁盘 MD、数字化音频磁带机 DAT、数字记录的录像摄像一体机 DR VTR 等。数字化视听设备与模拟式视听设备不同，它不管经过多少次录放，其音质和图像质量从不劣化，通过编辑、复制等加工也不会丢失信息。

IEEE1394 接口就是为 PC 机与视听设备相连的接口规范。它是用单一类型的电缆，将 PC 机和视听外设连接起来，以 PC 机作为中心控制设备，数字化记录摄像、一体化 VTR 作为 PC 机的输入设备，又可作为图像数据的存储设备，同时也可用 PC 机的硬盘作为图像和声音数据的存储，由此构成一套视频编辑系统。

IEEE1394 接口的特点如下。

(1) 具有等时间模式的数据传送功能。所谓等时间(Isochronous)传送，是指在传送活动图像和声音等多媒体数据时，必须是一定时间传送一次，否则接收端重播这些数据时就会出现抖动，影响视听效果。

(2) 能将一个输入信息源来的数据向多个设备广播。

(3) 从某个节点向其他节点可以进行同层对同层(Peer - to - Peer)型的异步传送。

(4) 可用于传达控制信号和进行状态通知。

目前，IEEE1394 接口的数据传输率已有几种，即 100MB/s、200MB/s、400MB/s 和 1GB/s。该接口正在不断发展和完善，它最终将能与异步传输模式 ATM 网络直接相连。

2.6.4 蓝牙接口

蓝牙接口是一种无线数据与数字通信的开放性规范。蓝牙以低成本、近距离无线连接为基础，为固定与移动设备建立了一种完整的通信方式和技术(图 2.37)。蓝牙接口的实质是建立通用无线接口及其控制软件的标准，使移动通信与计算机网络之间能实现无缝连接，由此，为不同厂家生产的便携式设备提供了近距离(10m ~ 100m)范围内的互操作通道。

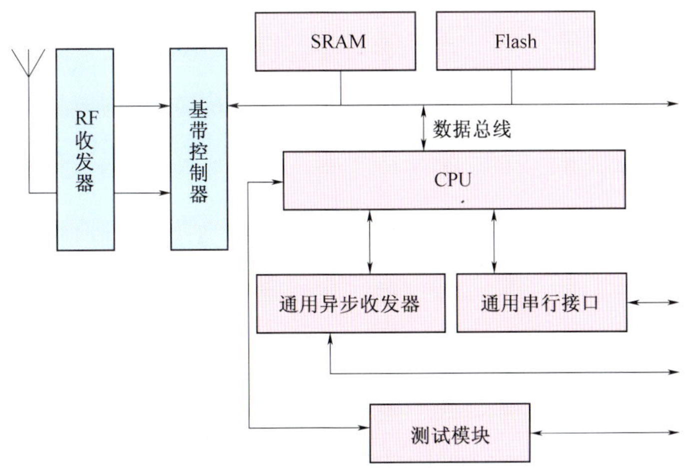

图 2.37 蓝牙技术系统结构

蓝牙工作在全球通用的 2.4GHz ISM 无线电频段，采用快速确认和跳频技术，以确保链路的稳定。采用二进制调频(FM)技术的跳频收发器，抑制干扰和防止衰落，一个跳频频率发送一个同步分组，每个分组占用一个时隙，也可扩展到 5 个时隙。采用前向纠错(FEC)技术，抑制长距离链路的随机噪声。目前定义的技术规范 1.0 版本中数据传输的速率为 1MB/s，采用时分双工传输，其基带协议是电路交换和分组交换的结合。蓝牙技术支持一个异步数据通道，或 3 个并发的同步话音通道，或一个同时传送异步数据和同步话音的通道。每一个话音通道支持 64KB/s 的同步话音。异步通道支持最大速率为 721KB/s 、反向应答速率为 57.6KB/s 的非对称连接,或者是 432.6B/s 的对称连接。

2.7 笔记本 PC 机

我们一般说的 PC 机都是指台式机,即放在桌上使用,另一类是可以随身携带的 PC 机,这便是便携式 PC 机。

便携式 PC 机的主要特点是采用液晶显示器(LCD)。使用电池作为电源,所用的半导体器件是低功耗的。它采用高密度组装技术,一些主要设备如主机板、接口卡、磁盘、显示器、键盘及电池都要适应紧凑装配的要求,组装在一个便于携带的箱体中。

便携式 PC 机可分为三类,即膝上型(Laptop)、笔记本型(Notebook)和掌上型(Pocket)。目前应用最多而且发展最快的是笔记本型 PC 机,俗称笔记本电脑。

笔记本 PC 机与台式 PC 机在系统结构和功能上已相差无几,而且已提供了多种多样利用多媒体技术的方法。由于它的实用性,再加上便携的优点,而备受用户亲睐。现在,它已由偶然使用的专用设备发展成为完成关键任务的主要设备。

所以称之为笔记本 PC 机,因其外形像笔记本。一般平面面积相当于 A4 纸大小,厚度在 3cm 左右,重量在 3kg 上下。它也和台式机一样,其 CPU 从 80286 升至 80486 再升至奔腾。下面,就笔记本 PC 机与台式 PC 机不同的关键部件做一介绍。

2.7.1 显示器

笔记本 PC 机的一个关键部件是显示器,它占总机器造价的 50% ~70% 。由于要求薄型轻量,所以一般使用平面显示器,而不用台式机的 CRT 显示器。

平面显示器的种类很多,如液晶、荧光、等离子、电致变色、电致发光、发光二极管等。现在笔记本 PC 机大量使用的是液晶显示器。

液晶显示器是 1966 年由美国 RCA 的 Sarnoff 研究中心首先发明的。其原理是当对液晶材料加上电场时,液晶分子将会依电场方向按特定的方式排列。如在液晶物质中添加导电掺杂剂和双色性染料,即可呈现特异的光学效应。这样,利用液晶单元内部产生的光学折射现象,就能进行文字和图形的显示。

1) 液晶材料

液晶材料属有机物,按光学特性可分为三类,即蝶状结构、向列结构和胆甾醇结构。LCD 的性能主要取决于液晶材料的混合技术。

2) LCD 显示屏

LCD 显示屏一般由三部分组成。

(1) 涂覆透明电极的玻璃基片两片。

(2) 在两片基片之间,是厚 10μm 的液晶层,液晶分子长轴与基本表面平行。

(3) 贴于两基片外侧的偏振片。

彩色 LCD 则要在 LCD 屏上覆盖三基色的滤色器,用它进行基色显示。液晶层作为光阀,控制透过滤色器的光的强度。然后通过相邻的 R、G、B 三基色滤色器透射光的混合相加,便可实现彩色显示。

3) LCD 的性能指标

LCD 的性能主要决定于四个方面。

(1) 速度:指响应输入信号的能力。响应时间跟不上,就会产生“拖尾”。

一般响应时间的最低要求如下。

文本显示为250ms~500ms;静态图形显示为175ms;活动图像显示为125ms;实时视频显示为50ms。

(2) 亮度:在使用环境中如亮度不够,则看不清显示的内容。在大多数环境下,亮度应达到25cd/m^2。

(3) 对比度:指开状态像素与关状态像素的亮度的比例。一般人眼的要求是7:1以上,对高分辨力显示器的对比度要求是10:1到100:1。

(4) 视角:指从上下左右任意方向观察显示器的可视的角度。

为了使LCD显示器能满足实用的要求,必须采用各种新技术。

4) LCD显示器中常用的技术

(1) 无源矩阵的薄膜式超级扭转相列(FSTN)。这种技术通常用于单色笔记本PC机和部分彩色笔记本PC机。它是将屏幕划分为行列相交的矩阵。以VGA模式为例,将屏幕划分为640行和480列的矩阵,每一个行和列的交点为一像素。当行和列都通电时,交点的像素就发亮,而未通电部分则保持不变,从而产生图像。这种显示器的缺点是运动的图像有拖尾(即余辉),而且视角小,对比度可达18:1。

(2) 有源矩阵的薄膜晶体管显示屏(TFT)。TFT技术用于高质量彩色显示。每一个像素是一个独立的晶体管,对于彩色显示则每个像素由三个子像素(红、绿、蓝)组成,每个子像素都是一个独立通电的晶体管。这样,对于彩色VGA模式就由921600个有源晶体管组成。

这种显示器图像清晰、色彩鲜明、无拖影、亮度高、视角大,对比度可达100:1,彩色可达256色。

(3) 关于照明光源。最早的LCD显示器没有光源,靠外界光线显示,亮度低、视觉效果不好。改进后采用照明光源,一般用冷阴极荧光管(OCFT)作光源。一种是将光源放在显示屏背面,称作背光式(back light);另一种将光源放在侧面,称作边缘光或侧光(Side light),这种方式可减少显示屏的厚度。

(4) 其他新技术。还有一些新型的彩色LCD显示技术正在逐渐走向实用化。一种是双金属宾主方式(DMGH)LCD,它是应用宾主液晶的有源矩阵驱动方式。所谓宾主液晶即是在主液晶中混入宾液晶而构成的液晶。这种LCD一个像素可显示4种彩色(红、绿、白、黑),而且背景明亮、功耗低、视角宽(可到100°左右)、速度快(可到150ms)、无重影。

另一种新技术称作新回滞(NH)彩色LCD,这是利用电场控制双折射技术制作的LCD,一个像素可显示5色(红、绿、蓝、白、黑),而且背景明亮、功耗低。

2.7.2 CPU

笔记本PC机的CPU要求高效低能耗的CPU。

迅驰(Centrino)移动计算技术是Intel公司于2003年3月正式发布的,不是通过桌面型CPU加上省电功能而来的变身产品,而是由Intel以色列小组针对移动计算而专门设计的迅驰技术的CPU芯片。该CPU采用Banias核心,采用0.13μm工艺,集成了7700万个晶体管,1M的二级缓存。Banias核心做出了优化设计,使每个时钟周期所能执行的指令数目更多,并通过高级分支预测来降低错误预测率。迅驰Pentium-M 1.6GHz的性能完全可以与Pentium Ⅳ-M 2.2GHz的性能媲美。迅驰的这种低频高效的设计,正是目前笔记本PC机最需要的。

1) 高级分支预测

Banias采用全新的CPU结构,它的特点在于使笔记本PC机同时实现更高的性能和更低的耗电量。采用了高级分支预测,分析程序过去的运行规律,并以此为基础预测随后可能处理的命令，提高运行性能。

2）系统总线电源优化

同时，Banias 采用了 CPU 系统总线电源优化，以低电压运行，并严格进行缓冲器管理，可以根据 CPU 的活动状态，动态地降低电压，从而使发热更低，使散热器设计更小。

3）专用堆栈管理

使用专用堆栈管理，记录内部的运行状况，使 CPU 可以不中断地执行程序，提高 CPU 的性能，达到降低能耗的目的。

4）分区控制二级缓存

迅驰 Pentium－M 改进了二级缓存，增加到 1MB。它采用了经过精心设计的高速缓存晶体管门电路，改变了高速缓存内数据的访问形式。迅驰 Pentium－M 可以采用 8 种方式来设置与它相连的二级高速缓存。当选定某一种方式时，与这种方式相关的整个模块被选中。迅驰将每一个方式进一步分成四个区，这样当其中一个分区被选中时，用一个多路复用器即可选定待用数据所在的分区，并且仅仅只激活选定分区的高速缓存，达到了节能的目的，同时不影响性能。

图 2.38　采用 90nm 技术的 Dothan 移动处理器

Intel 目前已经发布了采用 Dothan 核心的最新的 Pentium－M 处理器，它使用了 0.09μm 工艺。Dothan 处理器（图 2.38）内部集成了 1.4 亿个晶体管，比 Pentium M 所集成的 0.77 亿个晶体管多了将近一倍，而多出来的晶体管几乎全用在了 2MB Level2 缓存上。在频率方面，目前 Dothan 的最高频率为 2GHz，而 Pentium M 最高频率只能到 1.7GHz。而功耗，Dothan 的热量设计功率（TDP）只有 21W，比上一代产品的 24.5W 的功率低了 10%。

Intel 公司表示，迅驰不只是新的笔记本 PC 机专用的 CPU，还包括新的笔记本 PC 机专用芯片组，以及支持 IEEE802.11b/a 的无线网络接口，是一整套无线接入的移动计算技术平台。

2.7.3　主板

笔记本 PC 机的主板一般都是 All－in－One 形式，即将 CPU、内存、串/并接口、盘控、显示适配器等全部做在一块主板上。因此，对主板的设计和生产工艺要求很高，布局要合理，器件要小型化，CPU 应采用低功耗型，线路板的线距、线宽都小，同时着重解决散热问题。

2.7.4　键盘

笔记本 PC 的键盘最早采用的是超薄的 83 键的键盘，其排列符合英文打字机标准。以后与台式 PC 机的 101 键盘一致，采用嵌套键，模拟 101 键盘的副键盘。同时具有外接键盘接口，可外接台式机的键盘。

这里应指出的是在笔记本 PC 中将常用的鼠标器做在键盘上了，各类笔记本 PC 的键盘的区别也在这里。

2.7.5　外设接口（PCMCIA）

对于 PC 机通常必备的 RS－232 串行口和 Centronics 并行口已做在主板上，在机箱后部有插座引出，但因笔记本 PC 体积所限，如外接其他设备，如网络、传真/调制解调器、活动硬盘、扫描仪及多媒体配件，不可能留有扩展槽来连接相应的接口卡。为此，在 1984 年为便携式 PC 机制定了一种外设接口标准，即 PCMCIA（PC 存储卡国际协会），俗称 PC 卡接口。

PCMCIA 接口在物理结构上是一个 68 针的连接器，在其边缘和连接口头上都有一定规格厚度的引导轨，以供各种外接设备相应的 PC 卡插入。一般笔记本 PC 都有一个或多个 PCMCIA 插槽。

随着所接设备种类的增加，PCMCIA 接口也逐渐发展为三种类型。

（1）PCMCIA Ⅰ型。插槽厚度为 3.3mm。主要用于配接快闪存储器（Flash memory）和 RAM、E^2PROM 等存储器卡。

（2）PCMCIA Ⅱ型。插槽厚度为 5.0mm。主要用于配接大容量存储器、传真/调制解调器、网络适配器等。

（3）PCMCIA Ⅲ型。插槽厚度为 10.2mm。可连接要求大插槽的部件，如外接活动硬盘、无线通信设备等。

这三种类型是兼容的，即适合Ⅰ型的 PC 卡可插入Ⅱ型或Ⅲ型，适合Ⅱ型的 PC 卡可插入Ⅲ型但不能插入Ⅰ型。

对应于 PCMCIA 接口，有各种 PCMCIA 卡，这些 PC 卡一方面是笔记本 PC 机的接口卡，同时又是笔记本 PC 机与台式 PC 机的有效桥梁。例如存储器卡具有原地执行功能（XIP），允许软件不需装入存储器即可直接从 PC 卡中运行。

另一种笔记本 PC 机的专用接口叫做坞站或连接站（Docking Stations），它基本上是一个盒子，会有各种各样的外设扩展选件可连接到笔记本 PC 机上。坞站是笔记本 PC 扩展多媒体配件（如话音卡、视频卡、CD－ROM 等）及连接局域网和大容量硬盘的一条途径，其优点是不需改造笔记本 PC 机的内部设计而直接使用。

2.7.6 电源

笔记本 PC 用直流供电，即用内置的电池供电，常用的电源电池有以下几种。

（1）镍镉（Ni－CD）电池，平均供电 2h。

（2）镍氢（Ni－MH）电池，平均供电 3h，允许充电 400 次。

（3）锂离子（Li－ion）电池，主要特点是体积小、重量轻、允许充电 1000 次。

2.7.7 如何选择笔记本 PC

由于笔记本 PC 的特殊性，除了与台式 PC 相同的性能指标之外，还应考虑以下几方面：

（1）实用性。主要指 LCD 显示器的亮度和视角；键盘的布局和灵敏度；跟踪球的位置、手腕支托的舒适性。

（2）耐用性。主要指整机承受重量的能力；显示屏接口外罩的坚固可靠；电池寿命。

（3）扩充性。指 PCMCIA 插槽数，连接网络、CD－ROM 等的能力。

2.8 绿色 PC 机

所谓绿色计算机，一般指对环境无害的计算机及其配套设备（如显示器、打印机等）。不仅要求其本身符合省电、低噪声、低辐射、可回收等规范和要求，而且要求在生产、制造和行销过程中无污染、省能源。再具体一点：

（1）节能。要求电能消耗为一般 PC 机的 1/5。

（2）低污染。用可再生的材料代替聚酯类材料，不再使用含 CFC 清洗剂等含氟氯碳化物的材料。包装材料也不能含有害的化学物质。同时，打印机的噪声，及计算机的电磁辐射也要求符合环保的有关标准。

（3）易回收。包括计算机本身的材料、包装材料、各类打印机的色带、色匣及大量的纸张等，要求所采用的材料或可再生，或易销毁。

（4）符合人体工程学。这是指主机、键盘、显示器等的造型要求更加舒适美观，使操作人员由于长期操作而造成的视力受损、手腕伤害及背痛等减至最低，以提高工作效率。

2.8.1 绿色 PC 机的标准

目前，有关绿色计算机产品的标准主要有以下几个，各国的产品都以此为参考。

（1）美国环保署（EPA）的能源之星计划，它是以开发省电的 PC 机（Green PC）以节省能源并防止空气污染为主。具体标准如表 2.10 所列。

表 2.10　美国能源之星标准

对　象　机	在低耗状态的耗电	过渡时间/恢复时间
计算机	最多 30W	不规定
显示器	最多 30W	不规定
打印机（括号内为印刷速度）	最多 30W（1～7 页/min）	15min/不规定
	最多 30W（8～14 页/min）	30min/不规定
	最多 45W（15 页/min 以上）	45min/不规定

（2）美国视频电子标准协会（VESA）制定的 PC 机显示器的节能规程 DPMS。该规程是利用水平同步信号与垂直同步信号发送 2 位的信号，规定了显示器的四种工作方式：on，standby，suspend 和 off，这四种方式的耗电依次减少。具体规程如表 2.11 所列。

表 2.11　美国 DPMS 规程

方式		显 示 器 信 号			恢复信号
	耗电	水平同步信号	垂直同步信号	视频信号	
on	大	有	有	有	
standby	↑	无	有	无	短
suspend		有	无	无	长
off	小	无	无	无	根据系统

（3）瑞典的 NUTEK 机构制定的 NUTEK 标准，主要是针对显示器节能的标准，如表 2.12 所列。

表 2.12　瑞典 NUTEK 标准

对象机		低耗电状态的耗电	过渡时间/恢复时间
计算机		不规定	
显示器	A 规格	待机时最多 30W	5min～60min/最多 3s
		off 时最多 8W	最多 70min/不规定
	B 规格	最多 19W	5min～30min/不规定
打印机		不规定	

（4）德国机械工业联盟（VDMA）制定了对废弃物进行回收和反复循环的法案。

（5）北欧各国、荷兰、法国等政府也研究采用与德国相似的法律。

（6）日本由通产省机械情报产业局和资源能源厅双方负责，成立电子计算机的判断基准委员会，制定 2000 年计算机耗电的标准。

2.8.2 PC 机的耗电情况

PC 机的实际动作时间只是开机时间的一小部分。如果能根据实际工作情况灵活地控制电源,在机器空闲时把电源消耗降低,则可节约大量能源。

一台 PC 机中的各部件的耗电情况如表 2.13 所列。

除 PC 机主机外,显示器的耗电也是相当可观的。显示器各部分的耗电情况如表 2.14 所列。

表 2.13 PC 机主机各部件耗电情况

PC 机部件	耗 电	PC 机部件	耗 电
微处理器(Pentium Ⅳ)	49W	软盘驱动器(3.5 英寸)	3W
主存储器(256MB SDRAM)	7W	I/O 总线及存储器控制器	25W
图形控制器	5W	电源	25W
硬盘驱动器(3.5 英寸)	8W	扩展槽	13W/板 ~ 15W/板

表 2.14 显示器耗电情况

显示器部件	耗 电	显示器部件	耗 电
偏转电路	40W	视频电路	10W
高压电路	20W	加热器	3W
电流损耗	15W	总和	102W

同时,一台显示器在运行 Windows 下耗电比在运行 DOS 程序时增加 20%,这些因为 DOS 的画面是黑色背景,而 Windows 是白色背景,要求发射的电子量要多得多。同时,分辨力提高,水平扫描频率增加,偏转电路的耗电也增加。

2.8.3 PC 机的节电方法

现在采用的节电方法大致有以下几种。

1) 功率管理

Intel 公司和微软公司合作开发了先进功率管理(APM)以降低功耗。PC 机的空闲状态称作 Idle 状态,就是等待下面的处理执行开始的状态。如果能在机器空闲状态时降低电源能耗,是节电的有效方法。现在采用的技术之一是运行一个称为 POWER EXE 的设备驱动程序,通过检查应用程序调用操作系统和 BIOS 的中断等的发生情况,检测 PC 机是否处于 Idle 状态。若是,则通过 APM 接口,将“可进入待机状态”通知电力控制 BIOS,BIOS 则将中断转入应用程序和外围设备的驱动器,通知进入待机状态;如无应答,就进行降低时钟频率或停止时钟的处理。

2) 采用具有功率管理的微处理器

微处理器是 PC 机中的用电大户,特别是对于工作频率在 40MHz 以上的微处理器,采用具有待机状态的芯片是至关重要的。在待机状态下,停止内部的工作时钟或降低时钟频率,来降低功耗。

Intel 公司已宣布,未来的微处理器将是 SL 增强型,围绕着功率管理将实现以下技术:

(1) 芯片为静态设计,时钟可降为 0Hz。

(2) 有专门的控制引入线来控制停止内部时钟。

(3) 有专门的系统管理中断(SMI)引线及相应的支持系统管理方式(SMM)的功能。

(4) 有自动停止功能(Auto Halt),当进入 Halt 时停止时钟。

(5) 有自动闲置功能(Auto Idle)。

(6) 电源为5V 和3.3V 两种。

3) 硬盘和外设接口采用节电方式

PC 机中的硬盘,一是采用3.5 英寸以下的硬盘,减少大规模集成电路的数目和降低各部件的耗电;另一种方法是利用外设接口中的节电功能,如 IDE 接口中规定了过渡到低耗电方式的命令。

4) 可节电的显示方式

对 PC 机用的显示器,不用时转换到低耗电方式,消除画面显示,进而关闭偏转电路和高压电路的供电。

5) 改善低负荷的电源效率

PC 机中一般都有多个扩展插槽,AT 总线扩展槽的耗电约为13W ~15W,若是8 个扩展槽则为100W ~120W。为保证扩展槽的供电,PC 机的电源需留有足够的容量,一般要在170W 以上。但一般的 PC 机经常不会插很多的接口卡,因此电源是低负荷运行,这将大大增加电源的损耗。

克服这一问题的一种方法是增加辅助电源,在小负荷时由辅助电源供电,以减少损耗。

参考文献

[1] 易建勋.微处理器(CPU)的结构与性能[M].北京:清华大学出版社,2003.

[2] 杨厚俊,张公敬,张昆藏.计算机系统结构——奔腾 PC(第二版)[M].北京:科学出版社,2004.

[3] (美)WALTER A. TRIEBEL 著.80x86/Pentium 处理器硬件、软件及接口技术教程[M].王克义,王钧,方晖,蔡旭斌译.北京:清华大学出版社,1998.

[4] 李学干.计算机系统结构(第三版)[M].西安:西安电子科技大学出版社,2000.

[5] 张均良.计算机组成原理[M].北京:电子工业出版社,2001.

第3章 工作站和服务器

在信息产业高速发展的今天,网络和计算机技术得到普遍应用,高性能的工作站、服务器在其中扮演着越来越重要的角色。随着工作站和服务器市场不断扩大,应用领域不断拓宽,其品种、数量越来越多,新的品种不断涌现。究竟什么样的计算机可以称为工作站、什么样的计算机可以作为服务器呢?本章将从工作站和服务器的基本特征、发展概况及若干技术问题等方面为读者作简要介绍,并希望读者通过本章的介绍能够对工作站和服务器有一个初步的了解和认识。

3.1 工作站

3.1.1 工作站的特征

迄今为止,工作站没有一个公认的、统一的定义。在有关计算机的辞典和中国大百科全书中,可以查到对工作站(Workstation)一词的几种解释。

(1) 工作站是一种数据处理站,由个人操作,并且通常位于末端网点。

(2) 工作站是个人用于向计算机发送数据或从计算机中取出数据以执行一个作业的站。

(3) 工作站是由计算机和相应外部设备以及成套的应用软件包所组成的信息处理系统。

我们知道,工作站的特征是随着其应用领域的不断拓宽,以及计算机技术的飞速发展而不断发展变化的。很显然,今天我们所说的工作站在综合性能及应用领域等方面已远远超过了十年前所说的工作站,这或许就是迄今为止工作站没有一个公认的、统一的定义的原因。其实,对我们来讲更重要的是了解和认识目前工作站的特征和应用领域。

工作站发展到今天已形成了一些比较明显的特点,可以这样认为,工作站是一种具有高速数据处理能力、高性能的图形子系统、通用的操作系统(如 UNIX、Windows NT 等)、良好的人机界面、标准的网络互连接口(AUI、10BASE - T、100BASE - T 等)、标准的输入/输出接口和拥有丰富的专用应用软件等特点的一种供个人使用的台式计算机系统。它与相应软件配套后，用于工程、科研、管理和网络等专项应用场合。对高档次的工作站来说，其特征则主要体现在多处理器、高网络带宽、高图形性能和支持大型应用软件等方面。

应该强调指出的是，工作站所能够具有的很强的图形处理能力，是其有别于其他计算机种类的最大特点之一。近年来，多媒体等各种新技术已普遍集成到工作站系统中，使之成为现代工作站的另一大特征。

3.1.2 工作站的发展概况

工作站作为一种新型的计算机系统，兴起于20世纪80年代初期。它在整个计算机的发展史中，仅占了十几年的时间。在这短短的十几年中，尤其是进入20世纪90年代后，工作站得到了非常广泛的应用和飞速的发展，并带动了整个计算机产业中若干新技术的研究和应用，是目前各类计算机平台中发展最为迅速的种类之一。

1973年，美国施乐(Xerox)公司PARC研究中心的研究人员开发出了一种采用鼠标、以太网以及具有图形用户界面的试验性个人计算平台——Alto。它不仅是第一个实用化的个人计算环境系统，同时对后来的工作站发展起到了重要的作用。

进入20世纪80年代后，随着计算机应用领域的不断拓宽，特别是在工程设计和计算机网络等应用领域中，对计算机的图形处理、网络互连、易操作和易维护等方面的性能都提出了新的、更高的要求。传统的小型机、大型机已满足不了这种新的市场需求，而新出现的个人计算机又不具备复杂科学计算和工程设计所需要的处理能力。针对当时这种情况，有不少专业厂家为满足自身工程应用的需求，生产出了自己的计算机辅助设计(CAD)系统。它不仅能完成复杂的计算，同时还具有图形界面和较好的人机交互能力，在配置了专用的工程应用软件后，使用起来十分方便。随着半导体集成电路技术和计算机技术的发展，这种特定硬件和专用软件相结合的计算机系统暴露出了批量小、价格昂贵、推广和技术更新困难等一系列问题。特别是在软件的开发和移植等方面，由于非标准和封闭性所带来的一系列问题，使其进一步的推广和应用受到了限制。所有这些促进了20世纪80年代后期以通用性、开放性为主要特征的工作站的兴起，并在20世纪90年代以后得到了迅猛发展。

3.1.3 工作站的系统构成

工作站作为一种计算机系统，其构成主要包括：中央处理器CPU、内存子系统、总线系统、图形子系统、网络通信接口、输入/输出接口、大容量外部存储设备、操作系统和应用软件等。同时，工作站作为一种高性能计算机系统，在处理器性能、总线结构、图形处理功能、系统综合扩充能力和支持大型应用软件等方面有其自身的特点。

1) 中央处理器

中央处理器(CPU)对工作站的综合性能起着至关重要的作用，它是计算机完成各种数据处理和计算任务的心脏，是计算机技术研究和发展的关键单元。因而，中央处理器的体系结构及性能是衡量和评价工作站性能最主要的依据之一。一般来说，根据工作站所承担的不同任务和各种具体使用环境，对中央处理器的指标有不同的要求和侧重，但一个总的要求是，它应具有足够强的数据处理能力，足够大的寻址空间，支持虚拟存储和多任务操作，支持高级语言，具有异常处理和存储保护等多种功能。

工作站所采用的中央处理器可分为复杂指令集计算机(CISC)和精简指令集计算机(RISC)两种主要类型。早期的工作站基本上采用诸如Motorola 68000系列的CISC芯片，自1983年采用RISC技术的中央处理器芯片出现之后，由于它在指令结构上采用了精简(与CISC相比较)和长短一致的指令集，多级的指令流水线和并行处理等技术，使中央处理器的运算性能得以大大提高，进而使基于RISC处理器芯片的工作站逐渐占了上风。各大主要工作站厂商(IBM、SUN、SGI、HP、DEC公司)都选择了基于RISC技术的处理器作为工作站的中央处理器，并推出了64位RISC处理器芯片的高性能工作站，大部分高档工作站的处理器均采用RISC处理器芯片。比较典型的处理器芯片有Alpha、MIPS、Ultra SPARC、PowerPC和HP-PA等。这些高性能的微处理器代表了当时处理器的最高水平，也保证了工作站在计算和处理性能方面的优势。

例如，DEC公司Alpha21164芯片在工作站的发展史中是颇具代表性的64位CPU芯片。在Alpha21164芯片中所有寄存器都是64位宽度的寄存器。在寄存器之间可对64位长度数据(包括整数和浮点)直接进行操作，提高了计算机的数据处理速度。在Alpha21164芯片中充分体现了RISC设计思想，重视简化指令与流水线的处理，缩短流水线中由于流水不畅通而引入的间歇等待时间，使芯片可以提高时钟频率及性能。Alpha21164芯片的体系结构如图3.1所示。

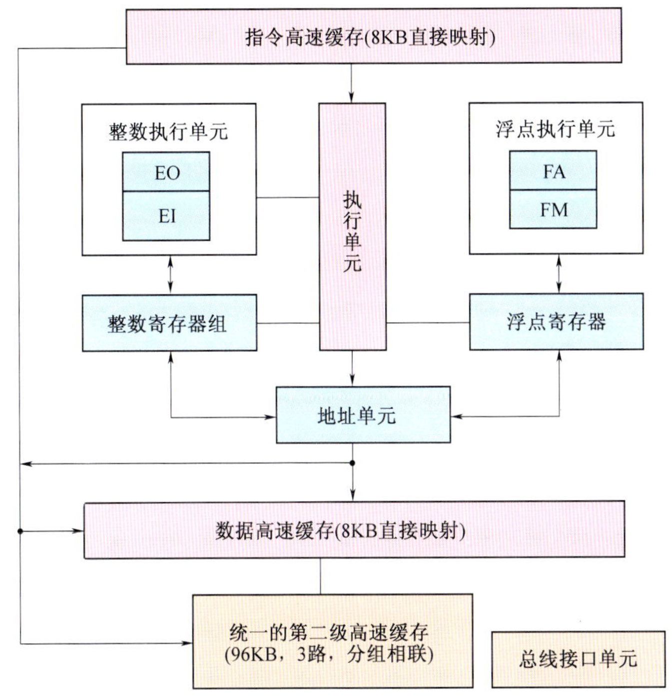

图3.1 Alpha21164的体系结构示意图

在Alpha21164芯片中包含以下几个单元：一个指令单元；一个地址单元；两个整数执行单元(包括整数寄存器组)；两个浮点执行单元(包括浮点寄存器组)；一个指令高速缓存；一个数据高速缓存；一个二级高速缓存和一个总线接口单元。该芯片的主要特性如表3.1所列。

RISC在近20年的发展中，其本身的定义和研究方向发生了很大的变化。最初RISC的基本思想是在一个机器周期实现一条基本指令，而现在的RISC研究方向则着重于增加每个周期所能执行的平均指令数。同时，编译优化技术在RISC系统设计中的地位也愈来愈重要，它促进了RISC体系结构的潜在性能的发挥。依靠硬件和软件技术一起来提高计算机的性能是RISC体系结构思想的重要基础。

另一方面，随着对工作站要求的不断提高，在某些应用场合，单片CPU已满足不了应用程序对计算和数据处理的要求。因此，为了进一步提高工作站的运算能力，在工作站中往往采用多个CPU来构成一个多处理器系统，以提高系统的整体性能。目前工作站的处理器芯片常用的有PentiumⅣ和Xeon等，具体性能请参阅第2章。

表 3.1 Alpha21164 芯片主要技术特征

处理器技术	0.5μmCMOS 工艺技术
频率	300MHz、333MHz、336MHz
发送速率	4 条指令/周期
数据总线	128 位
地址总线	40 位
晶体管数目	930 万只
实地址	43 位
浮点流水线	9 级
整型流水线	7 级

2）内存子系统

内存子系统包括主存储器和高速缓冲存储器。工作站的综合性能，在很大程度上依赖于主存储器和高速缓冲存储器的存储器容量、存储器的读写速度和存储器的体系结构。

通常所说的内存就是指主存储器，其性能直接影响到 CPU 性能的发挥。它一般由 DRAM 芯片来构成，用于存储待处理的数据和正在执行的各种程序。在计算机工作期间，程序和一些待处理的数据文件从硬盘或其他外存设备装入主存储器中，CPU 主要与主存储器之间进行指令调用和数据交换。随着处理器技术的飞速发展，其速度大大高于存储器的速度。二者之间的差距有越来越大的趋势。这种差距大大限制了整个计算机系统性能的提高。于是，人们很自然地想到了一个方法，就是在中央处理器和存储器之间增加高速缓冲存储器。

高速缓冲存储器是一种小容量、高速度的存储器，用在计算机系统的处理器和主存储器之间，存放当前被使用的主存储器中的部分内容，使 CPU 不至于频繁地访问主存，避免因指令和数据来不及供给而使 CPU 空闲，即减少了 CPU 访问主存的等待时间。高速缓冲存储器一般由 SRAM 来构成，这种芯片虽然集成度不如 DRAM 芯片，但存取速度很高，可以达到 5ns 以下。

在实现过程中，通常将高速缓冲存储器进行分级设计，即在中央处理器和主存储器之间设计多级高速缓冲存储器，用来提高 CPU、总线和主存储器之间的数据交换能力，从而提高计算机的整体性能。通常速度最快、数据容量较小的为第一级高速缓冲存储器（L1），速度稍慢但数据容量较大的为第二级高速缓冲存储器（L2），在有的系统中甚至还设计了第三级高速缓冲存储器（L3）；最后是主存储器。通常高速缓冲存储器与 CPU 之间的连接如图 3.2 所示。

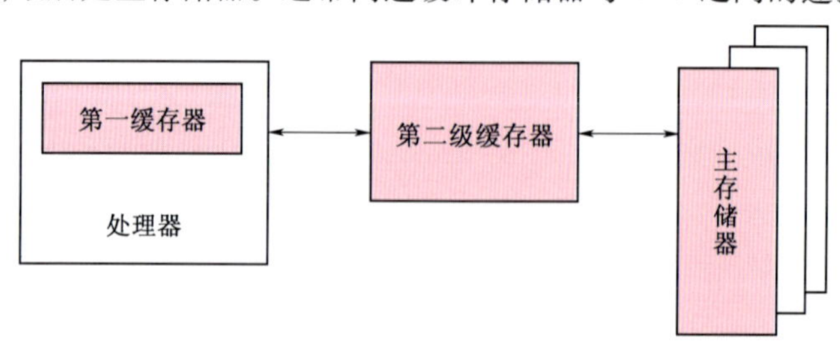

图 3.2 处理器与内存和高速缓冲存储器的连接示意图

工作站的内存容量可根据具体应用需求加以配置，通常在 256MB ~ 4GB 之间。一般来讲，所选工作站的最大内存容量都远大于应用所需的配置容量。

3）总线系统

在工作站中，总线结构是妨碍系统性能的主要瓶颈之一，不同体系结构的工作站其总线结构有很大的区别。通常系统总线是指连接 CPU(或多个 CPU)、内存子系统和 I/O 控制器的总线。I/O 总线是主机与 I/O 插卡的连接总线,在设计上为体现可扩充性和易维护性,一般采用通用、标准的 I/O 总线设计,如 PCI、ISA、EISA、SBus 和微通道(Micro Channel)等。

由于系统总线连接主处理器、内存子系统和 I/O 控制器,因此,它的设计在很大程度上决定着整机的性能。在一些工作站中,为提高系统总线的数据传输和集散能力,采用了主桥(Host Bridge)、包交换(Packet - Switching)等技术来负责和管理系统总线和 I/O 控制器之间的数据交换。图 3.3 是一种典型的采用主桥数据交换技术,且 I/O 基于 PCI 总线的总线系统结构,具有一定的代表性。

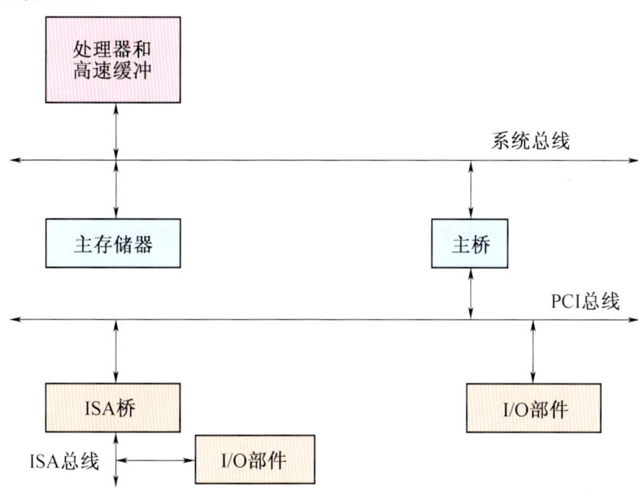

图 3.3 典型的工作站总线系统结构示意图

在工作站中,主要采用功能扩展插卡技术来扩展其系统的综合性能。它的 I/O 总线设计是衡量系统性能的标志之一。工作站中的网络连接、外部设备扩充和图形处理能力均基于 I/O总线的宽度、速度、配置空间和配置能力。特别是后者对于整个系统的可靠性、可扩充性和易使用性等都带来影响。

为解决在多功能扩展后的 I/O 总线存在的瓶颈效应,很多工作站采用了多级 I/O 总线结构,即在一台计算机内设计了多条 I/O 总线,不同功能的扩展卡使用不同的扩展槽,使它们都能以最高的传输速度和系统进行数据交换。为提高系统的兼容性,在外部总线的设计上参照和制定了一系列总线标准。如经常采用的 PCI、ISA 和 EISA 等 I/O 总线标准。

工作站系统总线的数据传输率(又称系统带宽)是妨碍系统性能进一步提高的关键问题。在很多场合,工作站系统性能已完全受制于系统中处理器与内存、图形子系统和其他单元的数据交换。应当注意到,长期以来反映系统总线传输能力的系统带宽一直没能跟上微处理器性能增长的步伐,这样直接导致了微处理器性能和系统带宽之间差距的显著扩大。

为了避免在传统系统中经常遇到的瓶颈问题,近年来在工作站中出现了摆脱传统总线方式的全新的体系结构。在这种结构中,CPU 与图形、网络和内存等子系统是被视为一个整体来进行综合设计的。在数据交换的过程和管理中,采用了专用的总线管理单元来协调和平衡各分系统的数据交换,以便于系统综合性能的提高。这种技术已成功运用到了先前的中、高档工作站中,如在 SGI OCTANE 超级台式工作站中,采用了一个基于分组交换技术的交叉开关,代替了传统的共享总线结构,即把来自计算机中某个单元(如 CPU)中的数据直接转发到另一个单元(如图形系统)去。这种交叉开关技术允许计算机中的多个数据流完全独立地从一个单元移动到另一个单元,因此系统不存在总线竞争问题,如图 3.4 所示。

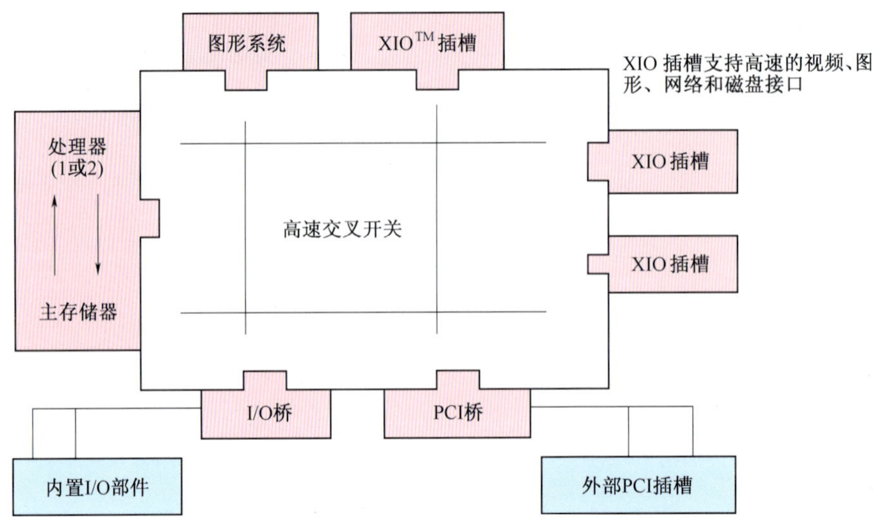

图 3.4　OCTANE 系统结构框图

又如在 SUN Ultra1、SUN Ultra2 系统中,其 Ultra SPARC 端口体系结构接口会使处理器的能力得到尽可能发挥,与 SGI 的 OCTANE 中所采用的分组交换技术类似,也是一种基于交叉切换的体系结构,可使多个数据同时传输,其系统带宽比基于总线的技术高出一个数量级以上。由于数据可在处理器、内存和 I/O 之间更加有效地转移,因而传输速度比过去任何时候都快,使系统性能大大提高。

4) 图形子系统

在工作站中,图形子系统一般有一个基本配置,并在此基础上提供不同的可选件和不同的配置方案。因此,对工作站而言,图形处理和显示功能是一项关键的技术,也是它有别于其他计算机种类的一个重要指标。考虑到在 CAD、CAM、CAE、作战仿真和三维动画处理等领域对图形处理的要求,工作站中将图形处理部分单独划分出来,其目的就是将复杂的图形处理,特别是三维图形处理从主处理器转移到专用的图形处理器上,以达到加速图形计算和显示并完成诸如 Z 缓存、颜色插值、纹理映射、反走样、雾化效果、混合等多种复杂的三维操作。

在工作站中,图形处理子系统同样可以用多种形式来实现。在大部分图形工作站中,常见的图形子系统是一种独立的图形卡。作为硬件的实现形式,图形卡通常是通过局部总线或标准总线连接到系统板上。图形子系统通常由图形总线接口、图形数据处理器、帧缓冲存储器和视频控制器等组成。其结构如图 3.5 所示。

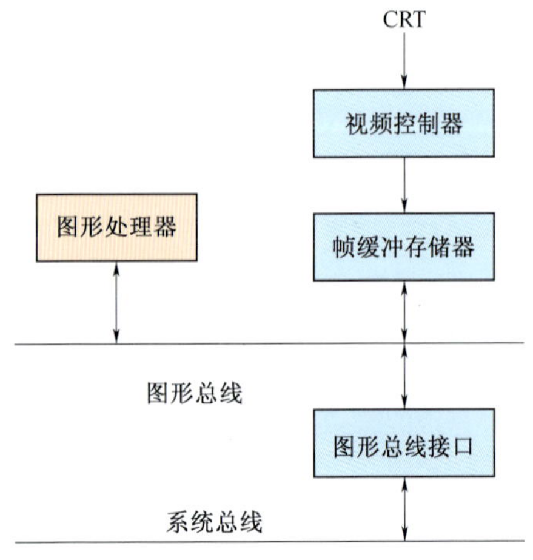

图 3.5　工作站图形子系统构成示意图

(1) 图形总线接口完成系统总线与图形处理器和系统之间的数据传递功能。数据的传递速度和数据总线的宽度取决于机内输入/输出总线的设计标准。

(2) 图形处理器是按特殊要求设计的一种处理器芯片。它本身可以单独地进行包括三维图形在内的复杂处理。即它可根据图形处理的具体特点完成对图形的旋转、坐标转换、边缘处理、比例缩放和重叠分离等一系列相关的数据处理工作。

(3) 帧缓冲存储器是存储图像信息的专用存储器。目前常用的有三种主要的存储器类型:DRAM、

VRAM 和 SRAM。

① DRAM 是一种常用的存储器。考虑到该种存储器的存取速度较低，在图形系统中，DRAM 的使用往往结合了一些改进的技术，如 EDRAM、SDRAM 和 MDRAM 等。

② VRAM 的设计则结合了图形数据存取的特点，将移位功能集成到常规 DRAM 存储芯片中，双端口 VRAM 能同时读、写图形数据，性能优于 DRAM，但价格昂贵，是工作站显示系统最常用的帧缓冲存储器类型。

③ 由 SRAM 构成的帧缓冲存储器与 VRAM 相比具有更高的数据读、写速度，但价格更加昂贵。

为了加速三维图形的处理速度，图形系统中除提高数据传输速率以外，目前还普遍采用了增加帧缓冲区的方法，包括双缓冲区、Z 缓存等。

其中双缓冲区是指使用两个独立的缓冲区，当第一个缓冲区中的数据被显示的同时将下一帧的数据，即新的画面的视频信号，装至第二缓冲区，再由第二缓冲区装至第一缓冲区，从而达到加快显示速度的目的，以满足高速度更新显示画面的需求。

Z 缓存则用于显示三维立体图形中除 X、Y 坐标以外的 Z 坐标，主要加快隐藏线或面的显示。在具体实现中，Z 缓存可以通过软件和硬件两种设计手段来完成。

帧缓冲存储器的容量决定了系统的最大显示分辨力以及显示色彩的逼真程度。通常在显示质量上彩色位面有 8 位、24 位之分，对应显示色彩为 256(2^8) 和 16777216(2^{24}) 种，覆盖位面通常有 2 位、4 位和 8 位之分。

(4) 视频控制器是对显示器进行控制的关键电路，它用于把帧缓冲存储器中存储的图形数据按显示器的同步和扫描要求送到显示器，一般为 RGB 信号。

(5) 显示器，是用户利用工作站进行作业时，最直接有关的硬件输出设备。显示器的特性通常包括显示器的尺寸、分辨力、单色或彩色显示以及单色显示时的灰度等级和彩色显示时可以显示的颜色数。工作站采用的显示器尺寸通常为 14in ~ 20in，分辨力一般为 1024 × 768、1024 × 1280、1152 × 900 等，刷新率一般则在 70Hz 左右（逐行扫描控制方式）。显示器的选择必须要和图形卡或图形子系统的指标相匹配。

5) 网络通信接口

随着网络技术的发展，工作站一般都提供了用于连接局域网（LAN）的以太网端口，速度为 10Mb/s，接口类型通常为 10BASE - T 或 AUI。后来，100BASE - T、100VG、ATM 等 100Mb/s 以上的高速网络投入应用，这对图形、图像、视频信号在网络传输上的瓶颈提供了解决方案。目前工作站一般都提供速度为 1000Mb/s 以太网接口。

6) 输入/输出接口

在工作站上，基本的对外输入/输出接口有串行接口、并行接口和 SCSI 等，用于与键盘、鼠标及各种打印机、绘图仪、扫描仪、数字化仪等外部设备的连接。

在上述输入/输出接口中，值得一提的是 SCSI。该接口的全称是小型计算机系统接口。其标准是 ANSI 制定的，用于计算机系统到磁盘设备、磁带设备以及其他具有 SCSI 接口的外部设备（如扫描仪、绘图仪、CD - ROM 等）之间的连接。其主要特性如下。

(1) SCSI 的数据总线宽度主要有 8 位和 16 位两种，也就是通常所说的"窄"和"宽"。一般来讲，8 位数据总线宽度的 SCSI 为 50 线，最多可连 8 个 SCSI 设备（包括 SCSI 控制器在内）；16 位数据总线宽度的 SCSI 为 68 线，最多可连 16 个 SCSI 设备（包括 SCSI 控制器在内）。在相同条件下，16 位数据总线的速度比 8 位数据总线的速度快一倍。

(2) SCSI 的数据传输方式有异步和同步两种方式。由于异步传输的速度会受到电缆长度和握手信号产生的延迟的影响，所以异步传输速度远远小于同步传输速度。表 3.2 给出了几种同步 SCSI 的数据传输速率及相应的数据总线宽度。

表3.2 几种同步SCSI的数据传输速率及相应的数据总线宽度

SCSI类型	数据总线宽度/bit	数据传输速率/(MB/s)
SCSI-1	8	5
Fast SCSI (SCSI-2)	8	10
Fast Wide SCSI	16	20
Ultra SCSI (Fast-20)	8	20
Wide Ultra SCSI	16	40
Ultra2 SCSI	8	40
Wide Ultra2 SCSI	16	80

(3) SCSI的电气条件有单端式和差分式两种方式。通常在单端电气条件下,电缆最长约6m;在差分电气条件下,电缆最长约25m。

(4) 在物理结构上,SCSI总线上的所有SCSI设备,通过一条公共电缆连接在一起。电缆端头需接上终端匹配电阻。终端匹配的方法可以采用无源或有源两种方式。一般高速SCSI需要采用有源的匹配方式。

7) 大容量外部存储设备

工作站中所采用的大容量外部存储设备包括硬盘、可读写光盘和磁带机等。其中磁带机主要用于关键数据的备份,而可读写光盘相对硬盘来讲速度较慢,目前还不能替代硬盘作为主要存储设备。

硬盘是工作站最主要的、并且是必备的数据存储设备,在工作站系统中承担着越来越繁重的任务。它的容量和速度对计算机性能起着举足轻重的作用。目前,工作站的硬盘配置多为80GB~250GB。

硬盘性能的好坏主要表现在容量、数据读写速度和可靠性这三个方面,其中可靠性通常用平均无故障时间来衡量。故而,大容量、高速度和高可靠性是磁盘技术的发展方向。目前,在容量方面3.5英寸的硬盘容量已经做到了500GB;在可靠性方面,一方面在硬盘内部采取了若干技术来保证,另一方面,则是组成磁盘阵列,采用冗余技术来提高硬盘的可靠性。

8) 操作系统

计算机的操作系统是管理系统资源的软件,它可以提供诸如资源分配、调度、输入输出和数据管理等服务。操作系统作为用户与计算机的接口,是工作站系统的最基本的程序集合。对工作站的易用性、扩展性和投资的保障性起着决定性的作用。在工作站中,对操作系统的要求比较高,特别是必须能适应对大量数据存取、文件和多任务的响应及对异常事件的处理等问题。

在工作站问世以后的相当一段时间里,操作系统是专用的。这给上层软件的开发、移植和使用带来了很大的困难。由于UNIX操作系统具有开放性、标准化结构、支持多任务、多用户操作的能力和良好的可移植性等特点,使其迅速被推广应用。目前UNIX操作系统已被广泛用于各种类型和档次的工作站上。

近年来,由于网络技术和图形化的人机界面等要求,促使其他操作系统也相应得到了发展。目前运行在工作站上的操作系统主要有Unix、Linux、Windows NT等,但在高档工作站上是UNIX操作系统。而由于市场的需求,在中低档服务器上则越来越多地可以采用Windows NT操作系统。随着Linux及其相关应用的快速发展,主流的UNIX主机厂商纷纷宣布支持Linux操作系统。表3.3为主要工作站厂商所支持的操作系统的一览表。

表3.3 主要工作站厂商所支持的操作系统一览表

公司名称	UNIX	Windows NT	LINUX	其他
SUN	Solaris		支持	X86 Solaris
SGI	IRIX			
IBM	AIX	支持	支持	
DEC	Digital UNIX	支持		Open VMS
HP	HP - UX		支持	

(1) UNIX 操作系统。不同类型的工作站所采用的操作系统可能源于不同的 UNIX 版本(如 BSD4.3、SVR4 等),但它们均是从早期 AT&T 贝尔实验室的 UNIX 操作系统上派生出来的。目前,UNIX 操作系统已形成了一个单一的规范要求,这就是统一在 X/OPEN 的标准范围内,并经认证后才能真正称为 UNIX 操作系统。

UNIX 操作系统的内核采用了 C 语言编写,因而它不仅具有良好的可移植性,而且设计风格精巧。随着硬件平台和相关计算机技术的发展,UNIX 操作系统也在发展和改进,特别是对传统 UNIX 内核不断进行重新构造和功能添加,融入了许多先进机制,如,逻辑卷管理(LVM)、日志文件系统(JFS)、内存映像、抢占式内核、Internet 服务等,使系统总体性能大大提高。

尽管各种版本的 UNIX 操作系统各有其特点,但在 X/OPEN 所规定的应用程序接口(API)、界面、图形和网络等方面都达到了互移植和互操作性。UNIX 开放系统组织的工作,使其成为工作站中一种标准化的、功能强大的操作平台。与其他操作系统相比较,该操作系统具有支持厂商多,技术成熟,用户广泛,大规模和重要的应用软件多,可靠性高,扩充性和安全性好等多种特点。因此在高档工作站,UNIX 操作系统仍有不可取代的优势。

(2) Windows NT 操作系统。Windows NT 是微软公司开发的一种具有图形界面的多用户、多任务、面向服务器的操作系统。随着个人计算机技术的发展,使高档 PC 计算机作为中/低档服务器成为可能,因而 Windows NT 操作系统主要是作为 PC 服务器这类硬件平台的操作系统,并应用在一些规模较小的局域网中。但是近几年来,在市场需求的作用下,一些 UNIX 工作站也开始支持 Windows NT 操作系统,这进一步促进了 Windows NT 的推广和应用,并使该操作系统的性能不断提高和完善。

Windows NT 作为一个多用户和多任务的操作系统不仅具有良好的图形用户界面、完善的存储器和文件管理功能,而且将 Intranet 和 Internet 等网络管理功能成功地集成在一个用户界面中,伴随着国际互联网技术的迅猛发展,该功能为采用互联网提供了极大的便利。同时,该操作系统按客户/服务器的体系结构提供了与其他操作系统进行互连所必须的网络管理协议和接口,使用户可以根据应用领域配置多种操作系统的局域网。

(3) Linux 操作系统。Linux 操作系统是一个免费发行的操作系统,一个多任务、多用户的操作系统,它的源代码与一些 UNIX 的标准兼容,其中包括 IEEE POSIX.1、AT&T 系统 V 和 BSD,它支持的应用程序遵循可移植性的原则。

Linux 可以支持多种类型的文件系统,如 Minix - 1 和 Xenix 文件系统和 MS - DOS 文件系统等。

Linux 提供了完整的 TCP/IP 网络协议的实现,包括了许多应用广泛的以太网卡、SLIP、PLIP 和 NFS 等设备的驱动程序,同时也支持完备的 TCP/IP 客户端与服务器的功能,诸如 FTP、Telnet、SMTP 和 NNTP 等。

9）应用软件

在工作站上运行的应用软件非常丰富，且规模都比较大，主要包括在电子、机械、建筑、化工和国防等领域中的计算机辅助设计（CAD）、计算机辅助制造（CAM）和计算机辅助工程（CAE）等，以及三维动画和多媒体软件设计、地理信息系统、气象和地震等领域的数据处理、大型系统仿真、控制、作战摸拟和电子信息与情报系统软件等。这些应用软件需要对大量的数据进行计算、存储、管理和控制，需要有良好的人机界面和对多种外部输入输出设备的支持，需要有高速的网络完成数据交换和高速的图形处理等功能，所有这些正是依靠工作站高性能的硬件平台来支持。

一般情况下，工作站将针对用户的需求安装一套或几套应用软件，而工作站的硬件配置也将随着应用软件的需要进行合理的选择。在不同的应用领域对工作站的要求可能是完全不一样的。如在二维电子 CAD 设计和三维动画设计方面，对工作站的配置要求和强调的重点指标就有一定的差距。前者侧重 CPU 的运算速度和内存，而后者更注重图形子系统的功能以及它与整机的配合。因此，衡量一台工作站的最终性能除比较其指标以外，还应该从应用软件的需求角度进行费效比的综合判断。

3.1.4 应用领域

工作站可以应用在很多领域。在 CAD、CAM、CAE 等应用领域中，工作站已成为主要的硬件平台。就目前的应用来看，这个领域主要包括机械和电子 CAD、CAM、建筑设计、模具设计、模型设计、系统仿真/摸拟、软件工程和分子化学等。工作站以其高速的计算能力、高性能的系统配置和良好的人机界面等特点，在上述这些应用领域中得到了广泛的应用。

其中，CAD 类应用是工作站传统的应用市场，也是目前工作站市场中占最大份额的领域。此外，在某些计算领域，如石油勘探、地震数据处理、大型工程分析、力学计算等，由于要求大量数据读写和高速计算，经常采用工作站和高档服务器相结合的方法。

在军事领域，工作站同样可用在军工科研和生产、武器装备系统的控制、作战仿真和效果评估等方面。如在作战仿真摸拟系统中，为实现在特定情况下的作战过程摸拟、不同武器平台的作战效果评估和最终的战况统计等功能，在计算机中需使用地理信息系统 GIS，武器平台性能和红、蓝军调动/配属等多种数据库，运动平台的动力学仿真，各种数学上的统计模型，高速图形显示和多媒体输入输出等功能和技术。在这种应用中，对数据运算、存取和处理的工作量非常大，而且又要求有一个良好的用户界面包括高分辨力的显示和图形处理，以便于实时发出操作指令和观察实际效果，所有这些正是工作站所能胜任的。它可以发挥出工作站的高性能 CPU，大容量内存和硬盘空间，完善的图形处理能力等一系列优势。特别是在以 UNIX 操作系统的工作站平台上，由于该操作系统本身所具有的优势和一些成熟的大型应用软件的支持，使上述摸拟仿真功能的开发和应用较为方便。此外，在航空、航天系统的控制，C^4ISR 电子情报和信息系统方面，工作站也可以发挥出其高性能系统的特点和优势。

由于工作站具有很强的图形、图像处理能力和大屏幕、高分辨力的显示系统，它几乎垄断了广告、影视创造和三维动画等领域的应用市场。另外，在社会科学的某些领域，需要对大量数据进行汇总和分析处理，如人口普查，市场分析和预测等，也需要用工作站这一类高性能的台式计算机平台。对于这类应用，一般采用图形工作站和通用工作站。

从工作站的综合性能来讲，图形工作站的配置要求往往是比较高的。它不仅需要有较高性能的 CPU、图形处理系统和内部存储器，而且涉及 I/O 总线和磁盘系统等单元的性能。从工作站的价格来看，图形工作站可能高出一般工作站的几倍到十几倍。

除上面所介绍的各类工作站以外，还有一类专用工作站，如人工智能，专家系统和采用神经网络技术所构成的系统用于一些特定的应用领域。

3.2 服务器

3.2.1 服务器的基本概念

在20世纪60年代和70年代,由于信息技术尚未发展到今天如此重要的地位,计算机的普及程度也远远没有达到在各行各业普遍应用的程度,计算机对信息和数据的处理是以集中模式为主的。所谓集中模式就是指数据的处理和保存均集中在一台计算机主机上,用户是通过主机所挂的各个终端来向主机发出处理指令并接收和显示主机的处理结果的。这种集中处理模式非常适应大规模的科学计算、数据的集中统计与分析和模拟仿真等工作。在这种模式下,根据计算机所能承担任务的大小,计算机主机可以分为巨型机、大型机和小型机等。

进入20世纪80年代以来,随着半导体技术的发展,单片处理器的功能日趋完善,出现了以个人用户为主的个人计算机。方便的个人计算环境及个人计算机的普及极大地加速了信息技术在各个领域的应用,独立的信息处理方式使数据和信息的交换以及资源共享的矛盾日趋严重。正是在这种背景下,促进了计算机网络技术和客户/服务器这种分布处理模式的出现和发展。在计算机网络应用中,服务器这类计算平台也就应运而生了。

在分布处理模式中,一方面数据的处理是根据需要分布在服务器或客户机中,服务器要按照客户机的服务请求,完成各类计算和管理任务。客户机则针对最终使用要求对数据进行进一步的后处理和显示等工作。另一方面作为网络的核心,服务器要面向多客户的服务请求,并承担着网络运行的管理等工作。因此可以说,服务器的出现从本质上说是数据处理模式的一种改变,其发展是伴随着计算机网络技术和客户/服务器结构的发展而日益普及和完善的。

在计算机网络以及Internet的大量技术文章中,有关服务器的提法随处可见。如文件服务器、打印服务器、WWW服务器、数据库服务器、部门服务器、企业服务器等。上述对服务器的各种提法主要是从两个方面来说的:一是计算机在网络中所担当的角色,如文件服务器、打印服务器等;二是被专门设计用来在网络中充当服务器使用的计算机及相关的软件(如部门服务器、企业服务器等)。

简单来讲,服务器就是指在网络中起到各种服务作用的计算机和各种相应的软件。它的作用是通过网络按需要为客户机提供各种特定的服务,包括共享文件系统、共享数据库系统、共享硬设备、应用程序分布、通信服务、以及多媒体应用等服务,并可对整个网络环境进行集中式管理。

随着信息产业和网络技术的发展,数据库的规模越来越大,数据和信息资源在网络上的共享及管理是服务器首先要解决的关键问题。鉴于服务器在系统中的重要作用,在设计上,除了应具有高速数据处理能力、通用的操作系统、标准的网络互连接口等工作站所具有的特点之外,服务器更加注重系统的可靠性、可用性、可扩充性,并由此促进了对称多处理器(SMP)、大规模并行处理(MPP)、集群(Cluster)、磁盘阵列、冗余、热插拔等与服务器相关技术的发展。

能够充当服务器角色的计算机可以小到一台普通的PC台式机,大到一台巨型机。服务器主流趋于采用SMP、MPP、Cluster系统。纵观服务器的现状,目前正处于一种多类型、多品种相互竞争的格局。根据不同的网络类型可以采用不同的计算机作为服务器。

3.2.2 服务器的种类和应用

服务器的种类有很多,分类的方法也很多。

1)按照提供的资源和能力

(1)提供软件资源和能力的有:事务服务器、决策支持服务器、协同工作服务器等。

(2)提供数据资源和能力的有:文件服务器、数据库服务器、视频点播服务器等。

(3)提供硬件资源和能力的有:打印服务器、通信服务器、计算服务器等。

2)按所用的计算机

(1)PC服务器。它适用于小规模的局域网系统,如办公室和商务办事处等。这类局域网中数据的交换量相对较少,对处理速度、信息容量、容错与可靠性等方面的要求与大型网络相比都不是很高。目前,在高档的PC服务器中,采用了先进高性能的处理器,如Intel PentiumⅣ、Zeon等,并在体系结构的设计上与传统的高档微机已有很大的差别,如大容量外部存储器的配置、多处理器系统、关键单元的冗余设计和电源备份等。

(2)RISC/IA服务器。它们是基于各种RISC处理器芯片、并具有先进的体系结构,是目前应用最广泛、占市场份额最大的一类服务器。主要在各个部门和企业中承担较大规模的局域网管理或作为Internet的WWW服务器等。

(3)小型机和大型机服务器。它们原处于集中处理模式中的主机地位。这一类服务器具有较强的计算和处理能力,通常作为大型网络系统和复杂科学计算、仿真等应用的服务器。

3)按配置和性能

可分为:企业级服务器、部门级服务器、工作组服务器、个人服务器。

4)按机型

可分为:机架式、塔式、刀片式服务器。

一般来说,在一个局域网中,下列服务功能是需要具备的。

(1)文件共享服务。文件的共享是在局域网中经常要面临的问题,它也是支撑客户/服务器处理模式最基本的要求。在完成文件共享的服务中,服务器既可以设计成为专门用于各种文件共享的文件服务器,也可以将该功能贯穿在其他类服务器(如数据库服务器)中,使文件共享成为一项基本功能。

(2)打印机共享服务。负责管理网络中用于打印机共享的服务器一般称为打印机服务器。其主要工作是维护和管理网络中各个用户所发出的打印文件队列,轮流将每个打印文件发送给指定打印机。有时,打印机服务器也可用于其他输出设备的服务管理,如绘图仪等。

(3)数据共享服务(数据库访问)。数据共享和数据库访问服务是客户/服务器的核心问题。用于提供数据库访问的服务器是最常见的局域网服务器,也是各种服务器中技术难度最大的一类服务器。目前,服务器的各种技术主要用于满足数据库服务器的各项性能指标。

(4)通信服务。在计算机网络中,通信服务器主要用于远程服务的响应和管理,并负责网络或工作组中对其他诸如传真服务的发送、接收和管理。

(5)网络管理服务。网络管理服务器是比较特别的一类服务器。它主要负责监视和管理各种网络设备,并将异常情况进行处理和通报。

(6)其他服务。如浏览服务器、安全服务器。

在一个计算机网络中,上述各种服务功能可以由不同的服务器承担,也可由一到两台服务器来完成。

服务器的应用是非常广泛的。无论是在局域网还是在广域网中,都会面临各式各样的服务器。在联机事务处理、决策支持系统、数据库系统和管理信息系统这样的商用计算领域中,如银行储蓄系统、证券交易系统、飞机订票系统、飞机导航系统、运输调度系统、信息查询系统、电话计费系统和工程数据库管理系统等,服务器以其明显的优势,扮演着系统中最重要的角色。服务器在军事上有着十分广泛的应用,例如在指挥自动化系统、军事训练系统、军用数据库系统、办公自动化系统、装备管理系统、后勤保障系统等都大量使用各种服务器。

从计算机技术的角度,为完成各种服务请求并保障其服务的可靠性,上述各种服务器与普通计算机平台相比,一般将采取一定的技术措施。

3.2.3 服务器的 PCI－X 总线

最初,PCI 采用的是 33MHz 工作频率,32 位总线,最大带宽 133MB/s 的设计,这在 80486 时代,相对于当时 8MHz、16 位总线、最大带宽 8MB/s 的 ISA 总线,简直是划时代的飞跃。通过极为严格的芯片组设计,PC 局部总线规范 V2.2 目前允许 PCI 总线达到 66MHz。64 位、66MHz 的 PCI 总线最大带宽有 533MB/s,但是,随着处理器的速度和前端总线的发展,PCI 总线越来越成为系统发展的瓶颈。

由 Compaq、IBM、HP 等顶级服务器厂商组成的 PCISIG(PCI 专业组)在 1999 年提出了 PCI－X的规范。PCI－X 既可使用 32 位也可使用 64 位宽度的总线,工作频率提升到 133MHz,允许的最大带宽达 1066MB/s。

PCI－X 沿袭了标准 PCI 的许多技术特色,在原有技术的基础上增加了许多新的技术特征。首先是 64－BIT 数据位宽,仅此一项就可以提升一倍的带宽,其次 PCI－X 的工作频率为 133MHz,是旧式 PCI 总线 33MHz 工作频率的 4 倍,也是传统 64－BIT PCI 66MHz 工作频率的两倍。数据位宽是原来的两倍,工作频率是原来的四倍,合算起来,PCI－X 就能够提供旧式 PCI 总线 8 倍的带宽。

1) 特征段

特征段可能是最重要的技术,它增加了追踪穿过总线数据的能力,可以把它在队列中向前移动,增强并行穿越总线的能力。每件 PCI－X 总线(图 3.6)上的事务都附带一个 36 位的特征域。这个域包含了一些诸如事务从哪儿开始,它需要按什么顺序插入,事务有多长和是否需要缓冲检测等信息。特征段包含四个部分:序列信息、不严格的次序结构、事务字节数量,以及“非缓存一致”事务。

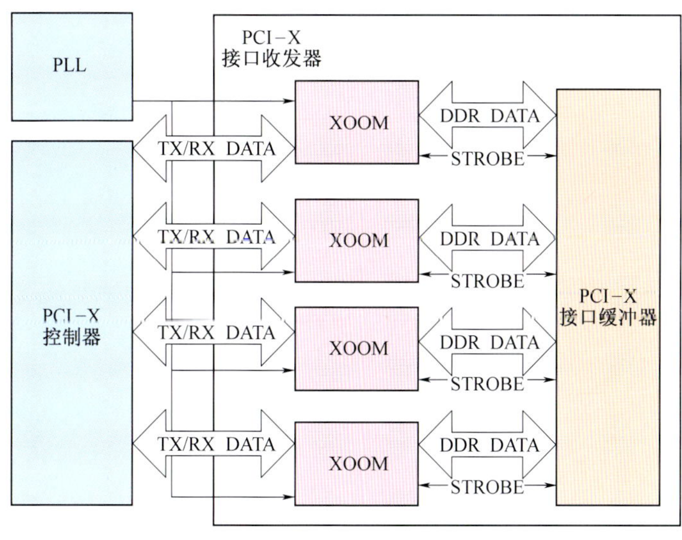

图 3.6 PCI－X 总线结构

(1) 序列信息。这是特征段的一部分,它详细说明了事务来自什么地方,哪种总线,整个事务有多大。它将在整个特征段要被引用,并且有助于提高总线管理的效率。

(2) 不严格的次序结构。最初的 PCI 体系处理数据的方式类似于“令牌环”网络。因为它没有办法说明一起特定事务发生在什么地方,必须按照特定的顺序接收和传送数据。它从第一组总线(0)出发,经过每一个插槽,然后开始下一组总线(1),再继续直到它又达到第一组总线。这样它才不会迷路和丢失事务。

PCI-X 有一个“不严格次序”位,一旦控制器和设备驱动程序设置了该位,就允许一件事务获得超过所有其他目前在总线中的事务的优先权。这样 PCI 总线或者 PCI-PCI 桥接器可以根据哪儿有内存空间,或者哪个设备可用来重新排列总线上的事务。通过这种方法,系统可以利用 PCI-X 总线实现效率最大化。

(3) 事务字节数量。在 PCI V2.2 规范中,没有办法知道哪个请求最大,因此,每次数据请求都分配两条高速缓存队列。这种情况在 PCI-X 中不会出现。在特征段中包含了下次请求提取的字节数量。就像你从互联网上下载文件时,它会报告已经收到了多少数据,还剩多少数据需要下载一样,每个事务,都有一个字节数量统计还剩多少字节的数据。这样,高速缓存的使用效率更高,桥接器也不需要一直保留事务等待缓存队列清空了。

(4) “非缓存一致”事务。要很清楚的描绘出处理器缓存和系统内存里到底发生了些什么是一件非常困难的工作,多处理器系统就更不用说了。处理器和 I/O 子系统之间的需要保持视图的事务被称为“缓存一致”事务。PCI 总线在把数据写到处理器缓存之前,先使用了一个“探测”循环来扫描以重载数据。尽管这个过程非常短,但还是会争夺带宽而导致性能问题。

只要驱动器和控制器能够支持,PCI-X 在特征段中使用了一个“无探测”位。这被称为非缓存一致事务。取消了探测扫描,总线排除了处理器-内存总线上的任何额外工作。

2) 分离事务(多任务)

分离事务允许一个正在向某个特定目标设备请求数据的设备,在目标设备准备好发送数据之前处理来临的其他任何事情。在目前的 PCI 体系中,请求将停止处理新的数据直到与它的目标之间的数据处理完毕。换句话说,它一次只能处理一条请求。

3) 减少时钟周期的占用(等待状态)

当设备正在等待来自其他设备的信号或者数据时,这些处于等待状态时消耗的额外的时钟周期都白白浪费了的。根据前面的描述,利用分离事务能够消除这种消耗。另外一个消除等待状态的办法是把没有准备好发送数据的设备从总线上移走。这样做,总线带宽可以腾出来供其他事务使用。减少等待状态的数量,可以最佳化地利用总线。

4) 128 位标准尺寸数据块

如果接收的数据是标准化的,处理器的工作效率就更高。Intel 的 IA-64 处理器使用自然排列的 128 位指令,现在 PCI-X 也采用了同样的方法。通过总线的数据都是同样大小的块,这样就提供了更多的流水线机制,改善了处理器的管理。

5) 增强了奇偶错误管理

在当前的 PCI 环境下,奇偶错误是最大的烦恼。正如前面所说的,当你提升了时钟速度之后,相应地就减少了总线上设备译解请求的时间。所以,出现奇偶错误的可能性就大大增加了。最糟糕的情况下,将出现不可修复的错误锁住总线,只有重新启动才能解决问题。

PCI-X 在提高了时钟频率的同时减少了问题的发生,而且通过增加指令数来解释和管理它们所遇到的错误。如果操作系统和 PCI-X 驱动程序都支持奇偶错误管理,问题可能会在产生更严重的后果之前被解决。这些增强包括错误时通知用户,重复执行指令,重置适配器,在适配器失败前将之关闭。最坏的情况下可能没有选择,只有重新启动了,但这些增强可以减少此类情况的发生。

3.2.4 服务器的几种相关技术介绍

1）磁盘阵列

磁盘阵列一般指的是独立磁盘冗余阵列（RAID）。其概念是由美国加州大学伯克利分校的 D. A. Patterson 等人在 1987 年提出的。它是用多台磁盘存储器组成的一个快速大容量的外存储器子系统。由于阵列中的一部分存有冗余信息，所以一旦系统出错，利用冗余信息可以重建用户数据。

RAID 是一种容量大、可靠性高、响应速度快的存储设备。磁盘阵列的实现可采用软件、硬件或软硬结合等不同方式。软件实现的成本较低但需要占用较多的系统资源，它一般只能完成复制和镜像备份。而硬件实现则必须采用相应的 RAID。无论采用哪一种方案，其目的都在于能在某个硬盘发生故障时，可以通过其冗余信息把故障硬盘上的数据全部恢复出来。

涉及 RAID 技术的关键问题包括信息恢复的系统重建时间，智能硬盘锁定，写入时的数据丢失风险和数据的奇偶校验等。所谓系统重建时间是指在个别磁盘发生错误时，冗余磁盘上恢复原有信息所需的时间。在这个过程中，要采用相应的正确磁盘锁定技术，也就是智能硬盘锁定。

到目前为止，得到公认的 RAID 体系结构有八种（RAID 0 ~ RAID 7）。不同结构的 RAID 盘对数据冗余和保护的方式各不相同，各有其特点。

（1）RAID0 是将要存放的数据分为几块，分别存在几个盘上，每个盘上存放一块。这种做法的好处是能够同时在几块盘上读写数据，加快数据的存取速度，但没有一点容错的功能。

（2）RAID1 一般称为镜像盘。它的特点是每一个工作盘都有对应的镜像盘，其上保存与工作盘完全相同的数据拷贝。在工作正常时不访问镜像盘。但当工作盘出错时镜像盘立即投入使用，提供正确数据，并恢复工作盘。这种做法的好处是数据的存放较为安全。但缺点是资源的浪费很大，只有 50% 的使用率。

（3）RAID3 是将盘阵列分成两个部分，一个部分存放数据，另一个部分存放校验。这样，不论那个部分的数据坏了，都可以通过校验算法，得到正确的数据，并可做恢复工作。此种做法的好处是数据的可用性大大的提高，数据的冗余度只有 20%。其缺点是由于所有的校验是放在一个盘上，因此，该盘的访问率太大。此种方法目前已很少使用。

（4）RAID5 是现在常用的磁盘阵列，它的特点是不设单独的校验盘，而是按某种动态算法确定校验盘，把校验数据分布在所有组成阵列的磁盘上，数据信息则交叉写入各个盘上，即一个盘上既有数据信息，又有校验信息，从而避免了多个盘争用校验盘的问题。因此，RAID5 技术是目前最为先进的技术。它能保证在任何一块磁盘发生故障时，可以通过其他磁盘上存放的数据和校验信息将其上的数据恢复，从而保证整组磁盘的数据完整性。RAID5 的磁盘利用率为$(n-1)/n$，是一种较为经济的磁盘容错技术。

磁盘阵列发展到今天，技术已成熟，并得到了广泛的应用。在应用数据非常重要，不能因为发生故障而丢失数据的系统中，采用磁盘阵列技术是服务器应首先要考虑的。

2）热插拔技术

热插拔（Hot Plug）技术可使系统在不停机的情况下消除故障，更换故障单元。这在一些不能中断服务的关键系统和应用场合中是非常有用的。

热插拔技术分为磁盘的热插拔和主要系统部件的热插拔技术。磁盘的热插拔是一种不停机恢复故障硬盘的技术，一般是和磁盘阵列技术配合使用的。当某一硬盘发生故障时，可以在不停机的情况下更换故障硬盘并依靠 RAID 等技术恢复故障硬盘中的数据，与此同时系统仍保持继续运行。

主要系统部件的热插拔是在磁盘的热插拔技术之上的更进一步技术。这里所说的主要部件除了硬盘之外还有电源、风扇、CPU 板、存储器板和 I/O 板。采用热插拔技术进行维护时，往往需要操作员在键盘上进行干预。

PCI - X 总线技术就为服务器总体性能的提高提供了解决方案。PCI - X 的主要特性如下。

热交换(Hot Swap)：允许在不用关闭和重启服务器的情况下更换适配器。

热添加(Hot add)：提供了一种容易的升级方式，允许在服务器运行的状态下添加新的适配器。

切换(Failover)：允许在主适配器出现故障的情况下极快地用另一个备用适配器接替原来适配器的工作继续运行。

应当说明的是系统部件的热插拔技术是在系统部件冗余技术之上来实现的。就像磁盘的热插拔技术一般是和磁盘阵列配合使用一样，系统部件的热插拔则要结合多处理器技术、集群技术和并行处理技术等。这种技术只解决了磁盘子系统或某个系统部件的问题，当系统发生更为特殊的故障时还是需要停机处理。因此，在可靠性要求更高的场合还需要双机热备份等相应的技术和手段。

3）错误检测和纠正内存技术

错误检测和纠正内存，简称 ECC 内存，是一种提高内存对数据存取可靠性的相关技术。在计算机系统中，内存是很重要的部件。程序和数据需要驻留在内存中。内存出错会导致整个系统的错误或停机。为提高内存在数据交换期间的可靠性，通常采用了两种基本措施和技术。一是常规的奇偶校验，它能够检测到 1 位的错误。其次是通过奇偶错误中断使操作系统进行响应和错误处理。奇偶校验本身不具备纠错能力。

在可靠性要求更高的场合，特别是当内存容量较大时，应该采用 ECC 内存。ECC 内存不仅能够检测两位错误，并能自动纠正任何 1 位错误，使系统因内存数据存取错误而停机或发生故障的概率进一步降低。通常所说的 EOS 技术，是指将 ECC 内存技术集成在内存条上。

应该指出的是，造成计算机中的内存数据读写错误的原因可以分为硬件不可恢复性错误和可恢复性随机错误。ECC 技术所能解决的问题只限于后者。

3.2.5 服务器的逻辑分区

逻辑分区(LPAR)技术大大提高了服务器使用的灵活性和工作负载，逻辑分区技术使用户可以在一台服务器上同时建立多个操作系统环境，就如同在多台服务器上运行这些操作系统一样。目前主流的服务器厂商都支持服务器的分区技术，IBM 服务器在逻辑分区技术的基础之上又增加了动态逻辑分区(DLPAR)的功能，使得当用户将系统资源在逻辑分区中重新分配时，不需要将系统重新引导，也不影响逻辑分区中应用的运行。本文将对服务器动态逻辑分区技术作一个介绍。

1）逻辑分区的资源

逻辑分区所控制的最小资源单位是 1 个 CPU，256MB 内存区，或一个 I/O 插槽。逻辑分区的最大优点就是在分区上的灵活性，几乎可以用任何方式来组织系统资源，划分分区。

动态逻辑分区扩展了这种能力，使得逻辑分区不但能在启动时分配这些资源，而且在运行时也能对系统资源进行重新分配。单个的 CPU，256MB 的内存区和单个的 I/O 插槽可以以任何组合从逻辑分区释放到一个系统空闲池，从系统空闲池添加到逻辑分区中或直接从一个分区移动到另一个分区。

2）动态逻辑分区的优势

对于服务器资源的分配和工作负载经常变化的应用，动态逻辑分区可带来更大灵活性，以下是一些显而易见的例子。

当生产系统的CPU压力很大时,将CPU从测试系统逻辑分区移动到生产系统逻辑分区,当压力减小了以后,再将CPU移回测试系统逻辑分区。

为正在进行大量内存页换进/换出操作的逻辑分区添加内存。

将不常用的外设在逻辑分区间移动,如安装软件用的CD-ROM和备份用的磁带机。

从已有的逻辑分区释放一些系统资源,来建立一个新的分区。

在一个系统上建立一些小的分区作为备份节点,并且在系统的空闲池中保留一定的资源。当某主节点失效后,系统中的一个逻辑分区接管,此时将系统空闲池中的资源分配给此逻辑分区从而使其可以承担工作负载。

从这些例子可以看出动态逻辑分区技术给用户带来了更大的灵活性,提高了设备的利用率,使得用户的投资更具价值。

3) 逻辑分区与安全

动态逻辑分区技术并不会影响逻辑分区的安全性。对于在某一逻辑分区中的操作系统,其他逻辑分区中的资源甚至系统空闲池中的资源都是不可见的。此逻辑分区中的操作系统只能看见一些虚拟资源连接,当硬件管理控制台向此逻辑分区添加资源时,硬件管理控制台会向此逻辑分区发一条消息,要求操作系统去激活相应的虚拟资源连接。如果硬件管理控制台和管理程序(hypervisor)没有首先向此逻辑分区添加资源,而操作系统试图去激活虚拟资源连接时,操作系统会收到一个错误信息,显示此资源不存在。

当系统资源在逻辑分区之间移动时,hypervisor会对系统资源进行初始化,以保证在系统资源中不会存在残余数据。如当内存从一个逻辑分区分配到另一个逻辑分区时,会被全部清零。

硬件管理控制台与逻辑分区之间的网络连接采用基于IBM RSCT技术的安全通信机制,所以只有硬件管理控制台才能发出资源移动的请求,硬件管理控制台的用户有权限控制,只有被授权的用户才有相应的权限。

4) 动态逻辑分区和CUoD

CUoD被称为动态性能升级,它提供用户一个手段,当用户得到授权密码后,用户可以激活在系统中已经在物理上存在,但处于休眠状态的系统资源。动态逻辑分区可以与CUoD配合工作,如当用户输入授权密码增加CPU时,这些CPU被激活并被置于系统空闲池中,此时系统仍正常运行,然后用户可以通过动态逻辑分区操作将这些CPU加到所需要的逻辑分区中。

动态逻辑分区还可以与CUoD配合提供CPU的动态热后备功能。即当系统中的一个CPU报告将要损坏时,系统中处于休眠状态的未被授权的CPU将被激活,来替换将要损坏的CPU。

5) 性能

大多数动态逻辑分区的操作会在几分钟内完成,但对于内存移动的操作来说,这取决于移动内存的数量和在逻辑分区中内存的状态。通常移动4GB的内存大约需要1min~2min。

在动态逻辑分区的操作进行的过程中,系统的性能会受到很小的影响,这是由于系统在检查资源和重新平衡对资源的操作。当添加系统资源时,加入的系统资源会马上被系统利用,通常带来的性能提升与加入的资源数量成正比,尤其对于CPU来说更是如此。

对于内存来说,从一个逻辑分区中移出内存对性能的影响比较复杂,与工作负载的类型有关。如当内存被移出,文件系统的缓存减小,一些文件需要重新从硬盘上读出。这些影响会被系统自动处理,然而,如果逻辑分区所剩余的内存不能保证应用的正常运行,会导致大量的页交换操作。因此在进行动态逻辑分区操作前要了解逻辑分区内的应用要求,一定要保证操作后应用有足够的系统资源来运行。

虽然操作系统被设计成能够随系统资源的改变而对自身动态调整,但要达到最佳的使用效果,还需要应用软件能够识别系统资源的改变。但需要指出的是,即使应用不支持动态逻辑分区的操作,系统仍然能够从动态逻辑分区的操作中得到好处。

6）监视动态逻辑分区操作

监视动态逻辑分区操作可以通过 Syslog 命令得到,但需要系统管理员进行配置,在缺省情况下,Syslog 不记录动态逻辑分区操作。

如果动态逻辑分区操作失败了,用户可以查看系统的错误日志,来判断是什么原因导致了操作的失败。通常错误日志会记录由于内核和应用的原因而导致的错误,大部分这类错误能够被用户改正。如:由于应用的绑定而使某一 CPU 不能被系统移出,在错误日志中会有一条记录指出某一进程需要被重新配置。

服务器的动态逻辑分区功能,提供了正在运行的逻辑分区间移动系统资源的功能,从而提高了逻辑分区应用的灵活性。动态逻辑分区功能适应了当前复杂多变的商业应用环境。

3.2.6 高性能服务器系统介绍

对称多处理(SMP)系统中所有的处理器是平等的,共享同一个存储器,系统的所有资源在一个操作系统的管理之下。SMP 系统在联机操作处理(OLTP)方面被认为优于大规模并行处理系统(MPP),在这方面 SMP 的一大优点是能够动态平衡各个处理器之间的负载,因此也可以更快地响应用户请求。

1）对称多处理系统

(1) 对称多处理技术。对称多处理 SMP 技术是一种多处理器系统的构成技术。它与一般的多处理器技术(如非对称处理 AMP)相比,更能发挥每个处理器的能力,是当今高性能服务器中并行处理技术的一个主流。图 3.7 给出了常规多处理器结构与 SMP 结构在处理计算任务方面的区别。图 3.8 则给出了 SMP 系统结构示意图。

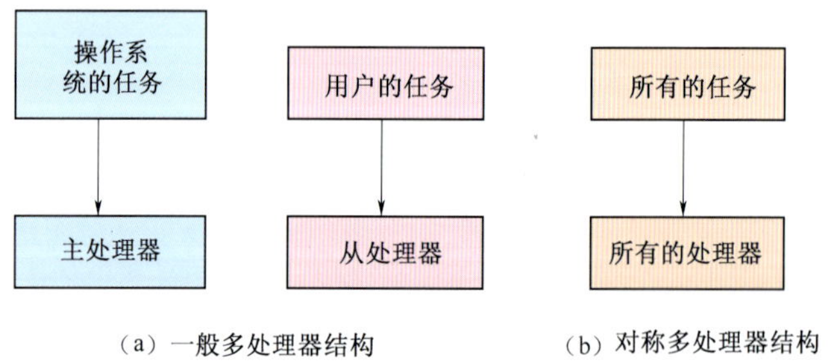

图 3.7 一般多处理器结构和 SMP 结构的比较示意图

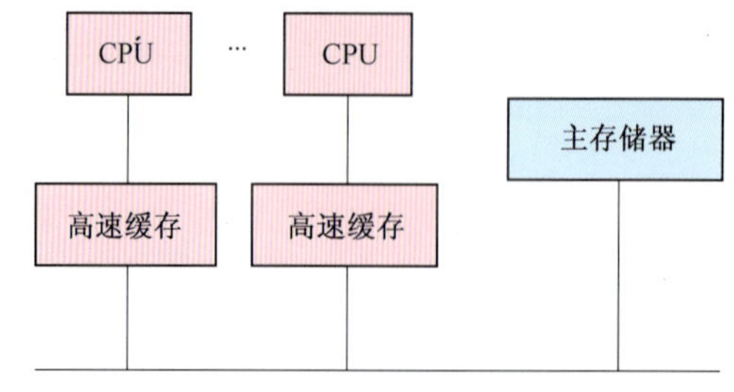

图 3.8 SMP 系统结构示意图

在采用 SMP 技术的计算机系统中,不是仅采用单个 CPU,而是按照一定的设计方法和连接方式同时使用多个 CPU,以提高计算机系统的能力。SMP 系统保持了单一系统空间,各处理器共享系统中的内存、外部存储器和其他系统资源。在 SMP 系统中可以继续沿用与单机系统一样的程序设计方法，现有单机环境中的应用软件可以不加修改地在 SMP 系统上运行，因此 SMP 系统具有良好的通用性。

对称多处理器技术的实现和性能的发挥需要有两个基本条件来保证。即硬件结构的设计和操作系统的支持。在对称多处理器结构中，处理器和存储器之间发生的每件事都必须通过同一系统总线，因而所能采用的处理器个数是有限的，一般最多为 30 个左右，由于系统带宽的影响，即使把处理器数量增加到上百个也不能使速度有明显提高。

在多处理器的体系结构中，如何发挥出多处理器的优势，合理分配数据的存取和任务的执行，解决多处理器结构中所带来的总线数据传送负担始终是一个关键问题。因此，为开发对称多处理技术的性能潜力，在设计上要增加存储器数据总线宽度，提高数据总线的数据存取速度并增大高速缓冲存储器的容量，同时操作系统的设计也应充分考虑 SMP 系统的特点。只有这样才能更好地体现出这类系统的优势。

（2）几种对称多处理系统性能简介。对称多处理系统已成为中、高档服务器的主流产品，几乎所有计算机系统厂家都把 SMP 技术作为高端产品的关键技术进行重点研制，并各自推出了 SMP 系列产品，如表 3.4 所列。

表 3.4 SMP 产品列举

公司名称	产品	CPU	CPU 数/个
IBM	RS6000 P570	POWER5	1 ~ 16
	RS6000 P595	POWER5	1 ~ 32
Sun	Enterprise3000	UltraSPARC	1 ~ 6
	Enterprise4000		1 ~ 14
	Enterprise10000		16 ~ 64
DEC	AlphaServer4100	Alpha21164	1 ~ 4
	AlphaServer8400		1 ~ 14
SGI	Origin200	R10000	1 ~ 2（单机配置）
	Origin2000		1 ~ 8（台式系统）
COMPAQ	Proliant4500	Pentimu133	1 ~ 4

一般来讲，SMP 高性能服务器系统具备以下几个特征：

① 采用高性能的处理器芯片，如 UltraSPARC、Alpha 21164、POWER 5、Pentium、Pentium Pro、Xeon、R10000 和 PA8000 等；

② 大容量内存，数十 GB 到数百 GB；

③ 海量外存，数十 TB，

④ 系统总线的数据传输速率达数百 MB/s 到 GB/s 以上；

⑤ I/O 总线的数据传输速率在数百 MB/s ~ 1GB/s；

⑥ 提供高速网络接口；

⑦ 多数高速缓存；

⑧ 系统具有高可靠性、可用性和可维修性，包括采用 ECC 内存、冗余供电系统、RAID 子系统、热插拔、故障诊断与恢复以及远程维护等技术；

⑨ 具有开放性，符合标准，且兼容性、互连性好；

⑩ 具有可伸缩性，即系统配置可裁减，系统能力可扩充。

2）集群系统(Clustering System)

高可用系统是各大计算机厂商近年来推出的一种解决方案。较之以往的容错系统，高可用系统具有经济、开放性好、移植灵活等优点。

(1) 集群系统概述。集群技术是一种通过网络、硬件和软件的方法，将若干个独立服务器连接起来，形成一个有机整体的技术，所构成的系统称为集群系统。通常集群系统的结构如图3.9所示。

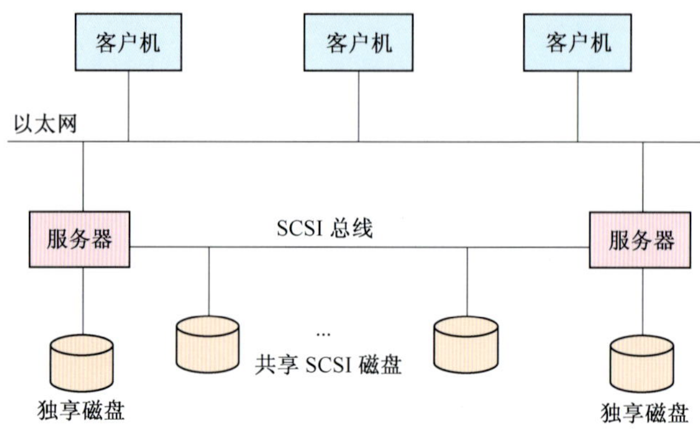

图3.9 集群系统结构示意图

集群系统作为服务器可通过网络为客户机提供高可用性的服务。在无故障的正常工作情况下，集群系统中的各服务器可以处理自己的工作，整个系统像单一系统一样。但在系统发生故障时，集群系统所具有的冗余功能使整个系统不会像单一系统那样停止工作。即在集群系统中，一旦某一台服务器发生故障不能工作，系统中的其他服务器能够在用户可以承受的非常短的时间内接过它的工作，继续为客户机提供完整的服务。这就是集群系统的高可用性。

构成集群系统的服务器数量可以根据应用的需求灵活增加和减少，也就是说用户可以通过在集群系统中增加新的服务器，或通过在原有服务器上作出改进(如采用高性能SMP服务器、增加更多的服务器内存等)，来达到提高集群系统整体性能的目的。这就是集群系统的可伸缩性。

综上所述，目前集群系统主要有两大特性：高可用性和可伸缩性。集群系统是提高系统综合性能的发展方向之一，目前主要应用在企业级网络等领域。

(2) 集群的方式。当前主流的集群方式包括以下几种。

① 服务器主备集群方式。服务器主备集群方式由一台服务器在正常运行状态提供对外服务，其他集群节点作为备份机，备份机在正常状态下不接受外部的应用请求，实时对生产机进行检测，当生产机停机时才会接管应用服务，因此设备利用率最高可达50%。主备方式集群如图3.10所示，节点2为正常提供服务的服务器，运行多个应用(pkgA，pkgB..)，节点1平时只监控节点2的状态，不对外提供服务，当节点2出现故障时，节点1将把两个应用接管过来，并对外提供服务。

② 服务器互备份集群方式。多台服务器组成集群，每台服务器运行独立的应用，同时作为其他服务器的备份机，当主应用中断，服务将被其他集群节点所接管，接管服务的节点将运行自身应用和故障服务器的应用，这种方式各集群节点的硬件资源均可被应用于对外服务。互备方式集群如图3.11所示，节点1和节点2分别运行1个或多个不同的应用，但只对外提供本地的主应用，两个节点之间互相进行监控，集群中任何一个节点出现故障后，另一个节点把故障节点的主应用接管过来，所有应用服务由一台服务器完成。

③ 服务器并行集群方式。集群有多台服务器构成，同时提供给相同的应用，可以实现多

台服务器之间的负载均衡，提供大访问量的应用需求，如 Web 访问及数据库等应用，服务器并行集群方式一般由应用系统自身（如 OracleRAC、中间件负载均衡等）或外部专用主机实现服务器之间负载的均衡。

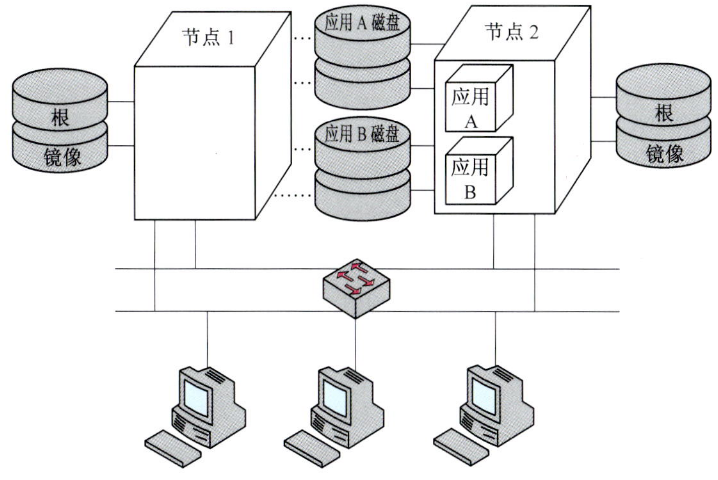

图 3.10 主备方式集群示意图

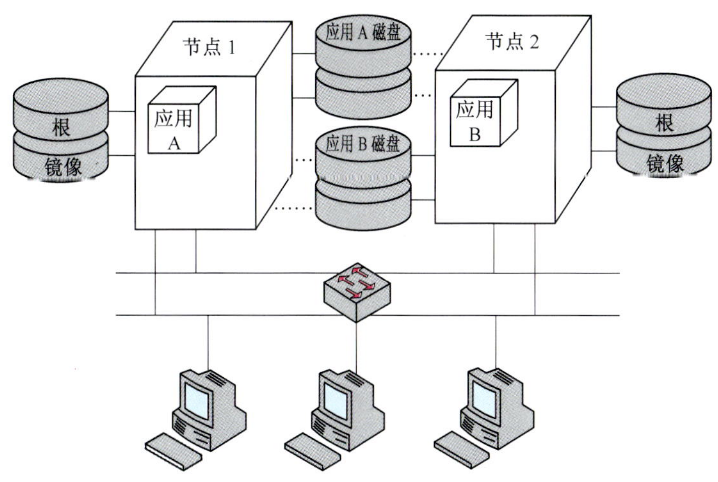

图 3.11 互备份方式集群示意图

（3）集群系统实例。以下 2 个实例虽都是集群系统的早先产品，但在集群系统的发展过程中是颇具代表性的系统。

① IBM HACMP/6000 高可用性集群多处理器系统。HACMP/6000 是 IBM 公司在多服务器环境下提高可用性和并行处理能力的软件。与相应的硬件系统配套后，可构成高可用的集群系统。

HACMP 配置十分灵活，可将不同型号和配置的 RS/6000 服务器放在最多由三十二个节点组成的集群系统中。视不同的配置和应用情况，集群系统中故障机被接管的时间一般在 30s ~ 300s。接管是自动的，不需要任何人工干预。HACMP 的工作方式主要有：

（ⅰ）空闲备份方式。定义一个节点为备份机，处于空闲等待状态，或运行非关键应用，等待接替故障节点的磁盘和应用。

（ⅱ）互为备份方式。几个节点分别运行不同的关键应用，它们之间互为备份机。

（ⅲ）并发存储方式。几个节点运行同一个关键应用，并且可以同时访问共享存储设备，在获得高可用性的同时,也显著提高了系统整体的性能。

由于 HACMP 软件可支持多达 32 个服务器的集群,所以给整个系统带来了良好的扩展能力。在网络通信能力允许的情况下,可通过增加服务器来提高整个系统性能。

② Tru Cluster 高可用服务器。DEC Tru Cluster 高可用集群系统由 2 个 ~4 个服务器成员组成,运行 DECsafe Available Server 软件。通常系统结构亦如图 3.9 所示。

系统中服务器成员之间通过网络互相连接,同时还连接在共享的 SCSI 总线上。在共享的 SCSI 总线上连着能为它们共享数据的磁盘。在每个成员服务器上也配有自己的独享磁盘。在所有成员服务器系统中安装 Digital UNIX 系统和 DECsafe 软件。

该系统着重在于建立高可用的服务器环境,使系统中的各服务器可以存取 SCSI 总线上的共享磁盘,并通过自动故障切换为客户机提供高可用的应用和磁盘数据。在 Tru Cluster 高可用集群系统中,通过 DECsafe 软件可以建立各种服务,如 NFS 服务、磁盘服务和用户定义的服务等,通过这些服务系统可为客户机提供应用和磁盘数据的高可用性。其中,用户定义的服务是指 DECsafe 为实现系统高可用性而采用的一系列做法。

(ⅰ) 故障检测。在系统各服务器中的 DECsafe 软件,由其提供的一系列驱动程序和 daemon,约以 1 次/3s 的频率,通过网络和共享 SCSI 总线两个方面对系统中的其他服务器进行监测,能判别出发生故障的是服务器、网络通路、SCSI 总线通路,还是共享磁盘,以便针对具体发生的故障进行相应的故障恢复处理。

(ⅱ) 服务安排。DECsafe 支持自动服务安排,也就是说用户可以在建立服务时规定当系统中某个服务器出现故障时,由另外某个服务器来接替故障服务器的工作的方法。例如,可选择平衡服务分布的办法,即选择当前最空闲的服务器成员来接替故障服务器的工作,这样可以做到系统中各服务器之间的负载平衡;也可以选择优选成员的办法,即提供一张优选成员表,按表中顺序选择接替故障机工作的成员,如果表中的服务器成员都不可用时才选择其他相对空闲的服务器。这种方法适合在主从配置的系统中选用。需要指出的是,所有这些自动服务的安排都可用 DECsafe 软件手工重新定位的办法实现。

(ⅲ) 服务接替。DECsafe 为使系统中提供服务的成员在出现故障时能被顺利地接替,除了需要在提供服务的成员系统中正确安装和建立服务中应用到的磁盘配置和安装服务中用到的应用之外,还必须在建立服务时,提供动作原本(Action Script)。动作原本是一系列有序的步骤,这些步骤是管理服务所必须完成的,由 DECsafe 来保证这些步骤的完成,以实现服务的管理。DECsafe 通过动作原本可以做到系统中提供服务的成员在发生故障时,其服务能顺利地被系统中的其他成员立即接替。

3.2.7 存储区域网络

存储区域网络(SAN)的推出是因为服务器和存储阵列之间的连接方式发生了根本的变革。

目前大多数 SAN 都使用光纤通道技术(一种基于网络的以千兆位速度进行传输的技术)。光纤通道 SAN 技术的出现,彻底改变了服务器和存储设备之间的关系。与传统的服务器与存储设备之间主/从关系不同,光纤通道 SAN 上的所有设备均处于平等的地位,多台服务器以及多个磁盘阵列可以配置在同一个 SAN 上,其中任何一台服务器均可存取网络中的任何一个存储设备。

SAN 是一种新的存储连接拓扑结构,是存储技术和网络技术的有机结合,它被设计用于代替现有的系统和存储系统之间的 SCSI I/O 连接。SAN 代表了一种数据处理系统与数据存储系统之间基于网络传输数据的新方法。

正如人们所知,LAN 通常是在一个单一建筑物或单一场所的以太网。而 WAN 可以使用 IP 协议,在更大的距离上传输用户的数据。它使用了一系列的传输技术,包括帧中继和 ATM。LAN 与 WAN 会合在路由器上;IP 路由器负责 LAN 数据与 WAN 上的数据转换。尽管光纤通道 SAN 也可支持 IP,但它是针对存储数据而设计的。因此,SAN 使用串行 SCSI-3 协议传输数据。当需要把大块的数据从服务器转向磁盘时,SCSI-3 更为有效。LAN 与 SAN 在服务器上会合。服务器同时装备有 LAN 接口卡和光纤通道总线适配器(光纤卡)。当某一用户在 LAN 上请求来自服务器的数据时,服务器将从 SAN 上的存储设备中检索数据。由于光纤通道 SCSI-3 对数据的处理没有 IP 打包方面的开销,所以能够更有效地提交数据。

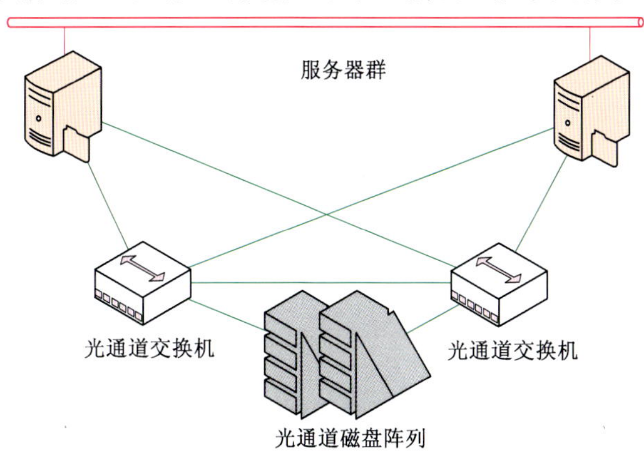

图 3.12 SAN 光纤存储网络

SAN 允许所有的服务器能轻松访问其中的存储设备。这样,任何空闲存储器都能被需要他的服务器访问。这种存储器可以固定分配或随时根据指令进行动态分配。

SAN 技术迎合了日益增长的数据存储需求,并且是目前唯一能够满足某些关键应用在连接距离、带宽和可靠性等方面要求的技术。

参考文献

[1] 李学干. 计算机系统结构(第三版)[M]. 西安:西安电子科技大学出版社,2000.

[2] (美)Chris Beauchamp 著. 使用 Brocade 光纤交换机建立 SAN 存储区域网[M]. 清华开放网络存储实验室译. 北京:机械工业出版社,2002.

[3] (美)Tom Shanley 著. PCI-X 系统的体系结构(英文影印版)[M]. 北京:清华大学出版社,2002.

第4章 多媒体计算机

多媒体及多媒体计算机是当今社会最热门的话题之一，它们在各类公共载体（报刊、杂志、广播、电视）上出现的频度绝不亚于Internet或信息高速公路，而就多媒体对包括你、我、他等普通人生活的影响而言，至少在目前远远超过了后者。

本章将首先给出多媒体计算机的概念，并基于其软件、硬件结构描述多媒体计算机的系统组成。本章还将简要介绍多媒体计算的关键技术，包括数据压缩、多媒体通信、多媒体数据库及超媒体，多媒体计算机的用途及未来发展，并在最后一节以实例介绍多媒体系统的应用及其开发。

4.1 多媒体及多媒体计算机

今天，随着超大规模集成电路速度和密度的提高，低成本、大容量存储器的问世，高速网络等计算机基本技术的进步及视频压缩算法的不断改进，计算机已从单一的计算工具发展成为科学研究、工程设计、商业应用、生活娱乐必不可少的设备。计算机所具有的灵活性和低廉的价格已使人们把它接纳到日常的生活之中。你可能期望计算机帮你管理家庭财务，而我则期望计算机作为游戏伙伴。家庭生活中小到接答电话，大到教育孩子，人类对计算机性能的要求越来越高，几乎希望计算机是无所不会、无所不能的“东西”。而做到这一点最主要的是要使人类（无论是大人还是孩子，无论是有知识的人，还是较低文化水平的人）与计算机发生交互作用。这就必须改善人与计算机之间的界面，提高计算机自身的能力，以适应各类应用领域。

多媒体计算机就其本质来说还是计算机，只是比通用计算机具有更加丰富的表现力，即可将声、像、图文一体表现。打个比方，若将多媒体计算机比做一个情感丰富、语言生动、能歌善舞的人，通用计算机只能算一台语调单一、动作迟缓的机器人。

4.1.1 多媒体的概念

媒体一词原指承载信息的载体，在计算机领域指表示信息的编码。而所谓多媒体,目前在国内外有多种不同的定义。事实上多媒体顾名思义就是指多种媒体的综合,主要是指信息表示的多样化。常见的信息表示形式有文字、图形、图像、声音、动画、视频等。广义上讲多媒体也包括运载信息的程序、过程或活动。

所谓多媒体技术是指对多媒体信息进行处理、传输、存储的技术。进一步说,多媒体技术是使音像技术、计算机技术、通信技术这三大信息处理技术紧密地结合起来的一种综合技术,由此也为信息处理技术的发展奠定了新的基础。

4.1.2 多媒体计算机

多媒体计算机是能对图形、图像、动画、声音、视频图像等多种媒体进行输入输出、存储和处理的一类计算机,因此,多媒体计算机需要有一些高性能的硬件和软件支持,其中音频、视频的专用处理芯片以及新型体系结构是多媒体计算机硬件支持的关键。

1) 多媒体计算机规范

最早的多媒体计算机系统(简称多媒体系统)是由 Philips 公司于 20 世纪 80 年代开发的 CD-I 系统,即光盘交互系统。该系统把高质量的声音、文字、图形、图像、动画、静态图像和计算机程序融合在一起,存放到容量为 650MB 的只读光盘上。用户可通过键盘、鼠标、操纵杆、遥控器与其通信,选择合适的视听材料进行播放。

1990 年 11 月微软公司召开了多媒体开发人员会议,成立了多媒体计算机市场协会,同时会议还制定了多媒体计算机规范和 MPC 商标。

1990 年制定的 MPC 规范—MPC-Ⅰ的硬件性能指标如下:

(1) 80386SX 以上的 CPU,主频≥16MHz,2MB 以上内存;

(2) 30MB 以上硬盘;

(3) VGA 显示器(16 色,最好为 256 色);

(4) 声音卡(8 位 A/D,D/A 量化精度,11.025kHz 以上采样频率,带有 MIDI 音乐合成器,占用 CPU 开销≤20%);

(5) CD-ROM 驱动器(平均访问时间≤1s,数据传输速率≥150KB/s,占用 CPU 开销≤40%,可播放数字音响)。

MPC-Ⅰ不要求配置专门的视频处理硬件,当需要处理视频信息时,使用专用软件完成。

1993 年 5 月 MPC 市场协会又发布了 MPC-Ⅱ的规范指标,比 MPC-Ⅰ有了明显的提高,性能指标如下:

(1) 80486SX 以上 CPU,主频≥25MHz,4MB 以上的内存;

(2) 160MB 以上硬盘;

(3) VGA 显示器(640×480,65536 色);

(4) 声音卡(16 位 A/D、D/A 量化精度,44.1kHz、22.05kHz 和 11.025kHz 的采样频率,带 8 音符复音的 MIDI 合成器);

(5) CD-ROM 驱动器(平均访问时间 0.4s,数据传输速率为 300KB/s,两倍速);

(6) 视频功能(分辨力 640×480,能支持每秒 15 帧,256 色的多媒体应用)。

现今市场上的多媒体计算机系统,已远远超过了 MPC-Ⅱ的标准。

多媒体技术在不断进步,MPC 标准也在不断发展和扩展之中。从软件支持环境来看,在 1990 年到 1992 年期间定在 Windows 3.0 的支持下,1992 年到 1993 年期间采用了 Windows 3.1,而在 1993 年到 1995 年期间更新为 Windows 3.2,1995 年到 2000 年期间采用 Windows 95 和 Windows 98,2000 年至今大部分多媒体技术建立在 Windows NT/2000/XP 平台上。

2）典型的多媒体计算机

在多媒体计算机发展的历史上，各大计算机公司先后公布了他们的多媒体计算机，其中卓有成效的公司和系统有如下几个。

（1）Philips/Sony 公司的 CD－Ⅰ系统。CD－Ⅰ系统可以分为两个部分：一部分是 CD－ROM 驱动装置，它有 CD 启动器，可以使用 CD－Ⅰ光盘或 CD－DA 光盘；另一部分是多媒体控制器 MMC，它由音频信号处理器、视频信号处理器、68000 微处理器、RAM、ROM、不挥发的 RAM 以及定位装置构成。

（2）Intel 和 IBM 公司的 DVI 系统。DVI 技术硬件核心部件是视频像素处理器、视频显示处理器和视音频引擎（AVE）。软件核心部件是 AVSS 和 AVK。AVSS 和 AVK 最主要的任务是为音频和视频数据流相关同步提供实时任务调度、数据压缩和解压缩以及其他的处理和管理控制。

（3）Commodore 公司推出的 Amiga 多媒体个人计算机系列。Amiga 主机上有三个专用芯片，实现大量文字、音频、视频信息的处理和传送。

（4）IBM 公司首批推出的多媒体个人计算机型号为 PS/2 M5T SLC。系统基本配置不提供数字化视频能力，而作为用户可选的扩展功能，该系统是多媒体计算机的最初级平台。

（5）SGI 公司的 Indigo 多媒体工作站。其总线上设置了专用集成电路芯片，使 Indigo 可在不需 CPU 参与的情况下执行像素填充、图形绘制等操作。该图形子系统的视频总线上可以插入各种视频处理板，并具有丰富的多媒体软件支持应用开发。

3）基于 MMX 的"多能"奔腾 PC 机

最值得一提的是 Intel 公司推出的基于带有多媒体专用芯片 MMX 的奔腾处理器芯片的 PC 机，经工业标准测试程序测试证明：在同样的时钟频率下，其速度高于基于普通奔腾系统 10%～20%。

采用 MMX 技术的奔腾处理器主板，在三个方面有所突破：

（1）专门增加了 57 条新指令处理音频、视频及图像数据。

（2）鉴于应用代码的 10% 或更少，将占用 90% 的执行时间，增加了一个叫做 SIMD 的处理，使一条指令可以在多片数据上执行同样的功能，以减少由于音频、视频、动画及图像等产生的计算循环。

（3）增加了 32KB 的芯片内高速缓冲存储器，存储更多的数据和指令，减少处理器访问主存的时间。

自 Intel 在 1996 年 3 月正式公布 MMX 的技术细节以来，带有 MMX 功能的 Pentium P55C 微处理器先是 1996 年 11 月在拉斯维加斯作了公开展示，随后在 1997 年 1 月终于正式推出了中文名为"多能"的 MMX Pentium CPU。到 1997 年 6 月 30 日止，Intel 已经推出了基于 MMX 技术的全系列 CPU，其中包括 MMX Pentium 之 166MHz、200MHz、233MHz，266MHz、300MHz 的 Pentium Ⅱ，500MHz 到 1.2GHz 的 Pentium Ⅲ和 1GHz 到 3.8GHz 的 Pentium Ⅳ，还包括 Intel 为 75MHz 到 166MHz 的普通 CPU 升级到 MMX 功能而生产的 MMX Overdrive 芯片。

综上所述，多媒体计算机是将通用计算机配置专用硬件或利用专用软件从而能对文本、图像、图形、动画、音频、视频等多种媒体进行存储、处理、传输的计算机。

4.1.3 多媒体计算机处理的媒体种类

对计算机而言，媒体的种类可视为不同格式化的数据形式。换句话说，一种格式化的数据形式只要它能够承载信息，就可以认为是媒体形式。图 4.1 就给出了由 ISO/IEC 11172（MPEG1）规定的视频、音频流格式化数据形式。

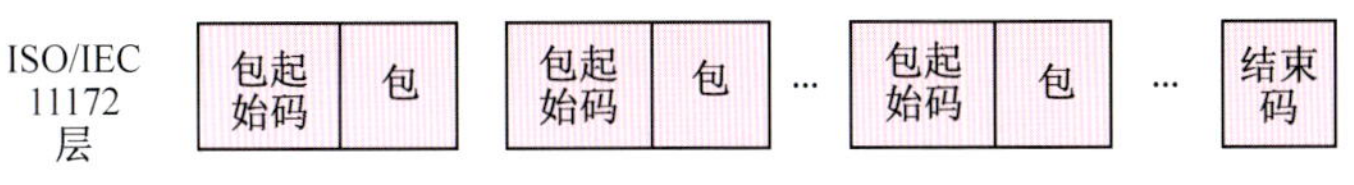

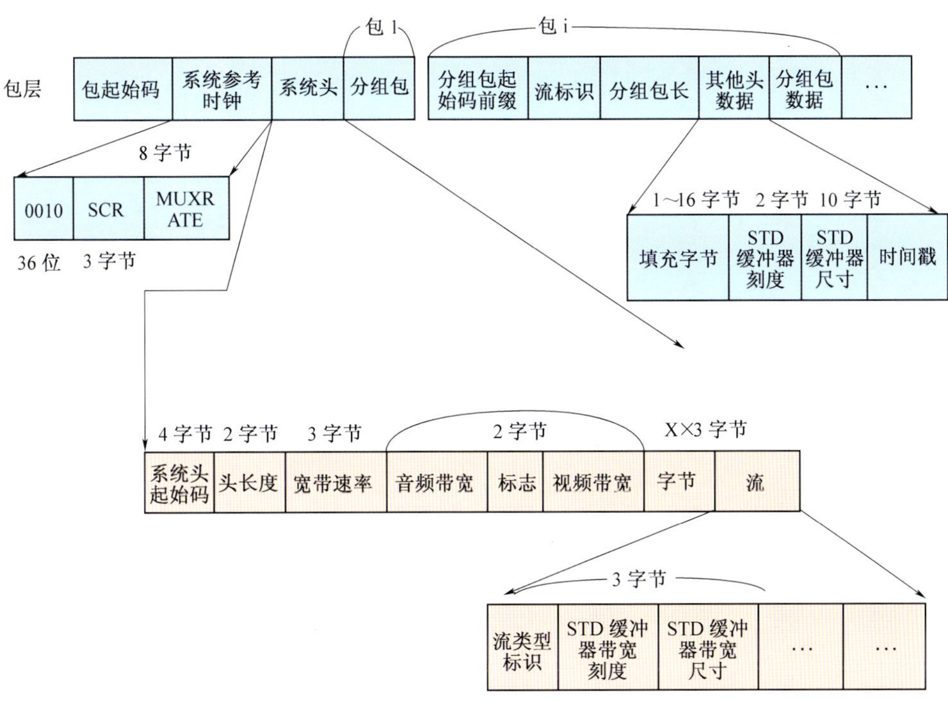

图 4.1 ISO/IEC 11172 视频/音频流结构数据形式

近年来多媒体计算机处理的媒体种类越来越多,归纳起来可分为如下几种。

(1) 文本:它包含字母、数字、字、词、段落文章等;

(2) 图像:主要指静态图像,如彩色/黑白传真照片等;

(3) 动画:主要指二维、三维动画和卡通故事片等;

(4) 图形:如三角、圆等几何图形;

(5) 音频:包括话音、音乐及其他自然界的声音等;

(6) 视频:如电影、电视节目,摄像机现场摄像等。

从信息表达的角度考虑媒体具有下述性质。

(1) 媒体是由格式化的数据形式表达的;

(2) 不同媒体表达的信息的程度不同;

(3) 媒体之间存在着密切的关系;

(4) 媒体之间可以有条件的互相转换。

显而易见,声音比文字所表示的感情色彩要完整得多,若将多种媒体进行综合,则可以表达出更加“人类化”的信息,如图像伴音比单纯图像或声音表达的信息效果好得多。媒体间转换是有条件的,有些容易办到,如文本变成声音、语音经识别变成文本;但有些无论在技术上还是在应用上目前均无法办到,如图像与声音之间的相互转换。

4.2 多媒体计算机系统的组成

多媒体计算机系统包括硬件和相应的软件,其层次构成如图 4.2 所示。

最底层的硬件层是多媒体系统的基础，其上各层主要是软件，包含了多媒体系统的特殊性，是在通常的操作系统、应用软件等基础上的扩充。

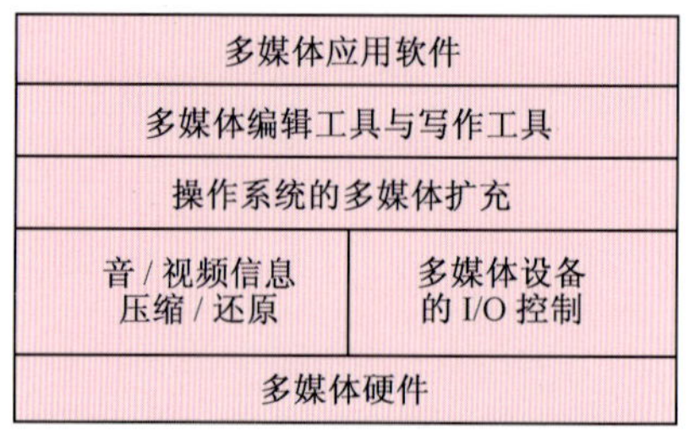

图4.2 多媒体计算机系统的层次结构

4.2.1 多媒体系统的硬件结构

目前，从现实出发组成多媒体计算机系统的途径不外乎以下两种：一是购买各公司直接推出的完整的多媒体计算机；二是根据用户的需求在现有的PC机上加装多媒体附件，如声卡、视卡、CD-ROM驱动器、操纵杆等，升级组成多媒体系统。前者比后者价格昂贵，可选余地小；后者则比前者灵活，且价格较易承受。目前国内以升级方式组装的多媒体计算机系统因其性价比高，适应性好而甚为流行。图4.3是台式多媒体计算机系统的最小配置图。

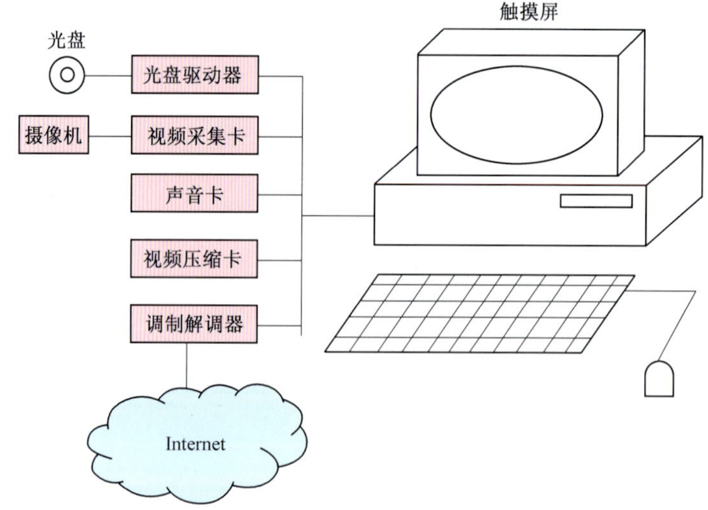

图4.3 多媒体台式计算机系统配置图

多媒体计算机硬件包括以下方面：

(1) 一个功能强、速度快、体积小、耗电小的中央处理机。

(2) 大容量的内存储器空间，用来支持音频、视频等数据的处理。

(3) 高分辨力的显示设备及显示适配器，提供高质量的显示画面，尤其是带有GVI硬件加速器的显示板，加上驱动程序，加速窗口的翻转、光标移动、屏幕重绘、填充等图形和像素操作。

(4) 音频卡是普通计算机向多媒体计算机升级的基本部件，应具有立体声合成、模拟混音、MIDI接口、CD-ROM接口和输出功率放大等处理能力，例如新加坡创新(Creative Labs)公司的声霸卡(Sound blaster卡)系列。

(5) 视频卡是普通计算机向多媒体计算机升级的最关键部件。视频卡一般分为视频采集卡和视频解压卡，前者一般用于对模拟视频信号进行采集并数字化，存储在计算机内存或硬盘内用来制作视频节目，而后者俗称电影卡或MPEG卡，用于演播回放视频节目，后者的普及程度远远高于前者。市面上的电影卡种类繁多，大概有数十种。

(6) 可存放大量数据的存储设备及驱动器，如CD-ROM驱动器及光盘。多媒体应用程序及其所用的图像、文字、音频、视频、动画等信息存放在CD-ROM盘上，通常用户只能从

CD－ROM盘上读取信息，不能往其上写入信息。光盘的常见格式有 CD－Audio，VCD，DVD，CD－Ⅰ，CD－ROM/XA 以及 Photo－CD 等。

（7）触摸屏。与语音交互手段相比，对于用户而言，执行相同的交互操作将由于使用触摸屏而得到加强，就是从没有接触过计算机的人也可以通过手指直接在屏幕上指点、触及菜单、光标图符等光按钮来选择所需的操作。触摸屏具有直观、方便的特点，一般可分为红外式触摸屏，电容（电阻）式触摸屏。前者分辨力低，后者分辨力高，但价格也较为昂贵。

（8）完成数据网络传输的调制解调器。它由两部分组成，调制部分用于将计算机的数字信号转换成模拟信号，而解调部分将模拟信号转换成数字信号。调制解调器一般分为内置式、外接式、袖珍式和传真式四种。对家用多媒体计算机来说，从网上接收数据最经济实惠的选择是使用调制解调器。多媒体信息其特点是数据量极大，因此，数据压缩就成为多媒体数据传输的关键。

应该说明的是对于目前的一部分高性能 PC 机而言，视频解压卡已不再是必备的部件，只要 PC 机的运算处理速度足够快，软件解压已达到实用的水平。

多媒体计算机系统的集成性是多媒体系统最显著的特征。众所周知，早期多媒体的各项技术都可以单一使用，然而它们很难有所作为。单一的声音、图像、交互技术等互不相干地存在着，使那时的计算机显得呆板、没有生气，今天这些单一的技术聚集在多媒体的旗帜下，除了意味着它们走向成熟之外，也说明它们各自独立的发展已不再能满足应用的需求。集成起来的系统生动、活泼，既为人类提供了极大的方便，也为技术提供了巨大的市场。

4.2.2 多媒体系统的软件结构

硬件是多媒体系统的基础，而软件是多媒体系统的灵魂。由于多媒体系统中各种硬件的种类繁多，且要处理形形色色差异巨大的媒体数据，因此多媒体系统软件的主要任务是怎样将如此众多的硬件有机地组织到一起，使用户能够方便地使用多媒体数据。

多媒体软件与一般软件的最大区别是要反映多媒体技术的特有内容：如数据压缩、新型的交互方式及各类多媒体硬件的驱动集成。

多媒体软件中最基本的是多媒体设备驱动软件和视音频压缩及还原软件；它的上层是多媒体软件的核心部分即能支持多媒体的操作系统或环境，它再上层依次是多媒体工具软件和多媒体应用软件，以构成多媒体应用系统。各类软件及其作用如下。

（1）多媒体设备驱动软件是直接与那些多媒体附件打交道的程序，一般当购买硬件时将会随件提供，它完成设备初始化、各种设备打开、关闭及其他操作等。由于多媒体计算机的特点是实时综合处理文、图、声、像等信息，而这些信息数字化后数据量又非常之大，为了解决存储与传输的问题，这些数据就必须压缩。视频/音频压缩及还原软件就是为了实现多媒体数据的压缩和解压缩，以使声音、图像实时传输，而不致让人感到抖动。

（2）操作系统和操作环境是多媒体软件的核心部分，负责多媒体系统的多任务调度，保证视频音频同步控制以及信息处理的实时性。目前，主要流行的是微软的 Windows 操作系统系列。

（3）多媒体工具软件。它包括多媒体写作工具软件和多媒体编辑创作工具软件。前者是用于采集多媒体数据，如声音录制、视频采集等；后者是供特定应用领域的专业人员组织编排多媒体数据并将他们连接成完整的多媒体特定应用。

（4）多媒体应用软件。它是在多媒体系统平台上设计和开发的面向应用的最终目的软件。这些软件已广泛应用于教育培训、电子出版、影视特技、动画制作、视频会议等各个方面，而且它还必将深入到社会生活的各个领域。

4.3 多媒体计算机的关键技术

多媒体技术的涉及面相当广泛，而就多媒体计算机而言，其关键技术主要包括多媒体数据压缩、多媒体通信、多媒体数据库和超媒体系统。

4.3.1 多媒体数据压缩

在多媒体系统中，为了达到令人满意的图像、视频画面质量和听觉效果，必须解决大量视频、音频数据的存储和实时传输问题。这是由于数字化后的视频、音频信号数据量非常庞大。例如，一幅 640×480 分辨力、24 位真彩色图像，其数据量约为 7.37Mb，若要达到每秒 25 帧的全动态显示所需数据量为 184Mb。即 184Mb 的数据传输速率。对于声音若采用 16 位样值的 PCM 编码，采样速率为 44.1kHz，则双声道立体声每秒将有 1.5Mb 的数据量。

由此可见，对音频、视频数据的压缩处理是计算机系统对多媒体数据进行存取和交换的先决条件。而且由于图像数据和音频数据存在很大的相关性和冗余度，因此图像、声音这些媒体数据具有很大的压缩潜力，在允许一定限度失真的前提下，能够对图像数据进行大比例的压缩。压缩前后的图像不做仔细对比常人难以觉察出两者的差异。

·数据压缩是以一定的质量损失为容限，按照某种方法从给定的信源中推出已简化的数据表述。

一种良好的数据压缩技术应尽量做到压缩比大、实现方法简单和复原效果好。目前常用的编码方法可以分为两大类：一类是采用熵冗余压缩，也称为无损压缩法；另一类是熵压缩法，也称有损压缩法。深入讨论数据压缩基本原理十分复杂。下面仅对数据压缩方法和几个压缩标准作简单介绍。

1）数据压缩方法

数据压缩技术经过几十年的发展，已经进入了成熟的实用阶段。针对不同原始数据特点，不同的编码方法如下。

（1）预测编码。根据信源序列往往具有较强的相关性特点，利用前面一个或多个信号对下一个信号进行预测，然后对实际值和预测值的差进行编码，以求去除一些相关性，在允许的误差条件下达到压缩数据的目的。预测编码中典型的压缩方法有 DPCM、ADPCM。但是预测编码的压缩能力有限，比如 DPCM 一般只能压缩到每样值 2bit～4bit。

（2）变换编码。变换编码是指先对信号进行某种函数变换，从一种信号（空间）变换到另一种信号（空间），然后再对变换后的信号进行编码。如将时域信号变换到频域，由于声音、图像大部分信号都是低频信号，在频域中信号的能量较集中，再进行变换域采样、量化编码，达到压缩数据的目的。变换编码具有更高的压缩效率。典型的编码方法有 KLT、DCT、DFT、WHT、HrT 等。

（3）统计编码。统计编码是根据消息出现概率的分布特性而进行的压缩编码，它有别于预测和变换编码。编码方法是在消息和码字之间找到明确的一一对应关系，以便在恢复时能准确无误地再现出来。统计编码中常用的编码有 Huffman 编码、Shannon－Fano 编码、算术编码等。

（4）模型编码。是利用模型的方法，对需传输的图像进行参数估测。典型的技术有随机马尔可夫场和分形图像编码。分形编码是一种思想全新、很有潜力的编码技术，它的最大特点是高压缩比、解压缩时的高速度以及不受分辨力的影响，成为目前数据压缩领域的研究热点。

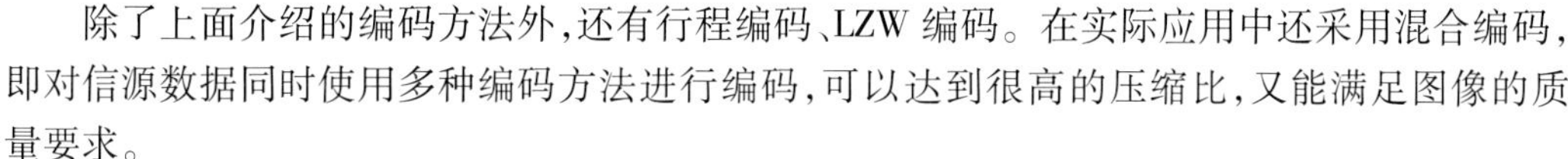

除了上面介绍的编码方法外，还有行程编码、LZW 编码。在实际应用中还采用混合编码，即对信源数据同时使用多种编码方法进行编码，可以达到很高的压缩比，又能满足图像的质量要求。

2）声音压缩标准

音频信号是多媒体信息中的基本组成部分，可分为电话质量的语音、调幅广播质量的音频信号和高保真立体声信号。

对于频率范围在 300Hz ~ 3.4kHz 的语音编码，ITU - T 先后制定了 G.711（64KB/s，PCM），G.721（32KB/s，ADPCM），G.728（16KB/s）等标准。最近又开展了 8KB/s，4KB/s 语音编码的研究。

频率范围在 50Hz ~ 7kHz 的音频信号编码，又称“7kHz 音频信号”，1988 年 ITU - T 制定了 G.722 标准，可把信号压缩到 64KB/s，用于传输调幅质量的音频信号。

高保真立体声音频信号频率范围为 20Hz ~ 20kHz，每声道信号速率为 705KB/s。目前国际上比较成熟的压缩标准为 MPEG 音频，可将传输率压缩到每声道 32KB/s ~ 448KB/s。

在语音压缩编码技术方面，一般分为波形编码和声码器，近年来一种称为分析合成法（analysis - by - synthesis）得到较快发展。对于音频和宽带语音压缩，编码方法几乎都采用子带编码技术。

3）图像压缩标准

图像压缩对图像数据在计算机中的存储、访问、处理以及在通信线路上的传输产生巨大影响。压缩方法通常分为无损压缩和有损压缩。无损压缩一般用于特定目的，使用面较窄，压缩率一般为 2∶1 ~ 5∶1。图像压缩大都采用有损压缩，利用人的视觉特性使原始图像与压缩后的图像看起来一样，但不能完全恢复原始数据。有损压缩方法主要有预测编码、变换编码、模型编码，基于重要性编码以及混合编码等。压缩比随着编码方法的不同差异较大。国际标准化组织 ISO 已经制定了用于静止图像压缩的 JPEG 标准、二值图像压缩的 JBIG 标准和视频图像压缩的 MPEG 标准以及 CCITT 的 P × 64KB/s 标准。鉴于 MPEG 标准对多媒体技术与产业发展影响巨大，下面对此做主要介绍。

MPEG 标准的目标分为如下几个阶段。

（1）MPEG - 1 在 1993 年 8 月成为国际标准 11172，其任务是在一种可接受的质量下，把视频及其伴音信号压缩到速率大约 1.5MB/s 的单一位流，完成 30 帧/s，分辨力 360 × 240 的实时活动彩色电影的回放。对于 MPEG - 1，它是以两个基本技术为基础的：一是基于 16 × 16 子块的运动补偿，可以减少帧序列的时域冗余度；二是基于 DCT 的压缩技术，减少空域冗余度。

（2）MPEG - 2 在 1994 年 11 月成为国际标准 13818。它由一组不同的标准组成。主要目标是对 30 帧/s 的 720 × 480 分辨力的视频及伴音信号压缩到 4MB/s ~ 10MB/s 范围。MPEG - 2的扩展模式可以对 1440 × 1152（PAL）的视频信号进行压缩编码，因此可以作为高清晰度电视的压缩方法。原拟定的 MPEG - 3 标准被取消。

（3）MPEG - 4 计划用于传输速率低于 64KB/s 的实时图像。MPEG - 4 的目标是通信、计算机、电视/电影三大产业共同应用的汇聚。MPEG 视音频压缩技术随着标准的提高变得更为复杂。MPEG - 4 将提供新的音视频编码技术，在非常窄的带宽上，利用语音和图像合成、分形几何学、计算机显示与人工智能等技术，以最少量的数据来传输影像和声音，并在接收端重建精确的画面和逼真的声音。由于 MPEG - 4 标准具有交互性、高压缩比、可扩展性、通用的可访问性和高度的灵活性而越来越受到计算机和通信等业界的关注。

（4）MPEG - 7 是新一代的声像编码标准。随着网络上信息爆炸性的增长，获取到人们感兴趣的声像信息难度越来越大。传统的基于关键字和文件名的检索方法显然不适于数据

量庞大、又不具有“天然”结构特征的声像数据，因此近几年来多媒体研究的一个热点是声像数据的基于内容的检索，检索的关键是要定义一种描述声像信息内容的格式，它与存储格式密切相关。MPEG组织开始制定专门支持多媒体信息基于内容检索的编码方案MPEG-7。MPEG-7将为各种类型的多媒体信息规定一种标准化的描述，这种描述与多媒体信息内容一起支持用户对其感兴趣的各类资料进行快速、有效地检索。

MPEG编码技术可广泛应用于影像编辑、多媒体演示、影像电子函件、电视会议、远程医学、CD出版物和游戏、有线电视的机顶盒(STB)和Internet的WWW应用。

4.3.2 多媒体通信

信息的巨大物化力量来源于信息共享，而信息共享离不开进行信息交换的通信网络。对以多媒体为特征的信息共享，其需求主要体现在公共信息服务的范围更广、质量更高、各类网络的信息一体化和电视与计算机的结合。

1) 多媒体通信对网络的影响和需求

当多媒体技术和宽带网络技术出现之后，各种各样的应用应运而生。表4.1归纳了一部分应用对各类媒体类型和功能的选择。

表4.1 媒体类型选择和功能选择

应用类型	选择的媒体类型	选择的功能
办公自动化	视频图像、文字、声音等	综合、通信、文档等
家庭学校	视频图像、文字、声音、动画等	浏览、交互、控制等
远程医疗	视频图像、文字、声音等	数据获取、通信、文档等
信息咨询	视频、文字、声音、图像	浏览
电子出版物	文字、声音、图像等	图文综合、标注等
电子图书馆	文字、图像、数据	数据库查询、浏览
协同工作	视频、语音、文字、图像	视频浏览、并发控制、通信
视频点播	视频、声音、文字、图像	视频浏览、CD播放、综合合成

由表4.1可见，多媒体通信要求支持不同类型的业务，通常包括数据、文本、图形、图像、语音、音频和视频，由于各种媒体的业务特征差异甚大，对它们特有的服务质量要求差别甚远，传输的速率也很悬殊，欲对所有这些类型的业务进行综合是一个十分复杂的问题，难度极高。因而多媒体通信对信息传送和交换方式提出了许多新的更高的要求。

(1) 多媒体的传输特性。各种不同类型的服务传输速率差异甚大，从传输数据需要的几个B/s到高速视频(例如HDTV)所需要的上百MB/s。不同的业务都可分别采用电路交换网(电话网)和分组交换技术的计算机网来传输。N-ISDN是未来相当一段时间内多媒体通信的基本传输手段，但仅适于传输音频和电视电话之类的低质量视频，且交换过程仍存在许多待解决的问题。综合了电话交换和分组交换技术优点的基于ATM的B-ISDN将是多媒体通信较理想的传输手段，因而成为多媒体通信网络的研究热点。

(2) 多媒体通信网的服务质量(QoS)。由于多媒体数据特性的差异很大，多媒体通信系统必须确切说明多媒体性能目标和服务质量。传输时也往往根据QoS来决定传输线路。通信服务质量直接影响多媒体的实时性要求和时空约束要求。

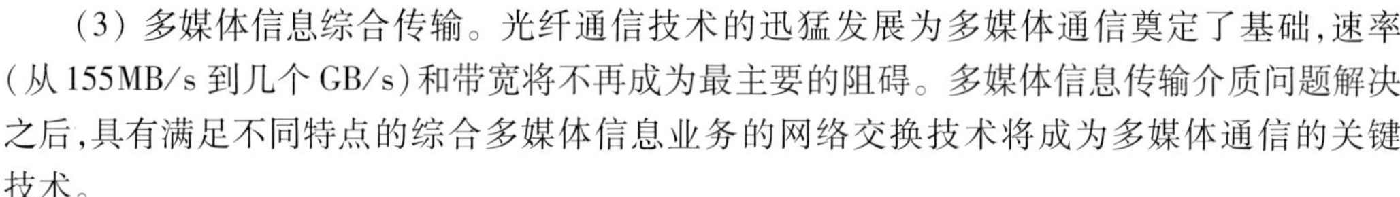

(3) 多媒体信息综合传输。光纤通信技术的迅猛发展为多媒体通信奠定了基础,速率(从155MB/s到几个GB/s)和带宽将不再成为最主要的阻碍。多媒体信息传输介质问题解决之后,具有满足不同特点的综合多媒体信息业务的网络交换技术将成为多媒体通信的关键技术。

2) 多媒体通信网及系统

在未来的通信系统中,实现宽带传输光纤化、交换ATM化、综合业务多媒体化、信息共享数据库分布化及网管智能化无疑将是通信发展的大趋势。现已有多种通信网络,它们的设计目的多样、用途各异,多数已得到广泛的应用。将现有的各类信息网,如电话交换网、Ethernet、FDDI分组交换网、广播电视网和各种新型信息网集成为一个统一网络,即多网合一是长期的发展目标。

多媒体计算机的一个重要分支是多媒体通信系统。根据通信网的带宽可将多媒体通信系统分为以下几种。

(1) 甚低码率多媒体通信系统。这类系统的传输速率最高为19.2KB/s~28.8KB/s,如公用电话网(PSTN)适于传输数据、可视图文、静止图像、语音等媒体。由于它使用的网络连接范围广泛,通信成本低廉,曾一度成为人们关注的热点。早先,具有一定代表性的甚低码率视听通信产品主要有AT&T的VideoPhone2500,Creative的ShareVisionPC3000和Casio的VideoPhone Lt-70。

(2) 低码率多媒体通信系统。主要指基于像N-ISDN这类速率为102Mb/s以下的多媒体通信系统,包括电视电话和电视会议(视频会议)。ITU-T制定的标准H.200系列建议主要有系统和终端设备标准H.320;视频编码器标准H.261;音频编码的标准G.711,G.722和G.728;数字多路复接/分接标准H.221;用户网络接口规范I.400通信等。虽然视频会议系统技术上目前比较成熟,但仍在不断改善和发展。

(3) 宽带多媒体通信技术。这是一个正在发展中的通信技术,典型的Ethernet网和令牌环局域网对多媒体通信的支持范围有限,在通信协议上也不能完全适应多媒体通信的要求,如实时性、媒体种类变化等。尽管N-ISDN可以支持综合业务,但对多媒体的通信尚有一定的局限性。为了解决多媒体通信业务的要求,ATM已被CCITT作为B-ISDN的基础。ATM技术继承了电路交换方式中速率的独立性和高速分组交换方式对任意速率的适应性,以实现高速传递综合业务信息的能力。

3) 多媒体通信的若干关键技术

多媒体通信需要解决的技术问题甚多,目前主要解决的关键技术如下。

(1) 多媒体通信网络和交换技术,主要解决实现一个多目标、多变量的控制问题。

(2) 视频和音频压缩技术,解决在不同带宽内的压缩传输方法和标准化问题。

(3) 数字通信调制技术,由于调制技术的发展,使数字传输的频谱利用率获得了显著提高,即每Hz频带内的数码率大为提高。

例如采用先进的数字视频压缩技术和数字调制(传输)技术,可在有线电视8MHz带宽内,传送两套数字HDTV节目或8套~12套数字常规电视节目(CCIR601标准)。常用的调制技术有四相键控QPSK(频谱利用率1.4b/Hz·s),正交幅度调制16QAM、32QAM和64QAM(频谱利用率分别是3.3b/(Hz·s)、4.3b/(Hz·s)和5.3b/(Hz·s))以及残留边带8VSB和16VSB(频谱利用率为5.3b/(Hz·s)和7.1b/Hz·s))。

4.3.3 多媒体数据库

计算机数据管理技术大体上经历了三次重大的变化,即文件系统、数据库管理系统和多媒体数据库。

由于早期的计算机主要用于科学计算，数据用文件存储、文件系统应运而生。

随着计算机技术的发展，计算机越来越多地用于信息处理，这些系统所使用的数据量大、内容复杂，而且面临数据共享、数据保密等方面的要求，于是便产生了数据库管理系统(DBMS)。

数据库系统的性能(包括可用性、便利性及效率等)与数据库数据模型直接相关。数据库数据模型先后经历了网状模型、层次模型、关系模型和面向对象模型等阶段。由于关系模型有比较完整的理论基础，在商业应用数据库中居主导地位。关系数据模型采用二维表达的形式组织整数、实数、定长字符等规范数据。

进入20世纪90年代，图像、声音、动态视频等多媒体信息引入计算机之后，管理多媒体数据的多媒体数据库受到极大的重视。利用数据库系统来管理多媒体数据首先遇到的问题是这些数据怎样描述，其次是如何组织这些数据，然后是查询应如何进行等。显然多媒体数据库不应是对现有数据库系统进行界面上的包装，使之看起来像多媒体数据库，而是引入多媒体数据和信息本身特性的新型数据库系统，它涉及到数据库的用户接口、数据模型、体系结构、数据操作以及应用等许多方面。图4.4是普通关系型数据库与多媒体数据库之间的对比示意图。

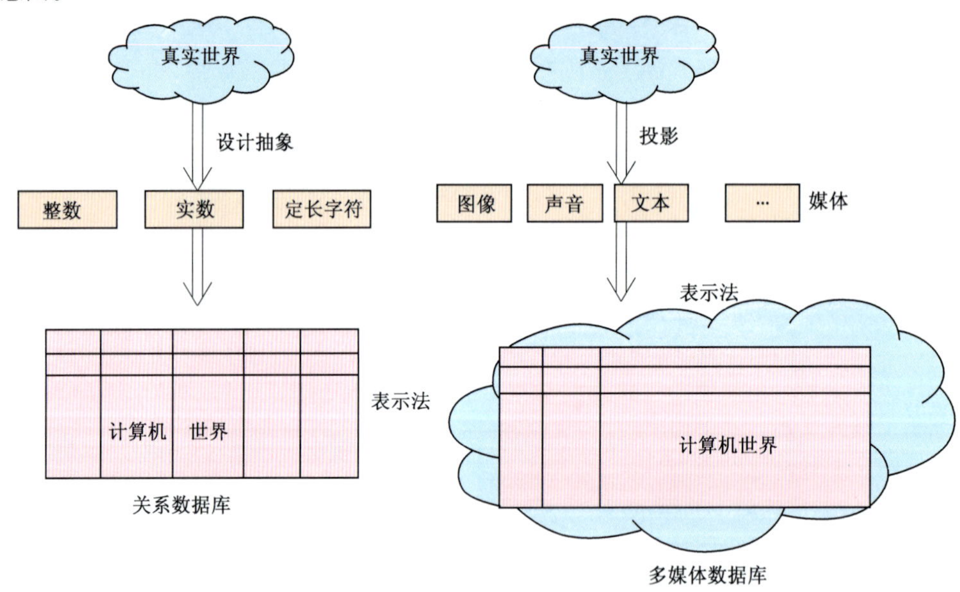

图4.4　普通类型数据库与多媒体数据库对比

多媒体数据库的成熟及其标准化可能需要相当长的时间，但在多媒体数据库管理的应用方面人们已作了许多尝试。

1）扩展的关系数据库

关系数据库系统是在理论和产品上获得巨大成功的数据库系统，表格概念使数据的管理直观易懂。关系数据库需要把结构复杂的实体进行分解，用最简单实用的关系表示。实体的结构语义隐性地包含在两个关系相同属性中，只有通过联结、投影等操作才能体现出结构语义。为了有效地管理多媒体数据，典型方法有以下两种。

(1) 扩展新型数据类型。对传统的关系数据库引入新型数据类型来描述多媒体数据，在结构上没增加太大的复杂度。具有代表的商品化扩充多媒体数据库有FOX PRO 2.5 FOR WINDOWS，PARADOX FOR WINDOWS和ORACLE 7.0等。以PARADOX FOR WINDOWS多媒体数据库系统举例，它增加了四种数据类型，即动态注释(Dynamic Memo)，存储具有描述字体尺寸和颜色等属性的文本；图形，用于存储具有标准图形图像文件格式的图形图像文件；大二进制对象(Blob)；CAD 中的图形等。

(2) 扩展关系模型 NF^2。对于管理工程数据，比如 CAD/CAM，常常需要描述嵌套层次很深的实体，采用扩充新型数据类型方法就会遇到麻烦。为了解决这个问题，提出了 NF^2 模型，即非一次范式，打破关系方法中"表中不允许再有表"的规定。这样 NF^2 模型就允许关系的属性是另外一个关系，因而支持层次结构，使层次结构语义在一个关系中直接得到体现。

从前面的介绍可以看出，扩充关系多媒体数据库具有实现代价小和具有广泛的应用基础等优点，缺点是建模能力不强。而 NF^2 虽然可以描述信息的复杂结构，但对抽象数据和反映具有时空关系的多媒体数据和处理方法等方面仍有困难。为此，面向对象数据库受到人们的重视。

2) 面向对象数据库

面向对象的方法已应用于许多方面。在面向对象的数据库模型中，对象、属性、方法、消息、对象类的层次结构和继承性等特点使其能较好地解决管理多媒体信息所面临的问题。

面向对象数据库的实现方法不同于扩展关系数据库系统，它倾向于从数据模型入手，重新考虑不同于传统 DBMS 的系统整体结构、对象类层次的存储结构、存取方法和继承性的实现方法、用户定义的数据类型和方法的处理策略、必要的版本控制和友好的用户接口，建立一个全新的 DBMS。

面向对象的数据库系统结构因数据模型的不同而功能各异，比较有代表性的面向对象的系统有 ORION，Iris，PRIMA 和 VODAK。图 4.5 是由美国 MCE 公司研制的 ORION 系统结构图。

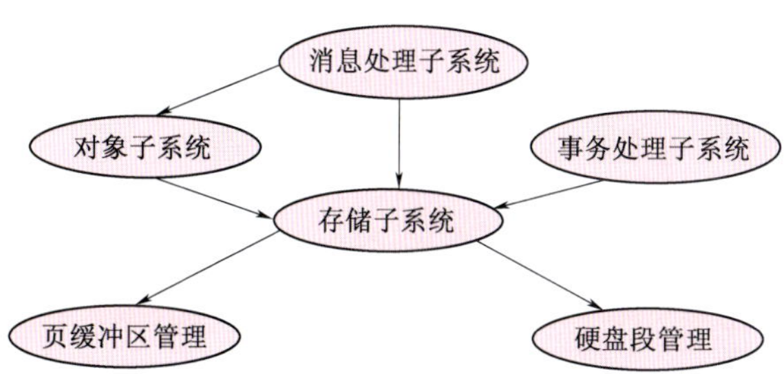

图 4.5 ORION 系统结构图

ORION 系统由消息处理子系统、对象子系统、事务处理子系统和存储子系统构成，其中，消息处理子系统处理系统中所有的消息，对象子系统是系统核心，处理系统中所有对象的存取操作、版本管理和多媒体信息管理，事务处理子系统提供系统的控制与恢复机制，存储子系统处理对存储在硬盘上对象的存取要求，它管理页缓冲区和硬盘段的页段。

面向对象的 DBMS 处理的是存储在磁盘上的多媒体数据组成的对象，如何设计有效的对象存储结构和多媒体数据的存取方法成为系统实现的重要问题。目前所采用的实现方法分为二类：一类是基于现有关系系统存储结构的方法；另一类是重新设计更符合多媒体对象特点的存储结构方法，如 B^+ 树系统结构、适合多维空间对象的 R^+ 树系统结构和文本对象的索引结构等。

3) 基于内容的检索与查询

多媒体数据对数据库除了在模型化、组织和存储方法提出了新的要求外，对数据的操作特别是对多媒体数据的检索和查询也提出了一些新的要求。目前的许多多媒体数据库系统只提出了基于媒体描述、关键字一类的检索和查询，但是很多应用要求数据库系统能对图像或声音等媒体进行内容语义分析，以达到更深的检索层次。因而对于多媒体数据库，基于内容的检索和查询受到越来越多的重视。可以说没有基于内容的检索和查询，多媒体数据库只能是一句空话。

检索与查询一般分为基于表示和基于内容的两大类。基于表示形式的检索仅与数据类型和数据结构有关，使用约束来限定检索空间，不需要对内容做任何分析。基于内容的检索则是根据媒体内容语义进行的，最容易的是文本媒体的内容检索与查询，对于图像媒体和语音就比较复杂了，必须借助于图像理解、语音识别等技术进行特征提取，然后作相似性比较。为了使相似性更加有效，引入了节段化(Segment)方法和模糊值计算。对于视频媒体，由于存在时间上的延续性，检索更加困难。

4.3.4 超媒体

在信息社会中，信息以爆炸的方式不断增长，特别是多媒体信息大量涌入信息处理领域，使人们感到传统的信息存储和检索机制越来越不足以使信息得到全面而有效的利用，更不能像人类思维那样以联想方式明确信息内部的关联性和相似性。因此，迫切需要一种技术或工具，实现信息内部的联想，使各种信息组织成有效的知识提供给人类，超文本(Hypertext)或超媒体(Hypermedia)有希望达到这样的目标。

传统的文件是以线性结构组织信息，而超文本则是采用一种非线性的网状结构组织块状信息，信息块之间没有固定的顺序，也就不要求读者必须按某顺序阅读。信息块可以是若干屏、窗口、文件等，这样一个信息单元称为一个节点。每个节点都有若干指向其他节点的指针，这些指针称为链。我们一般把由节点和链组成的信息网络称为超文本，而将能对其进行管理和使用的系统称为超文本系统。

总的说来，超文本技术是一种比文本更高一层的信息管理技术。由于超文本的节点与链的形式可以容易地推广到多媒体的形式，基于包括不同媒体的节点，所以它自然地成为了支持多媒体信息管理的关键技术。

简而言之，超媒体就是多媒体和超文本的结合，即多媒体超文本。它极大地改善了信息的交互程度和表达思想的准确性。超媒体的研究使得超文本技术得到了进一步的发展。

1) 系统结构与模型

超媒体系统是管理超媒体的软、硬件总称。超媒体系统结构从理论上可将其划分为三个层次，如图4.6所示。

表现层是用户接口即超媒体系统的人—机交互窗口；超文本抽象机层是超媒体的主体层，它决定超文本系统的节点和链的基本特点，记录了节点之间链的关系，保存了有关节点和链的结构信息；数据库层是超媒体的最底层，用于存储、共享数据和网络访问。

2) 组成要素

超媒体组成要素主要包括节点、链和宏节点。图4.7是一个具有6个节点10条链的宏节点示意图。

节点是围绕着一个特殊主题组织起来的数据集合，并且可以在其中嵌入链，使其能与其他节点相链接。从节点的表现属性或功能上可划分成：文本和结构化数据节点、位图图像和图形节点、动画和视频节点、音乐和数字化语音节点、混合媒体节点、动作与操作节点、组织型节点以及推理型节点。

链是固定节点间的信息联系，它以某种形式将一个节点与其他节点连接起来。链的一般结构可分为链源、链宿及链的属性。链源是链的起点，是引起节点信息迁移的源头。它可以是文本字节中的一个关键字或图像等视觉媒体中的某一令人感兴趣的区域或节点本身。链宿是链的目的所在,一般而言它就是节点,链的属性决定链的类型。链的类型一般为基本链、结构链和推理链。其他链型还有自动链接和类型链。

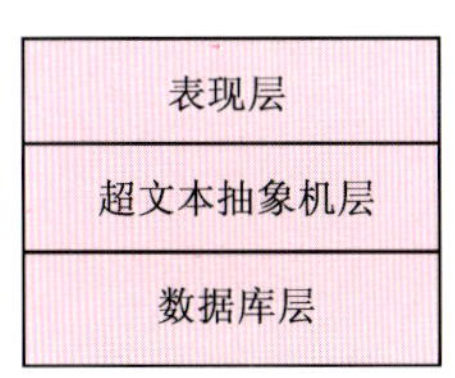

图4.6 超媒体系统结构模型

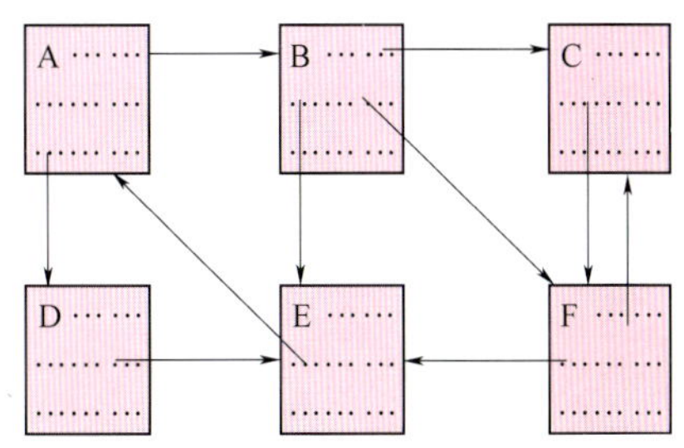

图4.7 一个6节点10条链的宏节点示意图

宏节点是指链接在一起的节点群,一个宏节点就是超文本网络的一部分——子网(Webs)。

3) 操作工具与系统

超媒体操作工具主要有编辑器、导航工具和超文本语言。编辑器不仅要解决各种媒体的编辑,还要帮助用户建立、修改信息网中的节点和链。导航工具是超文本系统中的交互工具,它不仅要帮助用户在信息网络中快速定位、查询,还要防止用户在复杂的信息网络中迷失航向。常用的几种导航工具有:导航图、查询系统、线索、遍历和书签。超文本语言能以一种程序设计的方法去描述超文本信息网络构造、节点和各种属性,是一种更灵活的应用开发工具。

超媒体系统随系统设计目标和应用对象的不同会有差异,但一般都与前述系统模型层次一致。从功能上看,一般包括具有导航工具的读者子系统、包含编辑器和超文本语言的作者系统和基础支持系统三大部分。基础支持部分是内核层,完成各类媒体的存储、输入/输出、数据库管理、网络通信、媒体低层处理等,为上层提供良好的、统一的或规范的多媒体环境。

超文本系统从第一代以文本处理为主要目标发展成为第二代以多媒体信息为处理目标的超媒体系统。第三代超文本系统将要研究和开发的内容包括快速查询、版本管理、复杂的多媒体表现、良好的窗口环境、智能化、协同工作等。总之,超文本的联想特征是它区别于文本、数据库、多媒体系统信息管理技术的主要标志。

4.4 多媒体计算机的用途与实例

多媒体计算机是计算机技术、通信技术、大众传播技术不断发展的产物。早在计算机发展的初期,信息只能用二进制的0、1表示,而表示它的目的纯粹是为了计算。随着信息技术的进步,这种0、1方式使用起来十分不方便,研究人员在计算机系统中引入了ASCII码,字符处理过程由此引入计算机,计算机进入事务处理领域。今天伴随着信息应用需求的进一步扩大,计算机开始处理图形、图像、语言、音乐及其视频图像。

4.4.1 多媒体计算机的用途

从目前的多媒体系统的开发和应用趋势来看,多媒体系统大致可分为三类。

(1) 具有编辑和播放双重功能的开发系统。

(2) 主要以具备交互播放功能为主的教育培训办公系统。

(3) 主要用于家庭娱乐和学习的家用多媒体系统。

多媒体计算机丰富了人们的生活,改善了人类信息的交流,人类的生活学习等越来越多地依赖计算机。但是由于计算机毕竟仅仅是一种设备,缺乏人类的眼睛、耳朵、鼻子、四肢等感觉器官,无法获得人类的视觉、听觉、触觉、味觉、嗅觉等能力,因而无法从现实世界中自然地收集和表达各类信息。操作使用计算机的人要具有一定的文化程度,并经过专门的培训。更为令人遗憾的是人类要借助计算机的能力就必须忍受交互过程中信息的转换和变态,这成了人机自然交流的一堵高墙,大大制约了计算机的应用。多年来人类一直为减弱并最终消除这个遗憾而努力工作着,采用交互式技术的多媒体计算机的最大贡献是改善了人机界面,拓宽了计算机的应用领域。

多媒体计算机的潜力和应用是无限的,图4.8表示了一个基于网络的多媒体应用系统。

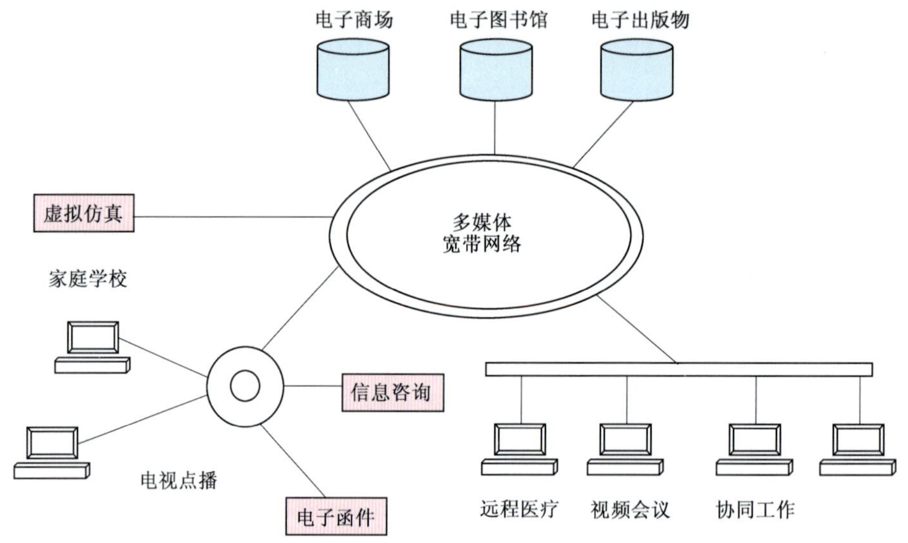

图4.8　基于网络的多媒体应用系统

多媒体计算机将在下列几个方面得到应用。

(1) 教育。多媒体计算机将呆板的教科书配上语音、图解、应用背景,并可主动地给学生提问题,等待学生回答问题并校对答案的正确与否,充分调动学生的主观能动性,并根据学生的能力和水平去安排学习。多媒体技术引入教育也使师生关系发生了变化,老师的讲授可多次重复地出现,学生不再被动听讲,增加了学习的趣味性,收到极其显著的效果。

(2) 培训。利用多媒体的图、文、声、像能力和多媒体模拟仿真及演示系统,使各类人员的专业技能培训变得生动、形象、逼真。尤其对以前十分困难的高危作业的专业人员的培训,变得易如反掌。通过多媒体网络,使受训者即使远在千里之外,亦如身临其境。

(3) 图书出版。电子出版完全改变了毕升活字印刷术近千年的图书印刷出版历史。人们在多媒体计算机上阅读的是存放有大量文字、图像、声音等信息的光盘,也可从网络下载一本经过压缩处理的书籍,书变成了塑料片,内容的查找可通过关键字连续由计算机系统完成。由于电子出版发行的结果,目前世界各地都在筹建电子图书馆,馆内无一本常规意义上的书,只要拥有多媒体计算机系统,读者就可以得到声、图、文并茂的书和资料。

(4) 电子购物。例如,利用ADSL技术通过可在电话线上传送彩色图片的多媒体系统、可视电话和交互式技术,人们可阅览各类广告,足不出户地订购所需商品并自动化地付账。

(5) 工作方式。目前国内外的研究单位都在研究基于网络的计算机支持下的协同工作,远隔数十千米乃至数万千米的人们可通过多媒体系统坐在一起讨论设计方案、工作进度、修改协议等,台式电视会议系统也在多媒体计算机基础上得以发展,从协作科研到破获重大案件,多媒体计算机都将大显身手。

(6) 娱乐电视。多媒体计算机及其系统可以演播光盘电影,并可连网接收广播电视节目。根据用户指令,随时随地演播用户指定的影视节目,快进、快退、慢放、暂停等,具有仿真VCR功能的交互式网络电视也在各地纷纷投入运营,大大丰富了人类的娱乐生活。

(7) 日常生活。多媒体系统已走入家庭,多媒体计算机会成为您的理财顾问、家庭教师、保健医生和游戏朋友。

(8) 虚拟现实(VR)。虚拟现实是由头盔式三维立体显示器、数据手套、能提供多个自由度的交互设备以及立体声耳机等组成的计算机系统。使用虚拟现实系统给人以一种身临其境的感觉,又能以自然方式与计算机生成的虚拟环境进行交互操作。

在21世纪初的今天,多媒体计算机与网络技术的融合,掀起了一股家电行业、广播电视业、娱乐业、通信业相互联合的浪潮,将多媒体系统的交互能力和媒体质量处理灵活性提高到了一个新的水平。国内外利用多媒体技术开发的具有较为灵便的界面的咨询系统、电子出版系统已随处可见。图文电视电话、教育系统走入千家万户。视频点播系统、远地教育培训、电视购物等全服务网络在世界各地纷纷投入试运营,大大丰富了人类的生活。足不出户地看自己想看的节目,了解每天希望知道的信息,购买自己所需的商品,将不会再是一种奢望了。

4.4.2 应用实例——视频会议系统

视频会议系统是多媒体计算机和网络通信领域的新技术,也是通信业、娱乐业和计算机业十分关注的热点。

所谓视频会议系统是指具有时空距离的人们使用会议室终端设备,通过各种通信网络和网络管理部件,相互传送实时的活动影像和声音,进行协同工作的系统。在这个系统中的每一个人,以电视的方式举行会议,在同一块白板上阅读、书写信息,共同修改计划、图纸,制定方针、政策等。

1) 视频会议系统的组成

视频会议系统的组成示意图如图4.9所示。

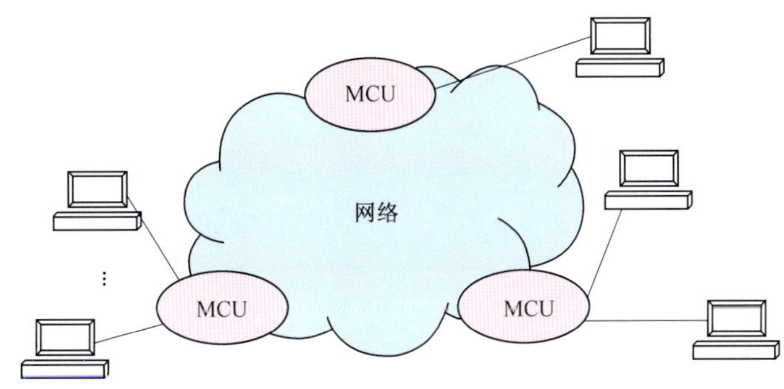

图4.9 多点控制的视频会议系统

(1) 会议室终端设备。它是组成有效视频会议系统的关键设备。一般由多媒体计算机、摄录像设备和电子白板等组成。其作用一是采集会议室内的视频、音频信号及会议所需的数据(如修改的图纸等),并对所采集到的信号和数据进行编码和压缩;二是对所接受到的视频、音频信号和数据进行解码和显示。系统可视化质量的高低主要取决于会议室终端设备。

(2) 传输系统。它是组成视频会议系统的网络基础设施,包括网管部件。一般使用

ISDN、ATM、LAN、普通电话网。其作用是保证视频会议信息和数据可靠地、高质量地传送到参加会议的各方。

(3) 多点控制器 MCU。它是数字处理单元,通常设置在网络节点处,其作用是在数字域中实现音频、视频、数据及信令等数字信号的混合和切换,但不影响音频、视频等信号的质量。

2) 视频会议系统的分类

视频会议系统依据会议室终端设备的类型,可分类如下。

(1) 会议室型。终端设备高档化即高档音响及影视设备,一般指群组拨号系统,以高质量的视频、音频服务于各类首脑人物。

(2) 高档移动型。终端设备安装在一个可移动的支架上,可在不同的会议室内移动。以清晰的视频、音频服务于企事业的高级领导人。

(3) 台式系统。是目前使用最多的系统,终端设备是普通多媒体计算机、摄像机、传声器等,提供 10 帧/s ~ 15 帧/s 的视频图像,一般服务于技术专家等。

3) 视频会议系统的性能指标及其标准

评价一套视频会议系统的标准一般包括如下几个。

(1) 终端系统的视频、音频信号的采集和编解码能力及性能价格比;

(2) 系统传输速率的可选带宽范围,以便客户可权衡图像和声音的质量、所占带宽及传输成本;

(3) 系统是否具有协调工作的能力,在传送图像声音的同时是否可混合传送数据信息如图表、文件等;

(4) 终端站点是否具有唯一寻址能力,是否便于实现主席控制功能;

(5) 系统是否具有纠错能力,系统是否可靠。

目前业界的有识之士都已认识到成熟的技术保证了产品和市场的出现和形成,但市场的扩大则有待于一套国际标准体系的制定。国际电信联合会(ITU)的电信标准化部门 ITU - T 为解决图像声音压缩信号的互通、显示格式的互通和通信信道的互通特制定了一系列的标准,主要是 H 系列标准和 G 系列标准。

这些标准中最主要的是 1990 年推出的第一代视频会议标准 H. 320 和 1995 年后推出的第二代视频会议标准 H. 323 和 H. 324。

其中 H. 320 是关于在快速 56KB/s 到 2MB/s 的 ISDN 和 56KB/s 交换电路上进行视频会议的框架性标准。其中 H. 261 是 p × 64KB/s 的视频编码器标准;G. 711 提供 64KB/s 音频编码即脉冲编码调制标准;H. 221 提供视频、音频、数据和控制信息复用到 64KB/s ~ 1920KB/s 单比特流信道的标准;H. 242 是视频会议点对点的通信控制协议等。

H. 323 是运行于 LAN 和 Internet 上的视频会议框架性标准;H. 324 是运行于传统电话线和无线通信信道上的框架性标准。

4) 视频会议系统的应用

视频会议系统应用领域十分广泛。小到行业内或企业级的专家会议,大到国家首脑级人物会晤都可以通过视频会议系统完成。

视频会议系统因其在缩短时空距离方面的巨大优越性占有了军事应用领域的一席之地。在现代战争中,使用视频会议系统可促进部队的保密工作,加强军事行动的隐蔽性;可令部队及时捕捉战机,迅速作出反映;利于指挥员掌握全局信息,做出正确的判断,以发出准确的战斗命令。在和平时期,使用视频会议系统可加强军事科研单位和专家的智囊作用,加强部队训练、管理和协调能力,提高部队战斗力,巩固国防。

美国军方率先将视频会议系统引入军事领域。在国会、五角大楼、国防部、陆军、空军、海军、海军陆战队、中央情报局、海岸警备队和国家宇航局等处,均安装了大量的视频会议系统。不仅如此,美国军方还计划将与安全有关的影响军事部署的相关部门,如内政部、财政部、司法部、商务部、邮政部以及为军方服务的各大军工企业、公司等均安装上视频会议系统。

美国军方在海湾战争和波黑维和行动等军事活动中,使用了各类视频会议系统,通过实战证明,视频会议系统在提高指挥效能和部队战斗力,保证行动迅速和成功等方面起到了极大的作用。

4.5 多媒体应用开发

多媒体的应用已经逐渐渗入到人们的生活中,每个人时时刻刻都在自觉或不自觉中接触或使用着它,信息查询服务、影视广告、娱乐游戏、教育培训、产品演示等各个领域无处不存在着多媒体的应用。

1) 多媒体应用平台

多媒体应用及开发平台可分为多媒体系统平台和应用开发环境。多媒体系统平台正如前几节所介绍的,主要是指满足多媒体应用需要的多媒体计算机软硬件,包括主机、大容量存储器、视/音频获取及回放设备、通信设备和人机交互设备等硬件,以及管理这些硬件的驱动软件、网络软件和支持多媒体的操作系统。应用开发环境是指根据应用的要求,集成的多媒体数据准备工具、创作工具和编程环境,用于支持应用开发人员创作多媒体应用软件。图 4.10 描述了一个基于 Windows 操作系统的多媒体应用开发环境。

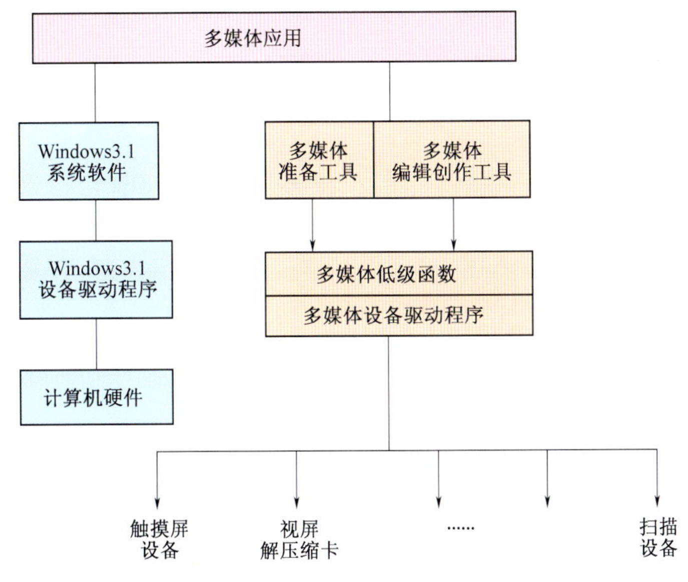

图 4.10 多媒体应用开发环境

对于应用开发者而言,最关心的是应用开发环境是否能快速有效地开发出高质量的应用软件产品。

(1) 支持多媒体的操作系统。传统的操作系统远远不能满足多媒体应用的需求,而 Windows 环境突破了 640KB 的内存限制,具有多任务功能,使用图形用户界面(GUI),采用动态连接库(DLL)和动态数据交换(DDE),特别是 Windows 操作系统还提供了多媒体支持和对象连接与嵌入(OLE)等功能,因此,Windows 操作系统成为在台式多媒体计算机上开发多媒体应用的较好操作系统。

（2）数据准备工具。获取、编辑各类多媒体数据的软件，先后流行的主要有：音频工具 Creative Wave Studio，Creative Sound OLE，Cakewalk Apprentice for Windows；静态图像获取工具 Creative Video Kit；AVI 格式的全动态视频获取工具 Microsoft Video for Windows；MPEG 格式的全动态视频获取工具 VITEC MULTIMEDIA 公司的 VIDEO Clip MPEG－1 等。

（3）编辑创作工具。比较著名的有 Authorware Professional、Hyper Card 超媒体系统、Super Card、Icon Author、Multimedia Toolbook 等。编写多媒体应用软件，也可以在给定的多媒体系统平台上利用编程工具实现，主要有 Visual Basic、Visual C＋＋、Delphi、Borland C＋＋等。创作工具的主要功能和特性应包括：良好的编程环境、多种媒体的输入/输出功能、应用程序间的动态数据交换和对象连接与嵌入功能、制作的模块化和面向对象化、良好的扩充性等。

2）多媒体应用开发

多媒体应用涉及的领域极其广泛，多媒体应用开发是一个综合而复杂的系统工程，因此，在开发人员的组织上不仅要包括计算机程序设计人员，而且还要有音乐、影视创作制作人员、图形图像制作专家和主题专家等。由于应用对象的差异，应用开发的过程也有所不同。尽管如此，多媒体的应用开发与一般软件开发有一定的相似之处，并遵循着一定的开发过程。图 4.11 概念性地描述了多媒体应用开发的简单过程。

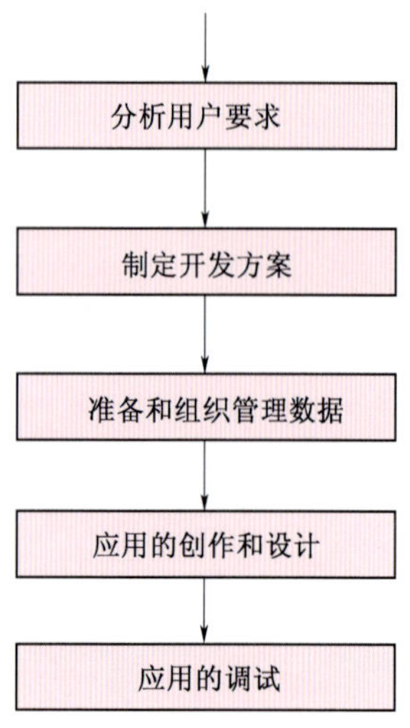

图 4.11　多媒体应用开发流程图

4.6　多媒体计算机的发展

多媒体、计算机与通信技术是多媒体信息系统发展的核心，同时也是多媒体计算机的发展基础。多媒体计算机集成了现代计算机技术、多媒体技术和通信技术，它不仅仅是在形式上或功能上的扩展，而且是在系统级上的一次飞跃。随着宽带网和基于以网络的计算技术的发展，将开辟多媒体计算机发展的新阶段。

多媒体技术的发展可以从广度和深度两个方向来探讨。

从发展的广度来看，与人们的日常生活，特别是娱乐和教育密切相关的多媒体技术和产品是多媒体计算机和交互式电视。多媒体计算机是以计算机为基础，扩展视频、音频等多媒体能力，并与电话和网络相结合；而交互式电视（ITV），是以电视和广播网为基础，扩展计算机的功能。

从技术发展深度来看，多媒体技术的主要发展方向是分布式多媒体技术。分布式多媒体技术把计算机的交互性、通信的分布性和多媒体的现实性相结合，提供全新的信息服务，其中的代表是交互式电视和计算机支持的协同工作（CSCW）。交互式电视的用户可以通过与系统交互享受系统提供的各种服务，如点播电视，电视购物，交互游戏等，但这种交互是不对称的，并且是点对点的，这样的交互性还不能支持群体成员之间的协同工作。群体的协同工作要求能支持多点之间的对称交互方式，并且要求能互操作，这就是基于 CSCW 技术的系统。可以说交互式电视将改变人们的生活方式，而 CSCW 将改变人们的工作方式。

多媒体计算机发展趋势主要体现在以下四个方面。

1）数据压缩向超低比特率方向发展

数据压缩是视频/音频数据进入计算机的基础，近年来提出的分形压缩算法，采用小波的压缩算法等,都被看作是极有前途的压缩技术。例如,以 MPEG - 4 等为代表的超低比特率视频编码技术。在音频编码方面,如 8KB/s 和 4KB/s 话音编码以及国际电信联盟 ITU - T SG15 和 MPEG 专家组的 H. 263、H. 264 和 MPEG - 4 等标准的工作。

2) 国际标准化工作紧锣密鼓

由于以多媒体为核心的信息产业突破了单一行业的限制,因此在集中力量对关键技术攻关的同时,国际标准化组织也在积极开展标准化工作,并且取得了相当大的进展。在众多标准中,有的已经成为正式国际标准,有的还正在发展完善之中。有关多媒体的主要国际标准化工作由 ISO 和 IEC 联合成立的 JTCI(联合技术委员会 1)和 ITU 的 ITU - T 完成。在支持多媒体与超媒体的标准化工作中,TJCI 的标准有多媒体内容和超媒体结构编码 MHEG、超媒体时基结构标准化语言 HyTime 和多媒体对象的表现环境 PREMO 等,这些标准的定型和广泛采用,给多媒体和超媒体领域带来深刻的影响。

3) 相关技术特别是智能化技术与多媒体技术互相融合

多媒体技术的发展与相关技术的结合越来越紧密,提供更加完善的人—机交互环境是未来应用的需要。在多媒体系统中,工具本身可以形象地用多媒体形式来表示,科学计算或管理信息数据亦可以被转换成形象化的可视数据。虚拟现实是近年来十分活跃的技术领域,是多媒体发展的更高境界。多媒体与虚拟现实、可视化虽然都涉及声、文、图等媒体形式,但各有特点,要实现完善的人—机交互,它们不仅需要相互融合,而且还要与语音识别、语音合成、自然语言理解、图像识别和理解等智能接口技术相结合。

4) 多媒体网络与通信技术迅速发展

近年来,Internet 的家喻户晓,人与人之间无论距离远近都可以通过电子邮件(E - mail)来交换信息,通过万维网(WWW)来查询各种信息,但人类并不仅仅满足于此,基于 Internet 和 WWW 的多媒体应用及开发越来越受到重视。Internet 上的多媒体应用分为两类,一类是传统的信息服务,这时在网络上输出的数据扩展到多媒体形式,另一类是把分布式多媒体应用扩展到 Internet 上,让全网范围内的人们通过 Internet 实现交互和协作。可以预见,Internet 上的多媒体应用将得到迅速发展,同时多媒体通信必将趋向于宽带、实时和多网融合。

总之,现在商品化的多媒体系统虽然有了长足的进步,但其水平与多媒体发展目标还有很大的距离。多媒体的发展目标是要尽可能实现人类在身临其境的自然情景下那种信息交流的高保真、通信带宽和交互控制能力,实现更趋于人性化的分布式信息系统。

参考文献

[1] 林福宗. 多媒体技术基础[M]. 北京:清华大学出版社,2000.

[2] 钟玉琢,沈洪,冼伟铨. 多媒体计算机技术及其应用[M]. 大连:大连理工大学出版社,2000.

MEITS

第5章 加固计算机

加固计算机是指为适应恶劣环境使用要求或特定环境使用安全而设计、制造的计算机，它是随着计算机在军事领域的应用而产生和发展起来的，加固计算机在国民经济建设中也有广泛的用途。根据世界各国多年研制开发的经验和教训，以及商用计算机各项性能指标的不断提高，目前多采取选用一种商用计算机进行加固的方法，来构成加固计算机。本章着重介绍有关计算机加固的各种技术，即可靠性技术、结构工艺技术、电磁兼容技术及防信息泄漏技术等，以使读者对加固计算机构成方法有一明确概念。

5.1 加固计算机的发展、定义、分类和特点

5.1.1 加固计算机的发展

计算机从它诞生之日起，就开始应用于军事领域。经过60年的发展，计算机已成为作战能力的关键因素，军用计算机的研制、生产和应用水平是衡量一个国家国防现代化和军事实力的重要尺度。计算机的发展在不断地改变着各种武器系统、军事指挥控制系统、后勤支援系统和自动化管理系统的面貌。计算机已经成为各种现代化武器系统中不可缺少且到处可见的设备，小到嵌入式的微处理器，大到超级小型机，以至加固的大型主机都已用于各种军事装备之中。武器系统的快速反应能力、打击能力、突防能力、命中精度、生存能力、可靠性、效费比等，在很大程度上都依靠计算机。显而易见，计算机技术是武器系统发展的支撑技术，武器系统越先进，其计算机含量就越大。一架F-15战斗机就有各种计算机27台，精确制导武器和灵巧武器更是离不开计算机。作用巨大的C^4ISR系统和电子战系统，其核心也是计算机。

计算机在军事上的用途非常广泛，具体要求也是多种多样的。但在各类战场上使用的计算机有着一个共同的特点，就是使用环境极其恶劣，仅以温度为例，计算机的应用从热带海洋性气候、大陆干燥性气候到寒带大陆性气候，其温差变化达摄氏几十度以上。因

此，无论是在战场上使用的计算机，还是在恶劣工业环境中与运载工具上使用的计算机，都应当考虑恶劣的使用环境所造成的影响，也就是说需要抗恶劣环境计算机。

20世纪70年代，首先从车载和机载计算机开始，随着各类武器系统的研制而出现了能够满足系统要求的抗恶劣环境加固型计算机。20世纪80年代，加固计算机得到迅速发展，同时在硬件系列化和软件标准化方面也取得很大进展。从各种火控系统到大量装备的海军信息系统，以及大型导弹武器系统都装备着大量加固计算机。在加固计算机研制的早期，往往是为完成研制一种武器系统而设计一种加固计算机。其后果是加固计算机型号繁杂，给硬件和软件的维护、人员的培训、设备的更新以及后勤支援等方面都带来一系列的困难，以至为研制这些加固计算机付出大量的人力和财力，造成很大的浪费。

20世纪90年代后，由于商用计算机的迅速发展，对军用加固计算机的发展产生了重大影响，加固计算机的开发，开始走向选择经过实践考验、技术成熟、系统先进、满足军用要求的商用计算机的某些型号进行加固的道路，以适应军事上的需要。这使得先进的商用计算机技术很快地向军事上转移，加快武器系统技术的更新，保证软、硬件技术的兼容性，使军事用户有很好的开发环境，能更快地掌握其技术，减少培训时间。同时，在生产加固计算机时，把计算机体系结构方面的问题留给了原来的商用计算机厂商。生产加固机的厂商则把他们的注意力集中到机械结构设计、环境适应性设计和生产技术上，因而缩短了研制周期，降低了设计和生产的成本。

5.1.2 加固计算机的定义和分类

1）定义

什么是加固计算机（Military And Ruggedized Computer）呢？加固计算机是一种为适应恶劣环境使用要求或特定环境使用安全而设计、制造的计算机。

加固计算机主要军用领域有：地面固定、车载、舰载、机载、弹载、星载及野外作业系统，战略和战术武器系统，以及军事通信、指挥和控制系统等。这里恶劣环境一般指计算机作业或存储所处的非普通的周围环境，主要包括以下几个。

(1) 气候环境：风、雨、雪、冰、霜、雾、高温、潮湿、低温、沙尘、高气压、低气压、盐雾、烟尘等有害因素；

(2) 机械物理环境：冲击、振动、跌落、摇摆、应力和噪声等有害因素；

(3) 电磁环境：电磁场强度、电磁脉冲密度、雷电冲击强度、静电火化等因素；

(4) 生物环境：霉菌、昆虫等有害因素；

(5) 空间环境：电磁场、辐照、单粒子等因素；

(6) 特种环境：核爆炸引起的核电磁脉冲、核辐射因素等。

这里使用安全是指它工作时，必须保证其内部的机密信息不向外泄漏造成泄密，由此可见，加固计算机的“加固”两字的确切含义是抗恶劣环境和防信息泄漏。

2）分类

加固计算机一般可分为3类。

(1) 军用规范型或称M型（Military Computer）即一次加固型或先天加固型，是为适应恶劣环境而专门研制的符合军用标准条件和规范的一类计算机。其适用环境指标一般可为：工作温度 -55℃ ~ +71℃，相对湿度95% RH以上，海拔高度21336m，振动（正弦）10g，5Hz ~ 2000Hz，冲击加速度30g，11ms。

(2) 一般加固型或称R型（Ruggediged Computer）即二次加固型或后天加固型，是采用一系列加固技术，对优选的标准商用机采取加固防护措施以适应恶劣环境的一类计算机。其适用的环境指标一般可为：工作温度0℃ ~50℃，相对湿度10% ~90% RH（无凝露），海拔高度

2436m，振动（正弦）$2g$，5Hz～2000Hz，冲击加速度 $20g$，11ms。

上述M型和R型加固计算机又常被称为抗恶劣环境计算机（Severe Environment Computer）。

（3）防信息泄漏型或称T型（Tempest Computer），是具有一定的防止信息泄漏能力的计算机。计算机工作时会向空间发射电、磁、声、光信号，例如电磁信号的发射，其发射途径有两种：一种是以电磁波的形式向空间发射，称为辐射发射；另一种是电流通过电缆时所引起的沿着电缆的发射，称为传导发射。这些发射信号包含了计算机所处理的信息，当发射有足够的强度时，在一定的距离之内，这些信息可被窃密者通过一定手段截获并复现，因此造成泄密。防信息泄漏计算机就是通过采取综合技术手段，抑制计算机工作时向空间发射电、磁、声、光信号，或使其发射强度降低到规定的极限值以下，保证在一定的距离以外，计算机所处理的信息不被截获。

防信息泄漏计算机分为一般式和红黑分离式。一般式防信息泄漏计算机采用技术措施抑制所有信号的发射，或使信息弱至在一定距离外不会被截获的程度。红黑分离式防信息泄漏计算机，它将包含机密信息且又未经加密处理的信号称为红信号，存放红信号的区域为红区，将不包含机密信息或已经加密处理过的信号称黑信号，存放黑信号的区域称为黑区。防护信息泄漏的基本措施是抑制红信号的发射和防止红信号在红区和黑区之间传输。

随着现代电子技术的发展，制造工艺水平不断提高，新一代TEMPEST产品的性能价格比有了很大提高，而且外观、体积与民用机型已相差无几。图5.1是我国自行研制的防信息泄漏计算机。

信息泄漏可造成重大政治、经济和军事损失，也常因信息泄漏而遭受突如其来的袭击，利用计算机信息泄漏来窃取机密是军事侦察获取情报的重要途径，因此防信息泄漏计算机对军用计算机应用和信息系统的安全具有重要意义，受到广泛的关注。

加固计算机也可按其加固形式和适用环境分为四类：军用普通型、初级加固型、加固型、全加固型。加固计算机可根据使用和环境要求的不同而实施不同形式的加固设计措施。常用的计算机加固方法有两种：①先天加固，又称内加固，是一种从系统最基本的元件级开始，向上逐级加固的方法，其优点是加固性能好，可适应最恶劣的环境；缺点是价格最贵，技术要求高，研制周期长。②后天加固，又称外加固，是利用优选的商用产品，采取重新设计机箱及某些能满足恶劣环境或安全使用要求的措施，以达到加固的要求，其优点是开发周期短、成本低；缺点是加固性能不如先天加固好。图5.2为加固型笔记本计算机，具有轻便、抗振动冲击、耐高低温、防水等良好的环境适应性能，可用于车载或各类野战环境等。

图5.1　TEMPEST Ⅲ 黑红分离式防信息泄漏计算机

图5.2　加固笔记本计算机

加固计算机要严格地遵循有关军用规范和标准进行研制和生产，例如我军相关规范和标准包括：GJB322A—98《军用计算机通用规范》、GJB151A—97《军用设备和分系统电磁发射和敏感度要求》、GJB150—86《军用设备环境试验方法》等。加固计算机通常需进行的例行环境试验有:高温试验、低温试验、冲击试验、湿热试验、霉菌试验、低气压试验、振动试验、电磁兼容试验、噪声试验、跌落试验、淋雨试验等。可靠性预计及可维修性分析也是加固计算机设计的重要方面。加固计算机的检验和鉴定应严格遵循相关的质量保证规定。

5.1.3 加固计算机的主要特点

(1) 抗恶劣环境:加固计算机能承受高低温、潮湿、盐雾、雾菌、尘埃、振动、冲击、加速度、电磁干扰、核辐射和核电磁脉冲等,具有在恶劣环境下较强的生存能力。

(2) 安全性高:加固计算机一般都具有防止信息泄漏、防止非授权人侵入和抵御计算机病毒的能力。

(3) 可靠性高:加固计算机广泛应用于各种军事系统,嵌入到各种信息化平台、信息化弹药和信息化武器装备系统中,是实现信息获取,战场评估、作战、决策、指挥控制和精确打击所不可缺少的重要核心组成部分。因此,长时间、持续地可靠工作是头等重要的性能指标,通常加固计算机其单机平均故障间隔时间 MTBF 在 5000h ~ 10000h。

(4) 结构紧凑:加固计算机通常嵌入到武器装备系统中,因此对其大小、轻重、形状、功耗都有严格限制,必须适应宿主系统所能提供的条件,特别是对于车载、机载、舰载、弹载、星载等加固计算机。

(5) 维护性、操作性好:维护和操作尽可能简单、方便是各种军用加固计算机的特殊要求,通常加固机的平均修复时间 MTTR 为 15min ~ 300min。

(6) 实时处理能力强:战场上使用的军用加固计算机最主要的功能通常是完成实时处理,这种计算机应能对外部事件及时而迅速地作出响应,及时处理并发出处理结果。实时处理能力强主要表现在:①硬件支持,中断系统按中断级优先顺序响应中断,而实时中断为高优先级,同时,要求中断响应过程时间短,机器运算速度快,数据传输率高;②实时操作系统的支持,应提供基于强占和优先级的实时任务调度机制、死锁侦测和特殊的进程间通信机制,操作系统开销要小,进程切换要快,中断屏蔽时间和中断处理时间要短;③实时应用程序支持,特别是其实时部分应常驻留在系统核心中,在一些特殊的应用场合,将固化实时操作系统和实时应用程序的部分或全部,这样一方面可提高系统的可靠性,同时也可改善系统的实时性。

5.2 加固计算机的主要技术

设计与制造一台性能良好、功能优越、可靠性高、性价比适当的加固计算机是相当复杂的,它需要考虑很多问题,利用许多设计技术和知识,进行综合优化,才能达到预期的目的。这里就涉及到的主要技术,即加固计算机的可靠性技术、热设计技术、抗振动与抗冲击设计技术、互连技术、三防技术、抗辐射加固技术、抗电磁脉冲加固技术、电磁兼容技术和 TEMPEST 技术等,作一简要介绍。

5.2.1 加固计算机的可靠性技术

可靠性是指产品在规定条件下和规定时间内,完成规定功能的能力。

可靠性工程是指为了达到产品可靠性要求而进行的有关设计、试验和生产等一系列工作,可靠性工程起源于军事领域,是为满足武器装备的需要而发展的。科学技术突飞猛进,产品复杂程度越来越高,使用环境日益严酷,装备研制和使用费用不断增长,都促使人们认真探索,深入研究可靠性问题。

实现加固计算机高可靠性的技术途径很多,大致可分为以下两类。

1）提高计算机元器件本身的可靠性

提高元器件的可靠性，关键是设计、工艺和制造过程的控制。从提高半导体器件的可靠性技术来看，主要解决以下几方面的问题。

（1）半导体器件生产中沾污源的控制。器件内部的沾污将导致许多质量缺陷或潜在缺陷，后者危害更大。沾污来源于人体、水、气、化学试剂、工艺设备、工艺过程及硅片本身等。

（2）防止静电放电对半导体器件的损伤。静电放电（ESD）损伤，会导致内部短路、表面热击穿、栅击穿、二次击穿、烧毁等。

（3）提高半导体器件的抗过电应力的能力。过电应力（如尖脉冲干扰和浪涌等）也会对半导体器件造成损伤，因此，对半导体器件本身必须采用抗过电应力失效的加固技术。

（4）提高半导体器件内部互连的可靠性。混合集成电路在加固型计算机系统中应用很多，混合集成电路失效的最主要原因之一是内互连失效。为提高内互连的可靠性，必须有合适的键合应力。

（5）减少硅缺陷引起的失效。半导体器件的衬底硅材料的缺陷主要有层错、位错、重金属杂质、间隙硅和空位以及碳、氧及其沉淀等。它们的行为和相互作用对集成电路，特别是对大规模集成电路和超大规模集成电路器件的性能、成品率和可靠性都有重要影响。

（6）半导体器件的抗辐射加固。航天飞行器、卫星和其他辐射环境中使用的半导体器件，都必须采取抗辐射的加固技术措施。

总之，半导体器件，特别是各类大规模集成电路、超大规模集成电路电路本身的加固水平，决定了加固型计算机的加固水平。半导体器件失效率的数量级 20 世纪 60 年代为 $10^{-6}/h$，20 世纪 70 年代为 $10^{-9}/h$，而 20 世纪 80 年代以后已达到 $10^{-11}/h$。

一般来说，加固型计算机是这些元器件的集合体。其中任何一个元器件发生故障都会成为加固型计算机出故障的原因。元器件的可靠性在极大程度上决定了整机的可靠性。

可靠性的特征量很多，其中主要有：可靠度、失效率、平均寿命、平均故障间隔时间、平均修复时间、有效度等。

元器件的降额使用是提高其可靠度的重要方法。就是用降低元器件的负荷来提高可靠性。例如，有一种电容器，设计时降低一半电压使用，其可靠度提高 32 倍。此外，可靠性筛选能改善元器件的失效率，最大限度地淘汰元器件的早期失效，保证产品的高可靠性。所谓筛选就是对电子元器件施加一种应力或多种应力的试验，暴露元器件的固有缺陷（以及早期失效）而不破坏元器件的完整性。

2）采用可靠元器件构成可靠系统的技术

使用可靠元器件构成可靠系统的技术主要包括：冗余技术；可维修性技术；可靠性预计与分配技术；可靠性试验技术等。

（1）冗余技术。冗余技术是提高计算机系统可靠性常用的一种方法，冗余技术是实现系统容错的主要方法。容错的含义是允许有故障，即在硬件发生故障或软件产生错误时，仍能正常运行或降级运行，完成既定任务并给出正确结果。冗余有两层含义：系统正常工作时，它是多余的；但从系统的可靠性上考虑，它又不是多余的。总之，冗余技术是采用备份的手段，对故障进行防护的一种技术。

在系统设计阶段可以在任何一级采用冗余结构。通常分为元器件级、部件级与系统级。一般设计计算机系统时，采用系统级或部件级的冗余设计。常用的冗余技术主要有：①硬件冗余。这是最常见的冗余技术，即令元器件、部件或整机多重化。按工作方式可分为静态、动态和混合冗余。静态冗余是通过表决和比较来屏蔽系统中出现的错误，常用的静态冗余实施方案是三模冗余；动态冗余是通过故障检测、故障定位及故障恢复等手段达到容错目的，通常采用多重储备模块相继运行来维持系统正常工作;混合冗余则既有静态冗余也有动态冗余,兼二者之长。②软件冗余。是通过增加程序来提高可靠性,如增加用于测试检错或诊断的外加程序,增加用于计算机系统自动恢复、重组、降级运行的外加程序以及一个程序用不同的语言或途径独立编写等。③信息冗余。是一种将冗余信息添加到数据上从而达到故障检测、故障屏蔽和容错的目的。如采用奇偶校验码、法尔码可以检错,采用汉明码还可以纠错。④时间容错。是以时间为代价换取计算机系统高可靠性的一种手段,常通过重复执行指令或程序来消除瞬时错误带来的影响。

(2) 可维修性技术。一般计算机系统可以分为可维修系统与不可维修系统。可维修系统是大量的,不可维修系统则用于类似宇宙航天飞行器或其他不允许维修的特殊环境。对于可以进行维修的系统来说,不仅有可靠性问题,也有发生故障后复原的能力问题。

与可靠性相对应的叫做可维修性。可维修性的含义是可维修系统在规定条件下和规定时间内的修复能力。不发生故障固然很重要,但发生故障后能立即修复并维持良好完善的状态也是很重要的。在可维修系统中通常以系统的可维修度、平均修复时间值和修复率作为可维修性的主要特征量。计算机的可维修性技术主要包括检错与纠错、故障诊断和修复技术等。

(3) 可靠性预计技术。可靠性预计是一个预测的过程。根据所用的元器件失效数据资料,来预测部件、分系统、系统或设备实际可能达到的可靠度。在设计的早期阶段(如方案论证阶段)及时完成可靠性预计工作是有益的,当有几种方案进行比较时,可以通过预计,选择其中可靠性、性能、费用等最佳的一种方案。

(4) 可靠性分配技术。根据战术技术条件要求,当总体方案的可靠性指标确定之后,需要对其各组成单元(分机、组件、部件以及元器件)进行可靠性指标分配,使各部分的设计和制造人员都有可靠性设计与制造目标,采取必要的可靠性设计与制造手段,以满足整机对各分机、组件及部件的可靠性要求。只有分机、组件及部件以至元器件满足了可靠性要求,才能保证整机稳定可靠。

可靠性指标的分配,不能采取平均分配的方法,应按照分机、部件及元器件的重要性和复杂性进行合理分配,同时还应考虑其他因素,如环境、维修、元器件质量、采用成熟的标准件等,一起进行综合分析,做出切合实际的恰当分配。

(5) 可靠性试验技术。一般的电子设备(包括计算机)都是可以修复的,其可靠性指标通常用平均故障间隔时间来表示。设备的可靠性指标不同于设备的电气性能指标,它有时间性、综合性和统计性等特点,它不能像电气性能指标那样直接用仪器仪表测量,一般是通过现场可靠性试验和室内的模拟可靠性试验两种途径获得。

5.2.2 加固计算机的结构与工艺

对计算机的结构与工艺进行加固是十分必要的,是加固技术的重要组成部分。它的优劣直接影响计算机的各项技术性能指标。

计算机结构加固所采用的技术主要包括:热设计技术、抗振动与抗冲击设计技术、机箱结构与互连技术、三防技术等,同时也涉及到抗辐射加固技术、抗电磁脉冲加固技术、电磁兼容技术、TEMPEST 技术等方面的内容。

计算机加固中的关键工艺主要包括:高可靠多层印制板制作工艺、焊装、绕接、压接、硬质阳极氧化工艺、导电氧化工艺、静电防护工艺、高密度组装工艺、高可靠性连接器制造工艺等。

加固计算机的结构与工艺是一门综合性很强的技术。它是热学、光学、化学、电学、机械工艺学、电动力学、工程心理学、环境工程学等许多基础学科知识的综合应用。计算机在各种恶劣环境下能否正常可靠工作,在很大程度上取决于结构与工艺设计的优劣。

1）热设计技术

计算机的工作过程伴随电能损耗，其中大部分电能都以热能的形式散发出来，这些热能使机柜内温度升高。因此，温度对电子元器件和由其组成的系统的可靠性，有着十分密切的关系。

计算机广泛采用集成电路，大规模集成电路和超大规模集成电路，集成度和组装密度很高，因此，热密度比较大。特别是加固型计算机往往需要在高温环境下工作，因而热设计是加固型计算机成败的关键技术之一。

热设计的目的，是通过对计算机中热量传播方式的分析，研究控制热量的有效措施，达到降低元器件、印制板以及机箱内的温升，确保计算机的可靠性。热设计技术是对计算机中的元件、电路模块、设备等的工作温度和温度梯度加以经济、合理、有效控制，并考虑温度和噪声对人的影响而进行的设计。热设计的重点在于选择冷却方式。

在电路设计中，应选择功率小、耐热性好的元器件。在结构设计中，应尽可能减少热阻。在电路设计指标确定的前提下，计算机热设计的根本措施是通过各种冷却方法改变环境温度和加快散热速度。当环境温度降低10℃时，可靠性可增加一倍以上，这就是著名的10℃法则。例如德国SK－2型彩色电视机，在设计中有意识地利用这一法则，使机温降低10℃左右，从而使电视机的平均故障间隔时间增加一倍。

整机的极限温度应以所有元器件的最低极限温度来要求。一般来说，晶体管、集成电路和电解电容器的极限温度最低。因此，一般整机内部的温度不应超过50℃～80℃。在这里应加以说明的是，有些元器件需要恒温和增温。如在低温下，有些材料变脆、轴承粘滞、石英晶体停振、电解电容器失效、继电器失效等。

在热设计中，一般是根据具体情况选择合适的途径，把热量传递出去，使元器件、印制电路板和机箱达到降温的目的；同时还要根据发热元器件的热密度和要求的热阻来选择冷却方式。冷却方式主要包括风冷（自然对流和强迫通风，利用导热和辐射）、液冷、半导体制冷、热管技术、静电换热和蒸发冷却等。

采用哪种散热冷却方法应根据散发的热量、工作环境、零件对温度的灵敏度、计算机系统的可靠性要求以及尺寸、轻重、功率等条件来选择，要根据具体使用要求来分析。例如，用于车载加固计算机采用水冷就不合适。密封式计算机内散热不能只靠对流方式，而主要靠热传导方式。

2）抗冲击与抗振动设计技术

计算机设备在使用过程中，经常会受到机械力的作用。如振动、冲击、碰撞、声振和离心加速度等。这些机械力会严重影响设备的可靠性。在结构上，产生机械变形或损坏，如支架破裂、元件引线断裂、电缆损坏、脱焊、紧固减弱、螺钉及螺母松动、插件脱开等。在电路上会导致电参数变化、工作状态破坏。

实践经验证明，设备由于振动而引起的损坏大大超过由于冲击所引起的损坏。例如，在通信设备中，振动损坏率比冲击损坏率大4倍。能经受$50g \sim 70g$（g为重力加速度）冲击的元器件，在持续振动环境中，最大也只能承受$2g \sim 3g$的振动。

抗冲击与抗振动设计技术，是根据环境条件严酷等级（即环境条件界限）和计算机系统中电子设备许用响应值（即电子设备的强度下限），通过对电子设备进行刚性设计或附加隔振缓冲器来进行保护的技术措施。

（1）缓冲减振措施。为了减少振动和冲击对计算机设备的影响，一般采用缓冲减振器，其关键部件是阻尼元件。阻尼元件种类很多，主要有以下几种。

① 弹性阻尼器。一般用橡胶制品及金属制品，如弹簧减振器，通常用于载荷大、干扰频

率较高及有冲击的情况,优点是受温度和湿度的影响很小,但在发生共振时是很危险的。

② 空气阻尼器。利用空气出入缝隙的粘滞阻力工作,改变缝隙大小即可调节阻尼,其优点是不受温度变化影响。

③ 油阻尼器。利用液体摩擦工作,改变油的粘度即可调节阻尼。其优点是在简单装置中可获得很大阻尼来平息冲击。

④ 电磁阻尼器。利用在磁场中运动的金属片中所产生的涡流与磁场之间的电磁力产生阻尼,优点是可获得完全线性的衰减、调整方便,但阻尼力较小。

⑤ 固体摩擦阻尼器。利用固体本身内摩擦或固体之间摩擦获得阻尼。典型而又常用的有橡皮—金属减振器,虽然它的阻尼值不易精确控制,但结构简单、成本低廉、可在很大范围内获得阻尼。所以,在电子设备中获得了广泛的应用。

(2) 缓冲减振结构设计措施。除了合理选用缓冲减振器外,还要采取一系列缓冲减振结构设计技术。

① 隔离技术。这种技术是在振源和被隔物之间装入隔离介质,经常采用的是橡胶减振器,金属弹簧减振器,钢丝绳减振器。

② 去耦技术。振动条件下,最重要的是防止出现共振,为此需要采取去耦技术。

③ 刚性化技术。结构刚性化的方法很多,如通过板金冲压肋、槽,减小印制板面积,把所有装配件有机地组成一个完整受力整体等。

④ 阻尼技术。阻尼技术是利用阻尼材料的阻尼性能来消耗振动能量。

3) 机箱结构

(1) 机箱结构。加固计算机的结构形状最常见的是矩形。军用和民用飞机上用的加固型机箱多采用标准尺寸系列的盒式机箱。这种机箱是与机柜配套的内插式机箱,称 ATR 机箱(机载机箱的简称)。它是一种系列机箱,分成许多不同尺寸,宽度分为全宽度、3/4 宽度、2/4 宽度、3/8 宽度和 1/4 宽度五种尺寸。而且每一宽度又在深度上有长、短两种尺寸。机箱的安装形式可以影响其共振特性。用于运动载体的计算机机箱安装方式多采用插入式或移动式。这种机箱在设计时,一方面要防止出现两种以上振型(如弯曲与扭转)的耦合,另一方面机箱结构要有足够的刚性,防止变形。

常见的结构是把整个机箱装在一个托架上,托架后面有两只弹簧支撑调整销,保证机箱定位,托架前面有螺钉锁紧装置。机箱托架通常和减振器一并使用,托架一般是用铝材或钢材制成。

在加固型计算机中,为了防止潮气等有害气体进入机箱,机箱采用密封式结构。有时为了得到小的渗透率,机箱内要保持一个正压力。机箱要做到密封,交界面要求做得平整,以保证接触良好。机箱的刚性要求好,以减小变形和应力。对于外层空间,真空条件下使用的机箱这一点尤为重要。

(2) 倍频程规则。在机箱设计中,要注意两个相邻近耦合质量同时产生共振。为避免同时产生共振,在设计时应尽可能遵守倍频程规则。

所谓倍频程规则就是次层结构的共振频率应该两倍(或更多倍)于它的支承共振频率。例如,固有频率为 200Hz 的机箱,在其壁上装有变压器,变压器可认为是次层结构,而机箱则可认为是变压器的支承。根据倍频程规则,变压器的固有频率应为 400Hz 左右。

为了利用倍频程规则,可以把计算机机箱看成是由许多个别弹簧和质量组成。机箱包括许多印制电路板和一些大刚性支架,而印制板上又装有许多电子元器件,大刚性支架上又装有许多器件如变压器、继电器等。

4）组装互连技术

组装互连是制造过程中保证设备可靠性的一个重要环节。组装互连可分为机械组装互连和电气组装互连两大类，每类又可分为永久性和半永久性组装互连，其分类如图 5.3 所示。

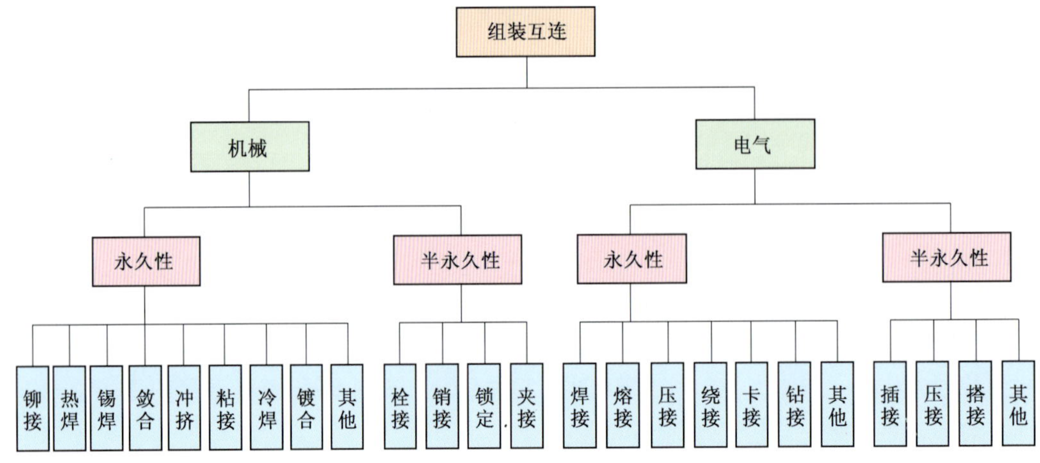

图 5.3　组装互连分类

从大量统计数据来看，电气组装互连要比机械组装互连出现故障的概率大，因此必须认真对待。

5.2.3　加固计算机的三防技术

由于潮热、盐雾、霉菌三种环境因素对电子产品有较大的影响，习惯上常把这三项防护技术简称为三防技术。

计算机的工作环境是多种多样的，制造计算机所用的材料、元器件、工艺、结构也各不相同，因而对产品会产生综合因素的影响。为使计算机能适应恶劣环境条件，目前主要采取以下四种防护措施。

材料防护。应选用能抗恶劣环境的材料。加固型计算机中常用的三防材料有：铸铁、铸钢、不锈钢、铝合金、工程塑料、钛合金等。此外，还研究和发展了一些新型材料，如环氧型、聚酯型、有机硅型、聚酰亚胺型等绝缘及表面防护材料。

工艺防护。在加固型计算机中经常采用的工艺防护措施是：电镀、喷漆、金属及塑料喷涂。有的还采用封闭绝缘工艺。

结构防护。如果采用上述两种防护仍不能满足要求，在计算机中也常从结构上采取改进措施，如对局部部件或整机采取密封措施。密封机箱的设计就是一例。

隔离防护。就是把设备与有害环境隔离，如在机箱中置入吸潮硅胶，可以起到把潮气和电子部件相隔离的作用。全密封也是一种隔离措施。有时根据实际情况可以采用局部隔离和全部隔离。

三防设计的主要技术途径为：设计与选择良好的气候环境防护结构；选择三防性能良好的金属与非金属材料；选择可靠性高的镀层、涂层，采用先进的、优良的制造工艺。

1）机箱密封工艺

为使计算机不受水分侵触，不受盐雾、砂尘、工业大气以及其他有害物质的污染，唯一有效的防护措施是采用密封机箱。这种机箱除上述作用外，只要采用的材料和结构设计合理，还可以起到屏蔽各种电磁波干扰的作用。机箱外壳通常采用铸铝合金、不锈钢外壳以及其他金属材料制成。其接缝，对于永久性密封采用熔焊密封，这只适用于一次性使用的情况。这

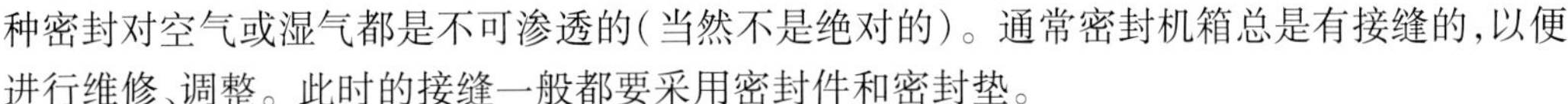

种密封对空气或湿气都是不可渗透的（当然不是绝对的）。通常密封机箱总是有接缝的，以便进行维修、调整。此时的接缝一般都要采用密封件和密封垫。

为了密封可靠，还附以密封剂，这对防止潮气等的侵入十分有效，尤其是再加上适当的表面保护就更为有效。但是这种密封并不形成永久性密封。为了进一步防止机箱密封不足，在密封机箱内还放置吸潮剂，如变色硅胶和吸湿板等。这种硅胶能够吸收大量水分，其吸收的水分为其干燥状态质量的40%。它的优点是易于复活且能定期更换。吸湿材料在机箱中放置位置和数量应根据机箱的结构形式和使用要求而定。

2）其他三防措施

（1）采用三防涂料。加固型计算机中所选用三防涂料的主要要求是：良好的三防性能；对所覆盖的金属无腐蚀作用；良好的绝缘性能和电气性能；环境适应性强；工艺性好。

根据上述要求大多选用聚丁二烯环氧甲基丙烯酸聚酯、沉浸型快干溶剂漆或聚氨基甲酸酯绝缘漆等作为涂料。DTB－823 电接触保护剂具有上述优良性能。

为了提高防护效果，大多采用真空浸渍喷涂或刷涂，一般要有 2 层或 3 层，以避免涂层有针孔。它主要用于分立元器件印制板、整机接插件、底板等。

（2）灌封处理。加固计算机中的变压器，延迟线甚至印制板等要进行密封灌封处理。灌封材料多为胺类和酸酐类固化剂的环氧树脂或室温固化的硅橡胶、有机硅凝胶、泡沫硅橡胶等。

（3）整机外壳静电喷涂处理。有一些加固型计算机外壳采用了静电喷涂塑料工艺，用以代替油漆涂覆。

静电喷涂的塑料粉主要是氯化聚醚、三氯氟乙烯、聚四氟乙烯、环氧、尼龙等。可根据需要选用。

（4）采用三防性能优良的绝缘材料和元器件。加固型计算机中的元器件和绝缘材料，一定要选用经过实际试验和各种恶劣环境曝露试验且已有结论的高可靠元器件。为保证绝缘材料的三防性能，尽可能不要采用棉织品和天然丝、纸张和纸板、黄蜡制品、动物胶和植物油类的涂料以及含有木粉和棉织品的压制塑料等。

为适应恶劣环境的要求，互连用的扁平带状电缆的表面包覆层要有三防性能。

5.2.4 抗辐射加固技术和抗电磁脉冲加固技术

1）抗辐射加固技术

抗辐射加固技术是为提高微电子器件和电子系统抗辐射环境能力，避免遭受辐射损伤而采取的防护措施。

航天飞行器、卫星导弹、舰艇等上面使用的电子系统的半导体器件和集成电路，由于要面对空间辐射环境（如地球辐射带，银河宇宙线、太阳宇宙线等空间高能粒子辐射），核动力辐射环境（如核动力的军舰、潜艇的核反应堆产生的核辐射）等，半导体器件和集成电路在这些辐射环境中会引起各种损伤性辐射效应，导致性能衰退、漂移、闩锁、失效或烧毁，所以必须采取抗辐射加固措施，主要是抗核辐射加固措施。

由于不同类型的辐射环境对半导体和集成电路所产生的辐射效应是不同的，而对同一辐射环境，不同类型的半导体和集成电路，其辐射效应和损伤机理也各不相同，因此，对不同类型的半导体和集成电路，应根据其工作的辐射环境及相应的辐射效应和损伤机理，有针对性地采取抗辐射加固措施，以增强其辐射环境下的生存能力。

抗辐射加固主要是使半导体和集成电路具有抗中子，抗单粒子（主要是 α 粒子），抗 γ 总剂量和抗 γ 剂量率的能力。

中子通过晶格间诱导原子位移而影响载流子寿命，双极型器件抗中子能力较低，所以，抗中子辐射一般选用金属氧化物半导体(MOS)器件。

α粒子会引起存储器单元或寄存器瞬间(位)翻转而造成软失效，所以在电路设计中一般用栅上带有电阻的互补金属氧化物半导体(CMOS)静态存储单元或采用无闩锁且抗辐射能力强的绝缘体上硅(SOI)器件。

γ粒子碰撞原子的轨道电子，形成电子空穴对，或产生新的界面态，影响MOS器件的阈值电压，大剂量瞬间γ粒子将产生光电流，使CMOS电路闩锁。抗γ总剂量主要依靠工艺，采用加固工艺可以减少捕获因子，提高抗辐射能力，设计上选用封闭栅设计方法，也可提高抗总剂量能力。

抗γ剂量率主要依靠工艺技术，在低阻外延衬底上制作器件或采用无闩锁、抗辐射能力强的SOI工艺，蓝宝石上硅(SOS)工艺。

计算机的抗辐射加固可分为二个级别进行。

(1) 器件级加固措施。选用在电路设计、器件结构、工艺技术等方面符合军用规范的抗辐射能力强的器件，并可对商用器件采用屏蔽、修改封装、减额和改变工作状态等措施，使其满足辐射环境的需要。

(2) 系统级加固措施：

① 在装联过程中，选用经过辐射环境试验验证的工艺方法和成熟的工艺技术。例如电连接器采用金属外壳或镀层以屏蔽电磁辐射和干扰，在每个电连接器的插针上装一个Π型滤波器，插头和插座连接面间增加屏蔽簧片等。

② 对灾难性事件应有保护措施，例如，电源应对骤然增加的电流要有关断、重新加电和复位措施，对特殊灾难区间可采取停机措施，操作系统应设置应对突发事件的处理程序。

③ 对系统所用的芯片在进行辐射剂量和各类单粒子事件效应试验基础上，作有针对性的处理。

④ 存储器可采用检错纠错码技术，防止个别位(bit)瞬时翻转。

2) 抗电磁脉冲加固技术

抗电磁脉冲加固技术是为提高微电子器件和电子系统在强电磁脉冲环境中的生存能力，避免遭受电磁脉冲造成瞬时干扰或永久性损伤而采取的防护措施，核爆炸和电磁脉冲弹爆炸会产生能量很大、变化速率很高、分布面很广的电磁脉冲，将会对微电子器件和电子设备造成严重的危害，高压高能量的电磁脉冲通过耦合在计算机电路中感生强大的电流而产生强瞬时干扰或导致器件永久性损伤。所以，对有可能遭受核攻击，电磁脉冲弹攻击等的军用计算机必须进行抗电磁脉冲加固。除采用电磁兼容性措施外，常用的加固措施主要有：①屏蔽，减少计算机对电磁脉冲耦合。②滤波，使系统要求的信号频率以外的电磁脉冲能量不能进入。③旁路，即将浪涌电流和瞬时能量旁路。④回避，即监测引起计算机逻辑状态改变的电磁脉冲瞬时感应电平，在电磁脉冲瞬间，暂停系统工作，过后再恢复并修正误差。⑤元器件选择，选择抗电磁脉冲能力强的元器件，并在设计、制造过程中采取有效措施，提高元器件的抗电磁脉冲损伤的能力。

5.2.5 电磁兼容技术

自从麦克斯韦建立电磁理论、赫兹发现电磁波以来，百余年间，电磁能已经得到了充分的利用。伴随着电磁能的利用，也带来了电磁干扰的问题。无用的电磁场，通过辐射和传导的途径，以场和电流(或电压)的形式，侵入工作着的敏感电子设备，往往使这类设备无法正常工作。

为此，人们提出一个新的课题，即如何使电子设备或系统，在其所处的电磁环境中，能够正常运行，而对该环境中工作的其他设备或系统不引入不可承受的电磁干扰，这就是所谓的电磁兼容。

随着科学技术的发展，电磁干扰源大量增加，不仅使敏感的电子设备不能正常工作，往往造成重大事故和损失；而且强电磁发射，给人类生命的安全和健康也会构成危害。如果不对电磁干扰进行控制，势必造成环境电磁污染。

计算机设备本身产生的干扰频谱很宽（从10kHz至200MHz，随着微电子技术的发展，干扰频率上限还会增高），因此，它对广播、移动通信、军用通信、电视等领域的通信和接收质量将产生很大影响。有效地防止电磁干扰过大的计算机设备投放市场，进而防止操作者和周围电子设备暴露在强的电磁环境中，有利于操作者的健康和电话机、传真机、电视机、音响等其他电子设备的正常使用。

在电磁兼容性的设计过程中，有三种主要的电磁干扰抑制方法，即接地、屏蔽和滤波。虽然每一种方法在电路和系统设计中都有独特的作用，但有时也是相互关联的。例如，设备接地良好，可以降低设备对屏蔽和滤波的要求。而良好的屏蔽，也可使滤波的要求低一些。由于选择滤波器比较复杂，首先必须拟定详细的技术条件，然后采购、试验和安装。因此，不应该采用滤波的方法来弥补由于接地不良或不适当的屏蔽产生的影响。

下面按接地、屏蔽和滤波这个顺序简要介绍这三项技术。

1）接地设计技术

接地就是指在两点间建立导电的通路，把系统中的电气或电子元件互相连接起来，或把它们同时与某个称作“地”的参考点连接起来。

一个接地系统的接地效果，取决于系统中两点之间可能存在的电位差及通过该系统的电流大小。一个好的“地”，其电位应该是：与线路中任何功能部分的电位比较，都可以忽略不计。

三种基本的接地方式是浮地、单点接地和多点接地，如图5.4所示。

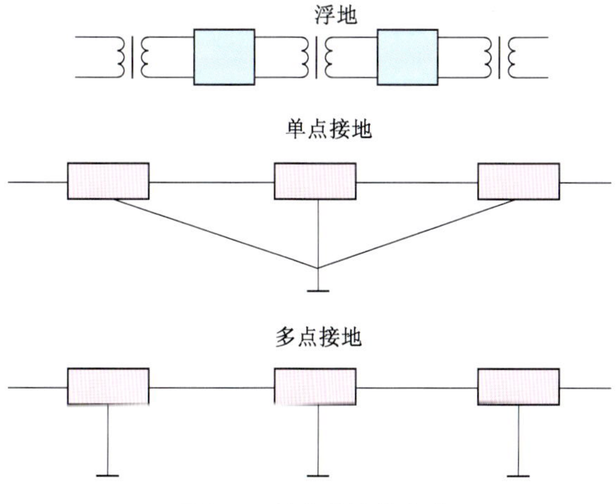

图5.4　基本的接地方式

（1）浮地的目的是将电路或设备与公共地或可能引起环流的公共导线在电气上隔离开来。

（2）单点接地是指在一个线路中，只有一个物理点被定义为接地参考点，其他各个需要接地的点都直接接到这一点上。

（3）多点接地是指某一个系统中，各个接地点都直接接到距它最近的接地平面上，以使接地的引线长度为最短。

由于多点接地系统中存在着各种地线回路,它们对于设备内较低的频率会产生不良的影响。如果出现这种情况,可以采用混合接地的概念。所谓混合接地,就是将那些只需高频接地的点,利用旁路电容和接地平面连接起来。

接地线长度必须小于 0.25λ,但小到多少为佳,还要看通过该接地线的电流大小,以及允许在每一接地线上产生多大的电压降。如果一个电路对该电压降很敏感,则接地线长度应不大于 0.05λ 或更小。如果电路只是一般的敏感,则接地线可以长到 0.15λ。

2) 屏蔽技术

屏蔽有两个目的:一是限制内部辐射的电磁能越出某一区域;二是防止外来的电磁辐射进入某一区域。屏蔽的作用是通过一个将上述区域封闭起来的壳体实现的。这个壳体可以做成金属隔板式、盒式,也可以做成电缆屏蔽和连接器屏蔽。

3) 滤波技术

滤波器是由集中参数的电阻、电感和电容,或分布参数的电阻、电感和电容构成的一种网络。这种网络允许某些频率(其中包括直流分量)通过,而对其他频率成分加以抑制。除了R、L、C 元件本身外,滤波器也可以由等效于这些元件的其他器件构成,还可以由上述元件组成的复合电路构成。

借助于滤波器,可以显著地减小传导干扰的电平,这是因为干扰频谱成分不同于有用信号的频率,滤波器对于这些与有用信号频率不同的成分具有良好的抑制能力,从而起到其他干扰抑制技术难以起到的作用。

根据滤波器需要传输的和衰减的频段,可将其分为低通、高通、带通和带阻四种。控制 EMI 通常需要低通滤波器。电源线滤波器就是低通滤波器,因为它们要使直流和电源频率电流以最小的损耗通过,并抑制给定通带以上的信号。

4) 计算机的电磁兼容设计考虑

计算机通常能够辐射很强的磁场。该磁场可以通过感应进入设备的电源线,并且往往被当作传导发射而被测出。造成计算机辐射磁场有两方面的原因:一方面,计算机内的磁盘机、风机和与之相连的打印机均装有电动机,当它们运转时会产生辐射磁场;另一方面,计算机均工作于低电压(如 5V)、大电流(如几十安)状态,也会产生辐射磁场。这样一来,电源线的输入线和输出线所构成的闭合空间,就很容易与辐射的磁场相耦合。同任何电子设备一样,当电子计算机工作时,也会产生较强的电场辐射。

计算机中集成电路对电场和磁场干扰都十分敏感。它对电场的敏感程度取决于外引线(如输入线、输出线、电源线和接地线)的数目。因为,这些引线起着电偶极子的作用。对磁场干扰的敏感程度则与这些引线构成的耦合环的数目相对应。

对计算机的交流电源线进行良好的屏蔽,并认真端接其屏蔽层,同时接入性能良好的电源滤波器,就可以在一定程度上削弱计算机的发射电平和提高抗扰度电平。

5.2.6 TEMPEST 技术

随着科学技术的发展,计算机应用日益普及,计算机信息泄漏也越来越引起社会各界的关注。计算机及其电子设备工作时,会向空间发射电、磁、声、光信号,这些信号中包含了大量有用信息,一旦被截获,进行分析后,就可得知计算机所处理的信息内容。若计算机处理的是机密信息,一旦被截获,就会造成泄密。研究防止计算机信息泄漏,保证计算机安全工作,已成为世界各国高度重视的一项工作。

1）防信息泄漏(TEMPEST)的由来和主要技术

计算机防信息泄漏技术,国外称为TEMPEST技术。TEMPEST一词最初是美国政府一项绝密计划“控制电子设备泄密发射”的代号。该项计划包括:电子设备中信息泄漏(电、磁、声、光)信号的检测,信息泄漏的抑制。现在TEMPEST一词已不是特指美国政府的这一项目,而成了研究和抑制信息处理设备泄密发射的代名词,其研究对象不仅包括计算机而且包括其他类型的数据处理设备。

TEMPEST技术研究主要包括以下几方面的内容。

(1)标准及规范。研究的主要内容是信息泄漏极限值。

(2)防护及制造技术。防信息泄漏的基本措施是抑制红信号的发射和传输,常采用的物理抑制技术有两种方法:一种是包容法,主要从结构、工艺和材料等方面采用屏蔽、滤波、隔离等技术抑制信号强度,从而抑制红信号的发射和传输;另一种方法是抑源法,主要是从产品最初设计阶段开始,从电路设计、布线及元器件选择等方面入手,从根本上减小计算机及其外部设备向空间发射信号,抑制产生较强的信号源,从而达到抑制红信号的发射和传输。常用的措施主要有:①选用电压和功率较低的元器件;②电路布线设计尽量降低耦合和辐射;③采用红、黑隔离技术,除物理抑制外,还可采用干扰技术和软件防护技术来防止机密信息被截获、复现。

(3)检测技术。主要包括红信号检测方法、测试系统组成和专用检测设备的研制等。红信号的检测分析是防信息泄漏技术特有的一项研究内容,常采用相关比较法,通过测量信号脉冲宽度、波形上升及下降时间、脉冲重复周期等参数,从时域和频域分析信号特征,从而最终区分红、黑信号。

(4)防信息泄漏检测设备。主要包括TEMPEST测试接收机、各种天线及探头、信号分析仪器及屏蔽室。其中TEMPEST测试接收机为防信息泄漏测试专用设备,要求设备有较高的灵敏度,中频带宽,中频波形因数好,自动化程度高,并具有高性能的前置及后置滤波器以及多种解调及输出方式等。

随着防信息泄漏技术研究的不断深入,人们认识到原有技术的局限性。理论工作者及设计部门都在酝酿着技术上新的突破,近年又在探索软件防护技术和基于现代通信理论及数字信号处理的防护方法等新技术。

2）计算机信息泄漏的危害

1986年,荷兰人Van Eck用一台普通的电视机稍加改装,接收并复现了几米外一台正在工作的计算机CRT上显示的信息内容。它不仅使人们亲眼看到了计算机的信息泄漏,而且使人们认识到接收计算机的信息泄漏远比人们想象的要简单。实际上计算机的信息泄漏不只限于CRT屏幕。计算机主机、键盘、打印机等都会造成信息泄漏,只是接收、分析计算机不同部分信息泄漏的难易程度不同而已。1989年,Smulders用一台普通的短波/调频收音机成功地截获了几米外RS232总线上传递的数据。若使用更先进的接收装置,接收距离还可大大提高。另有报道详细分析了在距计算机10m范围内,接收计算机图形卡、CPU和RAM信息的可行性。

以上几例说明,窃取计算机泄漏的信息,并不需用非常专业的窃取设备。实际上西方各主要发达国家TEMPEST技术研究已十分深入,窃取技术已达到相当高的水平。据报道,美国在某些情况下可在1km以外接收并复现民用计算机的信息内容。只是由于严格保密,直到20世纪80年代中期,TEMPEST问题才逐渐为公众所了解。

3）国外TEMPEST技术研究的新进展

进入20世纪90年代以来,国外TEMPEST技术的研究有了一些新的变化和发展,主要表现在以下几方面。

(1) TEMPEST 标准及规范不断更新换代。美国从 20 世纪 50 年代着手制订有关 TEMPEST 技术标准开始,至今已制订了一整套,主要有 NACSIM5100 系列和 NACSIM5200 系列(1981 年发布),以代替旧的 NACSEM5100 和 NACSEM5200 系列(1974 年发布)。

1991 年,美国推出了所谓的放松型 TEMPEST 标准,把 TEMPEST 设备的信息发射极限值分为若干档:如 1m、20m、100m 三档,以适应不同工作场所的需求。同年,美国又推出了新一代的 TEMPEST 标准 NSTISSAM TEMPEST/191。

总之,这些新标准及新规范与旧的标准相比主要有两点不同,一是要求更严,二是强调恰到好处地防护。既不"欠防护"造成机密信息的泄漏,又应根据使用场所的不同选用不同档次的 TEMPEST 设备,在满足信息安全的前提下,不因"过防护"而造成人、财、物的浪费。

(2) 各种新型 TEMPEST 设备不断推出。随着现代电子技术的发展,制造工艺水平不断提高,新一代 TEMPEST 产品的性能价格比进一步提高,早期 TEMPEST 产品价格一般为同类型民用机的 3 倍,新一代 TEMPEST 产品的价格已大大降低,只是同类型民用机价格的 1.5 倍~2 倍。同时,新一代 TEMPEST 产品的外观、体积与民用机型已相差无几。另外,随着新 TEMPEST 标准出台,国外已开始出现一些所谓放松的 TEMPEST 产品,亦称半 TEMPEST(Semi TEMPEST)产品,即指标略低的 TEMPEST 产品,用户可根据自己的实际要求,选购不同等级的 TEMPEST 产品。预计今后几年,放松的 TEMPEST 产品占总 TEMPEST 产品的份额将会进一步提高。

(3) TEMPEST 市场的管理日趋严格。为了提高 TEMPEST 产品质量,美国在 1989 年 11 月开始实行新的 TEMPEST 产品登记方法,1989 年 11 月以后的合格产品登在 ETPL 上,同时终止使用 PPL。新的 ETPL 对各公司所申报的 TEMPEST 产品质量要求相当严格。与此同时,NSA 重新修订并严格了 TEMPEST 产品的认证程序,对提高 TEMPEST 产品质量,防止劣质产品的生产和销售起到了重要作用。

5.3 加固外部设备

加固外部设备,是优选商用外部设备进行加固的。从加固的模式上看,大体是不改变原商用外部设备的原理、接口和内特性等,而在机械结构、电气可靠性等方面进行加固,以满足各种环境的要求,并且可以与商用外部设备兼容,主要是指电气特性、软件兼容。从外观上看,加固型外部设备可能与商用外部设备大不相同。

随着计算机的推广使用,加固型外部设备的品种将不断发展,性能指标将会有很大的提高。当然,由于外部设备大多是机电结合的产品,加固有一定难度,需要下一定工夫。

5.3.1 加固型外部设备的特点与加固技术

加固型外部设备作为武器装备的配套设备,应该可靠、简单、重量轻、体积小,而且性能高和便于维护。

加固型外部设备的可靠性通常用平均故障间隔时间来表示。可维修性通常用平均修复时间来表示。平均故障间隔时间和平均修复时间对不同的设备都各不相同。

加固型外部设备能够适应各种恶劣环境的要求。一般工作的温度环境视设备的不同而有区别,除温度之外,还应能在一定的海拔高度、一定的振动、冲击和加速度条件下工作。

加固型外部设备还应有抗电磁波干扰、射频干扰等的能力。有的还要有 TEMPEST 屏蔽

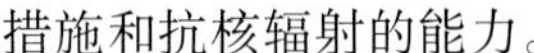

措施和抗核辐射的能力。

加固型外部设备还应有抗盐雾、抗霉菌、抗腐蚀等能力。

总之，通常加固型外部设备有以下主要特点：

(1) 九防（潮热、霉菌、盐雾腐蚀、淋雨、生物蛀蚀、雷电、砂尘、光照、核辐射）；

(2) 五抗（高低温、曝晒、严寒、低气压、电磁干扰）；

(3) 四耐（机械冲击、机械振动、离心加速度、颠震冲击）。

当然，不是每一种加固型外部设备都要全部具备这些特点，随设备和用途不同而有所不同。对有些特殊的应用环境还有防信息泄漏和抗核电磁脉冲等要求。

外部设备的加固技术主要包括：抗热抗寒加固技术；九防加固技术；组装加固技术；四耐加固技术；各种干扰屏蔽技术；TEMPEST 屏蔽技术以及提高外部设备可靠性的加固设计技术等。

5.3.2 加固外部设备发展方向

加固外部设备是军用计算机的重要组成部分。外部设备品种繁多，涉及多种学科领域，从环境适应性角度讲，它要比主机加固难得多，复杂得多。

1）智能化程度提高，一机多用

随着微电子技术和计算机技术的发展，许多外部设备中都嵌入了微处理器和相应的控制软件，大大提高了外部设备的智能化程度和处理能力，减轻了主机的负担，同时还可一机多用，向多功能方向发展。如集打印、绘图、扫描输入、传真、调制解调功能于一体的产品。

2）功耗低，小而轻

军用温盘机、数字光盘机和流式磁带机的盘径从 5.25 英寸、3.5 英寸、2.5 英寸向 1.3 英寸以下过渡。5.25 英寸温盘机的功耗约为 38W，3.5 英寸温盘机的功耗约为 10W，而 1.3 英寸的微型温盘机由于采用 3V 的集成电路，功耗小于 1W，功耗降低速度很快。随着盘径的日益减小，设备的高度从全高 84mm，半高 42mm 发展到超薄型的 10mm 以下，超薄硬盘机甚至可以安装到印制板上。

3）性能指标向高速、高密度、高精度、高分辨力方向发展

4）军用平板显示器发展迅速

平板显示器与 CRT 显示器相比，具有薄、重量轻、功耗低、内在加固性能好等优点。平板显示器作为军用抗恶劣环境显示器，近年来发展迅速。

平板显示技术主要有三种：活动矩阵液晶、薄膜电致发光和等离子。这三种显示技术各有其优点，也各有其缺点。液晶显示是唯一在内部没有光发射的技术，作为环境光转换器，只需很低的能量输入，最适合做飞机座舱的平板显示器。电致发光显示器是固态的，加固性能好，电源结构简单。等离子显示器是密封结构，加固性能最好，但抗低气压能力较差。

5）固态盘技术快速发展

固态盘也称半导体盘，它是一种半导体存储器（如快闪存储器 Flash Memory），而不是根据磁记录原理做成的真正的盘。由于和磁盘具有类似的功能，故取名固态盘。由于固态盘没有机械旋转部件，因此它的存取速度快、功耗小、耐冲击和振动，而且很轻，特别适合在恶劣环境中工作。

过去由于固态盘可改写次数少、价格昂贵，未能普及。但半导体厂商已采取各种措施，克服了这方面的不足。因此，固态盘是一种极具竞争力的军用存储设备，而固态盘与光盘组成的存储系统产品则可满足军用快速存取和大容量存储的需要。

5.3.3 典型设备简介

5.3.3.1 加固光盘驱动器

1）环境因素对光盘驱动器的影响

研究结果表明：热效应、湿度、振动、冲击、过载以及工作地的海拔高度对光盘驱动器的可靠性和寿命均有巨大影响。现场环境产生的故障有88%起因于上述因素。当然砂尘、盐雾也有影响。上述因素中的单一或任何组合形式均可能产生故障，例如：

（1）光盘驱动器中玻璃、透镜和其他光学元件破裂；

（2）运动（旋转或直线移动）零部件卡死或松动；

（3）电子元件变化；

（4）在大温差宽温环境中运行，快速冷凝形成水珠或霜状，会引起机械、电气故障，对光盘影响很大；

（5）不同材料的收缩、膨胀系数不一，宽温环境下后果明显；

（6）构件产生变形或破裂；

（7）“三防”涂层或改进EMS（电磁敏感度）性能的涂层龟裂、效果降低等。

2）军用加固光盘驱动器的关键技术及解决途径

国外的经验是：要进行系统设计，而不宜逐一“摸底”，发现民品的每个薄弱环节后再进行修改。下面对几项关键技术及关键部件分别加以介绍。

（1）光盘媒体。目前可改写光盘片以磁光媒体为主，基片有压模塑料（胶）基片，一般为聚碳酸酯和玻璃基片两种。它们的环境适应性见表5.1。

表5.1 聚碳酸酯与玻璃的环境适应性对比表

	聚碳酸酯	玻璃
振动	刚度低，谐振频率低	刚度高，谐振频率高
温度	高低温范围有永久变形趋向，影响聚焦、跟踪，对锁相环性能要求苛刻	耐高低温变化
开口/密闭	要求开口，因气压变化会引起扭曲	可密封
潮湿	开口吸潮，可能使记录层蜕变或提高写入功率	防潮
刮伤	易被刮伤，不能简单清洗附着灰尘污染	不易刮伤，易清洗
重量	轻	重，主轴电机驱动功率大

信息存储媒体（记录层）是采用室温下高矫顽系数的材料。如非晶溅射膜，是以过渡金属稀土合金（Fe、Co、Tb等）为基础的。它们有固有的对腐蚀性敏感的特点，为使磁光层稳定和增强性能，对它增加了保护层和反射层。

硬涂层的作用是保护记录媒体增加可靠性，防划痕和损伤，一旦受尘垢污染，可重复清洁，以保护记录信息的完整性。

光盘存储的重要问题之一是光盘基片（衬底）的光学各向异性。它造成光束聚焦在不同点处，使标称焦点产生畸变，对读写光束的聚焦产生严重影响，使光盘的性能降低，影响数据记录密度。玻璃的光学性能优于塑料，且对反射光的折射较低。缺点是比塑料重，且钢化玻璃一旦遭遇硬质尖体碰削，可能打破或成碎片。

光盘盒要设计得符合ISO 10089的要求，易于装卸。有些公司还专门设计了避震机构，当活门关闭，盘盒插入驱动器后将其底部固定在正确位置上。避震机构为机械式，它能适应较恶劣工作环境，减轻媒体磨损程度，延长使用寿命。

和温盘驱动器不同，在运输状态（非工作）时，光盘盒并不插入驱动器，应能承受大的冲击或振动。而在宇航应用环境中，若作为记录装置，则在爬升或降落（着陆）阶段，盘盒均已装入驱动器，故对其抗振、耐冲击情况需专门考虑。

(2) 主轴电机。已如前述，军用光盘机倾向于采用玻璃媒体，由于它比塑料重，故电机驱动功率也需相应提高。

高速回转物体当其自转轴被迫（如机载、舰载）在空间改变方向时（如飞行机动状态）会发生强迫进动，产生陀螺力矩，出现陀螺效应。此时轴承上要承受额外压力。设计主轴系统时应仔细考虑。此外，主轴系统比一般商用环境中使用的要具有更大的加速度，主轴系统的稳速线路要保证速度、精度符合战术技术指标要求。

(3) 光路设计。为了满足整机军用环境（例如 -54℃ ~ +55℃）要求，首先要选择或设计激光器件工作环境。若可提供的激光二极管（LD）的温度范围为 -40℃ ~ +60℃，可采取的措施有以下两种。

① 降低军用环境要求，适应部分应用领域。

② 构造微环境（温控系统），使 LD 保持在 +25℃，过热时自动制冷，过冷时自动加温。使激光处于准恒温条件，以减少振荡模跳跃，形成更稳定的激光频率和效率。恒频激光光源可以大大降低对那些与频率相关的光学元件的苛刻要求，以降低成本，提高元件合格率。系统中可采用热电热泵。此外，利用新型材料也可以在不增加附加体积条件下达到升温，改善低温工作状态的目的。

安装 LD 时，使之远离光头，光头组件要与任何一个大散热元件远离。美国 F-16 战斗机装备的磁光盘驱动器比日本商用产品更早地采用了分离式光头设计。这种结构既可使较轻的光头易达到快速定位的目的，又有利于抗冲击、振动，更适合机载环境。

光纤耦合链可以滤去 LD 中固有的像差，并在运动光头上提供一个慢速的散射源。此方案可省略光束整形镜，该镜对高度变化敏感。

(4) 光头设计要点。从系统设计角度出发应考虑下述问题。

① 系统设计、制造应具有可重复和可控的谐振特性，光头设计中应将自然谐振和系统谐振分离，且在宽温及各种环境下均应满足此要求。

② 选用的材料在整个环境及整个寿命期内应保持特性不变。材料不能产生污染杂质，防止影响驱动器的光学性能。

③ 执行机构（作动器）设计要保证在高加速度负载条件下具有良好的道跟踪和聚焦性能，执行机构（作动器）的力常数要非常大。在宇航应用环境下，可采用加固 WORM 中曾利用的动圈设计代替常规运动永久磁铁的方案，对磁光盘机而言，动圈方式可以不受所采用的偏磁线圈的影响。

④ 高空运行中准直镜的设计。目前，商用光盘机为使光头结构紧凑，采用短焦距准直镜。在机载环境，高空低气压会引起准直误差，导致光盘散焦，闭环的聚焦系统只能部分地校准。采用长焦距准直镜和低聚焦误差传感透镜可以适应高空低气压环境。

⑤ 定位系统设计。在商用光盘驱动器的光头的粗定位（寻道）过程中，作动器是随机动作的。处于恶劣环境工作的定位系统，由于承受冲击、振动，定位问题尤为麻烦。可以设置一个位置检测器，使精定位的作动器在粗定位的过程中保持在固定位置上。系统因确切知道作动器位置，可以大大改善精定位性能，从而在环境条件变化颇大时仍然可以完成快速寻道任务。

5.3.3.2 加固温盘驱动器

1) 采用商用现货（COTS）技术研制温盘机

磁盘机有机械运动部件，如何使这些部件在恶劣、苛刻的环境中正常运行（例如，高空低气压，上、下限极端温度，极值冲击，振动幅度—频率特性等），是制造厂商面临的挑战。采用成熟的商用机加固不仅仅是用薄金属外罩将磁盘驱动器包起来，实际上是要把它改造得满足军用环境条件后，在某些方面还要比商用机更好。

加固设计的依据是，除满足 MIL－E－5400 class2 外，自然环境方面要满足 MIL－STD－801D，电磁环境方面要满足 MIL－STD－461B 以及防信息泄漏方面要满足规范 NACSIM－5100A。

2）若干关键技术

（1）磁头超低间隙飞行问题。高性能温盘机的头/盘浮动间隙已达 0.1μm。垂直记录时间隙约 0.05μm。这种超低间隙飞行已引起一系列新的技术问题。磁头导轨、盘面粗糙度、制作缺陷对磁头飞行姿态及读写信号都有影响，需要探索降低摩擦、避免吸附和延长头盘寿命的途径。目前已有高性能负压型磁头、等飞高磁头等。

机载温盘机等军用产品面临的最重要的挑战，是各种不稳定因素（碰撞、粗糙度、振动、表面缺陷、温湿度变化）对磁头飞行过程及其读出信号和系统误码率的影响。

商用温盘机已在大量台式或便携计算机中考验过。军用温盘机在承受污染、振动、冲击和高低温极限值方面至少要比商用机高一个数量级。主要工作包括选用合适盘基、介质，以及采取加固措施。

① 密封措施。例如利用火封方法保证汽封，防止喷墨、盐、砂尘及其他化合物、溶剂等污物进入盘机，它用一个没有螺栓、没有环形圈的不锈钢封罩封闭盘体，达到密封水和空气的目的，这是加固中首要和最关键的一项工作。加固温盘机或军标型温盘机做成模块时，搬动和拔插很方便，每当从主机系统拔出或插入时，可能由于人为误操作引起跌落或损伤，应有保护措施。

密封盒体一般设计成可快速安装、拆卸，结构坚固耐插拔，并且为适应高空低气压环境中飞行，在盒体内（含驱动执行机构、头盘组件 HAD、电机和传感器等）充惰性混合气体。此外，还应根据大温差引起的盘腔内部压力变化对充气的密封盒体的泄漏计算和机械强度进行复核。

② 热设计技术。机载温盘机的热设计技术包括散热和升温两方面内容。飞机不同部位对设备的工作温度、存储温度要求不同，如表 5.2 所列。

表 5.2　飞机内不同部位的温度要求

安 装 位 置	工作温度/℃	存储温度/℃
飞机罩	－54 ~ ＋100	－57 ~ ＋95
机内设备舱	－54 ~ ＋71	－57 ~ ＋95
座舱	0 ~ ＋32	－54 ~ ＋71

即使是民用航空飞机也要考虑其着陆地区的季节温差。例如，我国黑龙江省呼玛最冷时低温为－48℃，地面可达－52℃以下。最热地区新疆吐鲁番，7 月份气温高达 47.6℃，地面可达 75℃。

温盘机与机载环境温度场构成一个热交换系统。计算机数据可能在某一极端工作温度条件下记录，而需在另一极端温度条件下读出。这种大温差不仅会造成数据出错，甚至会造成主机系统不能自举而失效。对抗热冲击性能差的温盘机，需进行热设计方可满足恶劣环境要求。

（2）盘片媒体的选择。为适应恶劣环境条件下运行，和磁光光盘机的盘片基片从塑料转向玻璃类似，温盘机的盘片媒体，其盘基也从铝材转向玻璃。玻璃基片的最重要优点有三：热稳定性好；表面平滑，缺陷少；对化学和环境变化具有更好的稳定性。

(3) 适应恶劣环境的定位系统。为实现高密度、快速存取的目标,减少平均寻道时间和提高定位精度,必须有一个迅速、准确的磁头定位系统。要承受大的振动和冲击,使机载温盘机在过载系数大的情况下不出现寻道和读写数据出错,必须采用经过动态平衡的旋转摇臂定位机构。它是围绕主轴动态平衡的,受到冲击、振动及外负载作用,不会对磁头臂产生扭转作用,可满足任意方向安装。

为提高整机容量,宜采用多片盘叠装形成"柱面"。为克服装配、振动、热变形等引起定位误差,宜选用扇区伺服。虽然由于每道上有伺服扇区,减少了用户数据量,系统的平均存取时间也受限,但在恶劣环境运行的加固型温盘机仍应选用这种技术。

(4) 冲击和振动隔离技术。温盘机受冲击、振动的情况与安装载体环境(如飞机)有关,其次是驱动器本身,它的主轴电机高转速会引起振动。驱动器可能经受两类冲击:直接冲击,驱动器与其他物体碰撞造成永久变形或损坏;间接冲击,没有碰撞但由其他物体传到驱动器上。

温盘机是接触启停工作方式,读写数据时,磁头处于悬浮状态,在空气垫支撑下十分稳定,可保护磁头,盘面承受一定的振动、冲击。若头盘处于接触状态承受同等振动、冲击,则可能造成一定程度的破坏。机载温盘机则要求能承受更大的振动、冲击。除一般加固措施外,国外不同厂商采用不同的方法来保障抗冲击、振动,具体如下。

① IBM 公司建议采用优质电动机、坚固的结构工艺以及高质量零部件。

② Mountgate Data Systems 公司开发一种专利技术,将温盘驱动器密封在空气中吊悬安装,在驱动器和密封容器的联接处设计一种冲击吸收装置,一旦容器受冲击,驱动器在空气中平稳浮漂。该冲击吸收器在驱动器运输过程中,将温盘机模块从主机系统取出时以及读取数据时均起作用。

③ Raymond 公司为战斗机机载温盘机专门研制了一种磁头/挠性构件,可保护盘面不受振动、冲击损坏。运输过程中,不加电,盘片不转,磁头及时抬起并缩回盘片外区。为了安全,磁头被固定在盘面上的带保护的磁头启停区。

④ Quantum 公司为商用温盘机采用的 Airlock 空气锁定机构可保护数据安全,防止读写磁头离开或着陆到数据区而产生错误。特点是 Airlock 不依赖外部电源,即便系统电源切断仍可工作。

(5) 充分利用传感器,保障飞行安全。一些商用温盘驱动器采用对环境因素敏感的传感器,取得了较好的效果。

例如,一旦飞机飞越额定工作高度,传感器可控制关闭温盘驱动器;高空中如果风扇速度太慢,传感器监视后将向操作员报警;传感器对温度也可监视,一旦超越参数允许范围,也向操作员报警。

第6章 嵌入式计算机

计算机刚刚问世时，体积很庞大，一台功能简单的机器往往可以堆满一屋子，显而易见要把计算机嵌入到另一个系统中去使用是很难想像的。那时，没有计算机的嵌入使用，亦没有嵌入式计算机。

随着微电子技术的迅速发展和计算机体积的迅速微型化，计算机的运行速度、功能及可靠性等亦同步增长。

以此为基础，计算机的应用领域亦迅速扩大。计算机除了独立运行外，还可以作为其他系统的一个组成部件——智能部件来使用，这个作为其他系统的组成部件的计算机就是嵌入式计算机。本章主要对军用嵌入式计算机的种类、特点、关键技术及应用情况做一个概括性的介绍。

6.1 嵌入式计算机的定义

6.1.1 什么是嵌入式计算机

顾名思义，嵌入式计算机是嵌入在宿主系统中使用的计算机。如嵌入在医疗测试仪器 CT、工业机器人、高级音响、坦克、潜艇、飞机、通信网等系统中使用的计算机都是嵌入式计算机。它们有的很小、很简单，只是一个单片机；有的则很大、很复杂，是具有极高性能的并行处理巨型机（体积不一定巨大）。但用得最多的还是单片机、单板机，以及微机、工作站一级的计算机。

嵌入式计算机能支持、提高或改善系统的总体性能，是系统的智能组成部件，嵌入式计算机在功能上和物理结构上都嵌入在系统中，不独立于系统运行。

同理，作为武器和武器系统组成部分的计算机可称为军用嵌入式计算机。军用嵌入式计算机在很大程度上支持、提高或改善武器系统的总体性能，是武器系统的智能组成部件，它在功能上和物理结构上都嵌入在武器系统中，不独立于武器系统运行。例如一台 CT 诊断仪，它不是计算机，但计算机是它的一个组成部件，用作图像处理，使仪器系统能得到十分清晰的层面图像。这里的计算机就是嵌入式计算机。

又如 MIAI 坦克,每辆都使用了 30 多台各类嵌入式计算机,从主控制台、伺服系统、火炮瞄准、装弹及发射控制、自动油压稳定、驾驶台控制、动力系统管理,以及传感器采集到的数据的处理等都用嵌入式计算机进行处理。这样,坦克的性能就大大提高了,MIAI 成了装备美军的第三代主战坦克。

6.1.2 军用嵌入式计算机的分类

嵌入式计算机的分类方法有多种,按使用领域分类,嵌入式计算机可分为军用和民用两种。军民用嵌入式计算机的主要区别在于军用产品要求能适用于严酷的军事使用环境。而民用产品在一般环境条件下使用,对此不作要求。

为满足军用要求,对军用嵌入式计算机往往需要作专门的设计,并在指定的工厂进行生产。此外,丰富多彩、发展迅速的民用产品亦给军用嵌入式计算机提供了强大的物质基础,很多军用嵌入式计算机是由民用计算机加固而成的。

军用嵌入式计算机也是军用计算机,具有军用计算机的通常特点。同时由于军用嵌入式计算机并不是工作在环境条件优越的军事指挥控制中心,而常常是在飞机、战舰、坦克等主战武器中作为中心控制部件使用,其性能指标要求就更高。

嵌入式计算机通常以机箱级、插件级(板级),甚至芯片(单片)级嵌入应用系统、设备和武器系统之中,军用嵌入式计算机按装载平台区分有:车载计算机、舰载计算机、机载计算机、弹载计算机、星载计算机等。

6.2 军用嵌入式计算机的特征及关键技术

在很长一段时间里,计算机作为独立的计算处理工具大量应用于事务处理/商业应用、通信控制、工业控制、实验室/科学计算、工程计算、教育和银行等领域。

到了 20 世纪 90 年代,计算机的应用几乎遍及人类活动的所有领域,在这些应用领域中没有突出嵌入式使用方式,然而嵌入式使用方式却早已在军队的武器系统中出现。计算机的嵌入式使用首先是以军用嵌入式计算机的形式出现的。

6.2.1 嵌入式计算机的特征

嵌入式计算机是一种适应特定使用方式的计算机。既然各类计算机,包括单片机、单板机、微机、小型机、工作站,甚至高性能并行处理计算机都可用作嵌入式计算机,从这个角度看,嵌入式计算机是计算机的一种使用方式。然而又不仅仅是一种使用方式问题,因为为适应嵌入式使用方式,嵌入式计算机要具备一系列特征。

1) 功能嵌入与结构嵌入

嵌入式计算机嵌入在武器或武器系统之中,是其重要的组成部分,不独立于该宿主武器系统运行。因此,嵌入式计算机的体积、质量、形状等物理结构参数要适应宿主武器系统所能提供的嵌入环境和条件。相比较而言,卫星、坦克、潜艇等所能提供的环境和条件往往极为苛刻,而舰船则较为宽松。

2) 直接与传感器及执行机构相连接

由于嵌入式计算机多作为武器或武器系统的一个组成部分,因此其输入端多与传感器相连接以获取各种实时信息,这些信息经处理而产生的输出信息多用于控制驱动各种执行机构,或被输出显示,以供辅助决策。

3）高可靠性、高安全性

多数嵌入式计算机将在其宿主武器系统的运行、存储和运输过程中经历高低温、高湿、盐雾、尘埃、振动、加速度、冲击等恶劣环境，甚至还有辐射、电磁脉冲以及人为强电磁干扰的侵袭，因而都需按其使用环境要求进行加固，以确保其恶劣环境下可靠运行，因为其可靠性直接关系到武器系统的安全和作战效能。

由于嵌入式计算机是武器的作用距离、精度、自动搜索能力、杀伤能力、机动性、灵活性以及自我保护能力的主要技术基础，因而也是敌人的主要攻击目标。所以，除可靠性外，安全性也同样重要，必须采取诸如防计算机病毒、防信息泄漏、防非授权入侵等安全性措施。

4）实时性

嵌入式计算机有很强的实时性约束。从接收传感器的输入信号，对信号进行处理，到输出信号的产生，都受实时因素约束。海湾战争中，作战双方大量使用了爱国者导弹和飞毛腿导弹。爱国者导弹在侦知飞毛腿导弹发射后，必须在飞毛腿导弹击中有效目标前，实时作出反应。爱国者导弹防空系统从其相控阵雷达截获目标到打出导弹只需 15s。离开实时性，其他性能就无从说起。

5）程序固定、界面简单、整体更替、脱机维护

嵌入式计算机的应用程序往往固定不变，虽然亦可以修改和扩充，但是一旦投入使用，将长时间不作变更，因此其操作系统和应用程序往往被固化。而且嵌入式计算机一般没有用作人机界面的输入键盘和显示输出设备。因而，其软件的开发调试，需有另外的开发环境。

由于嵌入使用，不独立运行，以及牢固组装和缺少人机界面等因素，往往小小的故障在现场亦很难排除。如星载嵌入式计算机一旦投入轨道运行，就不能现场维护。因此，嵌入式计算机在设计时，除尽可能提高可靠性以减少维护要求外，亦要尽可能考虑整体更替和脱机维护的方便。

6）性能指标与宿主系统相适应

嵌入式计算机虽然在提高武器自动寻的能力、自动化作战指挥、控制等重要功能上起着核心作用，然而从整个武器系统的角度看，它仅仅是提高武器性能的一个重要组成部分，是武器系统的一个部件（虽然可能是核心部件），而不是武器的主体。因此，嵌入式计算机的性能指标应适应宿主武器系统的水平和要求。现代武器系统的每个组成部分在运行环境中都要互相配合和制约。某一单个环节性能特别优越未必能增加系统的整体功能，而往往只是一种不必要的奢侈。但某个单个环节的性能低下，必定会造成系统的功能下降，成为制约整个系统功能的薄弱环节。

7）单片机、单板机的用武之地

从数量上看，武器系统中使用嵌入式计算机最多的是单片机和单板机，尤其是单片机。数量巨大的灵巧炮弹、灵巧地雷、巡航导弹等武器中都使用单片机、单板机。

现在单片机芯片内还嵌埋有嵌入式控制器。当前 8 位、16 位、32 位的单片机用量最多，但 64 位市场增长亦很快。单片机性能随着微电子技术的进展亦提高很快，主频增加、集成度提高，RAM、ROM 及外存容量增大，信息交换形式多样。特别是植入嵌入式软件的，在单片上实现系统集成的，具有信号采集、A/D 和 D/A 转换、存储、处理及输入/出等功能的系统级芯片在武器系统中大有用武之地。

6.2.2 嵌入式计算机的关键技术

自 1946 年 2 月 14 日世界上第一台电子计算机在美国宾夕法尼亚大学展出以来，60 多个年头过去了。其间，计算机的平均性能保持着每年 50% 的增长率，并且新理论、新概念、新工

艺、新机型、新的相关技术仍在不断问世,呈日新月异的发展势头。嵌入式计算机和一般的通用计算机一样,都在不断借助这些新进展以求同步发展。因而通用计算机为求进一步发展所面临的技术问题亦是嵌入式计算机所面临的问题。这些问题是以大规模并行处理为主要手段的高性能计算、网络计算、多媒体计算技术、开放系统技术、容错技术、信息安全技术(包括反病毒技术)、大容量存储技术、人工智能技术、神经网络技术、自然语言处理和人机接口技术、计算机软件技术等。

以下仅就军用嵌入式计算机所特有的关键技术作一些简单的介绍,这些关键技术包括如下几个。

1) 军用加固技术

专门设计军用嵌入式计算机无疑是一种浪费,因此它们很多都是以民用机为基础经加固而成的。按军用标准(在美国为 MIL - STD - 810C(D))加固的嵌入式计算机能承受战场环境中冲击、振动、湿度、温度、加速度、泥水烟雾和尘埃以及太空自然辐射的考验。

有关军用加固技术的更多细节请参阅第 5 章。

2) 容错技术

在很多军事应用场合,对其重要组成部分的嵌入式计算机要求甚高,特别是要求有极高的可靠性。如卫星要在太空连续运行数月或数年,而运行期间又十分依赖嵌入式计算机。由于太空环境条件非常严酷,像高温、低温和不可避免的宇宙射线、日辉以及核爆辐射等,卫星发射要经受冲击、振动、加速度等考验,卫星运行期间又不能进行现场维护,因此卫星上使用的嵌入式计算机除依靠加固技术、选用抗辐射元器件等措施来提高可靠性外,还要依靠容错技术。

容错技术可在 VLSI 等芯片器件一级实施,也可在印制板模块或部件一级实施,还可在系统一级来实施。其最基本的技术手段是冗余和重组。

关于容错技术的细节,请参看本书第 7 章有关内容。

3) 数据融合技术

武器系统中,嵌入式计算机所接收和处理的信息多来源于各种传感器和信息源。如果计算机对这些信息分别进行处理,并将处理结果分别由显示屏和仪表提供给武器操纵人员,武器操纵人员就得自己对这些信息进行综合判断,做出决策。这样,武器操纵人员的负担就很重,并且信息亦不可能被高效地利用。当前数据处理技术的发展,使以前须由武器操纵人员、情报人员以及情报分析人员完成的许多功能,可由计算机信息处理系统来直接承担。

数据融合把来自许多传感器和信息源的数据和信息加以综合、相关和组合,从而精确地进行敌我识别,对目标作精确的定位,并及时评估战场态势和威胁程度,形成决策方案。

数据融合是一种适应性知识创新过程,数据融合从概念上说似乎较为简单,但实现起来却极其复杂。数据融合涉及与数据和知识有关的许多不定因素的管理。在支持决策过程中处理这些不定因素时,不仅要考虑数据和信息源的特性,还要考虑进行观察的环境和进行决策的范围。但利用数据融合有助于缓解武器操作人员、情报分析人员、指挥决策人员的过重负担,亦可以缓解武器系统中传感器和通信的过重负担,并大大改善系统的作战实时性。没有某种形式的数据融合,军事参谋及指挥员将会被数据所淹没,导致判断错误、延误决策,并可能造成灾难性后果。

数据融合是演绎性的,它将传感数据与先前学习(归纳)的模板或模式比较以检测、识别、建模和理解观察域内的目标及目标群。有人将数据融合过程分解为 4 级(近来又有分为 5 级)精化过程。

1级:目标精化——通过数据相关,将观察域内各个目标精化(包括状态和属性);

2级:态势精化——将观察域内所有目标(信息)相关,以评估当前态势;

3级:威胁精化——将当前态势与环境及其他制约因素相关,以预示态势的影响(知识),在军事上主要是威胁。

4级:过程精化——将融合过程持续适应调整,以优化知识提供的过程,满足对知识的需求。

数据融合可使动态目标的跟踪和识别得到极大的改善,可以更好地了解观察域内所有敌、我、友目标的时空态势关系,从而综合环境与制约条件,评估威胁程度,决定应采取的对策与措施,经仿真分析,形成优化的决策方案。

数据融合技术是利用多源数据的互补性、目标与环境及其他诸多制约因素的相关性,通过计算机综合的、智能的信息处理技术来提高目标识别和定位的精度、态势和威胁评估的正确性、优化决策方案质量的一种技术。它涉及到计算机科学、信号处理、地理信息处理、模式识别、计算机仿真、概率统计与分析、人功智能等技术。数据融合技术至今尚未形成完整的理论框架,但不同应用领域的研究人员根据各自的具体应用背景已提出了许多比较成熟、有效的融合方法。

数据融合技术不仅是嵌入式计算机系统中的关键技术,也是指挥自动化系统、C^4ISR、C^4KISR系统的重大关键技术。

4)实时软件技术——实时操作系统和实时应用程序

各类武器系统中的嵌入式计算机都有很强的实时性要求。从接收各种传感器/信息源提供的信息开始,对信息进行综合、处理,到输出各种控制信息、显示信息,这个时间周期必须小于预定数值,如超过预定数值,即使它能准确无误地执行信息输入、综合、处理,并输出信息,亦毫无意义。

嵌入式计算机的实时性由其硬件、软件的综合性能保证,其中硬件运算速度、实时操作系统以及实时应用程序起主要作用。由于嵌入式计算机所承担的任务相对固定,其应用程序可以固化在芯片上,可以周而复始地使用。在嵌入式计算机中,往往是实时操作系统和实时应用程序结合为一体化的实时运行程序。

随着嵌入式计算机在各类武器中的普及,已开发有通用的实时嵌入式操作系统,它们都以便于装配裁剪的软件组件形式出现。各特定用户可根据本身需要进行裁剪装配。

6.2.3 军用嵌入式计算机的重要相关技术

网络技术、多媒体技术、信息安全技术、智能接口技术等均是嵌入式计算机的相关技术,但应特别提及的是传感器和总线。

1)传感器

嵌入式计算机的输入信息主要来源于各种各样的传感器,特别是各种各样的无源传感器。传感器的感知能力、灵敏度、精度等都直接影响和决定嵌入式计算机的处理结果。另一方面,无源传感器可以嵌入到武器的结构中,连续探测结构内部的重要变量,如应力、温度等,可鉴定结构性能,从而改善诊断能力、可靠性、可维护性和工作效能,改进武器系统寿命周期内的维护设计质量。

无源传感器是不通过发射波束,而是仅靠被动地接收来发现和侦知目标的。它不会泄漏可被敌方利用的己方平台的信息。隐身系统采用无源传感器来发现、跟踪和识别目标,同时隐蔽自己,无源传感器亦是反隐身工作的重要辅助手段。

多波段无源电—光传感器能降低对环境和目标信号特征变化的灵敏度，一体化传感器方式有多种功能和收集多种目标的特性。大口径、高增益无源音响阵列有可能远距离探测静噪声潜艇。光纤音响传感器阵列也能很好地用于反潜监视。

为推广应用武器系统中的嵌入式计算机，必须相应发展传感器，特别是无源传感器的技术。

2）总线技术

这里所说的不是计算机内部的总线，而是用作计算机之间或计算机和其他电子装置之间相连的总线。

武器系统由于装备有嵌入式计算机而使其性能大大提高。然而，嵌入式计算机仅是武器系统电子装备中的重要部件之一，嵌入式计算机没有众多的其他电子装备与其相配合，就会没有信息来源，没有探测追踪对象，没有控制、攻击目标。这样，它的计算处理能力、信息储存能力、控制能力、智能、灵巧等都将无用武之地。

嵌入式计算机往往是武器系统中电子装备的核心，众多的电子装备都和它相连。电子装备与嵌入式计算机的互连技术十分关键，当前大多采用总线技术来实现互连。其中有大家较为熟悉的 MIL－STD－1553B 总线。

6.3 嵌入式计算机应用的典型实例

高技术武器的出现使技术因素在决定战争胜负中起着越来越大的作用。战场上的两军相争已不仅是两军指战员及其武器装备间的对抗，而且还是支撑两军的高科技以及综合国力的直接对抗。

高科技使新武器不断涌现，如低噪声潜艇、隐形飞机、隐形舰艇、各类军用卫星、低空巡航导弹、高能束武器、电磁力武器、电磁力推动舰船、新型坦克、灵巧炸弹，以及电子对抗武器、反潜、防空、C^3I 武器系统等。这些武器或武器系统的研制、测试、试验都离不开计算机，并且这些武器或武器系统的自动寻的能力、机动性、灵活性、作用精度、杀伤力以及自我保护能力等都在很大程度上取决于它们的嵌入式计算机。

美国三军在 20 世纪 80 年代中期以前主要采用具有标准指令系统结构（ISA）的嵌入式计算机，例如陆军的 NEBULA 系列，空军的 AYK－14，海军的 UYK－43 和 UYK－44。

在 1984 年宣布废除国防部的 5000－5X 命令后，陆军当即终止 NEBULA，并转而大量使用以民用机为基础的加固机以及 MIL－SPEC 计算机，如以 PDP11 和 VAX 系列为基础的加固机，以 Honeywell 公司的 DPS－6 为基础的加固机，Rolm 公司加固的 NOVA 机等。空军和海军没有终止标准指令系统结构的计算机，而是仍致力于用先进的微电子技术——超高速集成电路（VHSIC）等，来改造它们，使这些标准指令系统结构的计算机不仅又小又轻，而且性能指标成数量级地提高。当然，空军和海军特别是海军亦开始采用加固机以及 MIL－SPEC 计算机，如海军开始大量使用 Rolm 公司的 NOVA 加固机 UYK－19、MIL－SPEC 计算机和 Honeywell 公司的 DPS－6 加固机。

到 20 世纪 80 年代后期和 20 世纪 90 年代，美国三军都开始大量采用以现成的高性能 CPU 芯片为主的各类芯片，加固组成各种单片机、单板机或分布式系统，加固现成的微机、工作站、服务器，并利用微电子技术开发各种高性能的专用控制芯片来作为自己的嵌入式计算机。

下面，列举几个嵌入式计算机的应用实例。在表 6.1、表 6.2 和表 6.3 中，分别列出了国外军用飞机、舰艇及火炮中嵌入式计算机的应用情况。

表 6.1 典型的机载嵌入式计算机

计算机型号	厂　商	飞 机 型 号	计算机型号	厂　商	飞 机 型 号
SMCS920M	汤姆逊	美洲虎，旋风	AN/AYK－18	Singer	F－117
CP1075/AYK	IBM	E－3A，EF－111		Kearfott	
AN/AYK－14	CDC	F/A－18，B－52G，A－6E	AMGIC572	Delco	
		E－2C，F－14	AN/AYK－44	Unisys	F－16
MAGIC 372	Delco	F－16，A－10			F－117

表 6.2 典型的舰载嵌入式计算机

型　　号	国别/厂商	应用类型/应用项目
IRIS35M	法国汤姆逊	火控系统　法国海军主要机型
IRIS35M	法国汤姆逊	数据处理　舰载战术情报系统
HUSKY	英国	火控系统　大型舰载导弹系统
ArgnsM700	英国	数据处理　舰载 C^3I 等
AN/UYK－7	美国 Sperry	数据处理“宙斯盾”
AN/UYK－20	美国 Sperry	着陆等交通管制 航母、宙斯盾
AN/UYK－44	美国 Sperry	电子对抗、火控　舰载标准系统
DECstation5000	美国 DEC	图形处理　航母
VAX3800	美国 DEC	数据处理　航母

表 6.3 典型的火炮嵌入式计算机

计算机/芯片	制造厂商	应　用　项　目
2900 位片机	AMD	英国“菲斯”地炮火控
MC6800	汤姆逊	法国“阿迪巴”地炮指控
MC6800	航空研究制造公司	法国“Tirac”地炮火控/指挥
MC68000	汤姆逊	法国“ATAC”地炮火控/指挥
TR－84		德国“法尔克”地炮火控
	宙奇—达索公司	法国“ESD”地炮火控
ArgusM700/40		英国舰用火炮综合控制系统
Intel8086/8087	马可尼公司	英国“神枪手”自行高炮火控
Intel 8080	马丁—玛丽埃塔	美国舰用炮 C^3I
Intel 8085	马丁—玛丽埃塔	美国“伏尔肯”自行高炮
M H	马丁—玛丽埃塔	美国火箭炮 C^3I/火控

1）美国的 B1－B 多用途战略飞机

B1－B 飞机是多用途战略武器系统，能充当普通轰炸机、巡航导弹发射平台以及战术和战略任务中的核心武器发射系统。以 1985 年的价格计，B1－B 飞机每架约 2 亿美元，安装有进攻性航空电子设备和防御性航空电子设备。在这些电子设备中嵌入有 6 台 IBM AP101F 计算机，航空电子设备用 4 条具有 A、B 冗余通道的 MIL－STD－1553B 总线相连。IBM AP101F 计算机是 MIL－STD－1750A 标准指令系统结构的计算机，使用 J73 语言编程。J73 语言可改造成适合 Ada 语言的语言。

2）美国 M－1 坦克

M－1 坦克火控系统的核心是嵌入式计算机，该嵌入式计算机由 TISBP9900 型 16 位单片微处理机和高可靠性的半导体存储器组成，还配以乘法器、信号处理器、模拟/数字转换器、电源以及接口电路等。

3）F－15E 鹰式战斗机

20 世纪 70 年代初期 F－15E 战斗机上用 AP－1 计算机，1986 年后改用 IBM 在 1983 年开发成功的 32 位 AP－IR 中央计算机，而从 1992 年 6 月开始，新的 F－15E 飞机上又采用新的超高速集成电路的 16 位 VHSIC 微机，其速度达到 3 兆指令/s，内存容量为 3MB～6MB。这些都是 MIL－STD－1750A 标准指令系统结构的计算机，但性能在不断地提高。

4）陆基巡航导弹

用 6 个 Z8001 微处理器构成松耦合多重处理器结构的嵌入式计算机装备了一种陆基巡航导弹，进行飞行参数处理、中段制导、末段制导、存储管理、自动寻的等处理。

5）火炮

火炮的火控系统已普及到炮位，特别是舰炮，所用的是以单片机、单板机为基础的嵌入式计算机。

我们以海湾战争为例看看这些武器的综合使用情况。

在以美国为首的多国部队对伊拉克的海湾战争中，多国部队拥兵 67 万，坦克 3673 辆，飞机 1740 架，直升飞机 1500 架，舰艇 223 艘；伊拉克拥兵 120 万，坦克 5600 辆，飞机 1400 架，装甲车 2000 辆，大炮 5600 门，舰艇 55 艘，导弹 17000 枚等，其中不乏先进的装备，如飞机有图－24，米格－21、米格－23、米格－29，“幻影 F－1”，导弹有“飞毛腿”，“响尾蛇”，“霍克”，“飞鱼”，“奥托马特”，舰艇有意大利“狼”级护卫舰，坦克有苏制 T－72、T－62 等。多国部队在海湾战争中实施了大规模的空袭，共出动飞机十多万架次，投掷非制导炸弹 8.1 万 t，命中率为 25%，而激光制导的炸弹 6420t，命中率高达 90%。结果整个战争历时 42 天，多国部队以阵亡 201 人、毁机 28 架的代价获得全胜。

以上情况很有力地说明了嵌入式计算机或以嵌入式计算机为核心的武器系统在战争中的重要作用。

6.4 研制发展和应用前景

嵌入式计算机的研制和发展也经历了相当长的时间，嵌入式计算机的重要性通过多年的实践越来越引起业界的重视。

6.4.1 美军嵌入式计算机的发展过程

美国国防部很早就认识到，计算机和计算机软件已成为军事革命的基础。美国是最早也是最大量把计算机用在军事上的国家，这些军事应用如下。

(1) 军事情报系统;

(2) 密码系统;

(3) 武器系统整体的一部分——武器系统实时作业的基础,亦用于武器系统的专门训练、诊断测试和维护、仿真校准以及研制开发;

(4) 直接履行军事或情报任务——战斗任务的布置、作战设计、军事气象环境的侦知、电子战、军事通信、后勤等;

(5) 军事力量的指挥控制。

其中作为武器系统整体一部分的计算机是最典型的嵌入式计算机。

① 规范各军种嵌入式计算机的烟囱式发展。在嵌入式计算机的研制设计上,一开始各军兵种,甚至各武器系统都各自为政,根据自身的需要研制开发各自的嵌入式计算机。这样,很快就发现嵌入式计算机的硬件、软件产品的品种型号繁多,非但形成同一水平的重复开发,并且给使用和维护带来很大的问题,如信息交换困难、难以互连成网、备份件增多、维护使用费特别是软件的维护使用费巨大等。

为改变这种情况,美国在20世纪60年代末70年代初为军用嵌入式计算机硬件确定了指令系统结构标准(Instructions System Architecture,ISA)。该标准对计算机结构作了描述,虽不是具体的硬件设计,但规定了软硬件接口。国防部还发布了5000.5X命令,规定了陆、海、空军用指令系统标准,它们是陆军的MIL-STD-1862ISA,海军的MIL-STD-166,空军的MIL-STD-1750,这样就大大减少了软件、硬件品种,因而降低了研制、移植、培训和维护等方面的高额开销。从此,美国三军使用的计算机被限制在符合军用指令系统结构标准的计算机系列范围之内,5000.5X命令直到1984年2月才废止。

② 普及Ada语言。虽然5000.5X命令使三军使用的计算机被限制在符合军用指令系统结构标准之内,但各军种使用不同的编程语言,如空军使用JOVLAL语言,陆军使用NEBULA语言,海军使用CM2语言,使软件的可移植性、兼容性大大降低,20世纪80年代初至90年代中,为改善软件的可移植性和兼容性,在统一硬件结构的同时统一编程语言,美国国防部制定和实施了Ada计划,强制各军种计算机使用统一编程语言,从最初的Ada83,发展到Ada95,成为通用的标准编程语言,不但美军采用,北约也使用。20世纪90年代中以后,C++,JAVA等语言逐渐用于嵌入式计算机,美国国防部调整了采办政策,不再强制使用Ada语言。

③ 采用商用现货(COTS)和开放系统结构。20世纪90年代,由于民用计算机技术的迅速发展,特别是个人计算机及因特网技术的普及和应用,对军用嵌入式计算机的发展产生了重大影响,人们开始用技术性能规范逐渐取代军用技术规范及标准,并且扩大采用开放的、商业成熟的技术标准,例如,1994年,美国国防部长佩里正式倡议采用商用现货技术或产品于军用。此后嵌入式计算机开始大量采用以民用计算机为基础的加固机、嵌入式计算机,发展的主流是采用开放的系统结构,充分利用先进而成熟的商用现货技术,按照军方应用的特殊需求进行加固,研制嵌入式计算机产品,这样既缩短了研发周期,降低了开发成本,也有利于与民用计算机技术发展保持同步。

6.4.2 嵌入式计算机的应用前景

除传统的飞机、大炮、坦克、舰艇等武器系统,采用嵌入式计算机改善武器系统的性能外,现代战争中的电子战武器,C^4ISR系统,和灵巧、精密制导的智能化武器更是离不开嵌入式计算机。

1) 电子战武器

电子战武器用于电子侦察、电子对抗和电子干扰。电子战武器系统,不论侦察卫星、电子侦察飞机、电子干扰飞机、通信干扰飞机、反辐射导弹攻击飞机或地面的电子侦察干扰车，都配备有大量的计算机，其中主要是嵌入式计算机，更何况电子侦察所得信息的传递、处理、战斗仿真、计划制定等都离不开计算机。电子战武器是夺取制电磁权的主要手段。在海湾战争中夺得了制电磁权，就有了制空权，并进而掌握了战争的主动权。如果没有计算机，尤其是没有嵌入式计算机是不可能全面展开电子战的。

2）C^4ISR 系统

现代战争要求前方、后方，陆、海、空、太空各类武器系统相互协调作战，精确配合。依靠各类 C^4ISR 系统，可以全面协调和控制指挥整个战争机器的每一个组成部分，使其发挥最大的效能。各类 C^4ISR 系统都以计算机网络、计算机通信、计算机信息处理、数据库、图像处理、人工智能、专家系统、计算机仿真模拟等计算机技术为基础，如果没有计算机，其中很多是嵌入式计算机，就不可能有 C^4ISR 系统，更谈不上 C^4KISR。

3）灵巧、精密制导的智能化武器

灵巧、精密制导武器的智能是由这些武器中装备的计算机（主要是嵌入式计算机）赋予的，没有计算机就不会有这类武器。

以巡航导弹为例，发射前把预先侦知的经计算机处理而得到的飞行轨迹/图像，装入巡航导弹的数据库，发射后把弹上传感器侦知的、经弹上嵌入式计算机处理而得到的真实飞行轨迹/图像与预装的轨迹/图像相比较，嵌入式计算机对比较结果进行判定并做出决策选择，不断修正飞行路线，直至命中目标。

综上所述，计算机（包括嵌入式计算机）是各类武器的效能倍增器和智能部件，在武器系统中起着核心作用，因而在武器系统中嵌入式计算机必将使用得更广泛，并且随着微电子技术的发展，更轻、更小的嵌入式计算机在武器系统中会嵌入得更细、更深、更广。

计算机技术在不断飞速发展，嵌入式计算机亦在同步发展，特别是现在军用嵌入式计算机大都由民用计算机加固和剪裁而成，嵌入式计算机的发展步伐更能紧跟民用计算机的发展。

然而，通用计算机毕竟不是嵌入式计算机。就嵌入式计算机而言将会有以下发展前景。

（1）追求小而轻。现代化武器系统为了提高自动化程度和性能，所装备的电子产品越来越多，越来越复杂，所能利用的嵌入空间却越来越小，为此要求嵌入式计算机又小又轻。除微电子技术的发展使芯片的集成度提高而导致计算机尺寸缩小外，还将研究开发高密度的装配工艺等，如挠性印制板连接技术可将一块 16 开纸大小的电路板折叠成香烟盒大小，以有效实现又小又轻的嵌入式计算机。

（2）提高可靠性。现代武器系统的可靠性在不断提高，相对来说嵌入式计算机仍然是较薄弱环节。技术人员正采用各种手段，其中包括更有效的冷却技术和包装技术来不断提高嵌入式计算机的可靠性。

（3）提高性能指标。许多武器系统要求其嵌入式计算机处理数据的速率达到每秒 10 亿次，甚至更高。以图像制导的导弹为例，如果空间滤波，固定门限和脉冲抑制算法是分离的，FFT、DD 滤波器、INT 滤波器不作硬件化处理，则弹上的嵌入式计算机就应有 2 亿次/s 的操作速度。自动多目标识别、实时孔径雷达的数据处理、红外搜索跟踪及综合数据处理，要求多台处理机以 100 亿次/s 的速度进行并行处理。武器系统对嵌入式计算机的性能要求是无止境的。

（4）模块化的可灵活拼接的硬件和软件。现代战争要求武器系统能适应不同的环境变化要求，这要求嵌入式计算机有快速应变的能力，例如海湾战争期间，为适应新的作战要求，就曾要求在几天之内修改好“爱国者”导弹的雷达控制软件。

（5）高智能化。使嵌入式计算机代替武器操纵人员的程度日趋全面，如美国空军实施的下一代技术研究计划——副驾驶员计划（Pilots Associate），就是研究一种人工智能的嵌入式计算机系统，可起副驾驶员的作用。

（6）防核辐射和防核电磁脉冲。为适应太空工作条件，亦为了在核战争条件下能可靠的工作，需要有防核辐射和防核电磁脉冲的嵌入式计算机。

（7）分布式应用。由集中式向分布式应用过渡已是大势所趋。

（8）研制新的统一的编程语言。

第7章 容错计算机

计算机已广泛用于国家的重要政府部门、国防工程、交通管制等方面。任何计算机的故障,都会造成巨大的有时甚至是灾难性的损失。同时,计算机的工作环境从优越的机房转向工业、野外、海上、天空、宇宙等恶劣环境,导致计算机出错的概率增加,因此,对计算机系统可靠性的要求也越来越高,采用容错技术提高计算机可靠性已成为计算机发展的重要趋势。

本章将首先介绍容错技术,包括其发展历史和主要内容。而后将较详细地分析几种容错结构的可靠性,包括并联冗余系统、双机与双工系统、三重模块冗余系统。最后介绍两种容错计算机的容错原理。

7.1 容错技术的发展历史

1951年,计算机鼻祖冯·诺依曼在Univac-1电子计算机中采用了奇偶校验技术和匹配比较方式的双重运算线路,保证了系统的可靠性,揭开了电子计算机实际应用的序幕。所以,提高计算机系统的可靠性,是计算机发展的前提和重要内容。

提高计算机系统的可靠性一般有两条途径:避错法和容错法。

避错法是指在设计和生产过程中,采用谨慎的设计和质量控制方法,对计算机的全部器件、元件以及装配、焊接等进行详尽的测试、高低温实验、冲击实验等,尽量降低系统的失效率,减少故障出现的概率。

容错法指的是以冗余资源为代价来换取可靠性。当计算机出现故障时,并不影响计算机输出的正确性。容错的目标在于延长系统的平均或预期的寿命,也就是延长系统失效前的平均无故障时间(MTBF)值。

利用避错法来提高系统的可靠性只能达到一定的程度,当系统失效率降低到一定限度以后,要使它再进一步降低必须付出很大的代价。尤其是对于某种器件或元件,生产工艺和物理参数等对它的失效率有很大影响。在一定的生产技术水平下,当失效率降低到一定的数值后,很难再降低,使系统可靠性提高受到限制。要想进一步提高系统的可靠性,必须采用容错技术,即在系统的体系结构上精心设计,使得系统的硬件或软件故障不影响系统运行的正确性,即容忍故障,关键技术是利用外加冗余资源来掩盖(屏蔽)故障影响。

对于容错技术的研究,可以说早在计算机问世之日起就开始了。1952年,冯·诺依曼在加利福尼亚技术学院作了关于容错技术研究的五个报告,他提出的精辟论断奠定了以后容错技术研究的基础。在20世纪60年代,美国推出了为空间计划和电话公司开发的专用容错计算机。

众所周知,载人飞行航天器和发射系统要有极高的可靠性,如美国航空航天局支持研制的容错计算机STAR,它是为空间任务而开发的,运行寿命至少10年,1969年完成。STAR计算机由若干存储器、一个运算处理器、一个控制处理器、一个I/O处理器和一个测试与修复处理器组成,每个部件在运行正常程序的同时检测自身内部的故障并发出信号;而测试与修复处理器专门负责测试与修复的处理,它监测系统其余部件的运行,接收故障报告,并可进行重组与修复。

另一有名的容错计算机是贝尔实验室的电子开关系统ESS系列处理机,用于电话交换系统,可靠性指标是40年的运行期内,系统不能工作的时间不超过2h。ESS采用的方法是所有关键部件都是双份的,设计了许多专门完成故障检测、定位和隔离的硬件和软件,失效部件可进行人工替换。

20世纪70年代以后,除专用容错计算机继续飞速发展外,出现了商用目的通用容错计算机,如Tandem公司的Nonstop系统,它是最早出现的商用容错计算机。到80年代,另一著名的容错计算机是美国Stratus公司的连续处理容错计算机,是一种高可用性计算机系统。

应用容错计算机最活跃的领域是银行、证券、航天、航空、交通、邮电、医院、军事系统等。

从1973年哈尔滨工业大学开始研制我国第一台容错计算机RCJ-1时起,我国在容错技术的理论研究和实践方面已经取得了不小成绩,研制了多种用于航天、航空、国防、工业控制等方面的专用容错计算机,取得了很好的效果。

随着计算机技术的发展,容错技术已作为常规技术融于计算机中,如总线的奇偶校验,存储器的ECC校验,外存的CRC校验以及RAID盘阵,而容错计算机系统则正大步走向通用的方向,提高容错计算机的软件兼容能力,是当前容错计算机系统研究和开发的重要目标。

7.2 容错技术简介

容错是指"容忍故障",是指在出现故障的情况下,计算机系统仍能完成它的功能,并给出正确的结果。

容错技术要解决的是计算机系统怎样带病工作的问题,它必须包含以下内容:① 冗余设计;② 故障的自动检测和定位;③ 故障的屏蔽和系统重组;④ 系统恢复。

要完全实现上述四点是一件复杂而困难的工作。

评价容错系统的指标是可靠性、可维修性和可用性。

7.2.1 容错技术的主要内容

1) 失效(Failure)、故障(Fault)和错误(Error)

人们常常把"失效"、"故障"和"错误"一起称作出错显然是不确切的。在计算机系统中,失效、故障和错误是三个不同含义的词。

失效意味着硬件不能实现它的设计功能,原因是硬件的物理损坏,如IC损伤,印制板线条断路、短路等。

故障则是由部件失效、设计错误、不稳定或临界的条件状态及操作失误而引起的硬件或软件的不正常状态,如逻辑值由0变1或1变0。

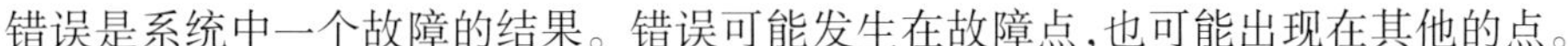

错误是系统中一个故障的结果。错误可能发生在故障点,也可能出现在其他的点。

2）故障的类型

故障是系统中出现错误的最主要因素,根据故障的持续时间、初始状态和作用范围可分成下列三类:

(1) 瞬时故障。常常是由外界环境条件变化引起,存在于一个有限的时间宽度,是非再现的、很难重复的故障。

(2) 间歇故障。是由不稳定的、变化着的硬件或软件状态如参数接近边缘或设备反复操作引起的故障,是不定期的、可重复的。

(3) 永久性故障。由器件失效或软件、硬件设计错误引起,只有替换失效器件或更改设计错误才能消除的故障。

计算机系统中发生的故障,绝大部分是瞬时故障和间歇故障。永久性故障只占2%～10%,且易在早期出现和处理;而瞬时故障和间歇故障约占90%,且极难对付,靠人工处理极为困难,甚至几乎是不可能的。所以容错技术主要是针对瞬时故障和间歇故障。

3）故障检测和诊断

故障检测和诊断的目的是迅速准确地确定故障的位置,而后进行故障隔离、系统重组、系统恢复,是一切容错系统首先要解决的问题。

故障检测的主要方法有检错和纠错码及比较法检错。具体细节请见7.2.2节“检测和诊断”。

4）故障屏蔽

通过故障检测和诊断,系统可以发现并定位故障,故障屏蔽是对产生的故障进行动态的校正。故障屏蔽最常见的方法是n中取K的多数表决法。

如在3中取2表决系统中有3个模块,对它们的输出采用3中取2的方式进行表决。只要有2个模块结果一致,这个结果就作为系统的输出,另一个模块的结果即使与那两个输出不一致,也不影响系统的输出。多数表决技术广泛应用于模块级的容错设计之中,也可用在总线级、系统级及软件之中。利用多数一致的结果屏蔽掉某个故障模块。

另一种故障屏蔽方法是纠错码,如在存储器中采用的ECC码,在读出的过程中,如发现一位错,则自动纠正过来,为用户掩蔽了故障,不给出故障警告(内部做记录)。用户感觉不到读出数据错。

5）故障封锁

故障封锁是另一种处理故障的方法,目的是防止故障造成的错误传播越过规定的边界。最常见的是计算机的各模块在发现不能屏蔽掉的错误时,该模块的输出不送上总线,不传播到其他模块。如在总线传输前,发现数据奇偶错,则禁止总线传输该数据。

6）系统重组

当系统发生故障时,如果是瞬时故障,通过屏蔽技术,将故障掩盖掉;如果经过判断是永久性故障,则必须将故障部件换掉,即通过系统内部的一次重组使系统继续运行。

重组的方法是切换或替换故障部件。如在N中取K系统中,总共有N个相同的部件,其中至少必须有K个部件无故障才能保证系统正常运行,完成指定的功能。当有一个运行的部件故障时,用备份的部件去替换。这种系统能够容忍$N-K$个分别出现在$N-K$个部件中的独立故障。系统重组起着补充冗余的作用。

7）系统恢复

系统恢复技术是容错技术的重要组成部分,它的功能是使系统从故障状态恢复到正常工作状态。恢复技术必须能够复原足够的系统状态,允许工作进程在不丢失或少丢失信息的情况下,重新开始执行故障发生前的进程,而不必完全重新启动系统。恢复技术通常以软件实现,但有时可能需要一些基本的硬件支持。

恢复技术一般可分为两种:

(1) 正向恢复技术。从故障发生的进程开始继续往下执行。

(2) 反向恢复技术。它以时间冗余为基础,以程序卷回为技术手段。

程序卷回指的是在当前程序位置向前回溯。应该指出的是程序卷回不是某一条指令的重复执行,而是一小段程序的重复执行,这就要求将程序分成一小段一小段的单位,卷回时就卷回一小段,而不是卷回到该程序的起点。

反向恢复技术通常有两种方法:

① 指令重试或程序卷回。指令重试即当系统发出出错信号,不管什么错,让当前的指令重复执行若干次(简称复执),若是瞬时故障,错误可能不复存在,程序继续向前执行。一条指令重试不一定能消除瞬时故障的影响,可以怀疑故障不是产生在本条指令的执行过程中,而应当向前追朔,即程序卷回。

② 检验点技术。在这种方法中,工作进程的某些子进程结束时,在检验点保留一部分系统状态信息,这些信息是在通过检验点之后继续正确执行后续进程所必需的。然后采用卷回的方法使系统从检验点之后的下一进程重新开始运行。

7.2.2 检测和诊断

故障检测和诊断的内容涉及计算机各个组成部分,如中央处理单元、存储器、外存储器等。现将常用的检测方法介绍如下。

因为这几种检测方法不仅容错计算机使用,普通计算机也常用,所以介绍得稍微详细一些。

1) 检错和纠错码

检错和纠错码是研究较早应用最广泛的检错(纠错)技术。其最突出的优点是要求较少的冗余资源,检错效率高。

采用编码实现检错/纠错的基本原理是将 2^n 个 n 位字的区域分成 2^m 个字的编码空间和 2^n-2^m 个字的非编码空间,对于多数编码,每个码字由 m 位信息和 $K=n-m$ 位校验位组成,并保证若 m 位信息中的某一位或几位发生错误,即 0 转换为 1 或 1 转换为 0,则意味着一个编码空间的码字转换成了非编码空间的码字。译码检测线路区别任何一个码字是在编码空间还是非编码空间。纠错则是通过扩大译码,译出一个非编码空间的码字,它只可能与由于错误引起转换的原来的码字相关。

在一个码字内,可检测的错误数和可纠正的错误数,是与编码空间的码字之间的最小间隔和汉明距离有关。距离是编码空间任意两个不同的码字之间最少的不同的位数。

若编码空间最小距离是 2,则一个单错只能产生一个非编码空间的字,即一个编码空间的字的某一位发生错误时,一个字就转换为另一个字,这另一个字就成为非编码空间的字。换言之,至少发生两个错才能把一个编码空间的字转换为另一个编码空间的字。同理,若编码空间的距离是 3,则一个单错将一个编码空间的字转换成一个非编码空间的字,且和原来的字距离是 1,和另一个码字距离至少是 2。由于距离不同,使得原来的码字能够唯一地区分出来,也即能够纠错。

显然,使用较大的间隔,可以检测出和纠正更多数目的错误。通过增大非编码空间相对于编码空间的比值,使得更易将非编码空间的码字转换为编码空间码字。

不同的编码方式,其检错/纠错性能、编码和译码的复杂程度、码字的效率都是不同的,举最常用的为例：

（1）奇偶校验码。主要用于总线传输的错误检测，该代码是由几个信息位和1位校验位组成的。若使其代码中1的个数为偶数，称为偶数校验；若为奇数，则称为奇数校验。奇偶校验代码能发现传输中的所有奇数个错误。码字间距为2，不能纠错。

（2）汉明码（ECC）。这是当前在存储器中应用最广泛的检错/纠错码。它能够自动纠正一位错并检出两位错。在存储器中，当读出的数据出现单个错误时，在送至CPU之前在存储器内部便得到纠正，不影响CPU的操作。出现双错，则进行重读。

汉明码以奇偶检验为基础，如果要码字纠正一位错并要求能检出二位错，则需要增加若干位奇偶位。表7.1列出不同长度的信息位的纠一检二码字需要增加的长度。显然信息字越长，增加的位数所占比例越小。

表7.1 纠一检二码字长度的增加

有效信息长 $n-m$	纠一位错		检出二位错	
	奇偶位数 m	增加的长度所占比例/（%）	奇偶位数 m	增加的长度所占比例/（%）
4	3	75.0	4	100
8	4	50.0	5	62.5
16	5	31.25	6	37.5
24	5	20.8	6	25.0
32	6	17.8	7	21.8
48	6	12.5	7	14.6
64	7	10.9	8	12.5

下面举例说明ECC码如何纠一检二。

设一8位码字（ECC）的编码组成如下：$b_0b_1b_2a_3b_4a_5a_6a_7$，其中 a_i 为数据位，b_i 为校验位。

$$\begin{cases} b_4 = a_5 + a_6 + a_7 \quad (\text{模}\,2) \\ b_2 = a_3 + a_6 + a_7 \quad (\text{模}\,2) \\ b_1 = a_3 + a_5 + a_7 \quad (\text{模}\,2) \\ b_0 = b_1 + b_2 + a_3 + b_4 + a_5 + a_6 + a_7 \quad (\text{模}\,2) \end{cases} \tag{7.1}$$

由译码器构成指错字：

$$\begin{cases} Z_3 = b_4 + a_5 + a_6 + a_7 \quad (\text{模}\,2) \\ Z_2 = b_2 + a_3 + a_6 + a_7 \quad (\text{模}\,2) \\ Z_1 = b_1 + b_2 + a_5 + a_7 \quad (\text{模}\,2) \\ Z_0 = b_0 + b_1 + b_2 + a_3 + a_4 + a_5 + a_6 + a_7 \quad (\text{模}\,2) \end{cases} \tag{7.2}$$

设数为1100，根据式（7.1）得出ECC码为00111100，将此码存入存储器。若存入后读出为00111000，根据式（7.2）得出指错字为

$$Z_0Z_1Z_2Z_3 = 1101$$

$Z_0=1$，认为有单个错，$Z_1Z_2Z_3=101$，指出的是第五位错并可给以纠正。若读出为00101000，指错字将为 $Z_0Z_1Z_2Z_3=0011$。此处 $Z_0=0$ 可以认为没有单个错，但 $Z_1Z_2Z_3=011\neq000$ 说明还是有错，且不止一位，而指错字指出的011位并未出错。因此在 $Z_0=0$ 不应纠错，而应向主机报告有重错，通过软件，在可能的情况下恢复原来的数据。

（3）循环冗余码（CRC）。这是一种广泛用于磁盘、磁带、通信的检错技术。该技术把信

息处理为二进制多项式P(X),按模2运算。循环冗余码的基本编码规则是修改多项式P(X),使其能被某一固定多项式G(X)整除,G(X)称为生成多项式,P(X)多项式修改后可以被G(X)整除,称为M(X),M(X)可以被写入、被发送。在读出和接收时,将M(X)除以同一G(X),若余项为0,则认为读出或接收的所有数据位是正确的,否则标志信号置位,指示出错。

一般用线性移位寄存器(LFSR)产生冗余校验码或CRC。线性移位寄存器结构决定于G(X)生成多项式。不同标准有不同的生成多项式。

标准码	G(X)
CRC. CCITT	$X^{16}+X^{12}+X^5+1$
CRC - CCITT 反相码	$X^{16}+X^{11}+X^4+1$
CRC - 16	$X^{16}+X^{15}+X^{12}+1$
CRC - 16 反相码	$X^{16}+X^{14}+X+1$ 或 $X^{16}+X^{15}+X^{13}+X^7+X^4+X^2+X+1$
CRC - 12	$X^{12}+X^{11}+X^3+X^2+X+1$
CRC - 8	X^8+1 或 $X^8+X^7+X^5+X^4+X+1$

循环冗余码可以检测和纠正在磁盘存储和通信信道中数据发生的突发性或成串的错误,当然错误长度有一定限制,超过限制不但不能纠错,还可能发生错纠。

能够实现检测错误和纠正错误的编码方式还有许多,如曼彻斯特码、算术运算类码等。但用得最广泛的是上面介绍的几种,而且目前几乎所有的计算机都程度不同地采用了这几种检测技术。

2）比较法检错

比较法是常用的故障检测方法,其基本思想是设置两个完全相同的部件或系统,执行相同的功能,并给它们以同样的输入,然后通过比较装置对两者的输出进行比较。如果结果相同,则无故障或错误发生;否则意味着二者之一发生了错误。但是,由于比较线路是用简单的相异检测表示一个错误,不能够区分故障单元,系统必须被中断,以便进一步诊断,隔离出故障单元。

比较法能检测出除比较线路以外的所有单点故障,不论是瞬时故障、间歇故障还是永久性故障,对单点故障的检测覆盖率可达100%。

比较法检测特别适合于大规模集成电路、逻辑单元、总线及系统等。比较法的关键是两个相同模块(芯片、逻辑单元、总线)或系统必须严格同步。同步的办法可以通过硬件时钟或软件实现。

比较法检测错误,技术简单可行、检错覆盖率高、成本低,因此一直受到人们的重视,在计算机的可靠性设计中获得广泛的应用。

3）故障诊断

故障诊断是系统可靠性技术的重要组成部分,故障诊断的基本方法是先对装置输入一串数据,然后观测相应的输出数据,并对观测结果进行分析,确定其故障位置。

在故障诊断中,将输入的数据称为试验数据,将与其相对应的输出数据称为校验数据。试验数据和校验数据与故障之间的对应关系在进行诊断之前已经确定,这是故障诊断技术的基本出发点。

试验数据的选择有两种方法:一种是根据逻辑装置的功能;一种是根据电路结构而与装置的功能无关。按照功能选择试验数据时依据的是装置的功能说明,按照电路结构选择试验数据时依据的是电路图。按功能选择的试验数据不仅可以检测出装置故障,而且能够检测出设计错误、制造错误。按电路结构选择的试验数据只能用于检测装置故障。

对给定的电路装置与试验数据进行故障模拟,就可以得到故障与试验数据对应的校验数据。因此,为了对实际发生故障的电路输入试验数据,并利用得到的校验数据确定故障位置,将故障模拟的结果编成故障辞典,便于确定故障。

诊断的实施一般有两种方式:一种称为集中式诊断;另一种是分布式诊断。集中式诊断,即在系统内设置专门的系统维护诊断设施,如专用的维护诊断总线,具有自己的独立供电系统,采用特殊的可靠性措施,不参与系统的任务执行,只进行集中的检测、监视诊断故障所在;而分布式诊断利用计算机本身的逻辑判断功能和多机系统中计算机之间定期交换的状态信息,据此获得系统的状态,经过判断做出某计算机是否有故障的决定。

当前,绝大多数计算机,从微型机到大型服务器,都设有开机自测试诊断。开机伊始,即对系统配置的各部分进行检测,向用户通告全机各部分状态是否正常,若正常,再引导系统软件。除开机自测试外,各部分还有专门的诊断软件,能更细致地检测故障并更精确地定位它。

故障诊断与错误检测两者是有区别的:故障诊断是通过输入事先已知输出结果的测试数据来检测有无故障,确定故障位置;而错误检测则是不论输入什么数据都要求能够检测出错误。在进行故障诊断时,全部逻辑电路都做诊断运行,而进行错误检测时,原来运行的过程继续运行,即在过程进行中进行错误检测,停下运行的过程进行诊断。

7.2.3 冗余系统

容错系统的本质即利用冗余资源来掩盖故障对系统的影响,即以冗余资源换取系统的高可靠性和高可用性。

资源冗余可分为硬件冗余、软件冗余、时间冗余和信息冗余。硬件冗余又可分为静态冗余、动态冗余和混合冗余。无论硬件冗余还是软件冗余本质上都是配置备份的硬、软件。时间冗余主要指运算的重复执行。复执可以是整个程序,也可以是一段程序或一条指令的重复执行。信息冗余是以检测、纠正信息在传输或运算中的错误为目的而外加的一部分信息。

1) 静态冗余系统

静态冗余指系统中的冗余模块是系统的永久部分,工作时全部模块都参与运行,多个模块同时执行相同的功能,利用多数一致的结果屏蔽掉出故障的模块。三重模块冗余(TMR)是静态冗余的典型例子,如图 7.1 所示。

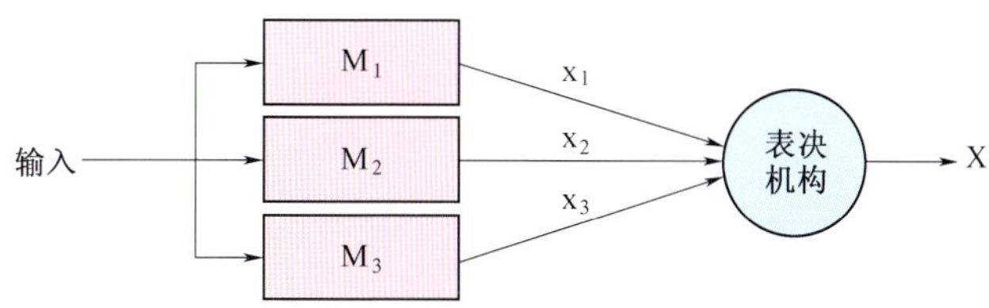

图 7.1 三重模块冗余结构

图 7.1 中,M_1、M_2、M_3 是三个功能相同的模块,表决机构对三个模块的输出采用 3 中取 2 的方式进行表决。系统的输出 X 表示式为

$$X = x_1x_2 + x_1x_3 + x_2x_3$$

只要 x_1、x_2、x_3 中出错的个数不超过一个,X 的值总是对的。由上例可以看出,静态冗余就是出错前后系统的结构是不变的(静态的),所以又称为故障屏蔽技术。

当模块数由 3 扩展到 n(n 为任意非负的奇数)时,三重冗余 TMR 结构扩展为 NMR 结构。设 $n=2m+1$(m 为自然数),则该结构最多可屏蔽 m 个故障,如 $n=5$,$m=2$,则进行 5 中取 3,屏蔽 2 个故障。

从系统容错角度来说,静态冗余结构比较简单,不需要检错、诊断和恢复等功能,就能满足容错的要求。静态冗错系统可带故障运行而不影响系统的结果和速度,不需要切换重组,特别适合实时性要求很高的应用。静态冗余广泛地用在系统容错的各个层次上,既可用于模块层次,也可用于系统层次,甚至软件层次上。TMR 结构是应用最广泛的静态冗余结构。阿波罗飞船计算机、容错空间计算机(FTSC)、容错多处理器(FTMP)等著名的容错计算机都采用了 TMR 结构。

在 TMR 结构中,瞬时故障、间歇故障、永久性故障都可被屏蔽掉,使输出不暴露故障,不起破坏作用。但值得注意的是一个永久性故障虽然能被掩盖过去,但系统就已失去容忍或掩盖一个瞬时故障的能力,应立即通过修理消除永久性故障,维持系统的容错能力。

纯粹的静态冗余不提供故障警告,如果故障子系统多于无故障子系统,就要产生错误输出。为了避免此种情况,静态冗余一般与其他容错技术结合使用。

2) 动态冗余系统

动态冗余的基本思想是当系统发生故障时,系统能检测、定位并自动切换故障模块或改变系统结构,以此来提高系统的可靠性。

动态冗余系统的典型结构是系统中有 $S+1$ 份相同的模块,其中只有一个模块处于运行状态,其余的 S 份处于备份状态,称为备份模块。动态冗余系统必须具有模块故障检测功能和切换功能。这种检测和切换装置可以集中为一套,也可以分散在各模块上,图 7.2 是一个有集中检测和切换装置的动态冗余系统。

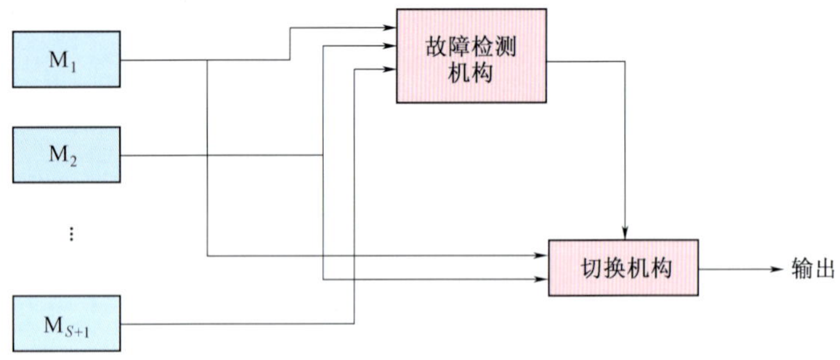

图 7.2 动态冗余系统(S 个备份)

这种系统的弱点显然是故障检测机构和切换机构,它们都无备份,其内部故障同样会造成系统的故障。当系统中模块数量较少时,检测机构和切换机构还比较简单,可靠性问题也比较好解决。但当模块数量增加时,由于检测、切换装置的复杂程度迅速增加,系统可靠性也随之降低。比较简单的解决办法是对模块,无论是运行的还是备份的,都加专用的、独立的切换机构。

3) 混合冗余系统

混合冗余就是把静态冗余和动态冗余结合在一起。一般而言,混合冗余系统由静态冗余的 TMR 核心的三个模块、S 个备份模块、表决机构及切换机构组成。利用切换机构保证静态冗余的 TMR 核心的完整性,当 TMR 中有一个模块发生故障时,立即将其除去,并代之以无故障的备份模块,只要切换成功,就能延长 TMR 的寿命。图 7.3 是混合冗余的结构图。

不一致检测器检测 3 个 TMR 模块的每一个输出与表决机构的输出是否一致,如果有一个模块的输出与表决机构的输出不一致,切换部件用一个备份模块予以替换。只要有两个模块输出正确,表决机构的输出就是正确的。如果备份模块换上后还有不一致出现,那就用另一个备份模块换上,直至全部备份模块耗尽。所以随着备份模块数量的增加,系统的可靠性亦随之提高。混合冗余是使系统核心模块(运行模块、备份模块、切换装置)延长其无故障运行时间的方法。

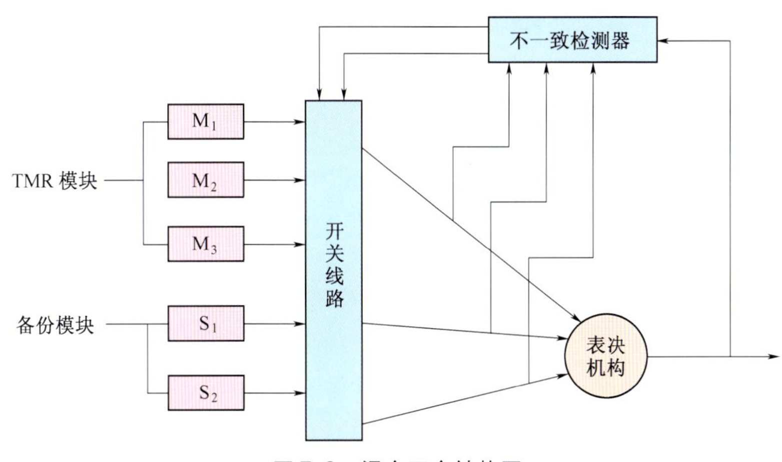

图 7.3　混合冗余结构图

这种技术对建造长寿命的容错计算机是很有用的，美国喷气推进实验室的 STAR 计算机就是采用了混合冗余技术，以三模表决方式工作，并有多个备份部件，要求运行寿命至少 10 年。

4）时间冗余系统

时间冗余一般用来检测和纠正瞬时故障引起的错误，其方法是指令重试、程序卷回、检验点技术（通称复执操作）。指令重试一般由硬件完成。程序卷回、检验点技术的难点在于检验点的设置。检验点太多，增大系统开销，因为正常程序执行到检验点要停下来，以便保存检验点状态信息；检验点太少，系统恢复时间要增加，因为程序必须从最近一个检验点重复执行。时间冗余系统的关键在于检验点的选择，这是一个很困难、复杂的问题。这种方法的最大缺点是检错覆盖率和检错时延的性能差。有些瞬时故障不一定能被发现，可造成严重后果。

5）信息冗余系统

信息冗余是以检测或修正信息在运算或传输过程中可能发生的错误为目的而外加的一部分信息。信息冗余最好的例子是检错码和纠错码。

最常用的检错码是奇偶校验码。由于它简单实用，所以在计算机系统中广泛使用，它的缺点是不能检测出偶数个位同时发生的错误，因而在它的基础上又发展了多种改进的奇偶校验码，如分段奇偶校验码等。

汉明码是纠错码的典型代表，它有多个校验位，能检测出二位错误并能纠正一位错误。其基本原理是使每一信息位参与多个不同的奇偶校验，如果安排适当，这多个奇偶校验就可以唯一地反映出校验码的出错情况。

6）软件冗余系统

软件的可靠性对计算机操作运行有极大影响，即便调试完的软件也不能保证没有错误。因此，为了改善软件的可靠性，采用冗余软件是目前最常使用的办法。

多版本程序设计技术要求由多个技术风格、指导思想和工作习惯全不相同的程序设计人员，按着同一程序规范，对同一个任务各自独立地进行软件开发，设计中尽量采用不同的算法、语言、环境和工具。这样产生的多个程序同时运行，对结果进行表决，只要多数程序正确，就能获得正确的结果。

多版本程序设计从概念上讲是一种静态屏蔽技术，它可以屏蔽程序设计中的错误，也可以屏蔽某些硬件瞬时故障。它的基础是多机系统，技术关键是表决程序的设计。

因为用不同的算法解同一个问题，其结果可能产生某些差异（尽管可能都是正确的），而且各个程序执行的时间也不一致,使表决程序、表决机构的设计复杂化。其次多个版本的程序,要求很大的存储空间,一般情况下是不可接受的。

7) 不维修冗余系统和可维修冗余系统

由于使用环境、可靠性要求不同,系统又可分为不维修冗余系统与可维修冗余系统两种。

对于要求高度可靠,同时又不可能在过程执行期间进行维修的系统,设计成不维修冗余系统。采用多版本冗余、多模块冗余技术,只要冗余程度足够高,就可保证系统在执行任务期间能可靠地工作。不维修冗余系统的冗余程度取决于任务的执行时间,时间越长,冗余程度要求越高,系统成本也越高。不维修冗余系统主要用在航天工程中。

可维修冗余系统一般应用于国防工程和国民经济的关键部门。这些部门虽然对计算机可靠性要求高,但条件允许维修。当系统发现有永久性故障时,可以由人进行维修或更换部件,保证系统仍处于容错状态。

不维修冗余系统与可维修冗余系统其可靠性指标也稍有差异。如不维修冗余系统用平均无故障时间(MTTF)、可靠度($R(t)$)来衡量;可维修冗余系统用平均故障间隔时间(MTBF)、可用度($A(t)$)衡量可靠性更为合适。

7.3 几种容错结构的可靠性比较

容错的目的在于用不太可靠的元件,通过合理组配,改进系统结构,利用冗余资源构成“随时可用”的高可用性系统。而为获得这个高可用性,系统应该有高可靠性和高可维修性做支持。

7.3.1 可靠性的基本概念

一个设备或系统的可靠性是指设备或系统在规定的时间内、规定的条件下,完成规定功能的能力。

影响设备或系统可靠性的因素有外部因素和内部因素,外部因素包括各种恶劣环境的影响:如湿热、盐雾、霉菌、振动冲击、噪声、电磁干扰及操作失误等;内部因素包括器件偶然失效、性能老化以及软、硬件缺陷等。这些因素使正常工作状态受到干扰,发生故障,产生失效,影响了设备或系统完成规定功能的能力,降低了可靠性。

7.3.2 几个可靠性参数

1) 可靠度($R(t)$)

可靠度($R(t)$)是定量表示设备或系统可靠性的函数。目前对可靠度尚无权威性的定义,但人们比较一致地趋向于认为可靠度是指“设备在规定条件下、预定的时间内,持续完成规定功能的概率”。它是时间的函数,又称为可靠度函数,常用公式来表示

$$R(t)=e^{-\lambda t}$$

式中,t 是任意时间;λ 是系统的失效率。图 7.4 表示了指数分布的可靠性随时间变化的情况。电子产品可靠度函数服从此规律。在 $t=0$ 时刻,设备都是好的,因此 $R=1$。随着时间增长,设备失效数增加,可靠度递减。任何设备、产品,不论质量多好、寿命多长,最终总是要失效的,最终 $R=0$。显然设备或系统的可靠度函数是一个递减函数,取值范围为 $0\leqslant R\leqslant 1$。可靠度最适合于描述不维修系统(如星载计算机)。

2) 可维修度($M(t)$)和平均修复时间(MTTR)

可维修度($M(t)$)是定量表示设备或系统可维修性的函数。可维修度指的是在给定时间

内,将一失效系统恢复到运行状态的概率。它可用公式表示

$$M(t)=1-e^{-\mu t}$$

式中,t 为维修时间;μ 是修复率,即单位时间内系统完成修复的概率。平均修复时间 MTTR $=1/\mu$。

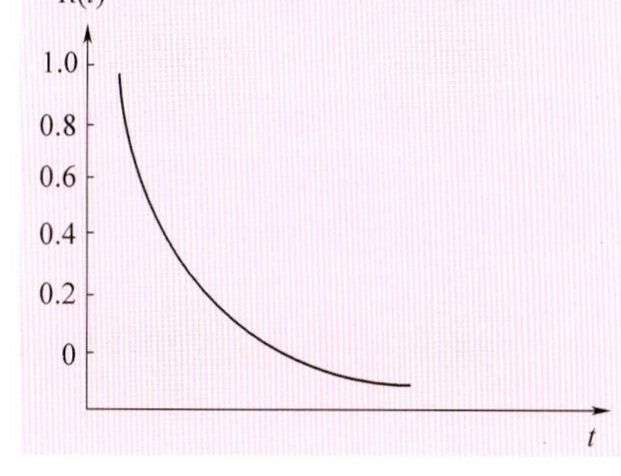

图 7.4 指数分布的可靠度函数

3)系统的可用度($A(t)$)

系统的可用度($A(t)$)是系统在时刻 t 可正常工作的概率。对于冗余系统,若系统的失效率为 λ,修复率为 μ,则系统的可用度可表示为

$$A(t)=(\mu+\lambda e^{-(\lambda+\mu)t})/(\lambda+\mu)$$

当 t 为∞时,若 $A(t)A$(常数),则称 A 为系统的稳定可用度。在无冗余的情况下

$$A=\mu/(\lambda+\mu)$$

4)失效率($\lambda(t)$)

失效率($\lambda(t)$)也是时间的函数。它表示当有 N 个设备从 $t=0$ 时刻开始工作,到 t 时刻时失效数为 $n(t)$,剩余数为 $N-n(t)$,则在下一个 Δt 时刻内失效数与 t 时刻剩余数之比。

电子产品的可靠性函数为指数分布的情况下,其失效率 $\lambda(t)=\lambda$ 等于一个常数。

5)平均无故障时间、平均故障间隔时间和平均修复时间

对于可维修的系统,MTBF 值即无故障工作时间的平均值;MTTR 表示平均修复时间,它与维修率 μ 的关系为

$$\text{MTTR}=1/\mu$$

对于不维修系统,且无冗余部件,则只要有一个故障出现,系统即告失效,所以用平均无故障时间表示系统寿命的平均值,它与失效率 λ 的关系为

$$\text{MTTF}=1/\lambda$$

系统可用度 A 与 MTBF、MTTR 之间的关系为

$$A=\text{MTBF}/(\text{MTBF}+\text{MTTR})$$

7.3.3 几种冗余系统的可靠性比较

1)并联冗余系统的可靠性

一个设备或系统由若干个相同的单元并联组成,只要一个单元能够正常工作,设备或系统就可正常工作。只有当组成设备或系统的单元都失效时,设备或系统才会失效。设备或系统的可靠性框图如图 7.5 所示。

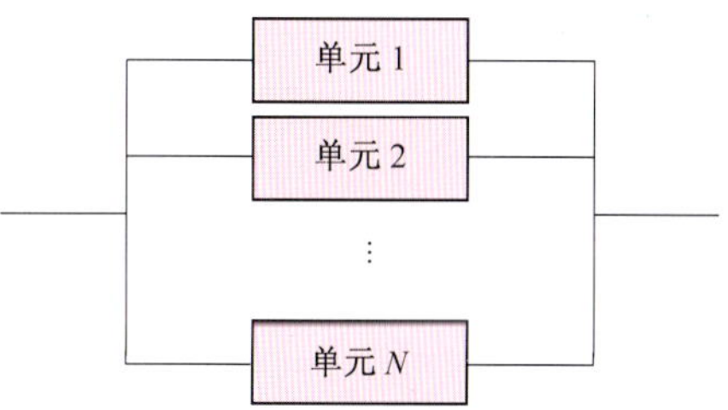

图 7.5 并联单元框图

设每个单元的失效率为 λ_i,各单元的 MTBF_i 为 $1/\lambda_i$。则对于由 n 个单元并联的系统来说,平均故障间隔时间 MTBF 为

$$\text{MTBF}=1/\lambda+1/2\lambda+1/3\lambda+\cdots+1/n\lambda$$

这里设 n 个单元的失效率 $\lambda_1=\lambda_2=\lambda_3=\cdots=\lambda_n=\lambda$,公式表示 n 个单元并联的系统的平均故障间隔时间值大于单元的平均故障间隔时间 $1/\lambda$,两个工作单元并联,平均故障间隔时间提高 50%;三个并联,提高 83%。但是并联的工作单元超过三个,性能提高就不明显了,故一般采用两个或三个工作单元并联,效果较好。

2）双机系统和双工系统的可靠性

双机系统和双工系统是最常用的备份系统。区别在于双机系统是并联冗余备份系统，工作时双机并行工作，有主、副机之别，主机故障时自动切换到副机；双工系统是串联冗余备份系统，有主、备机之分，主机和备机是串行工作的，工作的主机出现故障时通常人工切换到备机。所以双机系统比双工系统更适合实时应用。

双机系统是典型的并联冗余系统，$n=2$，平均故障间隔时间为

$$\text{MTBF}=3/2\lambda$$

而双工系统是两台机器在时间上串接起来工作，其系统平均故障间隔时间为

$$\text{MTBF}=2/\lambda$$

故双工系统比双机系统的平均故障间隔时间长，但切换实时性差。

3）三重模块冗余系统的可靠性

三重冗余是一种很好的故障屏蔽技术。设单机可靠度为 R，失效率为 λ，系统工作时间为 t，表决器等装置的可靠性足够高，即可靠度为1，则TMR系统的可靠度为

$$R_{\text{TMR}}=3\text{e}^{-2\lambda 0t}-2^{-3\lambda 0t}$$

4）几种系统可靠度函数的比较

由同一种单机系统构成的双机系统、双工系统、TMR系统的可靠度函数曲线如图7.6所示。

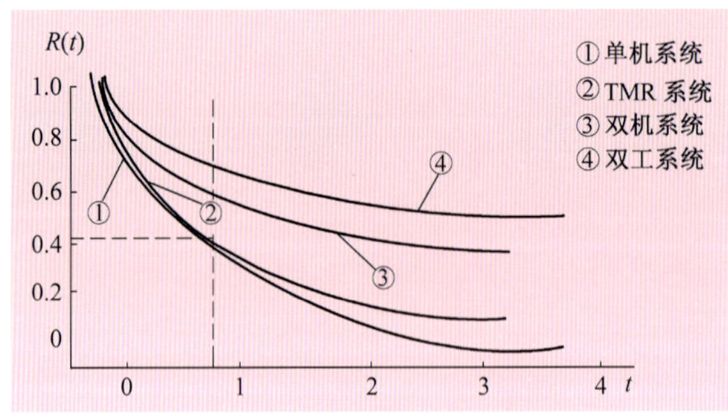

图7.6　几种系统可靠性比较图

从图7.6可知，当系统工作时间 t 小于单机故障间隔的0.69，即 $(t\times\lambda)<0.69$ 时，TMR表决系统的可靠度才略高于单机系统；而当系统的工作时间 t 大于0.69倍单机的MTBF时，反而不如单机的可靠度高。与双机和双工系统相比，TMR表决系统的可靠度也明显地差一些，但是TMR表决系统判断故障、单元切换是被屏蔽的，使系统的输出不中断，故障对用户是透明的，因而在实时性要求较高的环境中，这种系统特别适合。

7.4　容错计算机举例

当前几乎所有的计算机，从便携机至高档服务器，都程度不同地采用了容错技术，如奇偶校验、ECC码、CRC码、冗余电源、RAID盘阵等。但是一般并不称这些计算机为容错计算机。

对于容错计算机，时至今日并无一个明确严格的定义。常见的说法是能够容忍故障存在，且仍能完成预定任务的计算机称为容错计算机。它与普通商用机（具有一定容错性能）的区别在于一个容错计算机不允许单点失效，系统中任何一个可能因单点故障而引起的失效，都应受到以线路、单元甚至系统的冗余资源的保护，通过调整、掩盖、隔离使系统继续运行。一般商用计算机即使在关键部件采取了容错技术，仍做不到整机无单点失效。

7.4.1 长寿命（不维修）计算机系统

在某些环境中，如人造卫星、宇宙探测器等，要求计算机能够长期运行，但无法维护，这种计算机系统的失效会带来巨大的损失。所以对这种计算机要求能在长时间内高可靠地工作，即所谓长寿命计算机系统。

这种系统最适宜采用后备冗余技术。所谓后备冗余技术是采用若干个能完成同一功能并有自检能力的模块，其中只有一个加电工作，其余模块则不加电。当自检或外部检测设备发现某模块有故障时，一个后备模块加电启动并接替有故障模块的工作。在利用后备冗余的系统中采用复执技术，必须在程序中保持系统的状态并设置复执点，在把故障模块切除后系统从最临近的复执点重新开始工作。这种后备冗余系统，耗电少，有利于长时间的工作，因此可达到长寿命的目的。

美国喷气推进实验室用于空间飞行器的自测试自恢复计算机系统(STAR)就是长寿命计算机系统的例子。STAR 虽然是 20 世纪 60 年代末的产品，但它们采用的组织结构和容错技术对容错计算机有着深远的影响。STAR 计算机组织结构如图 7.7 所示。

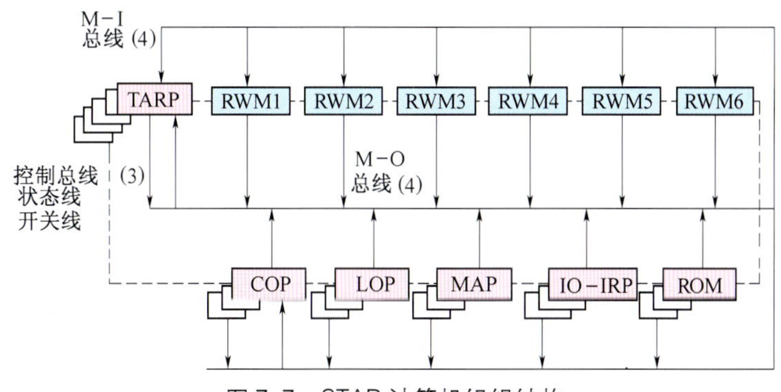

图 7.7 STAR 计算机组织结构

从图 7.7 可以看出，系统共有 3 条总线，其中两条是数据通信总线，即存储器输出总线(M-O)和存储器输入总线(M-I)，每条4 位，供在各模块间传输数据、指令、地址之用。另外一条是控制总线，由测试和修复处理器(TARP)送出三位控制信号给 STAR 计算机的其他模块。

STAR 计算机共有 7 种模块，即系统有 6 个读写存储器(RWM)、3 个只读存储器(ROM)、3 个控制处理器(COP)、3 个逻辑操作处理器(LOP)、3 个算术操作处理器(MAP)、3 个输入/输出中断处理器(IO-IRP)和 5 个测试和修复处理器(TARP)。这些模块都挂在存储器输入(M-I)和存储器输出(M-O)两条 4 位总线上，测试和修复处理器(TARP)送出的 3 位控制信号控制各功能模块的操作。

在 STAR 计算机中，每个功能模块都用 14 根信号线和整机连接。其中 4 根接存储器输出总线(M-O)，4 根和存储器输入总线(M-I)相接，3 根接收来自 TARP 的控制信号，2 根是向 TARP 报告本模块状态的信号线，还有 1 根电源开关控制线。图 7.8 是一个模块的外部接线图，除存储器模块外所有模块都是 3 倍冗余或 5 倍冗余。

STAR 计算机采用了多种容错技术使系统达到了长寿命的目标。主要包括：

(1) STAR 计算机字长 28 位并有 4 位检验位，共 32 位。指令字由 12 位操作码和 20 位带有余数编码的地址部分组成。操作码采用4 中取 2 代码，数据码采用模 15 剩余反码。这种编码称为误差探测码。故障探测和程序的执行同时进行。

(2) STAR 计算机有几种功能模块，这些模块都有它们自己的指令译码器和时序发生器。各模块都有备份。

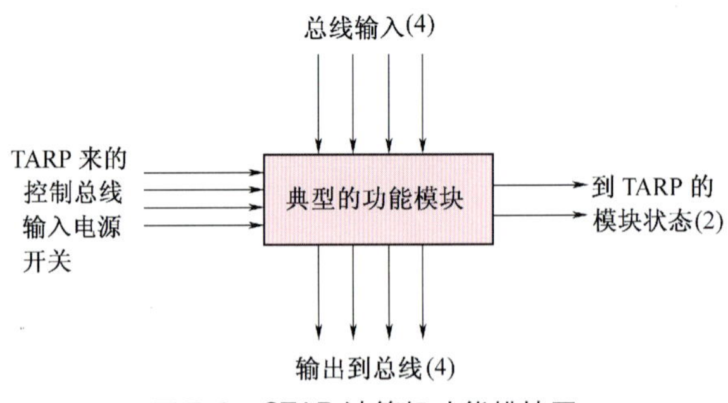

图 7.8　STAR 计算机功能模块图

(3) 各模块的切换由 TARP 控制,切换由电源开关实现,切断电源即除去模块,接上电源即接上模块。

(4) STAR 计算机的核心是 TARP,它采用混合冗余结构,($n+3$)中取 2。

(5) 逻辑操作处理器(LOP)采用双重冗余和比较法进行操作。STAR 计算机系统中各功能模块的接口,定时向测试和恢复处理器报告其四种工作状态,即单个模块有输出、双重冗余模块输出不一致、操作完成、模块内部检测到故障。测试和恢复处理器监视在存储器总线上传输信息的编码和各个模块的状态码。状态码在正常运行时有特定的顺序,任何顺序的变动都说明有错误。测试和恢复处理器在测试到故障后就进行重构和恢复。系统重构就是切掉故障模块给后备模块加电,系统恢复就是重新设置程序计数器和内部数据寄存器。这些值都是由用户指定的复执点的数据。测试和恢复处理器负责处理错误的检测、系统重构和恢复,是系统的核心,因此要求极高的可靠性。TARP 采用了混合冗余结构,用 3 中取 2 的表决方法并备有两个备用模块,用来替换故障的 TARP 模块。STAR 计算机通过其核心模块(TARP)采用($n+3$)中取 2 的混和冗余表决技术,各功能模块采用动态冗余的备份模块,关键功能模块采用双重冗余比较法,信息编码采用 4 中取 2、模 15 系统(错误探测码)等容错技术,使 STAR 计算机稳定工作时间达 10 年以上,是名副其实的长寿命计算机。

7.4.2　高可用性和可维修计算机系统

在某些计算机应用领域,如银行、证券的联机事务处理,通信控制和生产过程控制等,都要求计算机有很高的可用性,要能连续不停的工作。因为任何失效和停顿都会造成巨大的损失。一般的商用机,即使采用双机备份结构,也仍然满足不了这些领域的使用要求。

在 20 世纪 80 年代,随着容错技术的发展和超大规模集成电路的进步,以及市场对通用的高可用性系统的需求的增长,许多公司将研制生产的容错计算机推向市场。如美国 Tamdem 公司的容错计算机 Nonstop 系列,美国 Stratus 公司的容错计算机 XA、XR 系列,其特点是高吞吐率、连续可用性好,在遇到故障时可以恢复,并可在线维修。

上述两种容错计算机采用的硬件组织结构,实现容错的方法各不相同,即所谓软件容错和硬件容错,下面分别作简单介绍。

1) Nonstop 计算机

Nonstop 不停顿计算机是商品化容错计算机的先驱,能确保在系统有故障时不停顿工作和数据完整性。该系统实现容错是采用软硬结合的方法。

(1) Nonstop 计算机硬件结构特点。Nonstop 计算机结构框图如图 7.9 所示,其硬件结构特点如下。

① 松散耦合多处理机结构。Nonstop 计算机系统采用松散耦合的多处理机结构,即各处理机模块是一个独立完整的计算机,有中央处理器、主存储器、电源和诊断设备,并有输入输出

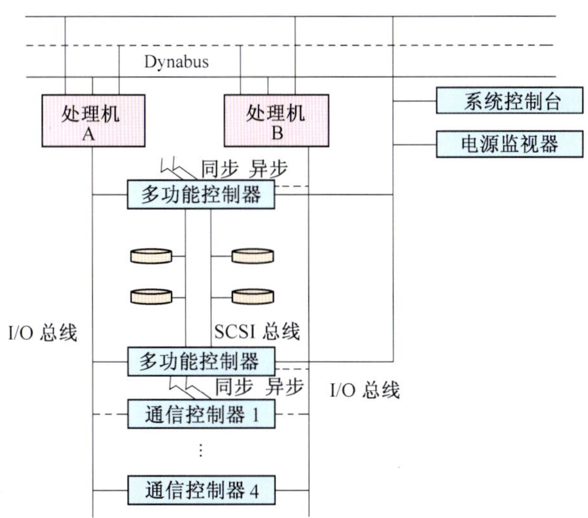

图 7.9 Nonstop 计算机结构框图

能力。每个 Nonstop 计算机系统,至少要有一对处理机模块通过高速 Dynabus 总线连结在一起,处理机模块各自运行自身的程序,并互为备份。

② 双重冗余配置。Nonstop 计算机系统除了处理机模块冗余配置外,还采用 I/O 总线把处理机模块和多功能控制器、通信控制器连接在一起。多功能控制器和通信控制器都采用双口技术,两个接口分别与两条输入输出总线相连。多功能控制器通过 SCSI 总线连接磁盘,并有网络及通信接口和诊断接口。通信控制器还有同步、异步、同异步混合三种不同的控制器选件。

③ 高速 Dynabus 总线。两个处理机模块通过高速 Dynabus 总线相连,构成一个松散耦合的双处理机系统。Dynabus 总线为系统提供了两条独立的高速信息通道。两个处理机模块间通过 Dynabus 总线可快速互换信息。Dynabas 总线还可把几个 Nonstop 系统连接在一起,进行横向扩展。

④ 运行和服务处理器。为了监视系统的运行状态,并为操作员提供一个与系统通信的接口,Nonstop 计算机系统设立一个运行和服务处理器,通过维护诊断总线和多功能控制器相连。对系统进行有效的监视和诊断、维护。

(2) 不停顿工作的实现。Nonstop 计算机系统是在硬件冗余配置基础上,采用软硬结合的方法实现容错和不停顿工作的。系统运行是以"进程对"概念为基础:一个是主进程,是激活的进程,在一个处理机上运行;另一个是后备进程,不活动的进程,存放在另一个处理机中。为了保证系统的不停顿工作和数据完整性,不论是处理机还是输入输出控制器的软件都采用"进程对"的概念。如在处理机模块 A 中有一个进程 A,则在处理机模块 B 中建立一个后备进程 Ab,进程 Ab 和进程 A 是相同的。同时在两个处理机模块中各自建立一份文件影像(包括全部程序和原始数据),处理机模块 A 中的文件是主文件,在处理机模块 B 中的文件是后备文件。在运行过程中,进程 A 根据用户设置的检测点,定期向处理机模块 B 中的后备进程 Ab 传送检测点的信息,如中间数据、文件状态和程序计数器状态等。在进程 A 的执行过程中,进程 Ab 不断接收由进程 A 通过高速 Dynabus 总线传送来的检测点信息,并更新上一个检测点的有关信息,即在进程 Ab 中只保留进程 A 的最新的检测点信息。一旦系统得知处理机模块 A 失效,系统立即激活处理机模块 B 中的 Ab 进程,进程 Ab 从上一个检测点的信息和原有的文件影像开始启动工作。进程 Ab 成为主进程,其执行过程如同进程 A,并询问操作系统有无新的后备进程存在。当处理机模块 A 被修复后,操作系统立即在处理机模块 A 上建立 Ab 进程的后备进程 Aba。Ab 与 Aba 的工作方式和 A 与 Ab 的工作过程一样。由此可见，进程 A 在 Nonstop 计算机系统中执行过程是连续的，不间断的。每次失效发生，损失的时间只是两个检测点之间的时间。输入输出也采用“进程对”的办法。其主要方法和处理机模块类似，但对数据块加一个顺序号，向磁盘写入记录前要验证顺序号是否正确，以确保数据完整性。Nonstop 系统在采用软件检测点方法的同时，还设有一套检测处理机模块和输入输出控制器等工作状态是否正确的设备，它的系统运行和服务处理器通过数据诊断收发器监视各主要部件的工作状态，各部件把自己的检测结果向运行和服务处理器报告，如果某一部件报告结果不正常或超时不报告，就被认为该部件有故障，操作系统停止其工作，另一个好的处理模块承担全部工作。

2）Stratus 连续处理计算机系统

Stratus 连续处理计算机系统以高性能微处理器为基础，采用对用户完全透明的全硬件方式实现容错。

（1）Stratus 计算机系统硬件结构特点：

① 紧密耦合的多处理器结构。Stratus 计算机系统如图 7.10 所示，其四个处理器通过 StratusBus 总线共享存储器，从而构成一个紧密耦合的多处理机系统。图 7.10 是紧密耦合的多处理机结构。这种紧密耦合的多处理器结构能在操作系统的管理和控制下，有效地利用系统资源，调整处理器的数量，在保证可靠性的前提下提高系统的功能。

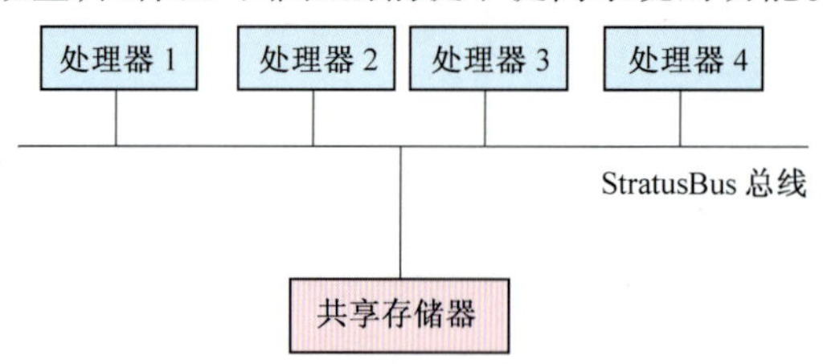

图 7.10　紧密耦合的多处理机结构

② 部件级的双重冗余配置，主要硬件设备双套并行运行。如图 7.11 所示，Stratus 连续处理系统以全硬件实现容错，采用了部件级双重冗余配置。从图中可以看出，与实时处理有关的部件，如 CPU、主存、I/O 处理器都是双重冗余配置的。这些部件通过两条系统总线 StratusBus 连结在一起，每条总线都连结了所有的部件。这些双重配置的部件可以相互替代工作。当系统中任何一个部件出现故障时，它的冗余部件照常运行，保证系统仍以原有性能和处理能力继续运行。

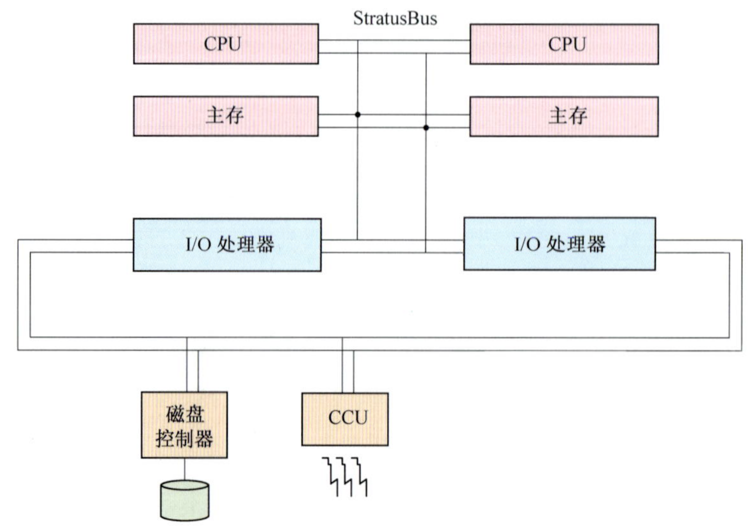

图 7.11　Stratus 连续处理计算机结构框图

③ 良好的可扩充性。Stratus 连续处理计算机系统具有横向和纵向扩展能力，而不必采用复杂的系统生成和软件变换等方法。纵向扩充是指在单个连续处理系统内部增加处理器的数量来提高系统处理能力；横向扩充是指利用 StratusLink 局域网把单个的 Stratus 的容错计算机系统连结在一起，形成一个松散耦合的分布系统。

④ 检测功能。容错机中主要功能部件都有故障检测功能。例如，在主机 CPU 板上有双份处理器硬件，接收同样的数据，计算结果在输出主机 CPU 板之前直接进行比较，相同就送上总线，相异则禁止输出。这种故障检测方法的检错覆盖率可达 100%，检错时延可忽略不计，使系统能及时发现瞬时随机的故障，并及时纠正。当任何一个部件有故障时，会自动报告给用户，用户可带电拔去故障部件（此时系统仍连续工作），换上好的部件后，系统自动恢复正常工作。

（2）连续处理的实现。Stratus 计算机实现连续处理是以下面两个方法为基础的：其一是在主要部件电路板上都设有自检逻辑来检查故障；其二是全部主要硬件设备均为双套并行运行，实现容错。在 Stratus 系统中，由于各主要部件为双套冗余配置，所以在图 7.11 中的两块主板称为一个逻辑主板，两个主存储器称为一个逻辑主存储器等等。一个逻辑 CPU，实际上由两个物理 CPU 板构成，两块板同步执行一个程序。如图 7.12 所示，当进行 2 + 3 操作时，数据从总线 StrataBus 送至两块 CPU 板 A 和 B 上，而 A 和 B 板各有两块处理器，这两个处理器同时进行 2 + 3 运算。每块板上两个处理器的计算结果在板内进行比较。图 7.12 中，板 A 上两个处理器运算结果都是 2 + 3 = 5；而 B 上两个处理器运算结果不相同，即至少有一个运算器 2 + 3 ≠ 5；B 板上处理器比较结果不等，B 板停止输出，即不将结果送上总线。板 A 的比较结果正确，送上总线。在 CPU 板中每个时钟周期比较器对两个处理器的运算结果进行比较。这种方法能及时发现故障并进行处理，因此可检测出随机故障。所以比较器是 CPU 板的关键部件，且没有冗余配置。一个解决办法除在设计过程中采取措施外，操作系统还定期（如 1s）对比较器进行测试，以确保其工作正常。存储器也是双份的，采用 ECC 保护，不需要像 CPU 板那样的比较逻辑，因为 ECC 编码已可以检 2 纠 1。存储控制器逻辑有自检功能，以后台工作方式，定期地检测存储器，在不影响系统正常工作的条件下，保证很少使用的存储地址也不会出现无法纠正的错误。磁盘和控制器也是双备份的，以防止系统中断时发生数据丢失。因为两套磁盘存储器不可能同步工作，只能在操作系统控制下实现连续处理。当有写操作请求时，操作系统将数据同时写到两个磁盘上，当有读操作请求时，从读写头与数据最近的磁盘上读取数据，以减少存取时间，如读出信息有差错，则可由另一磁盘中读出，故障指示红灯亮，并向操作系统发出中断信号。系统立即通过维护程序对故障部件进行诊断测试，确定是随机性

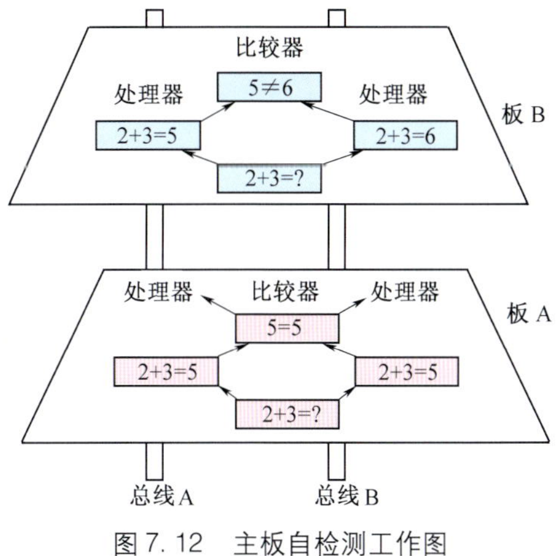

图 7.12　主板自检测工作图

故障还是永久性故障。如果是随机性的故障,系统进行故障登记,并重新把故障部件恢复正常工作,故障部件(插件板)上的小红灯灭。如在24h内出现同一随机故障6次以上,操作系统就视此故障为永久性故障,按永久性故障处理。机柜上的两个故障指示灯都亮。维护人员发现后打开机柜,根据部件(插件板)上故障指示红灯的指示,可带电拔去有故障的部件,插入新的部件。接着系统立即对插入的新部件(插件板)进行测试和自动进行系统恢复,重新投入正常工作。从以上介绍可以看出,Stratus容错计算机系统用硬件实现容错,它的运行、检错和纠错等对用户都是透明的,无需用户干预。它可以检测出随机故障,检错覆盖率极高,检错时延也极短,是一种很好的高可用性计算机。

3) 两种容错方法的比较

前两节对Nonstop和Stratus计算机系统的硬件结构和容错原理做了简单介绍。下面对这两种容错计算机做简单比较,以便对软件容错和硬件容错有较清晰的概念,如表7.2所列。

表7.2 比较表

	软件容错	硬件容错
组织结构	松散耦合多处理机系统,无共享存储器	紧密耦合多处理机系统,有共享存储器
冗余配置	系统级冗余配置	部件级冗余配置
工作方式	每个处理机独立工作,无互锁关系	处理器间互锁,同步运行
操作系统	每个处理机一个操作系统拷贝	全机一个操作系统拷贝
编程	程序中要考虑好“进程对”的检测点的设置	编程中容错过程对用户透明
恢复	故障后系统恢复,管理员应重新配置“进程对”	自动恢复

第8章　并行处理计算机

并行处理是一个非常通用的概念，是自然界的普遍现象。人脑对问题的思考和对外界事物的反应就充分说明了这一点。

并行处理机制在计算机中的应用，至今已有相当长的时间，其基本模式已逐渐成熟，并得到了广泛的应用。高性能并行处理计算机系统的研制水平、生产能力及应用程度已成为当今衡量一个国家经济、军事实力和科技水平的重要标志。

本章将着重介绍大规模并行处理系统的原理和应用情况，同时对并行处理技术的其他分支作一简要介绍。

8.1　并行处理计算机简介

8.1.1　并行性和并行处理计算机

所谓并行性是指在同一时刻或同一时间间隔内完成两种或两种以上性质相同或不相同的工作，只要时间上重叠，都存在并行性。并行性的引入有利于提高计算机的速度。

计算机的并行性可以分为两个层次：一个是中央处理器内部微操作或指令一级并行技术，如流水线技术；另一个层次是以处理器或整机为基本处理单元的并行技术，通过重复设置硬件资源来实现并行处理，从而达到大幅度提高计算机处理速度的目的，这就是本章介绍的并行处理计算机。

并行处理计算机是由若干个甚至成千上万个处理单元组成的计算机系统，这些处理单元能互相通信、互相协同从而达到高速计算的目的。

8.1.2　并行处理计算机产生的背景

随着科学技术的迅速发展以及人类对于自然世界的了解越来越深入，同时随着计算机的应用范围越来越广，人类对于计算机系统计算速度的要求，似乎是无止境的。请看如下例子：

(1) 小至分子结构或人类遗传基因(DNA)结构的计算，大至全球气候的中远期预报，都需要数十亿次运算每秒的计算机系统。

(2) 近年提出的所谓“可视化”的图形处理，如同海绵一般，可以吸干当前最高速计算机的计算能力。

(3) 军事系统工程和新型武器系统的设计和研制，需要极高性能的计算机系统以满足高速、实时、大数据量和高复杂性的计算。例如，军事指挥机关所需的电子沙盘模型、综合电子战系统要求计算机系统具有 40MFLOPS ~ 4000MFLOPS(1MFLOPS 为一百万次浮点数运算每秒)的处理能力，军事专家系统则更要求具有 1GIPS ~ 10GIPS(1GIPS 为 10 亿次整数运算每秒)的处理速度的计算机。

(4) 在机器视觉方面，美国国防先进科研计划署(DARPA)的陆地机动车辆(Autonomous Land Vehicle, ALV)计划中，ALV 以 60km/h 的速度行驶时，仅视觉系统所要求的处理速度就要达到 1000GIPS。

(5) 在计算流体力学方面，以求解宽机身超声速飞机的空气动力学计算为例，其数值解需要执行 10^{20} 条指令，即便是使用运算速度为 1000MFLOPS 的 CRAY - 2 向量巨型机，也需要运行上千年时间。

所有这些需求已远远超过传统巨型向量机的能力，因而构成所谓“巨大的挑战”。无论是从目前的技术水平看，还是从发展趋势看，能够满足这些需求的只能是并行处理系统。

在计算机发展的历史中，计算机系统性能增长的根本因素有两个：一个是微电子技术的发展；另一个是计算机体系结构技术的发展。首先，从微电子技术的角度看，大规模集成电路的工艺和技术的进步以及新型器件的实用化可望将微处理器的速度提高到更高水平。但是，速度提高的极限无疑是存在的，因为晶体管的形体尺寸最终受到氢原子(最小的原子)直径尺寸的限制，同时电信号的传输速度则最终受到光速(宇宙最高速度)的限制，继续依靠高速电路技术和高密度组装技术以提高计算机的系统时钟频率，从而获得计算机性能数量级的提高，不但变得越来越困难，而且还降低了计算机的性能价格比。

其次，从计算机体系结构技术的角度看，计算机系统的设计师们长期以来一直采用诸如流水线、直接存储器访问(DMA)等技术来使中央处理器内或计算机系统内各部件能尽量并行操作以提高系统的处理速度，获得了巨大成功。但是，这种微操作一级乃至指令一级的并行技术仍然有其局限性，难以使单机系统达到千亿次每秒、万亿次每秒的运算速度。

要想突破单机的速度极限，继续提高计算机系统性能，出路在于，必须将并行级别提高到处理机一级，要使许许多多的处理机能并行操作，换句话说，就是要让许许多多的处理机同时算一道题。这种能使成百上千乃至上万个处理单元并行操作的技术，是使计算机性能持续增长的关键性技术。拥有成百上千乃至上万个处理单元的计算机系统称为大规模并行处理系统，简称 MPP 系统。

20 世纪 90 年代是国际上大规模并行处理系统大发展的时期。Intel 公司巨型机部于 1991 年推出 Paragon XP/S 机。美国能源部所属桑迪亚(Sandia)国家实验室安装的一台有 1840 个处理单元的 Paragon XP/S 机，在求解 42000 × 42000 双精度浮点矩阵时取得 102.05GFLOPS(1GFLOPS 为 10 亿次浮点数运算每秒)的实际运行速度，浮点计算速度已经超过了千亿次每秒。1993 年，以研制传统巨型向量机著名的 Cray 公司推出了 Tear - 3D 机，该机的最大规模为 2048 个处理单元，理论峰值速度达 307GFLOPS。以上诸机型的是大规模并行处理系统走向成熟的里程碑。

1996 年，Intel 公司为桑迪亚实验室研制的一台装有 7264 个处理器的取名“红色选择”的并行处理系统，峰值速度达到 1.4 万亿次浮点运算每秒，LINPACK(一种专门用于测试并行处理系统性能的软件包)测试结果也超过万亿次每秒，效率达到 74%，这是世界上第一台超过万亿次浮点运算每秒的计算机。

截至 2005 年 10 月份，世界上运算速度最快的超级计算机系统是美国 IBM 公司的 Blue-

Gene/L(蓝色基因)系列巨型机。安装在美国能源部劳伦斯·利弗莫尔(Lawrence - Livermore)国家实验室的IBM公司研制的这台BlueGene/L,在2004年11月份发布Top500(全球五百台最快计算机排名表)结果时,这台超级计算机就达到了全球第一的位置;到2005年6月份,BlueGene/L系统第二次被评为全球最快的超级计算机。该系统目前共安装有65536个处理器,占地面积约为1400平方英尺,理论峰值速度为183.5TFLOPS(1TFLOPS为1万亿次浮点数运算每秒),LINPACK实测结果为136.8TFLOPS,效率达到74.6%。

8.2 并行处理计算机的分类和体系结构

计算机的基本工作过程是执行一串指令,对一组数据进行处理。通常,把机器执行的指令序列称为指令流,指令流处理的数据序列称为数据流,把可以同时处理多条指令流或多个数据流的能力称为机器具有多重性。

根据指令流和数据流的多重性,并行处理计算机可分成两大类型:单指令流多数据流(SIMD)型和多指令流多数据流(MIMD)型。根据处理单元与存储器模块耦合程度,SIMD类型的并行计算机又可分为共享存储的SIMD型和分布存储的SIMD型并行处理系统;MIMD类型的并行计算机又可分为共享存储MIMD型和分布存储MIMD型并行处理系统。此外,还有集群并行计算机系统。

尽管广义的并行处理概念包括上述几种形式,但一般情况下,大规模并行处理一词目前通常指松耦合分布存储MIMD型并行处理系统,这是当前高性能计算领域的主流技术。

8.2.1 SIMD型并行处理计算机

SIMD型并行处理系统曾经是并行处理系统的主流技术。这种类型的机器是将许多具有相同功能和处理能力的处理单元PE按一定的拓扑结构互连而构成,在统一的控制部件CU控制下,对各自分配来的不同数据(即所谓多数据流)并行地完成同一指令(即所谓单指令流)所规定的操作。它依靠操作一级的并行处理来提高系统的速度。具体来说,在SIMD系统内,将指令分成两类,把标量类指令留给控制部件CU(或标量处理机)执行,而把适合于并行处理的向量类指令播送到所有处理单元,让处于活跃的那些处理单元PE并行执行。因此既实现了向量类指令的并行执行,也实现了标量控制类指令和向量类指令的重叠执行。

共享存储的SIMD型并行处理系统的基本结构如图8.1所示,采用此种结构形成的典型

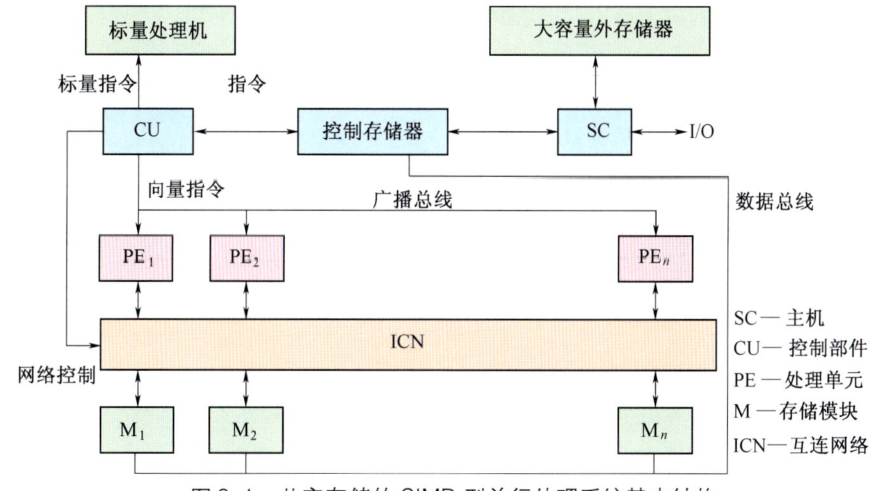

图8.1 共享存储的SIMD型并行处理系统基本结构

机器有美国 Burroughs 公司与依里诺大学联合研制的科学处理机(BSP)等;分布存储的 SIMD 型并行处理系统的基本结构如图 8.2 所示,美国伊里诺大学 20 世纪 60 年代开始研制的 ILLIAC-Ⅳ阵列处理机即属于此种结构类型。总的来说,SIMD 技术对处理单元的要求不高,处理单元可以很简单,甚至可以是一位微处理器,如 TMC 公司的 CM-1 机和 CM-2 机。但实现指令流和数据流传送的网络和系统的同步机构则比较复杂。SIMD 并行处理系统的规模可以很大,也具有一定的规模可变性。

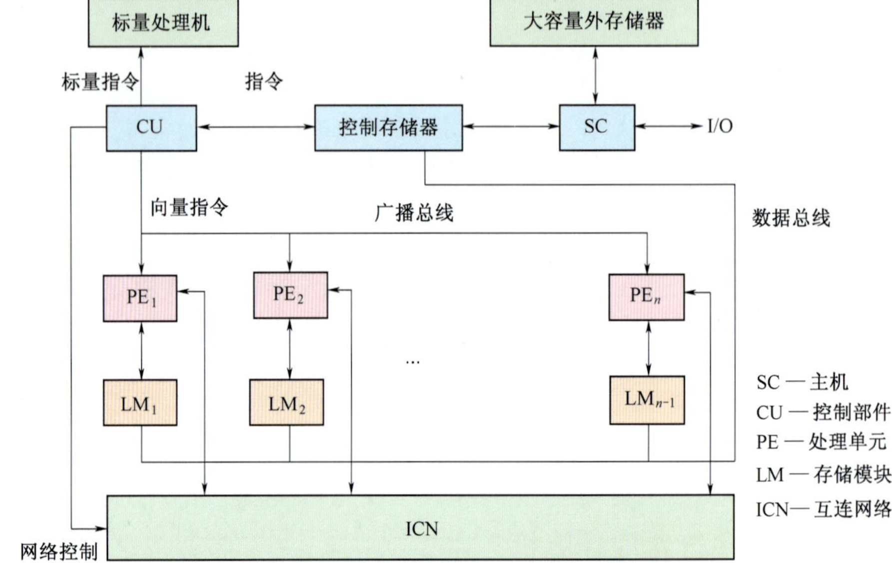

图 8.2 分布存储的 SIMD 机并行处理系统基本结构

SIMD 机的专用性很强,其性能与算法结构密切相关,对于某些特定用途(如信号处理和图像处理等)来说,可以达到极高速度的运算。例如,美国 nVIDIA 公司 2004 年推出的图形/图像处理器 GeForce 6800 Ultra 的工作频率为 400MHz,内含 22000 万晶体管,构成 16 个像素渲染管线、6 个顶点处理器、1 个可编程视频处理器,采用 SIMD 并行处理技术,在进行碎片处理(Fragment Processing)时可以达到 40GFLOPS(400 亿次浮点运算每秒)的速度。

SIMD 机的优点是并行粒度(并行操作的量度,如微指令或指令级就属于细粒度)细,向量处理能力强。不足之处是标量处理能力较弱,而且专用性太强,对有些问题(如数据库管理)几乎是无能为力。这些不足之处恰好是 MIMD 机的长处。

8.2.2 紧耦合共享内存 MIMD 型并行处理计算机

在这种计算机系统内有一个共享存储器,不同的处理单元可以执行不同的指令(即所谓多指令流),同时处理不同的数据(即所谓多数据流),编程比较灵活,因此它比 SIMD 机的通用性强。系统内所有处理单元和共享存储器可由总线、交叉开关或多级网络互连在一起。这种系统具有单一的地址空间,易于编程,具有很好的通用性。图 8.3 为一个具有 n 个处理单元 PE 和 i 个存储器模块的紧耦合共享内存 MIMD 型并行处理系统的基本结构图。

使用总线将处理单元模块、存储器模块连接到一条公共的总线上,技术相对较简单,成本较低。缺点是,当某个处理单元访问存储器时,其他处理单元就不能访问,于是总线成为系统的瓶颈。总线上连接的处理单元超过一定数量时,系统的效率就会急剧下降。因而采用总线所能实现的并行系统的规模是非常有限的。

交叉开关矩阵类似电话交换机,允许多个处理单元同时访问不同的存储器模块。但是,交叉开关矩阵的设备量随着所连接的模块数量成几何级数上升，成本非常昂贵，所能实现的规模也是有限的。

在紧耦合型并行处理计算机系统内，如果系统中所有处理单元都处于平等地位，这样的系统又称为对称多处理机（SMP）系统。

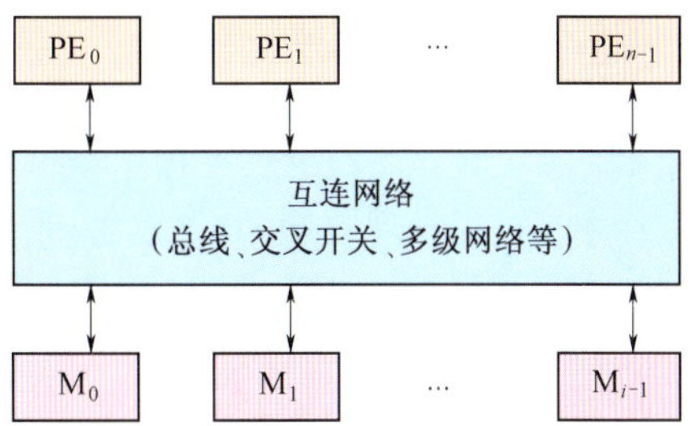

图 8.3　共享存储的 MIMD 型并行处理系统基本结构

多处理机或对称多处理机系统一般均采用高性能的处理器，如高性能 32 位或 64 位通用微处理器，有的甚至用小巨机甚至巨型机的处理机来构成巨型对称多处理机系统。采用通用微处理器的系统一般多采用总线技术，目前多用于商用事务处理。巨型对称多处理机系统均采用交叉开关矩阵技术，目前均用于科学计算领域。

8.2.3　松耦合分布存储 MIMD 型并行处理计算机

在这种计算机系统中，每个处理单元均拥有独立的存储器（称为局部存储器）和操作系统，而没有为所有处理单元所共享的全局存储器。由于在松耦合分布存储型并行系统中，每个处理单元具有相对的独立性，所以习惯上将处理单元连同存储器又称为节点。从总体上看存储器分布在各节点上，各节点与其他节点的存储器的关系比较松懈，所以称为松耦合分布存储结构。这种结构如图 8.4 所示。

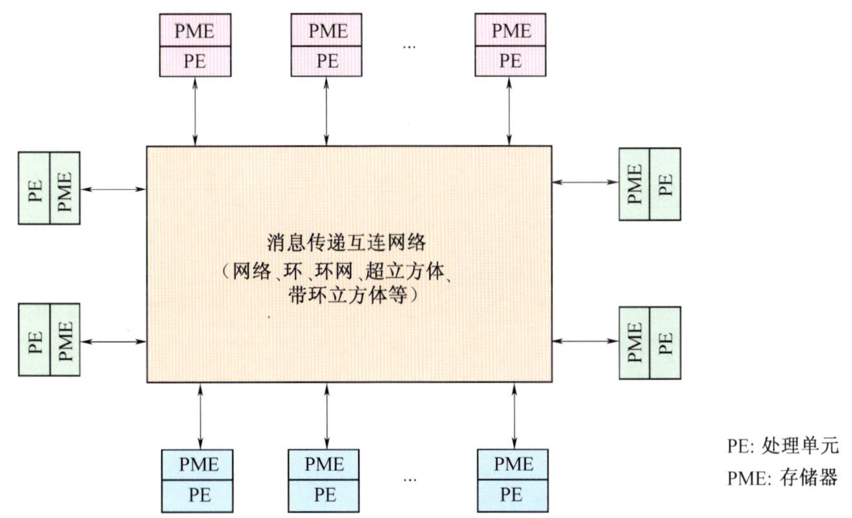

图 8.4　分布存储的 MIMD 型并行处理系统基本结构

这种类型的并行处理系统，由于放弃了对存储器共享的要求，一般又具有很好的可扩展性（又称可伸缩性），易于大量增加处理单元的数量，因而能够构成规模相当大的并行处理机系统，而成为当前高性能计算系统的主流技术。前面提到的 IBM 公司的 BlueGene/L 系列巨型机就是这种类型的并行处理系统。

在 MPP 机中，几百个甚至几千个高速处理单元（节点）通过高速互连网连接在一起，形成一个统一的系统。目前被工业界采用以实现商用 MPP 系统的互连网的拓扑结构（节点间的连结方式）主要有交叉开关（Crossbar，如富士通的 VPP500）、二维网格（2D Mesh，如 Intel 的 Paragon 和红色选择）、三维环网（3D Torus，如 Cray 公司的 T3D、T3E）、超立方体（Hypecube，如 nCUBE 公司的 nCUBE）和胖树（Fat tree，如 IBM 公司的 SP2）等。

在 MIMD 系统中,节点上同时运行的多个进程之间的通信通常采用点对点的消息传递(Message Passing)方式。20 世纪 90 年代初,国际开始推出采用基于物理上分布存储器结构的非均衡存储访问(NUMA)技术的 SSMP(Scalable SMP)并行处理系统,以 SGI 公司的 Origin 2000 机为代表机型,获得巨大成功。采用 NUMA 技术的 SSMP 系统的主要优点在于:它突破了紧耦合多处理机系统的共享存储器瓶颈问题,处理器数目可达适度规模(如超过 16 个),仍能保持相当高的处理效率;另一方面,系统具有单一的地址空间,继承了传统 SMP 机的编程方法,具有很好的通用性。但是,NUMA 系统中远程存储器访问的效率随逻辑距离增加而降低,因而 NUMA 技术适于实现适度规模(几十个节点左右)的并行处理系统。

实现松耦合分布存储类型的并行处理系统的关键技术主要有如下三方面。

1) 节点结构

节点一般采用高性能微处理器,且趋向于选用 64 位处理器。设计节点的一个基本原则是应当尽量减轻处理器的通信开销,因而一般均在节点上设计一个功能较强的通信处理机构,除少数机型(如 nCUBE 系列)采用专用处理器外,有的机型还在节点上增设一个处理器作为通信处理部件。

2) 高速互连网络

硬件方面是决定高速互连网络的系统效率和性能的关键。国外曾有专家指出:当前这一代并行系统在处理器速度和节点间的通信速度尚未达到适当的平衡。换句话说,就是由于处理器的高速处理能力与互连网络的相对低的通信速度的矛盾,使得系统中有些处理器经常处于等待状态,从而降低了整个系统的工作效率。尽管由于近来新器件和新的通信机制(又称路由机制)的出现而使该问题有所缓和,但由于微处理器的速度在不断提高,所以这个问题的压力会长期存在。

决定互连网络性能的一个重要因素是网络的拓扑结构。在并行处理技术发展的过程中,曾经试验过不计其数的拓扑结构。各种拓扑结构均有其优点和缺点,很难说某种拓扑结构就是最优选择。选择一种拓扑结构,必须在性能(平均路径长度、互连代价、延迟、无死锁算法的代价、可伸缩性等)与造价之间求得一个合理的折衷,同时还应当考虑到是否适应重点应用的算法映射等问题。

进入 20 世纪 90 年代,使用规则而简单的拓扑结构成为一种趋势,因而二维和三维网格、二维和三维环网成为主流技术。目前一些较成功的系统倾向于使用扇出度(网络中节点能连接相邻节点的个数)适中且固定的(即扇出度不需随系统规模的变化而改变),相对比较简单的拓扑结构。这样做易于实现系统的规模可变性,同时也有利于提高互连网络的通信速度。如 Paragon XP/S 机采用的就是简单的二维网格,其每个节点的扇出度为 4,单向链路数据宽度为 16 位,单向数据的传输速率可达 200MB/s。

决定互连网络性能的另一个重要因素是网络的路由机制。近年来被广为采用的虫蛀式路由机制(Wormhole Routing),将流水线技术的原理用于数据传输技术,不但减少了设备量,提高了数据传输速率,更为重要的是,它在相当程度上减轻了传送一个信息包所需的时间与节点间距离的相关性,从而使程序员在编写程序时不必过多地考虑系统的拓扑结构。这种机制已经成为当前的主流技术。

3) 系统软件

并行处理计算机系统的系统软件,主要包括操作系统和并行程序设计语言等。当前的并行处理系统,特别是大规模并行处理系统的操作系统一般均与 UNIX 兼容,核心部分规模较小,层次清晰,采用多线程技术,因而操作系统的开销小,效率高。目前越来越多的 MPP 系统采用开放源码的类 UNIX 操作系统,如著名的 Linux 操作系统。IBM 公司的 BlueGene/L 系列巨型机就是采用 Linux 操作系统。

8.2.4 集群并行处理系统

集群系统是利用通用网络将一组高性能工作站或高档 PC 机,按一定方式连结起来,在并行程序运行环境和可视化人机交互集成开发环境支持下,实现统一调度,协调处理的并行处理系统。集群并行处理系统属于松耦合分布存储多指令流多数据流型并行处理系统,主要利用消息传递方式实现各处理机之间的的通信,由建立在诸工作站操作系统之上的并行运行环境完成系统资源管理的统一及相互协作,同时也屏蔽工作站及网络的异构性。对程序员和用户来说,集群系统是一个整体的并行系统。集群系统大多采用现有的商用工作站和通用局域网络,这样既可以缩短开发周期,又可以利用最新的微处理器技术。大多数集群系统的并行处理环境也是建立在一般的 UNIX 或 Linux 操作系统之上,尽量利用商用系统的研究成果,减少系统的开发与维护费用。因为通常用工作站实现,因此也称为工作站集群系统,如图 8.5 所示。

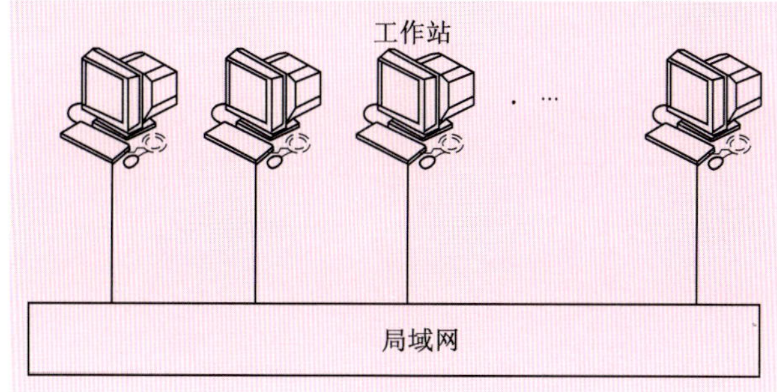

图 8.5 工作站集群系统

实现一个集群系统,技术相对比较简单,经济代价小,而且具有资源复用的优点,即系统内的工作站既可作工作站正常使用,又同时是并行处理系统的一个处理单元。正是由于这些优点,集群并行处理系统成为当前并行处理领域研究的热点之一。

从某种意义上说,集群系统技术的真正优势在于其无可比拟的灵活性,它能够方便地将不同体系结构的各种计算机连在一起,有机地形成一个为用户所需的异构计算环境。美国 Convex 公司推出的超越计算环境就是用并行程序设计环境 PVM 将各种计算机系统(小巨机、大规模并行处理系统和工作站集群等)连在一起,形成一个集各种计算能力,即细粒度、中粒度和粗粒度并行处理、可视化计算服务和海量存储服务于一体的异构计算环境。这种超越了某一特定体系结构的所谓超越计算环境,在高性能计算领域,很可能是真正能够满足各种高速复杂计算要求和可视化计算、海量存储要求的并行处理系统。

集群系统是将若干微机或工作站通过普通局域网互连而成的并行处理系统,具有扩展性好,性能价格比高的特点,但普通局域网带宽较低,如广泛使用的传统以太网的带宽只有 10MB/s ~ 100MB/s,同时,局域网通常使用的 TCP/IP 协议开销很大,这些因素导致系统通信效率低从而影响了集群系统性能的发挥。为了解决这个问题,目前采用的主要方法有下述几种。

1) 采用新型高速网络,提高网络带宽

为了提高集群系统的网络带宽,必须采用新型的高速网络来取代 10MB/s ~ 100MB/s 以太网。由于多媒体应用,实时网络系统,大规模并行计算等应用对高速网络的需求,推动了网络技术的飞速发展,目前出现了多种新型的高速网络,如千兆以太网、ATM、Myrinet 和 Infiniband。这些高速网络所采用的技术可分成共享介质类型和基于交换类型两种。共享介质类型的高速网络主要有快速以太网,基于交换的高速网络主要有快速交换以太网、ATM、Myrinet

和 Infiniband。目前 Infiniband 得到越来越多的应用。

2) 设计新的通信协议,降低通信延迟

为了获得高带宽,低延迟的网络通信,必须对传统的 TCP/IP 通信协议作较大的修改,以克服传统协议的弊病,提高通信效率。为此首先要对通信协议进行精简,精简包括两部分内容;一是功能精简,就是删除那些对数据传递不需要的和冗余的功能;二是协议层次的精简,合并各层的功能,使得通信协议变为一层,以达到减少数据复制次数的目的。其次是在用户空间实现通信协议,这样可以减少操作系统调用的时间,减少数据复制的次数,提高通信的效率。

8.2.5 并行程序环境

并行程序运行环境应包括硬件平台、操作系统、并行程序设计语言及工具等;作为一个并行程序设计的支撑环境,至少应包括:并行语言支持或并行操作库函数支持,一种或多种并行编程模型。

在分布式并行计算机系统中,由于处理机间设有共享内存支持,因而各处理机间通过消息传递机制实现数据通信,消息传递成为构造并行处理环境的基础。

PVM、MPI、Express、P4 等基于消息传递机制方式的并行程序运行环境,为并行程序的设计和运行提供了一个完整系统和各种辅助工具。它们的功能包括提供统一的虚拟机,定义和描述通信原语,管理系统资源,提供可移植的用户接口和多种编程语言的支持。经过长期的应用,消息传递接口 MPI 得到大多数分布式并行处理系统的支持,已经成为事实上的标准,得到广泛的应用。

开发并行应用程序比串行程序困难得多,它涉及多个处理器之间的数据交换与同步,要解决平行段划分、任务分配、程序调试和性能评测等问题,需要相应的支持工具等。比如并行调试器、性能评测工具、并行化辅助工具,它们对程序的开发效率与运行效率都有重要的作用。

8.2.6 并行程序设计语言

开发并行程序设计语言一般有三种方法。

(1) 设计一种新语言,新语言应有比较强的并行性描述能力。

(2) 对现有的顺序语言加以扩展,提供并行性描述机制。该方法具有兼容性好,编程简便等特点,常常被采用。

(3) 不改变现有顺序语言,而向用户提供并行的函数库、类库或并行化编译系统等方法实现并行程序设计。该方法简单灵活,易于推广,常被采用。

针对这三种不同方法开发的并行程序设计语言,一般相应地采用下述三种编译器:设计新语言的编译器;利用现有顺序语言编译器,加入预编译以解决新增的并行机制;使用现有顺序语言编译器,链接并行函数库、类库,针对传统顺序程序,设计并行化编译系统。

集群系统由于节点计算机一般都带有常用语言,如 C 语言、Fortran 语言等,因此其并行程序设计语言的实现也常采用上述第三种方法。

8.2.7 并行程序设计模型

并行程序设计具有多种模型,它为程序员提供了一幅透明的计算机硬件/软件系统视图。

(1) 共享变量模型。共享变量模型用限定作用范围和访问权限的办法,对进程寻址空间实行共享或限制,利用共享变量实现并行进程间通信。共享变量模型与传统的串行程序设计有许多相似之处，程序员只需关心程序中的可并行进程，而无需关心进程间的数据交换问题。共享变量模型通常不用于集群系统。

(2) 消息传递模型。消息传递模型是指不同进程之间通过显式方法(调用发送和接收函数)传递消息来相互通信，实现进程之间的数据交换、同步等。因此，程序员不仅要关心程序中可并行成分的划分，而且还需关心进程间的数据交换。消息传递模型具有灵活、高效的特点，适用于多种并行系统，如MPP系统、集群系统等。

(3) 数据并行模型。数据并行模型是指将数据分布于不同的处理单元。这些处理单元对分布数据执行相同的操作。数据并行程序使用预先分布好的数据集，运算操作之间进行数据交换操作。数据并行操作的同步是在编译而不是在运行时完成的。数据并行模型适用于SIMD系统。

(4) 面向对象模型。面向对象模型是近几年随着面向对象技术的发展而提出的，它基于消息传递，但并行处理单位却是对象。在这种模型中，对象是动态建立和控制的，处理是通过对象间发送和接收消息来完成。面向对象模型具有简洁灵活的特点，适合多种平台。

8.3 并行处理计算机系统的应用

并行处理系统一般用于解决大容量存储、大数据量计算等需要大幅度降低处理时间以提高生产效率的应用问题。许多对经济、科技、军事技术和人类社会的发展有广泛影响的重大应用问题都存在固有的并行性。

并行处理技术最早是由军事技术发展的需要推动的，也首先广泛地应用于军事领域。在1992年7月发表的《美国国防部关键技术计划》中，将规模可变的并行高性能计算系统与七大需求的关系列表说明如下。

(1) 全球监视与通信：嵌入式万亿次每秒运算处理机；用于指挥/控制的多机种分布式处理(异构集群)系统。

(2) 精确打击：快速任务规划、近实时瞄准和火控用的万亿次每秒运算处理机。

(3) 空中优势与防御：供多个反战术弹道导弹探测、跟踪弱信号特征目标用的嵌入式万亿次每秒运算处理机；供航空电子系统用的嵌入式万亿次每秒运算处理机。

(4) 海上控制与水下优势：供海面和水下指挥/控制的嵌入式万亿次每秒运算处理机；供无人水下潜水器和航空飞行器用的嵌入式万亿次每秒运算处理机。

(5) 先进的地面战：用于指挥/控制和作战管理的万亿次每秒运算的高性能计算机系统；减轻指挥官和乘员组组长工作量的专家助手(辅助决策系统)；多机种分布式处理(异构集群)系统。

(6) 综合仿真环境：模拟中心的万亿次每秒运算处理机，供模型设计和模拟用。

(7) 改善经济承受能力的技术工业指挥/控制用的高性能计算机系统。

8.3.1 大规模并行处理计算机系统的应用

1) 核武器系统的研究设计和模拟仿真

在核武器研究中进行大规模科学计算的目的是要对核爆炸过程进行数值模拟，从而推断出不同结构与不同条件下核装置的能量释放效应。众所周知，造成核爆炸条件的过程与核反应的过程都是在高温、高压下进行的，而核爆炸的巨大能量是在微秒量级的时间内释放出来的，在一次核试验中要求测量出核武器内部细致的反应过程是十分困难的。描述核反应这样复杂的物理过程的数学模型是一组非定常的非线性偏微分方程，这组方程的解能给出核爆炸各个细节的图像、定量的数据和运动的全过程。但这组方程没有解析解,只能求助于数值方法求解,即进行大规模的科学计算。核爆炸试验只能提供一些综合效应的数据,但科学计算的结果却可以看出各种因素和机制是如何相互影响而起作用的,从而可以了解到核反应的运动规律并掌握型号设计规律,这对核武器的发展是至关重要的。

进行一次核试验耗资巨大,并且有一定周期,所以不能只通过核试验来设计和改进核武器。在计算机上选择一组参数计算一个模型,在一定意义上就相当于进行了一次核试验,可以称之为机器上的核试验。机器上的核试验做得多,方案设计得好,就可以减少真正核试验的次数,节省投资,缩短研制周期。在计算机上花百万元进行科学计算,可以节省数以亿计的试验经费。禁止核试验后,就只能使用计算机模拟仿真技术来发展核武器。正因为如此,美国能源部所属三大武器研究设计实验室(洛斯·阿拉莫斯、劳伦斯·里弗莫尔和桑迪亚)均装备了世界上最大、性能最佳的计算机系统。

另外,大规模并行计算机系统还应用于核武器的安全性和寿命周期等领域的研究。传统向量巨型机已经越来越不能满足该领域的要求了,因而高性能并行处理系统已经成为核武器研究设计工作中必不可少的装备和工具。

2) 雷达(包括相控阵雷达、脉冲多普勒雷达和合成孔径雷达)数据处理

雷达数据处理是大规模并行处理计算机系统颇有说服力的一个例子。美国能源部桑迪亚国家实验室在 SDI 计划中负责考察大规模并行处理系统处理问题的潜力,该实验室拥有世界上最多的并行处理系统和传统向量巨型机。20 世纪 90 年代,该实验室的大规模并行处理系统由试验性应用进入实际应用,有 20 个大程序由传统向量巨型机转换到大规模并行处理系统上运行,占该实验室计算总量的 95%。这些程序都是最大、最复杂的科学与工程计算题目,其中包括物体表面原子排列、流体力学、分子动力学、全球海洋—大气模拟的三维问题、从新的半导体材料与晶体到抗流星体碰撞的宇宙飞行器设计等,其中有些题目在此前两年还被认为不适合高度并行计算。这些题目的程序一经转换,在大规模并行处理系统上运行的解题速度比向量计算机快 4 倍 ~ 10 倍,而其硬件成本仅为传统结构计算机的 1/4 ~ 1/5。

1991 年 4 月,该实验室的科学家用一台 nCUBE-2 大规模并行处理机模拟从导弹进入自由段开始,跟踪它们直到多弹头分导再入,结果是跟踪了大约 10000 个目标。他们对 nCUBE-2 的 1024 个处理器进行精细管理和协调,使系统达到最高运算速度。他们认为,跟踪这么多目标,在此前三年看起来还是不可能的,那时,最快的传统向量计算机也只能处理几十个目标的数据。他们的结论是:传统巨型计算机不能达到我们的费用和时间目标,但大规模并行处理系统正在迅速发展,它的计算速度已经是传统巨型计算机的 5 倍。桑迪亚实验室还在其他几个国防项目上使用大规模并行处理系统,其中包括在由合成孔径雷达产生的一簇图像中寻找战场目标和模拟在各种类型的装甲车上反坦克弹药的效率等。

3) 高速飞行体的流体动力学计算

这是大规模并行处理计算机系统的又一重要应用领域。目前用风洞试验大型飞行器,马赫数不能超过 8,所以大规模并行处理系统已经成为设计和测试高速飞行体不可缺少的工具。美国已在 Paragon 机上开发了用于超声速飞机结构分析的应用程序,处理细单元模型 HSCT,其中包含 1.4 万多个结构结点,8.8 万多个方程式,需要 3.3GB 的内存来存放其矩阵和代数数据。实验数据显示,Paragon 机产生 HSCT 矩阵的速度要比 Cray Y/MP 机快 66 倍。

大规模并行处理系统还可应用于军用图像处理与压缩、目标跟踪与分类、图形识别、军用模拟仿真、大型天线的设计、天气形势预测等方面。

目前,大规模并行处理系统已经装备在一些武器系统上。美国 Arkon 公司研制的联想处理机(ASPRO),系由 4096 个一位处理单元构成的单指令流多数据流(SIMD)系统,美国海军

有三个项目采用该系统：E－2C 鹰眼预警机的机载雷达跟踪和显示处理系统、SSN688 级潜艇的战斗控制系统 MK2、旗舰数据显示系统。

马丁·玛丽埃塔公司研制的几何算术并行处理机（GAPP）由多达 82944 个处理单元构成，能实时完成 30 帧每秒的视频处理，将用于 AH－64 阿帕奇武装直升机上的 TADS/PNVS 夜导航和跟踪系统的改进型上。该公司研制的先进的收缩阵列处理机（ASAP），可以用于传感器汇集、数据校正、神经网络、推理处理、灵巧的联想存储器、信号和图像处理等方面，将用于美国海军水面舰只 SSTD 计划。

大规模并行处理系统在军事领域的潜力很大，可做成体积较小的嵌入式专用机安装在各种武器平台上。美军的公共图像和信号处理加速器就是这样一种嵌入式专用大规模并行处理系统。

公共图像和信号处理加速器又称公共图像处理器（CIP），是美军公共图像地面/水面系统体系结构的基本信号处理要素。作为专业图像处理加速处理部件，CIP 主要用于机载图像和雷达侦察设备的地面处理系统和大型机载系统中，是达到数千亿次每秒甚至更高的浮点运算能力的嵌入式计算系统。在战区指挥和情报采集分析系统环境中，CIP 及其配合使用的矢量信号与图像处理程序库（VSIPL），承担着将巨大数量的各种来源和格式（标准或非标）的图像数据（主要以静态照片图像为主）以及相关信息进行初步的处理和标准化，并按其性质进行标注和加密后向使用方分发的枢纽性功能。可以这样理解，没有 CIP，美军各军种、情报部门、作战指挥部门在各个阶段采用不同技术和设备构建的信息化系统的互通存在着严重的瓶颈效应，尤其在以图像为主的信息交换将难以摆脱低时效和高失误的状态，这在当今多军种、快节奏、高烈度的军事冲突和对抗中将可能造成致命的后果。

有关以 CIP + VSIPL 为代表的公共图像处理系统的实际作用，可以从 20 世纪美军自“沙漠风暴”到“伊拉克自由作战”的多次局部战争和武装冲突中体现，其情报系统提供的战术情报处理质量和分发速度就可以看到公共图像处理系统的巨大作用：在“沙漠风暴”中，美军空军的战术侦察机拍摄的战区图像情报经常需要事后数小时甚至更长的处理和分发时间方可到达一线作战部队，并且由于各军种执行标准上的差异和对内容理解的区别，出现了许多的误伤事故和指挥失误。随着 CIP + VSIPL 在美军 CIGSS 等系统的广泛使用和不断升级和改进，在此后的几次军事行动中，战术情报的处理和分发速度已普遍降低到数百秒级甚至更短，错误率也大幅度地降低，为美军一线作战部队快速推进和精确打击提供了重要的保障和支持。

大规模并行处理是一种军民两用技术。在民用领域，大规模并行处理系统可用于气候建模、液体紊流、污染扩散、人类遗传基因结构、海洋环流、色量子动力学、半导体建模与设计、燃烧系统和认知等科学计算领域，以及巨型数据库管理等事务处理领域。

8.3.2 集群系统的应用

由于价格、效率等因素的影响，传统巨型机、大规模并行处理计算机系统的应用受到一定的限制，而集群系统提供了 种建立从中小规模到大规模并行处理系统的可扩展的方法，是解决许多有关国计民生的重大计算问题的可行途径之一。但从目前集群系统的通信性能看，这类系统解决粗粒度的应用问题比较有效。除了用于雷达数据处理和高速飞行体的流体动力学计算等应用，集群系统还可用于下述领域。

1）石油地震数据处理

目前，三维地震勘探是油气勘探中行之有效的手段，也是解决地质勘探任务的重要方法。但是三维地震勘探在具体实施过程中存在一些问题：数据量大、计算量大和处理周期长。IBM

高级地震研究小组 ASPG,利用5台 RS/6000 工作站构成的集群系统,运行3D 偏移程序,达到了巨型机的效率。

2) 数值天气预报

数值预报主要用离散方法求解复杂的非线性方程,计算范围可以包括整个大气层,因此数据量大、计算复杂,而天气预报的实时性又要求在限定时间内给出结果。适合于我国高原地区复杂地形条件下的有限区域的 YH 数值天气预报模式。美国大气科学研究中心研制的 MM5 尺度数值预报模式在8个节点的 SCAPE 集群系统上加速比达到6。

3) CAD 图像处理

许多图像处理的并行化都可以采用二维分块法实现,这类算法并行度高,加速效果明显。

8.4 并行处理计算机系统的发展趋势

8.4.1 大规模并行处理计算机系统的发展趋势

(1) 系统性能。在20世纪90年代曾经提出要实现3T并行系统,所谓3T指三个指标达到万亿,即万亿次每秒浮点运算速度,万亿字节存储容量,万亿位每秒传输带宽。随着微电子工艺的发展和微处理器的新体系结构的进展(如微处理器结构中的超流水线、超标量和超长指令字等技术),目前 MPP 系统的峰值速度早已超过百万亿次每秒,正在向千万亿次每秒的目标前进。

(2) 系统结构。由于微处理器的新体系结构的进展,已经出现在一片芯片上集成多个处理器的微处理器,如 AMD 和 Intel 公司已经推出在一片芯片上集成2个处理器的新芯片。而 IBM 公司的 BlueGene/L 系列巨型机系统中使用的芯片,则是 IBM 专门为其设计的多处理器芯片。该芯片上集成大量功能部件:两个处理器、4个数学协处理器、4MB 内存和用于5个网络的通信协处理器。按照 IBM 的规划,这种芯片将来可能会包含多达64个处理器。因此大规模并行处理系统的节点本身将成为一个紧耦合多处理系统(多处理机或对称多处理机,也可以按单指令流多数据流方式工作),然后再通过某种互连网络实现松耦合的大规模并行处理系统;同时随着微电子工艺和高密度组装技术的进步,整个系统的体积将大为缩小,因而适合做成嵌入式计算机系统安装在飞机或轨道平台上。

(3) 互连技术。新的器件和算法,特别是光互连技术在并行系统中的应用,将使并行系统中的通信开销非常小,以至在设计并行程序时不必考虑节点间的距离和系统的拓扑结构。

(4) 软件系统。将出现标准的并行操作系统、标准并行程序设计语言和标准用户界面,同时,由于自动并行识别技术和共享虚拟存储器技术的成熟,程序员在并行处理系统编写程序就如同在传统计算机上一样方便。

(5) 应用领域。目前大规模并行处理系统正在向通用机的应用领域发展。大规模并行处理系统的并行输入输出系统能够解决传统大型机进行事务处理时的磁盘“瓶颈”问题,因而能够成为处理 TB 级数据的超级数据库服务器。20世纪90年代初,以开发数据库管理系统闻名的 Oracle 公司用一台64个节点的 nCUBE 并行处理机,运行其新开发的并行数据库管理系统——Oracle Parallel Server,使事务处理吞吐率达到每秒1073个,其性能比大型机高出一倍,而每项事务处理的处理成本比 PC 机还低。这是并行系统迈向通用系统的重要一步。目前完全可以这样说,大规模并行处理是大型机未来发展的一个方向。

8.4.2 集群系统的发展及展望

随着对集群系统研究工作的开展,世界上许多大学和实验室都建立了实验集群系统,并进行了许多应用测试,结果表明,大量的并行应用程序都能在集群系统上获得很好的效率。据统计,美国 Livermore 国家实验室的 90% 的应用问题都能在集群系统上解决。如,UC Bekeley 用 53 台 DEC Station5000/133 组成的实验集群系统测试了多种应用程序,并对集群系统的各组成部分对传输延迟的影响作了分析。4 台 Sun SPARCstation20 和 Myrinet 组成的 Web 服务器是当初响应最快、吞吐率最高的服务器之一。由 100 个高性能处理器组成的 NOW 集群系统,当初所提出的研究问题,如“全局 UNIX”、Network RAM 等已取得了很好的成果。

随着网络技术的发展和对集群系统研究的深入,特别是高效通信机制的开发,集群系统的通信性能将会接近专用的互连网络,并行编程环境和工具更加完善,有望在集群系统上解决粒度更细的应用问题,使并行处理系统的应用领域更加广泛。

除了传统的大规模科学计算和工程计算外,集群系统在事务处理、并行数据库和服务器等领域也有较好的应用前景。这些领域的共同特点是数据量大,要求同时服务的用户多,对吞吐率和响应时间要求高,集群系统价格低、可靠性好、吞吐率高,而且系统资源丰富,与其他解决方案相比,集群系统具有更多的优点。目前多数商用数据库管理系统已经提供这种分布处理的支持。

计算机的广泛而深入的普及应用意味着现代社会对计算机系统产生越来越强的依赖性,于是,为了保证各种应用系统系统的业务连续性,对执行关键使命的计算机系统的可用性提出越来越高的要求。所谓执行关键使命的计算机系统,是指诸如金融系统、通信系统、航空管制系统、航天测控系统、深空探测系统这一类应用系统的服务器系统。这一类应用系统对服务器的可用性提出非常高的要求,一般要求服务器系统长期不间断稳定可靠地运行,即达到 7×24(一周 7 天,每天 24 小时)甚至 365×24(一年 365 天,每天 24 小时)不停机,也就是所谓永不停顿(Nonstop)的要求,同时还要达到数据永不丢失的要求。目前,一般采用高可用系统(HAS)来满足应用系统对服务器系统的上述高可用性要求。由于集群系统中有大量的冗余部件(处理器和通信路径等),是实现高可用系统最佳途径。实际上,目前的高可用性系统均使用集群体系结构。高可用集群系统基于其集群体系结构及共享资源的冗余性,同时采用冗余的可脱离的部件和专门的支持高可用性的软件技术,可以在系统中出现单点故障(SPOF)的情况下降级运行。根据需要,高可用集群系统可以满足应用系统的抗毁性、可修复性、可维护性和可伸缩性等要求。高可用集群系统提供的可用性可以达到 99.99% 以上,价格比传统容错系统要低得多,较好地兼顾了可用性、可伸缩性、费用这三个因素。高可用集群系统是满足现阶段信息化社会对服务器系统提出的高可用性需求的理想技术。

作为多数研究及应用机构都能承受的一种超级计算资源,集群系统必将对许多挑战性的计算问题及国民经济起到积极影响。

在本章的最后,特别要指出的是,并行处理计算机是在人类对计算机系统的计算速度无止境的要求中产生并不断发展的。高性能并行处理计算系统的重要性是不言而喻的。在《美国国防部关键技术计划》(1992 年 7 月版)中就指出,高性能并行计算系统被看成是各种各样的关键国防能力的一个关键性赋能器。

研究并掌握并行处理技术,对于突破西方对我国战略性技术的封锁、增强国防实力、促进科学技术发展和国民经济的发展都具有十分重要和深远的意义。

第9章 PDA

随着人们工作中的移动性越来越高，许多人由于业务需要，工作地点经常不断变动，导致在任何时候、任何地点都能接入信息网获取所需的信息成为21世纪人们的普遍需求。而这种需求使人们对移动商务、移动办公的需求越来越迫切。PDA作为移动商务和移动办公中实现信息获取的终端，越来越被大众所接受和使用，并逐渐走入移动商务活动，甚至人们的日常生活中。

本章将对PDA的概念、发展历史、软硬件、现状和发展趋势等作一个综合性的阐述。

9.1 PDA概况

9.1.1 PDA的定义

PDA，即个人数字助理，是Personal Digital Assistant的缩写，顾名思义就是辅助个人工作的数字工具。PDA开始主要提供记事、通信录、名片交换及行程安排等功能。随着时间的推移和技术的发展，又增加了MP3音乐播放、照片拍摄、影音摄录、视频游戏、MPEG-4视频资料播放、GPS全球定位信息接收、电子邮件发送、移动电话通信、上网浏览及下载因特网信息等。通过添加不同应用软件，PDA还可成为文字处理器、数据库、传真机，甚至一本电子书。同时，还可以根据使用者的特点，开发、定制专用的业务应用软件。相对于传统PC，PDA的优点是轻便、小巧、可移动性强，同时又不失功能的强大；缺点是显示屏幕较小，且电池续航能力有限。PDA通常采用手写笔作为输入设备，而存储卡作为外部存储介质。在无线传输方面，大多数PDA具有红外或蓝牙接口，以保证无线传输的便利性。许多PDA还能够具备WI-FI连接以及GPS导航系统。

PDA的出现代表了计算机的一个重要发展趋势，即计算机与通信的结合越来越紧密，计算机在人类生活中的渗透性越来越强，人们的工作及日常生活将越来越依赖计算机。PDA实质上就是顺应这种趋势,集计算机、通信与消费电子于一身的产品。

9.1.2 PDA 的由来

新事物的产生来自人们丰富的想象,PDA 同样如此。其发展轨迹最早可追溯到 20 世纪 70 年代。20 世纪 70 年代,美国犹他州的一位研究生 Alan Kay 提出了 Dynabook(一种类似小书本的便携式交互型个人计算机)的新概念。当时,该研究生对这一新思维下的未来产品的细节进行了描述,其中包括平面显示、无线通信等主要功能特性。综合相关资料,我们可以告诉读者,Dynabook 就是今天 Notebook 笔记本电脑和 PDA 掌上电脑的前身。Notebook 新概念的提出也为 Xerox Palo Alto 研究中心早期个人电脑的开发奠定了基础。在 PDA 商品化走在前面的有 Psion 公司和苹果公司。前者推出的第一个产品是 Psion Ⅰ,后者推出的第一个 PDA 产品是于 1993 年发行上市的混合携带触摸屏和手写辨认软件的第一台双输入方式 PDA。在 PDA 的发展史上,苹果公司执行总裁 John Scully 先生功不可没,是他最先将 PDA 概念与产品带入于 1992 年 1 月举办的 WCES 世界冬季消费类电子产品展上的,也是他在展示会上宣布开发多语言通用 PDA 产品信息,从而奠定苹果公司在 PDA 市场领头羊地位的。紧随其后,美国 Robotics 公司也于 1996 年推出了它的第一个 PDA 产品 Palm Pilot,从此,PDA 市场开始腾飞,并呈现日趋红火之势。在过去的五六年间,PDA 因所用技术的先进,使得其功能、特性也随之不断增多与提高。如互联网接入、附加软件配备、多操作系统、快速处理器(200MHz 以上)和大容量存储器(64MB 以上)等都在一一兑现。尽管 PDA 概念开创至今已 30 余年,但对其进一步改进、完善与提高从来就没有停止过,它的发展还在继续。

PDA 在 20 世纪 90 年代兴起还有一个主要原因,那就是笔式计算机相关软、硬件技术的开发。笔式计算机就是能够利用笔进行文字、图形等信息输入的计算机。自 1989 年始,许多公司投入到笔式计算机的研制中,并不断宣布新系统和应用软件,不断在笔式系统中融入新技术和新功能。这为 PDA 的产生、兴起提供了技术和产品上的支持。

目前便携机越来越轻巧,但功能却越来越丰富。现在对便携机性能的描述是"与台式机相当",说明便携机的性能已与功能强大的 PC 机不相上下。但当你外出时,你有时并不需要做很复杂的事情,也许就是做一些日程管理和简单的通信,这时你就不需要便携机那么强的性能及那么多的功能,而只需要一个更简单、更便宜、更方便、更小巧的计算机,这也就是 PDA 的功能定位。

John Scully 先生当时把 PDA 设想成一种能在移动环境中支持个人通信和数据访问的设备。虽然便携式计算机可以利用电话线进行数据通信,而且越来越多的地方为这种数据通信提供条件,如许多旅馆在客房的电话上增加了数据端口,大多数机场终端也安装了具有标准插座的公共电话,但是仍有许多场合不适合甚至不可能利用有线通信,例如在行驶的车上。

另外,人类对通信的要求是无止境的。在蜂窝电话上能自由通信的移动工作人员现在还要求进行自由自在的数字通信。许多公司还希望利用无线网络使外出人员与办公室的网络服务器、微型机和主机上的公司数据库和应用软件进行通信。也正是这种需求促成了 PDA 的出现。PDA 强调的就是让任何人在任何时候及任何地点都能方便地使用。

9.1.3 PDA 的种类

1) 按功能分类

PDA 是便携式微机的小型化和专用化的产物。在 PDA 这个名词出现之前,从 20 世纪 80 年代中期,类似于 PDA 这类的个人信息处理设备已随处可见。由于受不同应用领域的影响,各种 PDA 产品在性能上有较大的差异,各有侧重。从主要的功能特点上大致可分成以下四类。

(1) 笔式掌上型机。这类产品的大小与高档计算器差不多,一般在 0.9kg 以下。这类

PDA 的特点是无键盘,采用笔式输入方式(尤其是具有手写体识别功能),通信功能较强并且易于使用。

(2) 个人通信器。这类产品比笔式掌上型机更加强调通信功能。目前比较流行的智能手机就属于这一类产品。

(3) 电子组织器(Electronic Organizer)。这类产品的大小与大型计算器差不多,配备小型键盘,一般在 0.5kg 以下。电子组织器主要用于存放各种资料数据,一般无通信能力,功能和价格都较低,但其电池寿命一般可达上百小时,正常情况下可使用 1 个 ~2 个月。

(4) 通用掌上型笔式机。上述三类 PDA 产品,大多采用专用 CPU、专用操作系统,面向专业市场,属于专用系统一类。通用掌上型笔式机是兼有通用和专用便携式微机的缩微化产物,大多采用市场流行的微处理器,软件上兼容于 DOS 和 Windows 之类台式微机的流行操作系统,兼有笔式和外接键盘输入特性,面向广泛的大众市场。

2) 按操作系统分类

现代的 PDA 功能越来越强大,某些掌上型 PDA 的计算能力甚至相当于早期的 Pentium 和 Pentium Ⅱ系列台式计算机,因此其应用的领域越来越广,所能提供的功能也越来越丰富。不同的厂家推出的产品也是各有特色,某些厂商自行研发或者联合研发出了多种操作系统平台。因此,在某些场合下,也可按照所使用的操作系统来对 PDA 分类。主要的操作系统平台基本可划分为 Palm, Pocket PC, Symbian、Linux 等。

Palm 是一种掌上电脑硬件的名称,采用名为 Palm OS 的操作系统。Palm 旧称 PalmPilot,是由著名 Modem 制造商 US Robotics 发明,采用龙珠处理器。后来 US Robotics 被美国 3Com 公司收购,再独立成为一家公司。Palm 曾把技术授权与 IBM、HandSpring 及 Sony 等公司生产兼容产品。

Pocket PC 是基于微软的 Windows Mobile 操作系统的一种掌上电脑,其早期版本成为 Windows CE。制造 Pocket PC 的著名厂家有 HP、Dell 等。

Symbian 主要是由 NOKIA 等几个大型的通信公司联合成立的一家合资公司研制的系统平台,其主要作为智能手机的操作系统平台。

此外,随着 Linux 在计算机行业的发展和推广,也有部分厂商推出了基于 Linux 的 PDA 系统平台。

9.1.4 PDA 的特点

从前面的介绍,我们可以归纳出 PDA 是一种面向大众消费市场的、高便携性的、易于使用的、集计算和通信功能于一体的设备。说简单点,就是一种掌上型多功能 PC,这就决定了 PDA 的一些基本特点。

(1) 价格低廉。既然要面向大众市场,要为广大用户买得起、用得起,首先就要求价格不能太贵。据专家分析,PDA 要打入大众消费市场,价格定位于 300 美元左右是比较合适的。

(2) 小而轻。这是高可便携性的基本要求。其最大的尺寸和盒式录像带的差不多,能装入口袋,不超过 0.9kg,能单手手持操作。

(3) 低耗电。PDA 像手机一样要靠电池供电,所以低耗电是 PDA 设计的重要指标,也是用户对 PDA 的起码要求。使用的电池要能用上几十个乃至上百个小时,使用者不必总是担心电池是否快用完了。

(4) 软件丰富、用户界面友好。PDA 概念的核心是灵活与便携,它能适应用户的工作方式,而不是让用户反过来去适应它。这要求 PDA 在功能上应固化有丰富的个人信息软件,用户界面应尽可能接近人习惯的纸和笔的工作方式,使不懂计算机的人不经任何专业培训就能使用。

(5) 采用笔输入方式,具有手写体识别功能,以后逐步做到语音输入。

(6) 具有良好的通信功能。可与台式 PC 或局域网连接交换资料,具有双向无线通信功能,可利用蜂窝无线通信网很方便地接收、发送电子邮件、传真等。

9.1.5 PDA 的用途

迄今,PDA 的发展已走过 30 年,尽管其仍是小巧的掌上产品,但在先进数字技术的包装下,PDA 似乎已成了无所不能的多媒体掌上设备。无论是视频、音频还是数据信息的发送与接收,PDA 均能胜任,而且随时随地。PDA 应用的领域将随时间推移不断拓宽。

1) 移动商务和移动办公

PDA 从字面意思上讲虽是个人数字助理,开发伊始的目的也确实是用于个人信息的管理。但现在越来越多的商务人士喜欢借助 PDA 的电子邮件与移动电话功能迅速与生意伙伴进行联络,从而可更快捷、更有效地在任何地点、任何时候做成一笔笔生意。新加坡友邦保险公司就是其中之一。该保险公司不管是上层领导还是下属保险代理人都一致表示用了 PDA 后,业务量确实大幅度提高。正因尝到了甜头,新加坡友邦保险公司上层领导积极鼓励其下属的每一位员工都使用 PDA,以充分发挥该设备在保险业务上的应有作用。

2) 医学用途

目前,世界范围内已有医生或医学教授喜欢用 PDA 协助诊治或教学。医生手中有了 PDA 就可用来存储病人的病史,使用时远比传统查阅病历卡档案,了解病人情况或有无药物过敏等的方式来得方便有效,特别是在紧急情况发生时,对医生作出正确判断非常有利。上医学课用上 PDA,整个教学过程就会因 PDA 的出现而变得生动活泼多了。讲话将结束时,学生可以通过安装于座位上的终端同步记录下所讨论的关键问题。在澳大利亚与新加坡,医学工作者无论是医生还是医学教授,对 PDA 的使用都情有独钟。

3) 电子书

由于 PDA 特点之一是小巧易带,使其成为到处可读的电子书。目前,电子书的出版已呈与日俱增之势,其中有些是免费提供读者的,有些仅需支付小额费用。不过,不是所有电子书出版商均向 PDA 拥有者提供同名书籍电子版本的,有些出版商仅支持在 PC 个人电脑上阅读电子书。

4) 移动娱乐

MP3 音乐聆听在青年中受到普遍欢迎,流行已有几年。较多消费类电子音频设备一般都设置 MP3 格式音频播放功能。同样,PDA 也不甘落后,无论是需要时的下载还是聆听,用户用来均很得心应手,非常方便。对有些内容,聆听不如观赏那么直接、易懂。最新的 PDA 还增加了视频画面播放功能,它可方便用户在路途中通过视频画面来了解自己想知道的内容。要达到这一目的,用户只需下载或复制相关内容的视频文件到 PDA 即可。需要了解时,相关内容就可显示在小屏幕上。PDA 还设有声音记录功能,只要用户想保存,无论是什么声音内容与资料,均可记录在机,回放聆听只需按动 PDA 专用键即可。

9.2 PDA 的技术描述

从前面的简单叙述中,我们知道 PDA 首先是一台计算机,是 PC 机的缩小化和专用化。所以它具有与 PC 类似的体系结构、系统部件/接口、操作系统等。但是由于 PDA 的小型化和便携性等特点,其又与 PC 有着很大的差别。下面从 PDA 软硬件的体系结构和组成分类方面进行说明。

9.2.1 PDA 的硬件体系结构

一台 PDA 同其他计算机一样，包括 CPU、显示器、存储器等计算机的基本部件。同时，PDA 的特点又决定了它的硬件配置与一般的 PC 机有明显不同，比如它通常没有键盘，而是采用电子笔作为其输入手段，再比如它没有硬盘等等。特别应强调的是，PDA 还是一个通信器，还必须包括通信装置或通信接口。

PDA 作为便携式电子设备，人们已赋予它越来越多的功能和用途。通过分析已有 PDA 的功能和我们现在可能设想到的潜在功能，在 PDA 的硬件体系结构上，我们可以归纳出下列框图。

图 9.1 是一个 PDA 通用的硬件体系结构框图，通过选择不同的处理器(CPU 或 MPU)、对各功能模块的裁剪，以及采用不同的 OS，我们可以得到不同的应用方案，实现从低端的电子词典到高端应用的 PDA 产品。下面我们介绍一下 PDA 的几个主要硬件及其特殊要求。

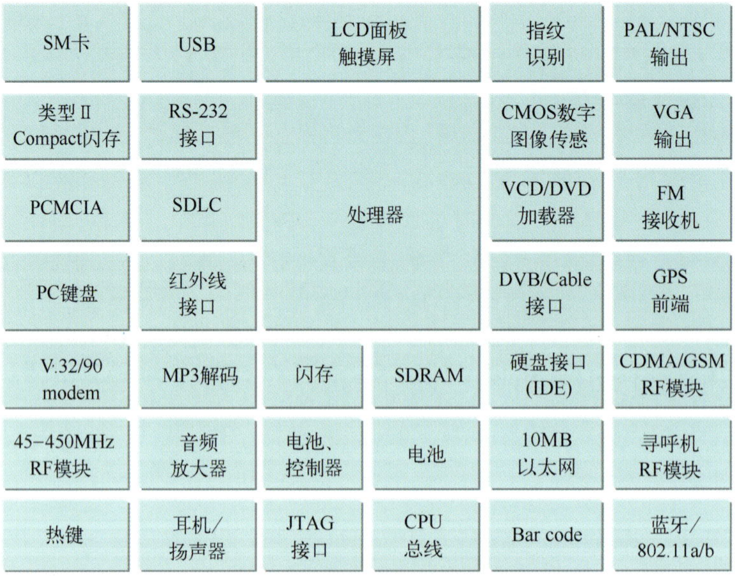

SM卡	USB	LCD面板 触摸屏		指纹 识别	PAL/NTSC 输出
类型Ⅱ Compact闪存	RS-232 接口	处理器		CMOS数字 图像传感	VGA 输出
PCMCIA	SDLC			VCD/DVD 加载器	FM 接收机
PC键盘	红外线 接口			DVB/Cable 接口	GPS 前端
V.32/90 modem	MP3解码	闪存	SDRAM	硬盘接口 (IDE)	CDMA/GSM RF模块
45-450MHz RF模块	音频 放大器	电池、 控制器	电池	10MB 以太网	寻呼机 RF模块
热键	耳机/ 扬声器	JTAG 接口	CPU 总线	Bar code	蓝牙/ 802.11a/b

图 9.1 PDA 硬件体系结构框图

1) 微处理器(MPU)

微处理器对于一台计算机好比一个人的心脏，它的好坏决定了计算机性能的高低。同时，机器的功能也对微处理器提出了要求。作为 PDA 的微处理器首先要具有以下特点。

(1) 低成本。PDA 面向大众消费市场，价格定位低，所以选择 PDA 的微处理器时不能不考虑价格。

(2) 尺寸小。这是由 PDA 的尺寸决定的。

(3) 低耗电。PDA 靠电池供电，电池寿命要求为 1 个 ~2 个月，当然所有耗电器件都要求低功率、低耗电，PDA 的 MPU 一般都采用 3.3V 的低电压。

(4) 高集成度。PDA 的小尺寸要求 MPU 内部要包括尽可能多的外围功能，如存储器和各种各样的控制器，以减少外围芯片的数量。

(5) 能够运行压缩代码。这样可以减少存储软件和数据所需要的存储器数量。

PDA 对其 MPU 的这些要求，有的是一致的，有的是相矛盾的，这就要求 PDA 的设计者必须找到一个折中点。

目前在市场上具有代表性的三种微处理器是 StrongARM(Intel)、X－Scale(Intel)、Dragon-Ball(Motorola),其特点是,功耗低、周边集成,能满足特定应用的要求。除此之外,还有 Toshiba、MIPS、Zilog 的处理器,甚至传统的 MCS－51 系列的单片机也可以使用。近年来各半导体公司也已经广泛地采用 ARM 公司的专利,推出了不同处理速度的 RISC 处理器,可用来担当不同应用的主处理器角色。

2) 液晶显示屏(LCD)

由于 PDA 的小型化、便携性等特点,显示设备普遍采用液晶显示屏。作为 PDA 的显示器,液晶显示器要符合以下这些要求:首先要尺寸小、厚度薄、耗电低,以满足 PDA 的高可便携性和低耗电要求;其次成本要低,因为液晶显示器的价格在 PDA 的成本中占很大比重,液晶显示器价格要贵的话,PDA 是无法便宜的;第三,液晶显示器要有好的显示质量,因为 PDA 要求任何时候任何地方都能使用,所以在昏暗的光线下,PDA 的显示器要仍能清晰可辨。

要同时满足 PDA 对液晶显示器的这些要求,不是一般的液晶显示器技术所能实现的,要为 PDA 研究、开发专门的液晶显示器。

液晶显示器是由液晶材料做成的。液晶是一种特殊的有机化合物,在加热过程中有机化合物形成与晶体物理性质相似的液体,故称液晶。为了满足显示技术的各种要求,在实际应用中必须采用混合液晶,它们是含有 30 种液晶单体的化合物。

液晶显示器的基本结构是 ITO 玻璃、液晶和偏振片。液晶材料夹在两层玻璃板中间,外面再加上上偏振片和下偏振片,封装起来,引出数据线,再配以驱动电路,便成为液晶显示模块。

液晶显示的基本原理是基于液晶的透光率随其所施加电压大小而变化的特性。液晶本身不发光,需加上外部照明光源,液晶通过反射显示文字和图形。目前照明光源一般采用冷光源—冷阴荧光灯管(CCFT)。这种灯管一般要放在液晶显示器的背后,称为背光。

从色彩上分,液晶显示器有单色(黑白)、彩色之分;从原理上分,液晶显示器有有源矩阵液晶显示器和无源矩阵液晶显示器两大类。

有源矩阵液晶显示器采用有源矩阵结构,一般用有源晶体管来调节背面照光电源发出的光的大小。这种光通过数层偏振层、液晶材料和彩色滤光层。屏幕图像由电子栅极所控制,电子栅极的作用是确定多少光通过每个网格点或像素。

与有源矩阵液晶显示器相比,无源矩阵液晶显示器价格便宜,耗电量低,重量也轻,缺点是显示动态图像时出现余辉,另外视角小一些。无源矩阵液晶显示器在每个像素位置没有晶体管,无源矩阵液晶显示器的制造技术与有源矩阵液晶显示器截然不同。

3) 存储器(Flash Memory/SDRAM)

对于 PDA 来说,存储器是一种非常珍贵的资源。由于受尺寸的限制,PDA 没有内接的软盘驱动器或者硬盘,PDA 的所有软件和数据都存储在 RAM 和 ROM 中,所以 PDA 要求 RAM 和 ROM 的容量应该很大,但 PDA 是靠电池供电的,受尺寸和耗电量的限制,RAM/ROM 又不能太大。

RAM/ROM 作为计算机的主存,读取速度快,但 RAM 有一个缺点,就是一掉电,RAM 上的所有信息都将消失;而 ROM 是只读存储器,其上面的内容是制造商固化在内的,用户不能进行任何修改。

快闪存储器是一种新型的电可擦写、非易失性半导体存储器,是目前唯一同时具备大存储容量、非易失性、低价格、可在线改写、高速度等几个特性的存储器。快闪存储器既有半导体存储器读写速度快的优点,又无 DRAM、SRAM 那样一掉电便丢失信息的缺点;既和 ROM 一样是一种不挥发存储器,又和 RAM 一样可以进行读写;既像 EPROM 一样可以改写,但又比它更容易改写而且价格便宜。同硬盘之类存储媒体相比，快闪存储器不仅信息存取速度快，而且小、轻、低耗电、不易损坏。

由于快闪存储器具有的这些特点，它已成为用途最广的存储器。

要解决 PDA 的存储问题，同时满足体积小、容量大、耗电低、非易失、低价格的要求，快闪存储器(Flash Memory)是目前多数 PDA 的一个主要解决方案。

首先，快闪存储器可用作内容容易更新的 ROM 使用，可作为具有非易失性的 RAM 使用；还可作为大容量数据的存储媒介。目前在高档便携计算机或特种计算机上，已经开始由快闪存储器取代硬盘，以减小设备的体积，降低功耗，提供低温环境工作的保障。

同时，在 PDA 上，快闪存储器也是最有希望广泛应用的海量存储器，它可以取代 ROM 和 RAM，使存储器上的内容不再因为电池没电或关机而消失，同时它也可作为 PDA 的硬盘使用，以增大 PDA 的存储容量，让用户存储更多的数据，运行和安装更多更大的软件。

4）接口

在上面的 PDA 硬件体系结构图中，处理器左边的两列块图位置(图 9.1 的左侧区域)是大家熟悉的接口，正在逐步成为 PDA 或便携式设备的基本周边，将来还会出现实现无线个域网 WPAN 的 Zigbee 等短距离宽带通信接口。

不同的裁剪可以设计出适应不同应用层面的产品。其中，RF 功能我们可以认为是实现近距离或可视距离范围内的无线通信，目前数据通信速率可达 56Kb/s，在通信协议的控制下，可以实现小范围内多点通信。例如学生用电子书包，老师和学生之间可以通过无线方式布置和提交作业。这种联接方式，可以让游戏者在公共场合，无连接地交换数据，实现多人竞技游戏、交友和聊天等，相识的和不相识的人都可以加入，只要你发出无线邀请。

在处理器右边的两列块图(即图 9.1 的右侧区域)，是最具有时尚风格的应用。包含其中的部分功能，就可使 PDA 成为特殊的功能设备。例如从 CD - ROM 获得数据可以实现电子地图、电子游戏、MP3、音乐 CD 功能，再加上 VGA 或 PAL/NTSC 输出，甚至可以成为 KTV 和 VCD 播放器；如果配接小尺寸硬盘，从 VGA 接口输出到 LCD 监视器或投影仪上，做产品介绍、企业规划宣传时，就算是现在最小的笔记本电脑都显得庞大；增加寻呼机的接收模块，可以成为使用成本低廉的数据接收机；增加 FM 接收头，可以接收不同的调频音频信号或调频广播；使用有线或无线网络资源，除享受全球互联网的信息外，还可以接收到来自地球另一端的网络数字音频节目；GPS 接收模块可以让移动者在任何时候都能知道自己所处的位置，结合电子地图的使用，可以方便移动者的外出旅游或野外勘察，保持与家人或同事之间的快速联络；数字影像信息的获取，使得远程图像监控、远程医疗、诊断、教学、视频会议等应用变得更加方便。诸如此类的这些应用，可以大大扩充我们的视野，增加我们的活动范围。

5）输入设备

大多数的 PDA 采用笔作为主要的输入方式。笔作为输入工具有很多优点，其中最主要的优点就是自然和灵活。自然是指它符合习惯，人们长久以来用笔写写画画，收集信息，后来却不得不采用键盘输入。采用笔输入使人重新拿起笔，这种简单易用的特点对广大初级用户极具吸引力。灵活性是指它对移动计算的强大支持。键盘作为输入工具，其体积不可能做得更小，随时携带的系统不能连接一个比它本身大很多的键盘。在这种情况下，笔输入也许是唯一的选择。这种灵活性对于工作性质所限必须边走边收集信息的人来说尤其重要。除此之外，笔输入还具有键盘所不能实现的功能，它可以保存一些非文本的书写真迹，比如一个人的签名或者眉批。

尽管某些类型的 PDA 产品带有袖珍键盘，但一般 PDA 都采用笔式用户界面，采用笔作为它的输入设备。这种笔是一种特殊的电子笔，它的输入技术不同于鼠标。鼠标是一个指针定位设备,它总与显示屏上光标所指的位置相对应,而电子笔则不对应屏幕上的某一位置。用户通过笔所输入的内容可分为笔迹和标志两种。笔迹对应于字符串或图像,字符串通常被识别为对应的 ASCII 码,而标志则表示用户发出的命令,如在一个对象上画"√"可表示其被选中,而画"×"将表示删除这个对象。

6) 电源

由于 PDA 主要在移动环境条件下使用,此时其电源完全由电池供给,因此希望电池能持续供电很长时间,一般要求为几十个小时甚至上百个小时,这样用户就不必时时担心电池是否快用完了,而是可以踏踏实实地使用。另外,PDA 的软件和数据都存储在 RAM/ROM 中,电池的耗光会导致 RAM 信息的完全丢失,所以,PDA 一般都有一个短时备用电池。

PDA 的电池不仅要求使用寿命长,而且同 PDA 的其他部件一样要轻便、小巧。随着 PDA 的发展,PDA 上新增的部件和功能也多起来,这些都使 PDA 的电池能量更快地耗光。所以,研究既轻小又长寿命的电池是 PDA 面临的最大的一个技术难题。

目前的电池主要采用化学材料电池,常用的几种化学电池包括:镍镉电池、镍金属氢化物电池以及锂离子电池等。其对比数据如表 9.1 所列。

表 9.1 PDA 电池技术对比

电源类型	重量能量密度/(W·h/kg)	体积能量密度/(W·h/L)	优点	缺点
镍镉	40~50	80~125	高电流输出,可过度充电,充电次数可达 500 次	发展潜力小,镉材料对环境有污染,记忆效应明显
镍金属氢化物	50~60	100~170	比镍镉电池安全,记忆效应小,充电次数为 30 次~500 次	易受到强充电电流损害
锂离子	80~100	220~240	功率比较高,无记忆效应,充电次数为 500 次~800 次,自放电率比较低	易受到过度充、放电损害

9.2.2 PDA 的软件

计算机是一个工具,人们购买它的目的是利用它做各种各样的事。尤其是 PDA 面对的是想使用它的任何人,其中很大一部分还是非计算机专业人员,所以 PDA 的软件至关重要。我们前面介绍了 PDA 的基本硬件,但是作为一个用户,他并不关心机器本身采用了哪些部件,采用了哪些先进技术,他关心的是机器的功能,机器能够为他做什么,这台机器是否好用,是否够用。而这些都要靠软件来体现。这包括系统软件和应用软件两种。

1) 系统软件

目前应用于 PDA 产品的操作系统主要包括 Palm 公司的 Palm OS、微软公司对其 Windows CE 操作系统进行改良后推出的 Pocket PC、在欧洲十分风行的 EPOC,以及由于开放源代码而备受关注的 Linux 等。

(1) Palm OS。或许是因为发展较早,Palm OS 在开发之初受到硬件条件的限制,因此其在整体的设计理念上就以简单实用为出发点,强调功能与使用的平衡。体积小巧、数以万计的软件支持、易用性出众是 Palm OS 最大的优点。但精简的设计和强调效率的特色也使得 Palm OS 在多媒体功能上表现较弱。目前采用 Palm OS 的 PDA 厂商及产品包括 3Com(Palm)

的 Palm Ⅲ/Palm Ⅴ系列,IBM 的 WorkPad 系列,Handspring 的 Visor 系列,TRG 的 TRGPro 系列以及 SONY 的 CLIE 系列产品等。

(2) Pocket PC。对于 PDA 市场的不断扩大,操作系统软件厂商——美国的微软公司当然不会坐视不理。微软在 1998 年推出了专门针对 PDA 产品设计的操作系统——Windows CE,该操作系统可看作是 Windows 操作系统的缩小版本。由于 Windows 家族的支持,该系统在信息传输方面具备与现有台式 PC 机良好的兼容性。为了提升市场竞争力,微软公司在 Windows CE 操作系统中加入了精简版本的 Word 和 Excel 程序,使用者可将在台式 PC 机上的使用习惯顺利地延续到 PDA 上。然而,Windows CE 在将 Windows 操作系统的优点继承下来的同时,也将 Windows 的庞大体积、开机及运算速度缓慢的缺点也反映在 PDA 产品上。从而导致其市场占有率较 Palm OS 小得多。Windows CE 的后续版本——Pocket PC(Windows CE 3.0)在很大程度上解决了上述问题。除效能的提升以及接口的改良外,该操作系统在多媒体功能上更占据了领先地位。比如,Pocket PC 产品可以用来播放 MP3、MP4,进行数据录音,观看视频文件等。目前采用 Pocket PC 的厂商和产品主要包括 HP(Compaq)公司的 iPAQ 系列,Jornada 系列,联想公司的天玑系列,还有 CASIO 和 LEO 等公司的产品。

(3) Symbian OS。Symbian OS 的前身是 EPOC,最早由英国的 Psion 公司开发,目标是搭载在其制造生产的手持式计算机中。为了扩展软、硬件的市场规模和竞争能力,Psion 公司与世界通信三巨头——爱立信、摩托罗拉、诺基亚合作成立了 Symbian 公司,开发支持无线通信(包含 GSM、CDMA、GPRS,EDGE 等通信协议)的 Symbian 32 位操作系统。随着无线通信技术的发展,Symbian OS 的市场份额也逐渐增大。整体来说,Symbian OS 是以通信产品为发展基础的操作系统,与其他发展自 PC 领域的操作系统在设计理念上有所不同,其更注重通信能力的提升。另外,EPOC 除了强大的通信能力外,还具备与 Windows 系统良好的兼容性。

(4) Linux。由于 Linux 操作系统的开放源代码的特点,吸引越来越多的产品开发商投入到这一操作系统上来。采用 Linux 系统,厂商可以自己定制和裁减操作系统,开发出符合自身特点的 PDA 产品。并且由于其开放性,有大量的免费软件可以使用。这也必将促进 Linux 系统的 PDA 的发展。

2) 应用软件

PDA 的多功能最终要通过丰富的应用软件来实现。要使 PDA 能真正起到个人数字助理的作用,还需开发很多的应用软件,这些软件就像人们手中的笔、兜里的笔记本和电话簿一样拿起来就可以用,满足人们日常工作的需要。早期 PDA 的应用软件一般有以下这些:数据通信、Lotus1-2-3、日程安排、电话号码本、字处理器、计算器、Lotus cc:mail、FAX、秒表、通用数据库、世界时区、记事本、数字声音记录和重放、工作任务表、简单排版、电子表格、闹钟、周年纪念表、简单图画等。

最新的 PDA 比以前运行更多种类的商业应用程序——从字处理和表格处理到电子函件功能,并且越来越多的 PDA 开始搭载 Web 浏览器。

上面列举的都是通用的应用软件,PDA 现在用户多为在外的移动工作人员,他们使用 PDA 是要处理业务工作。所以 PDA 还应具有面向各个专业应用领域的专用软件,比如医疗卫生行业的、邮政行业的等。

PDA 的存储器容量有限,不可能太大,所以固化在内的应用软件数量也有限。PDA 是个通信器,具有很强的联网功能,我们可以通过联网得到各种服务,而不用装那么多应用软件。例如建立某城市的交通地图查询系统,这样,一个陌生人到了该城市,只要通过随身携带的 PDA 向服务中心查询,中心告诉他所在的位置以及他要去的地方,中心就可以提示他应选择的最佳路径和乘车线路,并且还可以提供就近的旅馆、饭店、电影院等其他娱乐场所的名称、位置以及其他详细情况。还可以建立投资咨询服务库,它存储了各行各业企事业单位的经济状况,并为用户提供投资指南服务。

总之,各种各样运行在PDA上的应用软件将会越来越丰富。

9.2.3 PDA与外部的数据通信

个人移动计算的最终目标是实现在任何时候、任何地方都能进行数据通信。所以PDA作为一个移动伴侣,通信功能至关重要。PDA的设计思想是,PDA既是一台计算机,更是一件通信工具。PDA应能使用户甚至在不连接电话线的情况下,都能从微机、网络服务器或其他地方收发电子邮件、传真、文件和数据。PDA将作为新一代的PC取代现在的电话、传真机、手机等。

1) 联网

要在PDA那么小的体积里集成这么多的通信功能,主要需解决两个基本问题:一是在设计中采用何种技术来实现这些功能;二是根据PDA的可便携性,如何具体使用这些技术。一般这要根据使用的场合来决定。

在办公室里,PDA作为网络设备的附属设备,可以通过硬件联入各种网络,也可以在台式PC机系统中作为其他资源的后援设备或连接装置,还可以利用串行接口、并行接口将它与调制解调器和打印机相连。此外还可以使用无线产品。

对完全处于局域网范围内的PDA,通信可以采用红外线连接器或各种类型的低功率短距离无线通信技术。很多PDA为实现局域通信,都配有红外线或无线通信子系统。

在广域网方面,目前至少有三种无线服务可支持PDA,即单工页式通信、单纯数据及声音/数据综合通信。把PDA联入网络,还必须解决网络集成化问题和安全问题。

所以一般短距离的就采用红外线发送/接收装置。PDA可以通过内置的或外接的网络卡连接到局域网中,PDA还可以通过Modem连到电话网中。

2) 数据同步更新

现在PDA的使用者大多为企业的移动工作人员。这些在外工作的员工强烈需要与公司的局域网通信,共享PC机的文件。例如,现场服务工程师正在顾客处服务,他需要存在办公室的技术文档和维修文档,他就需要与办公室的机器连网。所以,目前有人认为PDA中最重要的通信功能是能与台式机方便地互相通信。PDA与PC机互通之后,还有一个问题,就是数据同步更新问题,用户要求PDA的数据流与PC机的数据流达到同步。当用户外出时,例如一位维修工程师,假设他对顾客的记录进行了修改,那么他希望机器能自动地将他在PDA上做的修改复制到台式机的相应数据库中,而不用他回到办公室后再手动地完成这个工作。

越来越多的外出移动人员利用PDA处理大量的业务,如利用PDA收集销售统计数据,并从联机数据库中检索信息。为了避免混乱,每个用户都必须使用最新的数据,这就更要求实现数据的同步更新。

3) 完善通信网络和通信软件

PDA的通信功能并不如人们想象的那么容易实现。PC卡插槽为通信部件带来了福音,就PCMCIA形状系数来说,现代半导体技术是完全可以将所需要的功能集成到PC卡上,如将Modem卡做成一块PC卡。在这点上,PDA面对的不是自身的问题,而是无线通信网络问题。PDA的无线通信要利用无线网络,而无线网络当初建立的时候并不是为数据通信设计的,而现在它必须支持不断增加的复杂应用,必须支持多种移动平台。传统的无线通信缺乏标准、吞吐率低、服务的覆盖范围有限,这都是PDA发展的障碍。所以PDA要实现所允诺的通信功能还有待于通信网络的改善及通信软件的丰富与完善,这不是一蹴而就的事。

9.3 PDA 的应用

9.3.1 PDA 在商业上的应用

PDA 在工业、交通运输业、邮电业、金融业、工程施工、商业贸易、医疗卫生等领域都有十分广泛的应用。有人形象地称 PDA 是货运司机的好帮手、白衣天使的好伙伴、金融人员的随身宝、工程技术人员的小秘书、交易市场的顺风耳和千里眼。PDA 特别适合于工作现场的使用者以及工作场所机动性大的工作人员。

正是由于 PDA 的这个特点,PDA 问世不久,尽管还有许多不完善之处,仍然有许多公司迫不及待地采用它,并且发现采用 PDA 这样的设备可以节省时间,减少开销并提高生产力。

(1) Nortek 集团是一家专门在游艇上安装导航及其他系统的电气公司,他们的工作性质决定了只有盯住现场才能赚到钱。为了使员工们盯住现场,公司向一些销售代表和项目经理发放了 PDA。结果员工们将原来在办公室的台式机上所做工作的 80% 都转到 PDA 上,员工们回到办公室只需做些大的项目计划书。生产力提高了,而开销却减少了许多,这都要归功于 PDA。

(2) 美国加州佛莱斯诺的 Saint Agres 医疗中心,11 座大楼分布在 1.2km 范围内。配备 PDA 后的工作人员就可从办公桌前解脱开,更接近病员,保证了医生和护士随时随地都能掌握病人的资料,这对治疗是大有裨益的。

(3) 堪萨斯市联合密苏里银行为其审计部订购了 PDA,发现 PDA 有助于审计人员对银行业务工作保持接触,并可随时调用有关的财务资料。

(4) 在 Sikorsdy 飞机公司,机械师利用 PDA 作为电子交互技术手册,只需几个小时就能排除故障,而以前则需要几天的时间。此外,修理飞机发动机或其他机械系统所需的时间也明显减少。

(5) Texas 公司事业电气公司使用 PDA,跟踪掌握其工作班组的工时和工种,不仅减轻了服务中心工人的劳动负荷,而且使 Texas 公共服务中心的 650 名现场操作人员提高了生产率,减少了误差。

(6) 美国邮政总署的邮包快递局利用 PDA 建立了美国第一个全国性蜂窝式无线通信系统,向全国 120 万客户提供通信服务。

(7) 美国目前大约已有 2 万多个大农场采用了 PDA,农民利用 PDA 收集有价值的数据,如化肥用量和农业设备使用的小时数。在每天劳动结束时再把 PDA 收集到的数据输入 PC 机,他们利用这些信息来了解庄稼的长势和消耗的成本。

以上例子是 PDA 在国外应用的一些典型代表。国内在 PDA 的应用方面也走出了可喜的一步。例如,上海某乳业公司就部署了一套移动商务解决方案。该方案大量使用了 PDA 作为移动业务终端进行数据采集和传输工作。系统使用前,该公司业务员每天上午 8 点到下午 4 点要往返 60 多个超市和便利店,采集第二天乳制品的订单信息。回公司后业务员将这些订单交到公司输单员手中。输单小姐会拿出一把长尺,对齐一行行订单信息,逐条输入公司的 ERP 系统。这样的业务员在该乳业公司有 70 多个,他们每天采集回来的订单信息有 4 万多行,七八个熟练的输单员要花大约四个小时才能够处理完。而且由于这种方式只能凭业务员的经验对第二天的需求量做出估算,所以导致数据不是很准确。移动商务系统使用后,工作流程也随之调整:业务员中午 12 时上班,将每个点采集到的数据录入到 PDA,到晚上 8 点以前回到公司把 PDA 里的订单数据直接导入公司 ERP 系统中,前后只需半个小时就可处理完毕。如果不回公司,也可以通过 PDA 内置的 Modem 卡借助电话或者手机拨号上网,将搜集到的订单数据传回公司。公司根据这些数据,在晚 9 时将乳制品送到客户的指定地方。这样,极大地提高了系统的响应速度和数据的准确性,大大节省了人力和物力的投入。

9.3.2 PDA 在军事上的应用

现代战争,电子化、信息化崭露头角,使战场旧貌换新颜。据报道,近来一种功能强大、设计精巧的掌上智能信息装备悄然问世,它就是被外军誉为战场精灵的单兵数字助理,日益受到军方的重视。美军装备的一种单兵 PDA 如图 9.2 所示。

图 9.2 美军的一种单兵用 PDA

所谓单兵数字助理是个人掌上电脑(PDA)技术在军事领域的扩展和应用,是数字化士兵的信息平台,它集中体现了现代通信、计算机技术和作战思想的最新成果。据称,它的装备应用将使陆军单兵战斗力得到新的跃升。

这种单兵数字助理可将无线通信、图像采集与传送、信息查询及卫星定位和地理信息系统等功能集成在一起,使战斗力倍增。

(1) 无线短距离通信功能。能够使单兵之间、分队与分队之间完成短距离通信及本地电台的通信,能传送话音、实时数据和图像信息,并且可与指挥中心、友邻部队保持通信联络、接受指令等。

(2) 图像拍摄功能。能够进行现场拍摄和传送,有助于指挥部实时地、直观地监控一线部队的战况或战场态势,及时处置问题。

(3) 信息查询功能。可以直接、即时地查询和处理作战相关数据,如各类装备的战术技术性能等;查询执行任务地区的气候、地理、交通、社情、民俗信息,也可实时收看新闻、了解友邻部队战况通报。

(4) 定位功能。能够为单兵或作战分队提供自己精确的地理位置图,并及时为火力突击、空中支援提供精确位置信息等。

(5) 先进的硬、软件技术。在硬件上,单兵数字助理的控制核心——中心处理单元,具备低功耗和高速度等功能,配备了大容量的内存和闪存。在软件上,具有内核、文件、图形以及网络通信协议的嵌入式实时多任务操作系统,以保证系统运行的稳定性和安全性。

(6) 移动通信和短距离无线通信技术。移动通信采用时分多址、频分多址或码分多址技术,提供远程无线通信手段。短距离无线通信解决方案包括蓝牙技术、Zigbee 技术、超宽带

(UWB)通信技术等。短距离无线通信技术能够完成单兵数字助理终端与本地电台的通信,传送话音和图像信息。

(7) 图像获取技术。摄影电路采用电荷耦合器件(CCD),与数字技术相结合,提高了图像的质量,方便了信号的压缩,减少了传输误码率。

单兵数字助理采用模块化设计,留有大量的软件和硬件功能扩展接口,并且储备了各类相关的功能,可根据具体应用场合进行功能裁剪,能够快速实现功能的扩充。它重量轻、体积小,携带十分方便。

单兵数字助理的发展将使得士兵之间,士兵与战场上坦克、装甲车、飞机、军舰及指挥机构之间能够实现实时通信,甚至能与运行于外层空间的卫星联络。陆军实现全面数字化后,士兵可以直接控制打击火力,将从单兵扩展到战场上其他兵器甚至海、空军的各种作战平台。

据悉,目前西方军事强国正在制定和实施一系列数字化单兵作战平台发展规划。如美国的《21 世纪地面勇士计划》,法国的《系统化战斗员计划》,英国的《未来士兵战斗系统计划》,俄罗斯的《巴尔米察实验设计工程》和澳大利亚的《温杜拉工程》等。此外,德国、意大利、加拿大以及比利时、挪威、西班牙、土耳其等国,也都制定了各自的"士兵系统"计划,而且在发展上已各有新突破。未来,数字化的士兵,将不再是执行作战命令的最小单位和简单的地面人,而是有指挥、协调、保障功能的作战单元。

第10章 计算机网络

一提到网络,呈现在你面前的便可能是各种各样的网状物:蜘蛛网、捕鱼网、电话网和铁路网等等。凡是网必定是多个点通过某种手段互连而形成的整体,由此可以推论出,计算机网络也必定是:多台计算机通过某种手段互连在一起而形成的整体。然而,应该指出,计算机网与蜘蛛网或捕鱼网类似之处只是在节点的相互连接上,其他方面则有本质上的差别。

本章主要论述计算机网络的概念、体系结构,并较详细地讲述局域网和广域网的分类及特征,简单地介绍几种主要的网络设备和网络操作系统的概念,使读者对计算机网络可以有一个比较全面的、完整的认识。

10.1 计算机网络概念

10.1.1 定义及作用

10.1.1.1 计算机网络的定义

计算机网络没有一个公认的统一的定义,目前普遍采用的计算机网络定义是:计算机网络是地理上分散的具有独立功能的多台计算机经通信线路互连而成的,以实现资源共享为主要特征的计算机系统的集合体。

按照上述定义,一台中心计算机连接若干台终端所形成的分时系统不是计算机网络,因为许多终端不具备自治的能力。

10.1.1.2 计算机网络和数据通信网

计算机网络和数据通信网络是有明显差别的。前者是包含数据传输、数据交换和数据处理在内的总的系统,后者只涉及与数据传输有关的内容,不包含计算机内的数据处理。这种差别类似于日常生活中的信件邮寄。邮政系统所执行的任务是将各种信件按信封上的地址传递到收信人手中,而不观看和处理信的内容,信的内容则由收信人来处理。这种分工与数据通信网和使用数据通信网的计算机网络非常相似。我们可以此为例去体会计算机网与数据通信网的差别,此差别如图 10.1 所示。

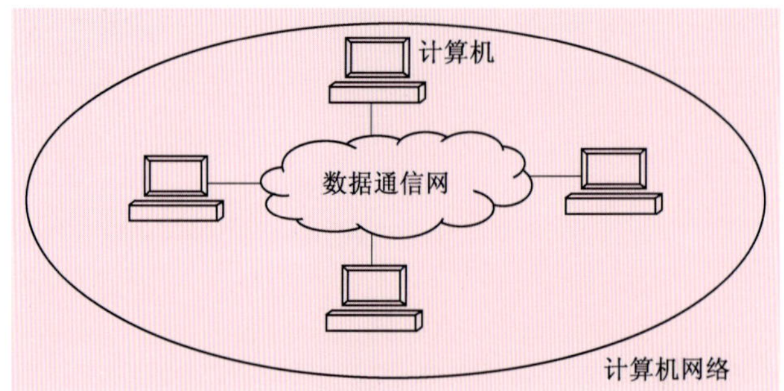

图 10.1 数据通信网和计算机网

由图 10.1 可看出,数据通信网是计算机网络的基础,计算机网络是建立在数据通信网之上的。数据通信网可以由专门机构组建,并作为公用通信设施向计算机用户提供服务。在远距离通信情况下,数据通信网通常由专门机构组建和管理。在局部地区,特别是在一个机构的地域范围内,数据通信网通常由计算机用户自行组建和管理。在本节后面所要讨论的局域网便属于这种情况。

计算机网络包含数据通信网,但这并不表示数据通信网中没有计算机。目前向广大计算机用户提供长距离传输的数据通信网,为了获得较高的效率普遍采用了计算机控制。数据通信网好比是计算机网络中的运输工具,连网的计算机把要传输的信息交给数据通信网,由它负责送到目的地——另一台或一些连网的计算机;而数据通信网中使用的计算机,就好比一个好的道路交通管理系统,它可以确保所传输的数据快捷、可靠、无差错、无丢失和无重复地到达终点。

数据通信网有时也称为计算机通信网,但也有人将计算机通信网和计算机网络看作是同义词。这主要是人们所站的角度不同所致。不管如何理解,一个计算机网络总是包含两个部分:一是传输功能部分;二是数据处理部分。人们将传输功能部分称为通信子网;将数据处理部分称为资源子网。

10.1.1.3 计算机网络的作用

很多机关、厂矿和学校都有一定数量的计算机在运行。特别是个人计算机出现后,使用计算机的单位和人逐年增多。对一个单位而言,这些计算机如果能互连在一起,相互交换信息,对于提高管理水平和生产效率将是一件大好的事情。

1) 共享数据库资源

连接多台计算机而构成网络的系统,可避免同样的文件重复多处设置,造成不必要的浪费。另一方面,在现实生活中需要进行一元化管理的文件也很多,如机票、车船票、户籍管理等都需要进行集中管理。由此可见,共享数据库资源既可避免文件的重复设置,也是管理本身的需求。

2) 共享软件/硬件资源

开发软件需要投入较多的人力物力,因此,软件供多数用户共享,避免重复劳动是计算机网络的另一项重要功能。通过网络可将其他机器上的软件下载到本地机器,或通过网络将数据送出,在软件控制下,运行得出的结果返回给本地。在计算机网络环境中,软件资源的积累,犹如社会知识和信息的积累。目前,很多人通过 Internet 获得了多种免费的软件,在各自工作中发挥了重要作用。同样网上的硬件资源也是供多数用户共享的,例如,通过计算机网络,用户可以选择具有适当处理能力的空闲计算机来分担自己的计算任务。

3) 提高生产效率

一个机构和分布在各地的分支机构,都迫切需要及时了解公司的新闻、政策变化、产品规格和价格信息等一系列涉及全公司正常运营的消息,如果没有计算机网络,要做到"及时"是难以办到的,做不到"及时",就需要等待文件资料到达才能协调一致,效率显然会大大降低,甚至会因时间延误丢失一次创造巨大利益的机会。在生产过程控制中,由于计算机对多种参数计算的精确度甚高,可大大提高加工精度、增加产量或节约原材料。所有这些都是提高生产效率的体现。

4) 增加系统的可靠性

对于一些特殊领域,例如金融行业,文件只存储在一台机器中是十分危险的,在这类领域需要有备用文件,以便当某个文件遭到破坏后相应的文件复制可作为替代品。这种复制文件的替代是通过网络自动实现的,从而提高了系统的可靠性。

5) 节省费用

小型机比大型机有较高的性能/价格比,PC 机又比小型机具有较高的性能/价格比,于是人们便采用多台 PC 机和一台小型机或大型机,或全部采用 PC 机的方式,建立功能并不比小型机或大型机差的计算机系统来实现自身业务的处理。但总体费用会远低于小型机,更低于大型机。另一个不可低估的费用是维护费用。大型机或小型机都需要专人去维护,而使用 PC 机几乎不需要专业维护人员进行维护,即使需要,费用也比大型机或小型机低得多。

6) 作为通信媒体

电子邮件(E - mail)是以计算机网络作为传输媒体的,通过这种媒体,可将电子邮件发往世界各地的相关用户。由于该通信手段不必像电话那样要求受话人必须在场,所以完全克服了时空上的限制。现在利用 Internet 收发 E - mail 已相当普及。利用 E - mail 不仅可以发送书信、文件,还可以包含数字化声音和图像。

上述几种应用仅仅是计算机网络在社会生活中的典型情况,事实上,计算机网络正涉及社会生活中的所有领域,又以多种形式出现,如视频会议、远程诊断等。可以断定,随着计算机网络进一步在人类活动中的推广普及,将会不断改变人们的生活方式,也将会创造一个更加光辉灿烂的文明世界。

10.1.2 计算机网络的类别

目前,有关计算机网络的名称可说是五花八门,让人眼花缭乱,像有线网、无线网、卫星网、Novell 网、以太网、X. 25 网、DDN 网,甚至还有将应用领域冠在网络之前的,如金融网、海关网、铁路网等等。其实这只是人们站在不同的角度对计算机网络的称谓,计算机网络的分类方法有多种,一般有以下几种。

10.1.2.1 按网络拓扑结构分类

按网络拓扑结构来分类,例如有星形网络、总线网络、环形网络、网格形网络。星形网络的结构如图 10.2(a)所示。网上节点全部与中心设备相连。在这种结构下,网上节点间所有通信通常要经过中心设备转发,它们相互间不直接通信。类似于小型电话交换机(PBX)与电话机之间的连接。由于中心设备担负着信息转发工作,它的可靠性是至关紧要的。对此,中心设备往往需要采用双机热备份以确保网络不中断。星形结构的扩展可构成树形结构,这是一种分层结构,具有根节点和各分支节点,与星形结构只有一个转发节点不同,树形结构中除叶节点外的节点都是转发节点,这种树形结构适用于分级管理和控制的系统。

总线结构如图 10.2(b)所示,网络节点全部连接到一条总线上。总线是一种电缆,并通常适用于较小的地域范围。总线网络的主要特点是报文沿总线广播(在一个时刻只能有一个站点发送数据),每个站都能接收到报文,但只有自身地址与报文中的终点地址相符合的站才接受。总线网在小型范围内由于易于安装和维护,所以广泛用于宅院内的环境。

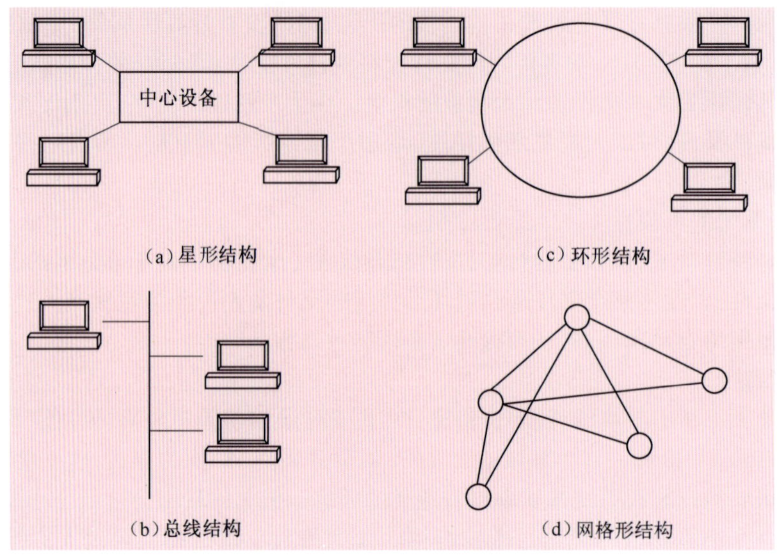

图 10.2　网络拓扑结构

环形网络结构如图 10.2(c)所示,网上节点全部连接到构成环状的缆线上。当环上某一节点发送报文时,报文逐节点进行传递,直到传递一周返回到原发节点。接受报文的节点只是将其拷贝,不将其收走。只有原发站才负责将其收回。

网格形网络结构如图 10.2(d)所示,网上节点或全部互连,或部分互连,但任何一点都可与其他节点实现通信。这种结构适用于地理范围很广的网络。当节点间通信时,如果它们为相邻节点,则不必通过转发;如果相邻节点间的连接断开,则必须通过其他路径,迂回断开的路径来进行。有时也可能为平衡某一连接的流量,将朝同一节点的报文分流在不同的路径上。

10.1.2.2　按使用目的分类

按照网络使用目的来分类,有专用网、公用网。专用网是指专门服务于某类用户或某一特定用户的网络;公用网则是向社会各界提供服务的网络。公用网通常以数据通信网的形式向用户提供数据传输服务,不涉及数据处理和应用。

公用数据网在国内最普遍的形式是包交换公用数据网(PSPDN),简称 PSDN。用户与这种网络的接口协议为 CCITT X.25。关于包交换公用数据网的讨论,见 10.3.3 节。

10.1.2.3　按地理范围的分类

网络的规模随不同网络技术和用途而异,大型网络通常涉及很宽的地理范围,如中国的 X.25 网已覆盖全国省、市、县的所有地区。小型网络只局限于一个办公室或一座大楼,其目的是将一个部门的计算机连接在一起,用以实现该部门的办公自动化或需要网络平台支持的其他应用。人们通常将局限于一个企业、厂矿或校园的网络称为局域网 LAN(Locol Area Network);而将跨出大门通过长距离线路或通信网络实现计算机互连的网络称为广域网 WAN(Wide Area Network)。

10.1.2.4　按通信子网交换方式的分类

收发双方通过通信网络进行通信时,如果通信网络仅完成收发间的连接而不参预其他过程,这种预先建立通路的交换方式称为电路交换,电话网便是电路交换的例子。收发间的通路建立后,犹如它们之间直接相连了一条物理传输线路。这种方式的缺点是网络利用效率低,因为收发间不可能百分之百地使用,静止空闲时间难以为第三者所用,白白浪费了很多通信资源。我们不妨想一下打电话时,总有谈话间隙,哪怕是1s或半秒都是不小的浪费。这就是电路交换的缺陷。

第二种交换称为报文交换(Message Switching),其工作方式类似于邮寄信件,当使用这种形式的交换时,收发间不必预先建立通路,而是直接将报文发送给第一个交换机,报文中存有接收者的地址。交换机收到该报文先加以存储,随后根据终点地址转发到下一个交换机,直到终点。由于使用存储转发方式,人们也将这种网络称为存储转发网络。

第三种交换方式称为包交换(Packet Switching),报文交换对报文长度没有限制,这意味着交换机必须具备磁盘,用以存储很长的报文,并可能因为一个长报文占用很长时间的线路而不能实现交互式通信。

在包交换方式下,对包长度有严格限制。由于包长有限制,包在交换机中的存储可使用主存而不用磁盘,这样可确保任何用户都不会独占传输线路,可充分利用传输网络的资源,并能很好地适用于交互式通信。

3种交换技术的概念如图10.3所示。

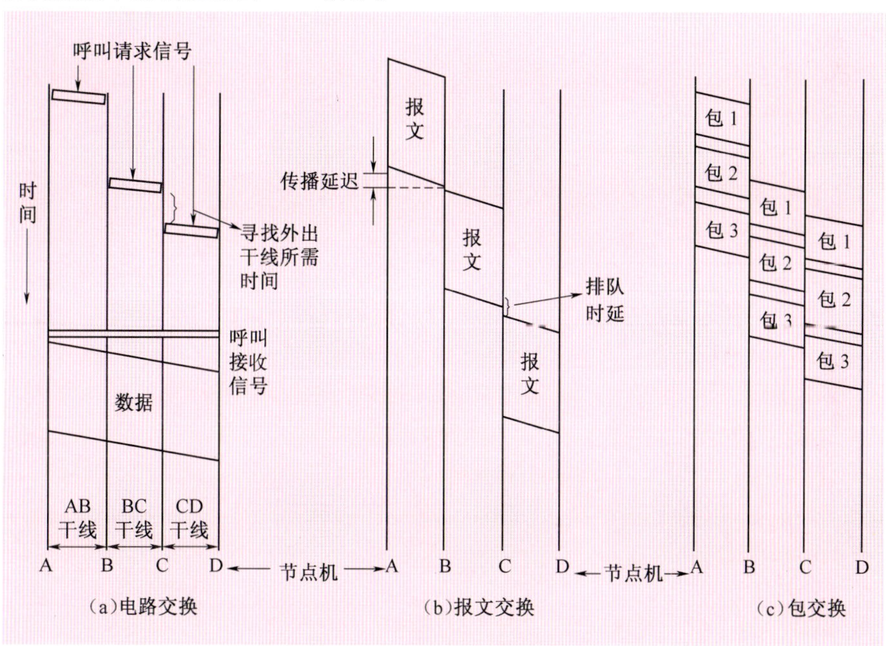

图10.3 交换方式的事件时序

10.2 网络体系结构

10.2.1 计算机网络的逻辑结构

10.2.1.1 关于网络协议

计算机按照前面介绍的总线形、环形、星形等方式连接起来,只是物理上连在一起,并不等于这样连起来的计算机就能够互相通信了。要实现计算机的互通,做到信息在计算机间自由流通,需要把计算机在逻辑上连在一起,那是网络协议要完成的事。

网络协议是计算机网络中一个最基本、最重要的概念之一,是互相通信的对等实体间信息交换和信息处理时所必须遵守的规则。网络协议为网络中通信实体间传输的信息格式、表示的意义、传输顺序以及传输差错出现时所采取的措施(如重发)做出全网一致的约定。

下面介绍的 ISO/OSI - RM 和 TCP/IP 都是计算机网络协议。

10.2.1.2 关于协议分层

计算机网络上任何两台计算机的通信,涉及如图 10.4 所示的 4 个方面的课题:

(1) 数据通信网络;

(2) 计算机与数据通信网络的连接;

(3) 计算机与计算机间的通信;

(4) 用户与用户间的通信。

这 4 个方面的课题,是对计算机在网络上进行通信时按照功能进行的逻辑划分。早期的计算机通信网络,不管是与数据通信网连接,还是计算机之间的通信或用户间的通信,全部由一个复杂的毫无结构的程序实现。如此形成的软件,不仅难以测试,而且难以进行修改。为克服这一问题,人们创造性地发明了分层结构,将一个完整的计算机网络通信系统在逻辑上分割为若干个层次,每一层次都执行一组精心确定的功能。使用"逻辑"二字意味着在实现上没有固定的模式。

当然层和层之间还有一个衔接问题,这就是接口。接口就是邻层实体间合作需交换的信息格式、交换规则。

在图 10.4 中,计算机网络分成了 4 个层次,在具体实现中,可以有更多层次。目前广泛使用的 TCP/IP 为 4 层结构,但各层的名称有变化,从高层到低层分别为应用层、传输层、网际层和网络层(网络接口层),更详细的描述见 10.2.3 节。另一种更精巧和完善的网络分层结构为国际标准化组织(ISO)的 OSI(开放系统互连)参考模型,通常写为 ISO/OSI - RM ,关于它的描述见 10.2.2 节。除上述两种分层结构外,一些厂商还制定了自己的专用网络体系结构:

IBM 公司	SNA(系统网络结构)
DEC 公司	DNA(数字网络结构)
Xerox 公司	XNS(施乐网络系统)
Novell 公司	Netware
Banyan 公司	VINES(虚拟网络系统)
Apple Computer 公司	AppleTalk

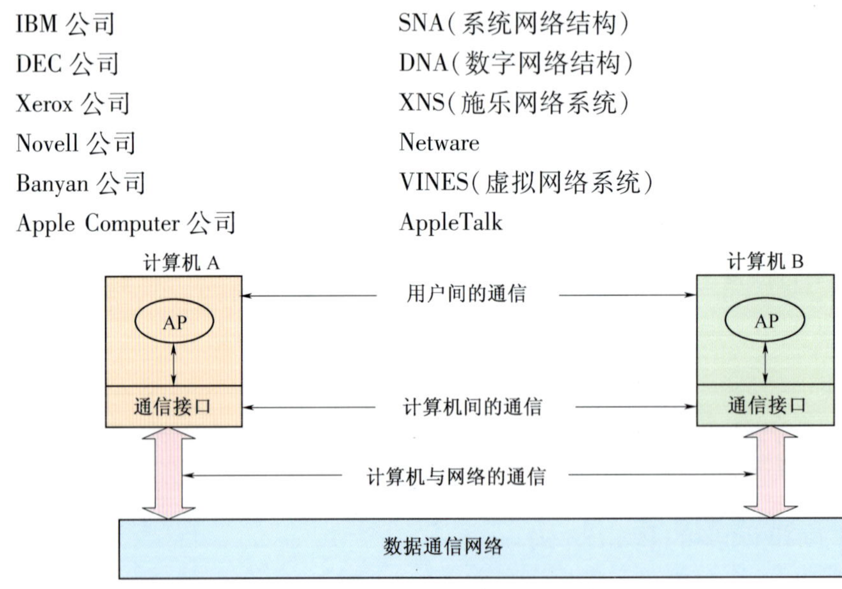

图 10.4 计算机网络通信

10.2.2 OSI 参考模型

从上面对计算机网络的逻辑结构讨论可知,目前所有的计算机网络都是按照层次结构组织的,其中最著名的并为各个国家的标准团体接受的为 ISO/OSI - RM(国际标准化组织/开放系统互连——参考模型)。它是设计和描述网络通信的框架,由 7 个层次组成,如图 10.5 所示。

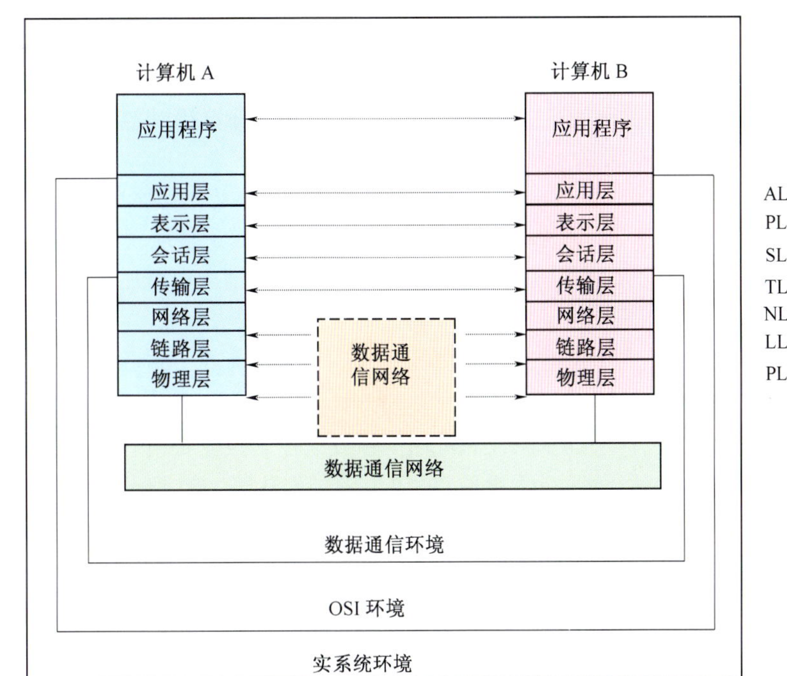

图 10.5　ISO/OSI 参考模型

最低 3 层(层 1、层 2 和层 3)与数据通信网络相关,只涉及数据传输和交换;最高 3 层(层 5、层 6 和层 7)是面向应用的,涉及两个端用户应用进程相互交互所用的协议。这种交互通常经过本地操作系统提供的服务来进行。中间一层(层 4)使上层应用不必了解下层有关数据通信层次的操作细节。从根本上说,层 4 建立在下 3 层提供的服务基础上,并向面向应用的高 3 层提供与数据通信网络无关的报文交换服务。

10.2.2.1　物理层(层 1)

物理层解决的问题是如何将构成数据的二进制位送到传输媒体上,以及 1 或 0 的电平表示等。总括起来说就是解决电气特性、机械特性、功能特性和过程特性。与物理层对应的协议有 RS－232C,RS－449,V. 28,V. 24,ISO2110 以及 1EEE802. 3,802. 5 等。

10.2.2.2　链路层(层 2)

数据链路层建立在由特定网络提供的物理连接之上,向网络层提供可靠的以帧为单位的数据传送服务。因此,它负责提供差错检查和通过重传进行的差错纠正。通常情况下,链路层提供两种类型的服务。

(1) 无连接服务,在此方式下,信息传输单位帧中自含全称地址,尽最大努力进行传输,如果发现传输中出现差错,便将该帧丢掉。

(2) 面向连接型服务,试图提供无差错信息传送服务。

10.2.2.3　网络层(层 3)

网络层涉及网络互连,或不同网络上计算机间的通信。该层提供的路由选择服务,可将信息从一个网络发送到另一个网络。网络层的信息传输单位称为包或分组。

当发送和接收计算机不在同一网上时,两台计算机上的网络层负责对包进行路由选择,这种过程称为包交换,并通过存储转发机制来实现。当网络中的中间节点收到外入包时,便将其加以存储,直至外出信道变得可用时将其移到更靠近终点的节点,最后交付给终点。

网络层除路由选择功能外,还负责对包的流量进行控制,防止出现拥塞。

10.2.2.4　传输层(层4)

传输层是两台计算机之间通信时的端到端通信层,它对源点和终点间存在多少个中间节点全然无知,仅知道该会话在与对方顺利进行,犹如两台计算机是直接相连在一起的。传输层的信息传输单位是报文。

传输层处于高3层和低3层之间,具有缓冲作用,因此又称为缓冲层。之所以有此名称,是因为该层担负着是否对下层提高服务的功能。如果下面3层所提供的服务不能满足质量要求,则增加一些功能;如果服务质量能满足要求,则不需进一步增加功能。

10.2.2.5　会话层(层5)

会话层负责管理会话的同步,控制通信的方向。提供在两个不同计算机系统的相互通信的应用进程之间建立、维护和结束会话的功能。数据交换中所涉及的会话可以是双工或半双工。在半双工方式下,该层提供的设施可用同步方式控制数据交换。为保证在会话期间由于故障而不重复整个会话过程,设置校验点,使会话过程从某一校验点继续进行。这种机制对执行大量文件传送是非常有益的。在会话期间,如果出现不可恢复的异常情况,会话层还负责向应用层通告,这就是所谓异常报告功能。

10.2.2.6　表示层(层6)

表示层涉及两个通信的应用进程间信息传送时信息的语法表示,也就是说,该层提供一种公用语言,借此,异种机可相互通信和相互理解。这种类型的服务之所以需要,是因为不同的计算机结构表示数据的方法不同。例如:IBM 大型机使用 EBCDIC 编码,而大多数 PC 机都使用 ASCII 编码。在这种情况下,便需要一种与机器无关的格式来使这两种机器通信。在 OSI 环境下,抽象语法记法1(ASN.1)用作传送语法实现异种机间的通信。表示层还提供数据压缩和解压缩,数据加密和解密等功能。

10.2.2.7　应用层(层7)

应用层向计算机上的应用程序提供服务。根据向应用程序提供服务的特点,可将其组合为若干类型。按照特性类型组合在一起的服务称为服务元素。将负责与远程计算机建立程序间关联或连接的服务元素称为 ACSE(关联控制服务元素),几乎任何一种应用都需要 ACSE。第二种服务元素是 ROSE(远程操作服务元素),通过让应用使用另一台计算机上实现的远程操作来构造分布式应用。第三种服务元素是在两个应用间可靠传送数据的 RTSE(可靠传送服务元素)。

10.2.3　TCP/IP

TCP/IP(传输控制协议/互连网协议)是计算机网络较早使用的协议集,由于这种协议出现较早,又采取了承认各种物理网现实的策略,致使这种网络体系结构广泛流行,并超过了 OSI 而居第一位。TCP/IP 尽管名称只写出了两个协议,实际上是多种协议的集合体。TCP/IP 协议集目前有二个版本:IPv4 和 IPv6。前者是当前广泛使用中的版本,后者是为克服地址空间不足而新开发的版本。不管哪一个版本,TCP/IP 通常都由4个层次组成,如图10.6所示。像 OSI 各层具有的功能一样,它的每层也有各自的功能。为了对 TCP/IP 协议集所包括的协议有一定了解,这里将图10.6中的 TCP/IP 的4层进行展开,如图10.7所示。从图10.7可以看到,新开发的版本 IPv6 的主要变化反映在 IP 层,在下面将做专门介绍。

10.2.3.1　网络层

网络层是 TCP/IP 层次结构的最低层,也有的将其称为网络接口层,通常包括计算机内的网络接口卡和操作系统中的设备驱动程序。因此,这一层的协议操作,可令系统将数据交付给

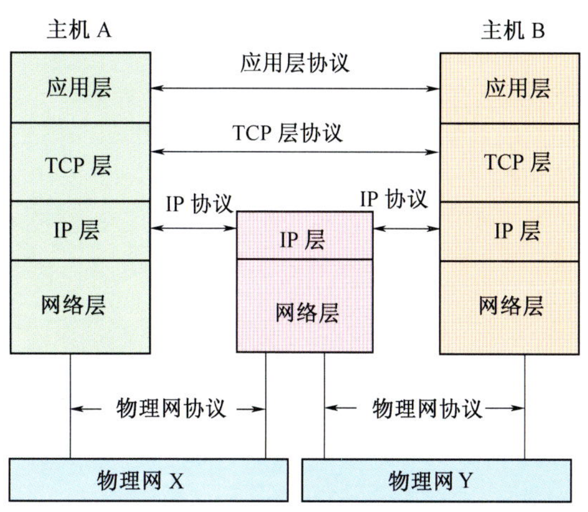

图 10.6 TCP/IP 层次结构

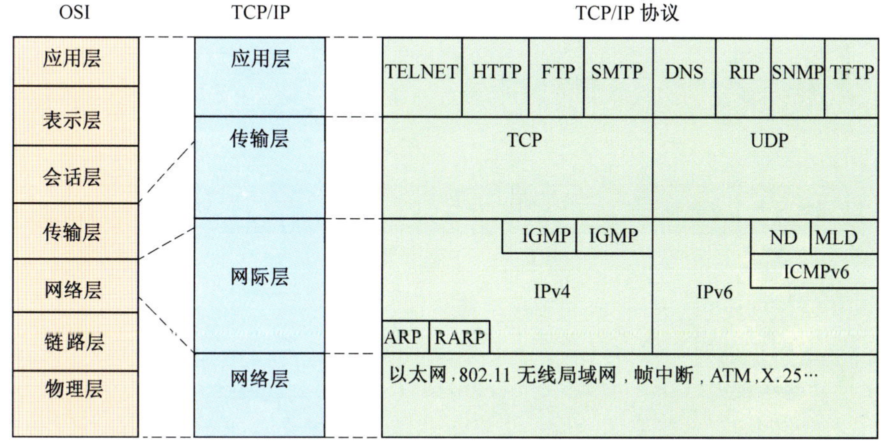

图 10.7 OSI 和 TCP/IP 协议集的体系结构对比

所连物理网上的其他设备。为此，它定义了使用所连物理网发送 IP 数据报的方法。

与高层协议不同，网络层必须了解所连接的物理网的细节(如包的结构、编址等)，以便正确地将要发送的数据格式化，符合物理网的要求。网络层所访问的物理网类型在 TCP/IP 协议中未加以规定，所以，它不仅可以访问目前广泛使用的诸如以太网、令牌环网、FDDI(光纤分布数据接口)、X.25、帧中继等，还可以访问将来出现的物理网络。这一层的巨大适应力就在于它随所连接的物理网络而使用与该网络相匹配的软、硬件设施。正因为这样，网络层有多种访问协议，每个物理网一种，且会随新硬件网络技术出现而增加。

这一层的功能除适配不同的物理网络外，还隐藏物理网的操作细节。对此，将 IP 数据报封装为物理网传输的帧，将 IP 地址变换为物理网使用的物理地址。

图 10.6 中主机 A 连到物理网 X 上，主机 B 连到物理网 Y 上，连接这两个物理网的设备称为路由器(Router)。当主机 A 向主机 B 发送数据时，要将主机 A 的数据报封装到物理网 X 使用的帧格式中，先传送给路由器，路由器将物理网 X 的帧标头扔掉，取出 IP 数据报，将其装到物理网 Y 的帧中，通过物理网 Y 传送给主机 B。这一封装过程如图 10.8 所示。

10.2.3.2 IP 层

IP 层也称为网际层，主要功能是传送数据报(IP 包)，因此在传送中的路由选择是该层的另一种功能。除具有上述两种功能外，还构成数据传输单位(数据报或 IP 包)、定义网址以及对数据报进行分片和重组。IP 数据报格式如图 10.9 所示。

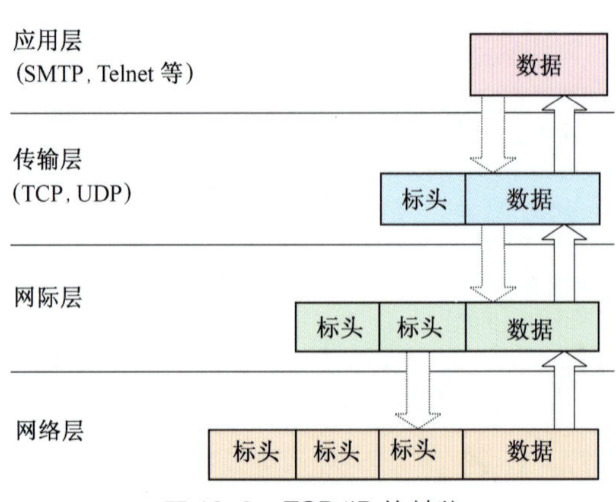

图 10.8 TCP/IP 的封装

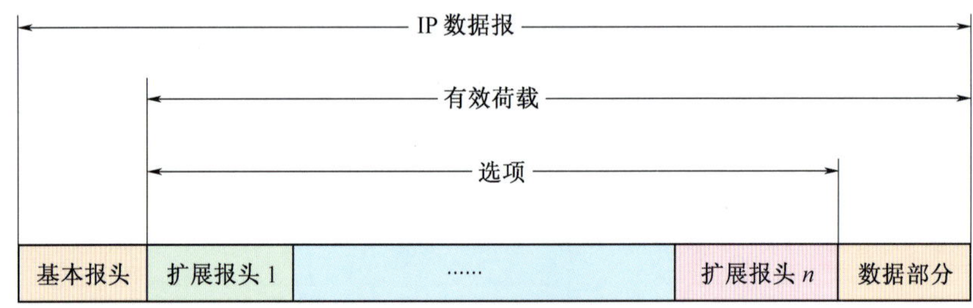

图 10.9 IP 数据报格式

IP 协议在执行上述功能时,具有下述两种特征:

(1) IP 是无连接协议,这意味着在发送数据前无需建立端到端连接。犹如传统的通信方式只需将信件交给邮差即可。如果一个报文分成几个数据报进行传送,每个数据报是一个独立的单位,各走各的路,尽管要到达同一个终点,但先发出的未必先到。

(2) IP 是不可靠的协议,这表明不保证所发的数据报能成功到达终点,而是尽力去完成传送任务。当数据报在传输过程中出现差错时,IP 便将其丢掉,并发回一个报文通知数据报的源发点。

IP 层有两个版本:IPv4 和 IPv6。IPv4 是 Internet Protocol Version 4 的缩写,是当前广泛使用的版本。由于 IPv4 有很多局限性,目前正逐步向 IPv6 过渡。下面将对两种版本进行比较性描述。

10.2.3.3 IPv6

IPv6 是 Internet Protocol Version 6 的缩写,是当前广泛使用中的 IPv4 的改进版本。由于 IPv6 具有很多优于 IPv4 的特性,IPv6 最终将取代 IPv4,然而,这种过程没有也不可能有一个确定的时间表。IPv4 业已使用几十年,而且还在广泛使用中,其主要原因是,IPv6 具有优于 IPv4 的 3 个主要特性:

(1) 地址空间大大增加;

(2) 增设流标号,支持网络资源予分配;

(3) 具有内建的安全特性。

1) 地址空间

IPv4 的地址长度为 32 位,理论上可连接的计算机最多为 2^{32} 台,大约 4 亿台计算机。随着因特网的迅速发展,特别是无线网络设备和家电设备的连网需求,地址空间正面临着匮乏的困境。对此,人们常用的一种方法是,使用网络地址转换(NAT),也称为 IP 伪装。在这种方法下,不对每台计算机分配全球唯一的 IP 地址,而是分配给它们一个专用地址,隐藏在全球唯一 IP 地址的后面。这种方法在使用上有一定局限性,其一是隐藏在全球唯一 IP 地址后面的计算机不能寻址,也就是说,使路由器不能有真正的连通性;其二是使某些 IP 协议不能在 NAT 下工作,例如,在线游戏、对等到对等(peer to peer)操作不可能。

为克服这些缺点,引入了 IPv6。IPv6 是一种 128 位地址长度的技术,其地址数目大约为 IPv4 的地址空间的 8×10^{28} 倍。针对如此巨大的地址空间,人们通常认为,IPv6 的地址空间是无限的。

2) IPv6 的数据报头格式

IPv6 的报头格式与 IPv4 相似,为对它们比较,图 10.10 示出了 IPv4 与 IPv6 的基本报头格式。首先从它们的地址字段看到,IPv4 的地址长度为 32 位,而 IPv6 的地址长度为 4×32 位,即 128 位。还可从图 10.10(a)和图 10.10(b)比较中看到,虽然 IPv6 使用了 128 位表示源地址和目的地址而非 IPv4 中的 32 位,但 IP 报头长度并未增加很多,其原因是 IPv6 的报头格式简化了。可以看到,IPv4 报头格式中的报头长度(IHL)、服务类型(Service Type)、标识符(Identifier)、标志(Flags)、片偏移(Fragment Offset)、报头校验和(Header Cheaksum)字段在 IPv6 的报头格式中去掉了。

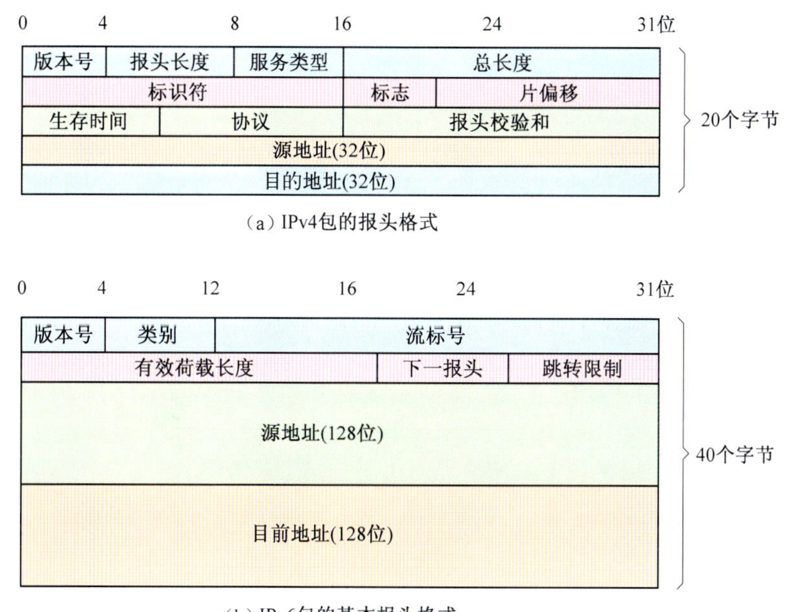

图 10.10 IP 的基本报头格式

3) IPv6 的基本报头简述

(1) 版本号:该字段长度为 4 位,与 IPv4 的该字段长度相同,用以指示 IP 的版本号。对于 IPv6 该字段值为 6,代替 IPv4 时的 4。

(2) 类别:是指通信类别,该字段长度为 8 位,类似于 IPv4 中的服务类型,用来标识数据报的类别。这种功能对于 IPv4 和 IPv6 是相同的。

(3) 流标号:该字段长度为 20 位,标记 IP 报的流,以便支持对网络资源的予分配。

(4) 有效荷载长度:该字段长度为 16 位,类似于 IPv4 中的总长度字段,用来指示除基本报头以外的字节数。

(5) 下一报头:该字段长度为 8 位,类似于 IPv4 中的协议字段。该字段的值用来标识 IPv6 的基本报头之后的扩展报头类型。

(6) 跳转限制:该字段长度为 8 位,用来规定 IP 包在传输过程中最大跳转数,类似于 IPv4 中的生存时间字段。每个路由器在转发数据报时便将该字段的值减 1。当跳转限制的值为 0

时,就丢弃该数据报。因为IPv6中没有校验和(checksum)字段,路由器进行减法计算后,不重新计算校验和。与此相比,IPv4路由器在每一次跳转后重新计算校验和需消耗一定的处理时间。

(7) 源地址:该字段长度为16个8位组或128位,用以表示包的源点地址。IPv4的该字段长度仅32位。

(8) 目的地址:该字段长度为16个8位组或128位,用以表示包的目的地址。IPv4的该字段长度仅32位。

4) IPv6和IPv4互操作

从IPv4变迁到IPv6将是一个漫长的过程,所幸运的是在设计IPv6时,不要求所有网点同时从IPv4变迁到IPv6,充分考虑了两者之间的互操作,两者可以长期共存。IPv4平滑变迁到IPv6的机制有多种,还有一些机制允许IPv4网点与IPv6网点进行通信。IPv4变迁到IPv6的机制最常用的两种技术是:

(1) 双堆栈技术:在一个系统中同时运行IPv4和IPv6两种双堆栈,该系统可与IPv4设备通信,也可与IPv6设备通信。

(2) 隧道技术:常用的隧道类型是IPv6到IPv4隧道,将IPv6封装到IPv4的包内。

10.2.3.4 传输层

传输层位于IP层之上,这一层有两种重要的协议,一种是传输控制协议(TCP),另一种是用户数据报协议(UDP)。TCP利用端到端差错检验和纠正来提供可靠的面向连接的数据投递服务;UDP提供低额外开销费用的无连接数据报投递服务。这两种协议在应用层和IP层之间投递数据。应用程序员可选择适合自身要求的一种。

1) 用户数据报协议(UDP)

UDP是一种协议开销最小、无连接和不可靠的操作方式。不可靠是指数据是否正确到达另一端,协议中没有技术措施。在计算机上,可直接使用UDP。UDP利用UDP报文的第一个字中的16位源端口和目的端口号来将数据投递给正确的应用进程。UDP数据报格式如图10.11所示。

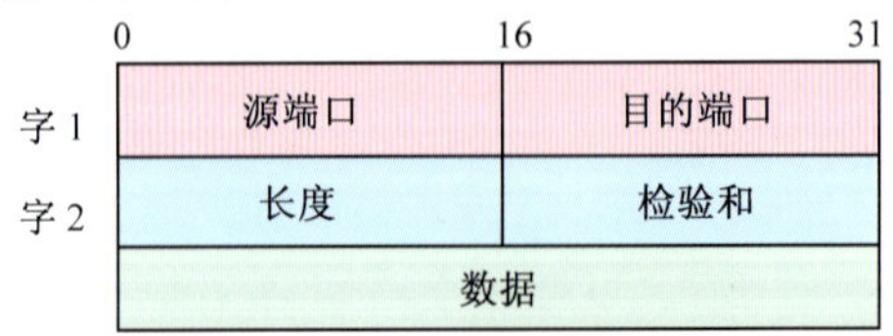

图10.11 UDP数据报格式

2) 传输控制协议(TCP)

TCP在两台主机间提供可靠的数据流动,可靠是指它要核实数据的确经过网络正确和按序地到达了对方站。在这个意义上,TCP是一种可靠的、面向连接的协议。

TCP的可靠性是通过使用确认机制实现的。两个合作的TCP模块间交换的数据单位称为段,如图10.12所示。每段含有一个检验和字段,接收者用来核实数据是否受损。如果没有受损,接收者便发送回一个肯定确认;如果数据段受损,接收者将丢弃它,经过适当的时间,发送者重发没有确认的段。

TCP之所以称为面向连接的,是因为在数据交换前要先建立连接,然后才能发送数据,数据传输结束后要释放连接。TCP在交换数据过程中所需的控制(有紧急、确认、推送、复位、同步和终止6种),通过设置段标头第四个字的标志字段的相应位来实现。

10.2.3.5 应用层

该层是TCP/IP协议结构中的最高一层,该层中有多种应用协议,大多数都是向用户提供服务,新的服务一直在不断加入。

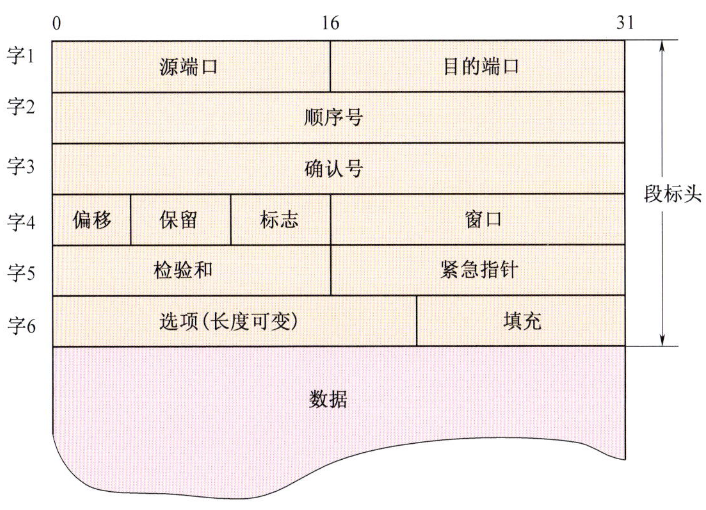

图 10.12　TCP 段格式

应用层协议可分为 3 类:

(1) 依赖于 TCP 的应用协议。例如:远程终端协议 Telnet ,文件传输协议 FTP,超文本传输协议 HTTP,外部网关协议 BGP,简单邮件传输协议 SMTP 等。

(2) 依赖于 UDP 的协议。例如:简单网络管理协议 SNMP,域名服务 DNS,单纯文件传输协议 TFTP,内部网关协议 RIP,引导程序协议 BOOTP 等。

(3) 依赖于 TCP 和 UDP 的协议。例如通信用的管理信息协议 CMOT。

10.3　广域网

10.3.1　定义

广域网(WAN)是指在很大地理范围内利用通信网络将分散在各地的计算机互连在一起构成的一种计算机网络,它通常比局域网有较低的速率和较高的时延。

使用通信设施进行数据通信始于 20 世纪 60 年代,当时可供使用的长途电信设施是公用交换电话网。众所周知,电话网是为传输模拟信号而设计的,而数据通信传输的是二进制代码,因此,使用电话网进行数据传输必须将计算机产生的二进制信号转换为模拟信号才能实现。而当这种信号传输到接收的计算机之前,还必须还原为二进制信号。这种实现数字信号到模拟信号和模拟信号到数字信号的转换设备称为调制解调器(modem)。这种形式的结构如图 10.13 所示。

图 10.13　使用电话网进行数据通信的广域网结构

使用电话网组建广域网的另一种形式是从电信管理部门租用传输线路,在相关位置安装自己的交换系统,建立企业专用广域网络。这样的网络通常兼顾话音和数据通信,其一般结构如图 10.14 所示。

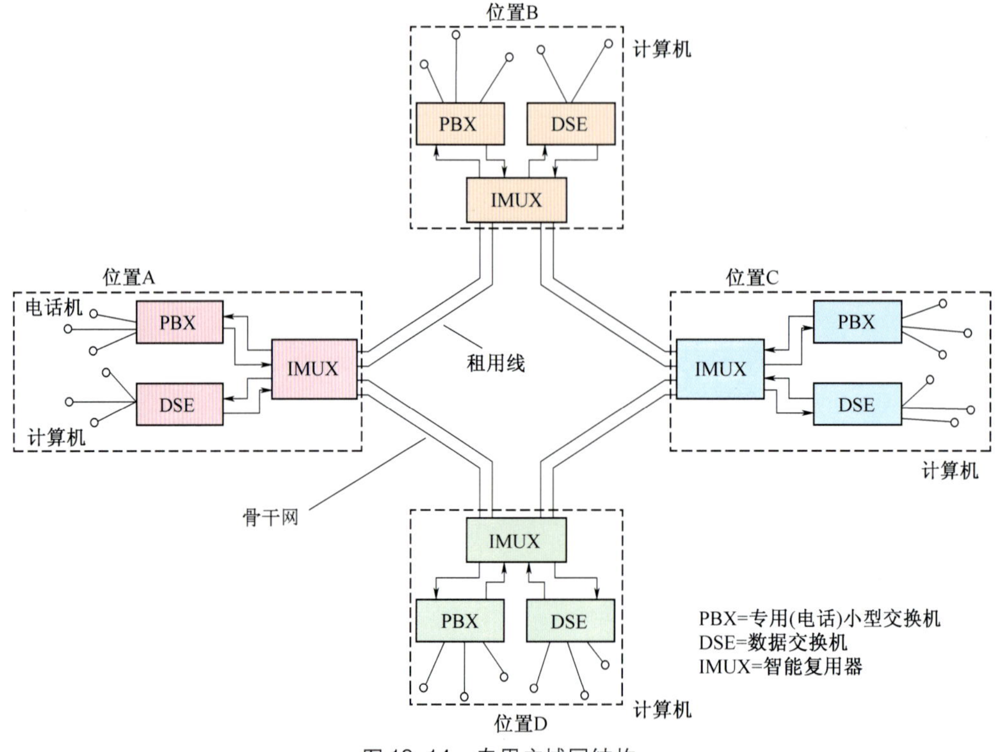

图 10.14　专用广域网结构

第三种广域网技术是专门为数据传输而设计的,这种类型的通信网络为公用交换数据网络(PSDN)。其中广泛使用的一种是 PSPDN(包交换公用数据网络),由于在用户进入网络时要遵从 CCITT(国际电报电话咨询委员会)X.25 协议,又称为 X.25 网。X.25 网络的进一步说明见 10.3.3 节。

第四种广域网是基于电话和数据集成在一起的通信网络,这种网络以全数字方式操作,称之为综合服务数字网,简写为 ISDN。为了适应不同用户的需要,ISDN 定义了多种接口,如图 10.15 所示。ISDN 不仅能提供话音和数据服务,还可提供智能用户电报、传真和可视图文之类的远程信息服务。

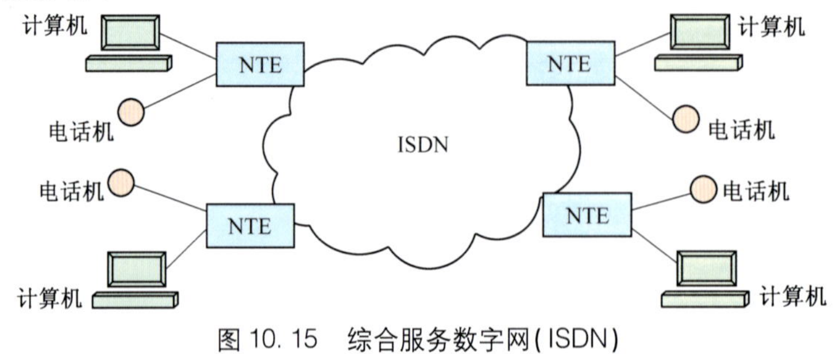

图 10.15　综合服务数字网(ISDN)

10.3.2　分类及特征

按照通信网络的服务特性,广域网(WAN)可分为:

① 公用交换电话网(PSTN);② 公用交换数据网(PSDN);③ 综合服务数字网(ISDN);④ 数字数据网(DDN)。

按通信网络交换方式来分类,则有:

① 电路交换网(CSDN);② 报文交换网;③ 包交换数据网(PSDN);④ 帧中继网。

以下就其中常用的几种网作一简单介绍。

10.3.2.1 公用交换电话网(PSTN)

PSTN 是为传输话音而设计的,用其传输数据,在 10.3.1 中已做介绍,要说明的是计算机与 MODEM 之间的连接应遵循 EIA RS－232 标准,计算机与 MODEM 之间的接口称为 RS－232 接口。

使用 PSTN 组建广域网的主要特点是传输速率低,通常在 28.8KB/s 之下,质量和可靠性较低,但其费用较低且处处都可提供使用。由于 PSTN 十分普及,在通信流量不大的条件下,目前仍是一种普遍采用的方式。

10.3.2.2 公用交换数据网(PSDN)

公用交换数据网可以指包交换公用数据网(PSPDN),也可指电路交换数据网(CSDN)。由于我国及大多数国家都建立了 PSPDN,所以,这里只介绍这种形式的网络。

PSPDN 与计算机的连接所遵从的接口协议为 X.25。PSPDN 的速率通常在 64KB/s 或以下。由于 X.25 协议集合采用了完善的检错纠错机制,网络又有动态路由选择功能,所以是一种非常可靠的网络。PSPDN 是 20 世纪 60 年代末出现的技术,几十年来已普及到世界几乎所有国家和地区。我国从 20 世纪 80 年代末开始组建 X.25 网以来,目前已普及到市县,所以可随处获得这种资源。然而,由于 X.25 的很多机制是针对 20 世纪 60 年代通信传输设施质量较低的情况设计的,现在通信质量提高后,有些机制已经无太大必要,反而使网络转接时间慢了很多。而且在 LAN 技术出现后,用这种网络去连接 10/100/1000MB/s 速率的以太网,显然是一个很大的瓶颈。

10.3.2.3 数字数据网(DDN)

DDN 是 Digital Data Network 的缩写,这种网络不执行任何网络协议操作,所以从用户角度来看,把它叫做数字专线网也许更合适。但是 DDN 与真正的专线或租用线又不同,因为 DDN 内具有复用和交叉连接能力。这种网络具有多路由网格状结构(图 10.16),当 DDN 网内某一节点或某一通路因通信量过大而产生拥塞时,信息可以绕过该节点和拥塞的通路继续传输。

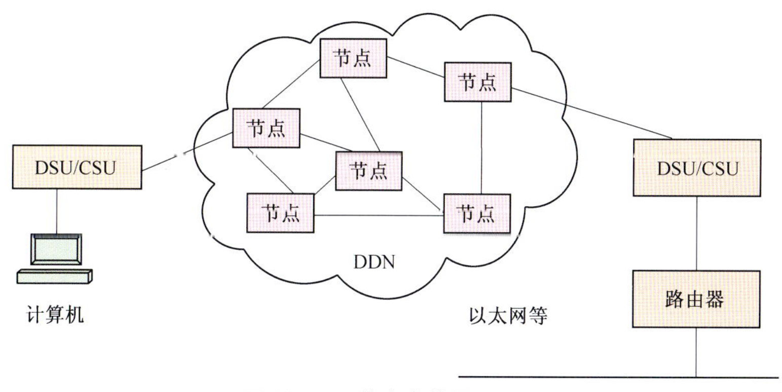

图 10.16 数字专线网(DDN)

由于 DDN 具有专用线特性,传输速率又较很高,通常可达 64KB/s,传输质量也大为提高,适合用于大流量互连的环境。

10.3.2.4 帧中继网

帧中继技术是20世纪80年代中出现的一种网络技术,目前已成为进行广域连接的主要方式,并正逐步取代租用线建网方式。

近几年来,光纤的敷设使传输质量和速率有了很大提高。如果再像X.25网那样,每传输一步都去检错纠错已无必要,于是出现了网络不纠错的技术,这就是帧中继网络。

帧中继网络技术,不再有网络层,网络层的复用功能移到了数据链路层。帧中继的链路层帧具有如图10.17所示的结构。

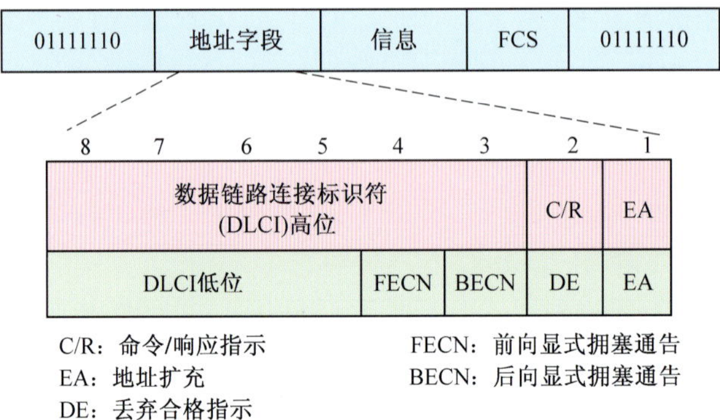

图10.17 帧中继的帧结构

从图10.17可看出,帧中继的帧没有控制字段,只保留了地址字段(一般为2字节,可扩展为3字节或4字节)。地址字段中的内容也不再是地址,而是连接标识符。当帧通过网络时,DLCI可以改变,因而只有本地意义,而且DLCI表示的为逻辑连接,帧中继的逻辑连接的概念,如图10.18所示。图中从计算机A到B的逻辑链路为DLCI25—DLCI35—DLCI45—DLCI55;从计算机A到C的逻辑链路为DLCI20—DLCI30—DLCI40。DLCI之值每个帧中继交换机(FRS)在出口方向都不一样。这表明DLCI只有本地意义。

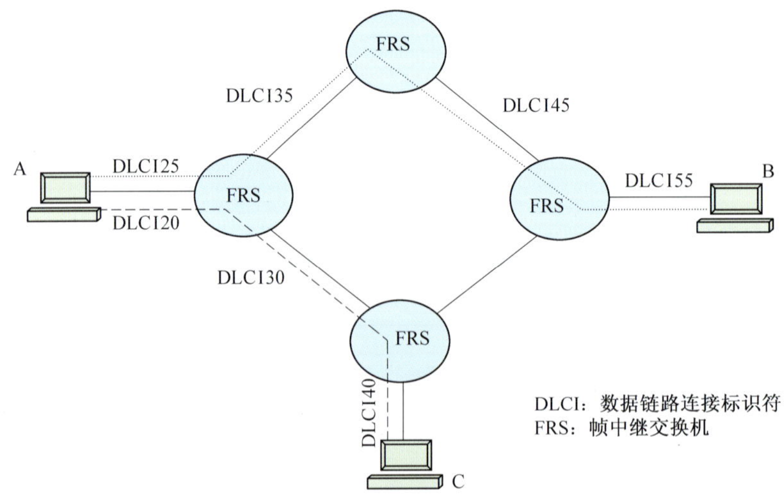

图10.18 帧中继逻辑链路

帧中继网络具有较高的吞吐能力,通常在64 KB/s~2.048MB/s,比使用DDN专线价格低,中心部分所需设备少,是连接LAN到LAN的最好选择。

10.3.3 包交换公用数据网

包交换公用数据网(PSPDN)也称为X.25网,其原因是这种网络与用户设备的接口应遵照 X. 25 协议。什么是 X. 25? X. 25 是 20 世纪 70 年代由国际电报电话咨询委员会(CCITT)制定的一种标准,其名称为通过专用电路连接到公用数据网、以包方式操作的数据终端设备(DTE)和数据电路终接设备(DCE)之间的接口。

所谓 DTE 一般指计算机,DCE 一般指网络交换机或包交换机(PSE)。从 X. 25 的名称看,它的协议内容是指 DTE 和 PSE(包交换设备)间交互操作所遵从的规则,不是指网络内部的操作。内部操作没有统一的标准。

PSPDN 是由多台 PSE 互连而成,我们可以将 PSPDN 形象地画成一朵云,如图 10. 19 所示,图中画出的小圆是 PSE,也就是节点机(N)。PSPDN 网的外部为用户设备,一种是具有 X. 25 协议的智能主机,第二种为包装拆设备(PAD),第三种为字符终端(T)。主机和节点之间的交互操作按照 X. 25 协议进行。

X. 25 协议只涉及 OSI 的低 3 层:物理层、数据链路层和网络层,图 10. 20 给出了 PSPDN 与这 3 层的关系。

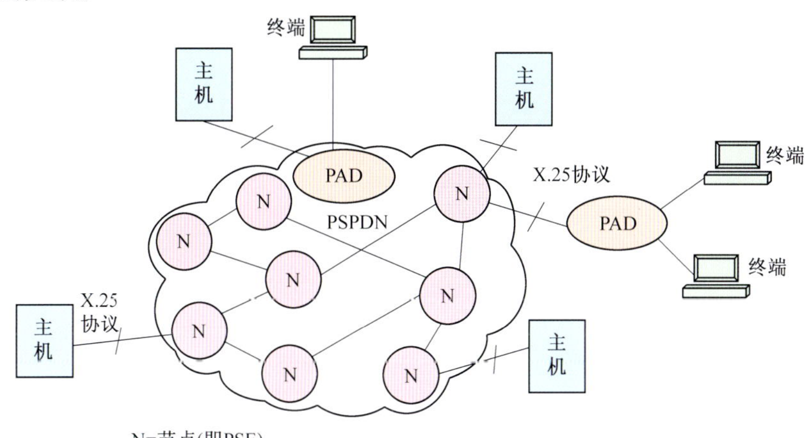

图 10. 19　PSPDN 的结构

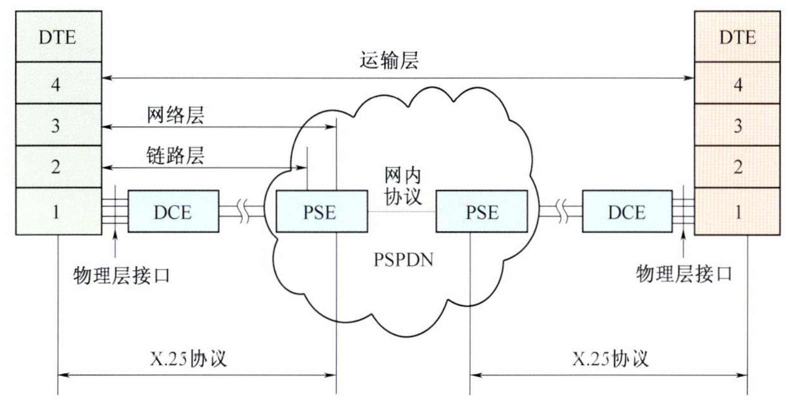

图 10. 20　X. 25 网访问协议

每层的功能分别简要介绍如下。

1) 物理层

物理层涉及如何将计算机连接到 PSPDN 上的方方面面,如使用何种连接器,电气信号的要求,传输速率等。由于各国的电信基础设施上有较大差距,在制定物理层标准时,提出了两种可选择的方案。

方案 1:使用 X. 21 接口。

X. 21 接口适用于数字电路,数字电路终接设备(DCE)与 DTE 间的接口,如图 10.21 所示。DTE—DCE 之间,必备接口线共 6 条。

(1) 用于发送数据的接口线 T;

(2) 用于接收数据的接口线 R;

(3) 信号码元定时 S,用于定时数据发送和接收;

(4) 控制线 C,用于指示发送线的状态;

(5) 指示线 I 由 DCE 用来向 DTE 指示接收线上的数据类型;

(6) 信号地线 G。

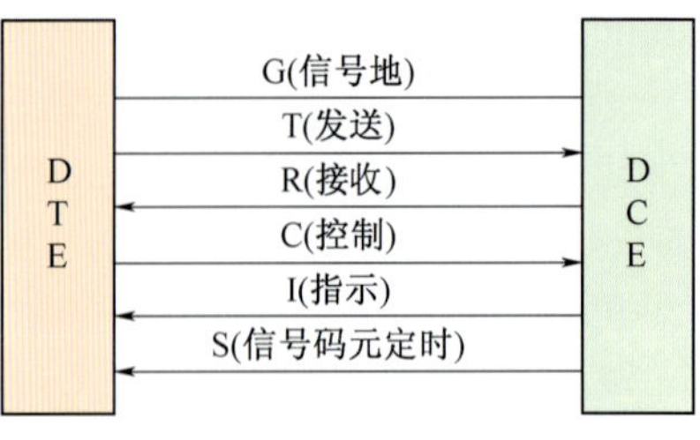

图 10.21　X. 21 接口电路的主要电路

方案 2:使用 X. 21bis。

X. 21bis 是 CCITT 为不具备数字电路而只有模拟电路的一些国家或地区制定的标准。bis 的意思是 X. 21 的修改,修改后实际上就与 RS－232 相同了。因此,使用模拟电路组建的 X. 25 网的物理接口与图 10.13 基本相同,所不同的是计算机与 MODEM 的接口线增加了两条,同时将 RI 接口电路去掉了,通常使用的接口线如表 10.1 所列。

表 10.1　RS－232 接口电路

接口电路	名　称	接口电路	名　称
SG	信号地	DSR	数据装置准备好
TXD	发送数据	DTR	数据终端准备好
RXD	接收数据	CD	载波检测
RTS	请求发送	TXC	发送时钟
CTS	允许发送	RXC	接收时钟

2)链路层

链路层协议使用平衡型链路访问规程(LAPB),它是 HDLC 的一个子集。其含义是 DTE 与 PSE 交互操作时具有平等的地位,双方都可发送命令,也都可发送响应。交互操作时所使用的传输单位称为帧,并具有图 10.22 所示的结构。

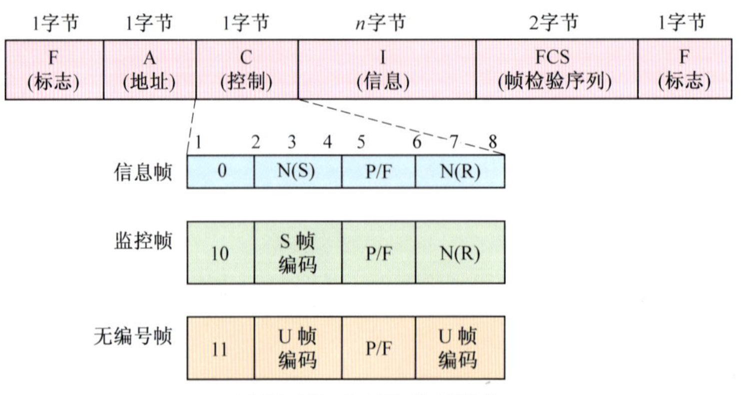

图 10.22　LAPB 的帧结构

图 10.22 中,从左到右为标志字段、地址字段、控制字段、信息字段、帧检验序列字段和标志字段。字段长度已标在每个字段的上方。

标志字段具有特定的位组合:01111110。它标识帧的开始和结束,并用以实现字符同步。地址字段表示站的地址,当作为命令帧发送时,地址字段为接收站的地址;当作为响应帧发送时,地址字段为源发站的自身地址。控制字段用以标识帧的类型,对帧进行编号以及实施交互操作的各种控制。信息字段是运输层要传给对方运输层的数据。帧检验序列(FCS)字段用以检查帧在传输中有无差错。

图 10.22 中的控制字段的一些位组合,可给出 13 种命令和响应。有的命令和响应可以没有信息字段,而只给出交互动作中所需的控制信息或状态信息。当命令和响应名称相同时,控制字段中的位组合也相同,是命令还是响应则取决于地址字段。当地址字段为收方站地址时,则该帧为命令帧;当地址字段为自身站地址时,则该帧为响应帧。这 13 种命令帧和响应帧如表 10.2 所列。

表 10.2　LAPB 命令和响应帧

命　　令	响　　应
信息帧(I 帧)	
接收准备好帧(RR 帧)	接收准备好帧(RR 帧)
拒绝帧(REJ 帧)	拒绝帧(REJ 帧)
接收未准备好帧(RNR 帧)	接收未准备好帧(RNR 帧)
	无编号确认帧(UA 帧)
断开帧(DSC 帧)	
设备异步响应方式(SARM 帧)	帧拒绝(FRMR 帧)
设置 LAPB 方式(SABM 帧)	断开方式(DM)

从表 10.2 可看出,I 帧只能以命令方式发送,还可看出,X. 25 支持的 SARM 和 SABM 帧分别相应于 LAP 和 LAPB 两种方式。然而,X. 25 标准中,建议不再使用 LAP 方式。

X. 25 的 LAPB 使用通过设置在 C 字段中的发送顺序号 N(S)和接收顺序号 N(R)来确保按序接收和出错时的恢复。

3) 网络层

在 X. 25 协议集合中网络层称为包层(或分组层),由于网络层交互操作时的单元称为包而得名,包层的含义也源于邮政系统中的包裹。包的格式如图 10.23 所示。包在传输给对方网络实体时,整个包封装在链路层的帧信息字段中。

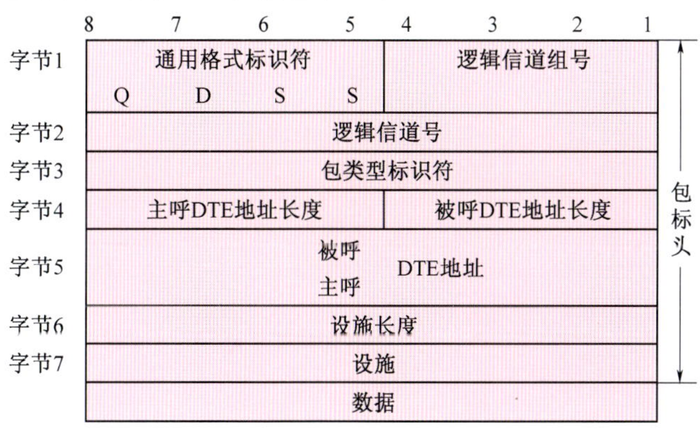

图 10.23　X. 25 包的格式

经过 DTE/DCE 接口传给 X. 25 网络的每个包至少要包括 3 个字节(字节 1、2 和 3),换言之,标头至少由 3 个字节组成,也可由 3 个以上的字节组成。字节 1 的低 4 位是逻辑信道组号,高 4 位为通用格式标识符。SS 用于说明包的编号方式,SS = 1 表示包发送序号(PCS)和包接收序号 P(R)按模 8 编号,而 SS = 10 则表示按模 128 编号。D 位仅用于一定的包,D 置 0 表示确认来自网络,D 置 1 表示确认来自远方的通信伙伴。Q 位仅可用于区分数据类型的包,当用户希望数据包中传输一些控制信息时,例如两种不同优先级包,则可令 Q = 0 和 Q = 1 表示两类不同的包。

包标头的第二个字节是逻辑信道号,它与逻辑信道组号一起构成 12 位逻辑信道标识,其逻辑信道总数为 4096 个。逻辑信道用来向包交换机(PSE)标识 DTE 的多个用户。第三个字节是包类型标识符,对非数据包标识包的类型,对数据包则标识包的序号。其他字节可由名称了解其功能。

4) 包装拆设备

X. 25 网如只能连接具有 X. 25 协议智能的计算机,便会将大批无此智能的异步字符终端拒之门外,这是一种不可取的方式。为了将愿意连入 X. 25 网的异步字符终端入网,在 X. 25 网内配置了一种包装拆设备,简称 PAD,用以连接异步字符终端,由 PAD 实现协议转换。PAD 可设置在网内,也可设置在网外,图 10. 24 示出了异步字符终端与具有 X. 25 智能的计算机或异步字符终端之间进行通信的 3 种情况。

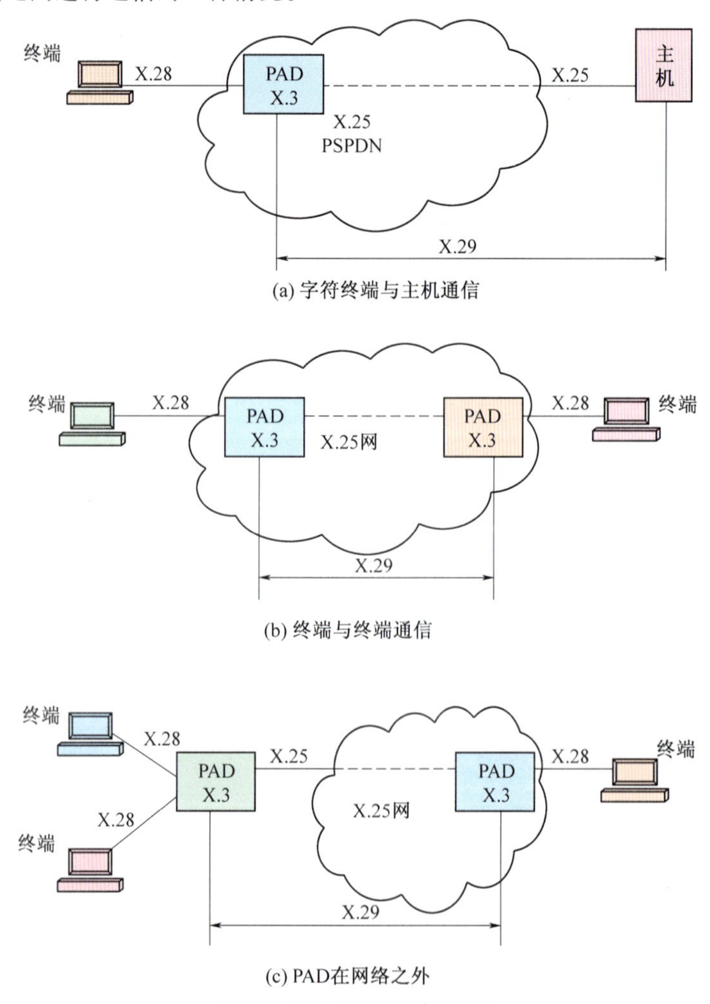

图 10. 24 X. 25 网与 PAD

为适应异步字符终端连入 X. 25 网,PAD 本身遵循的标准为 X. 3;PAD 和异步字符终端间的操作规程称为 X. 28;PAD 与 PAD 间或 PAD 与 X. 25DTE 之间的操作规程为 X. 29,人们将

X. 3、X. 28 和 X. 29 统称为 3X 协议。

10.4 局域网

10.4.1 定义

局域网(LAN)顾名思义是指局部地区或局部范围内的计算机网络,然而,由于地理范围有限,局域网所用的技术与 WAN 有很多不同。为了对局域网(以下简称 LAN)的定义有明确的了解,观察一下 LAN 出现的背景是有益的。

随着计算机硬件能力的增加和费用的下降,PC 机几乎进入了每个办公室,人们自然会希望将这些分散在各处的 PC 机相互连接起来形成一个以一座办公楼、一个工厂或企业为单位的网络系统,用以实现办公自动化、生产管理或控制。LAN 就是在这种形势下出现和发展起来的。因此,LAN 可定义为:LAN 是在小区域范围内利用各种数据通信设备将分散在各处的计算机互连在一起构成的计算机网络。

由于 LAN 的区域范围小,所用传输媒体都使用专线,其传输质量高、误码率低,因而传输速率远比 WAN 要高。网络拓扑结构由于地域范围小可使用总线型或环型,这在大地域范围下是不可能的。LAN 通常建在单位或企业内部,很少受到像 WAN 那样的诸多限制。由于这些因素,LAN 与 WAN 相比,LAN 的发展速度要比 WAN 快很多。

10.4.2 LAN 的分类及特征

较流行并已标准化了的 LAN 网络技术主要有下面几种:

(1) 以太网以及交换式以太网,其标准为 IEEE802.3 系列;

(2) 令牌环网,其标准为 IEEE802.5;

(3) 令牌总线网,其标准为 IEEE802.4;

(4) 光纤分布数据接口(FDDI),其标准为 ISO9314;

(5) 100Base - VG - AnyLAN,其标准为 IEEE802.12。

在上述标准中,使用最多的是以太网以及交换式以太网,因为其安装、使用和价格都很容易为用户接受。

10.4.2.1 以太网

以太网使用的媒体访问机制是 CSMA/CD(带有碰撞检测的载波侦听多路访问)。以太网的工作原理见 10.4.3 节。

以太网的另一特征是发送成功与否没有保证,走运的站总可得到发送机会,不走运的站总得不到机会,因此,对于实时性要求很高的应用不能采用这种网络技术。

10.4.2.2 令牌环网

令牌环网是为克服上述发送不确定性而设计的一种网络。令牌环的拓扑结构为环形,每个站都连到环上,如图 10.25 所示。每个站对环的访问靠令牌传递来实现。令牌传到哪一站,那个站就获得发送权。这种访问媒体的机制从根本上克服了发送无确定性的弊病。

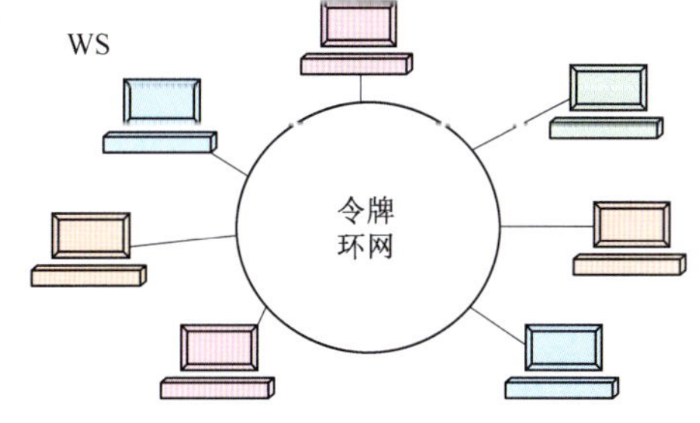

图 10.25 令牌环网结构

10.4.2.3 令牌总线网

令牌环网是一个物理环，如果由于不小心而将环断开，整个网络将会停止工作。为此，人们又发明了令牌总线网，信号传递仍沿总线进行，通过站的标号来确定谁获得令牌的方法来构成逻辑环，如图10.26所示。

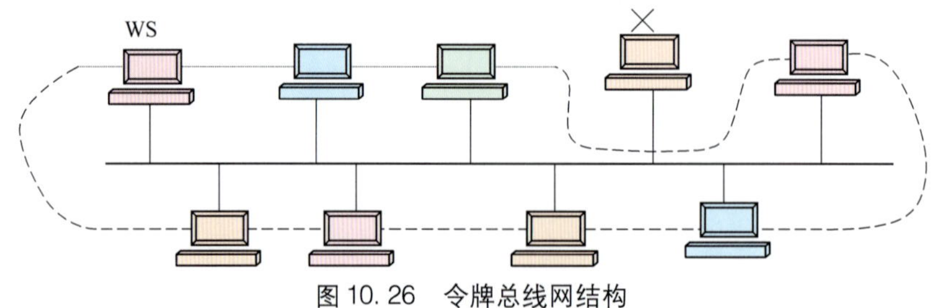

图10.26 令牌总线网结构

上述3种网络最初的传输速率一般为10MB/s，最高为16MB/s。如果将这些网互连在一起，所用的连接速率应比上述速率高才合理。在这种形势下，又发明了FDDI。FDDI的传输速率为100MB/s，作为互连10MB/s速率的骨干网在20世纪80年代曾是十分合适的一种技术。

10.4.2.4 FDDI网

FDDI网除了高速之外，它具有的逆向双环结构，可大大提高可靠性。这种逆向双环结构如图10.27所示。一个环称为主环，另一个环称为备环。备环或用作附加的传输通路或用作备份。

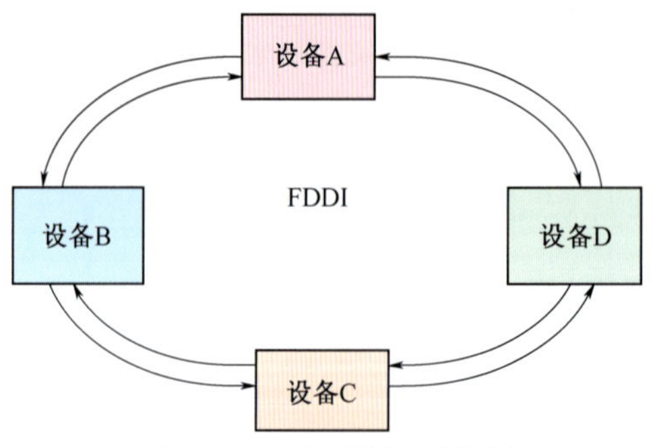

图10.27 FDDI逆向双环结构

FDDI双环上可连接两种类型的站，一种是双连接站(DAS)，另一种是单连接站(SAS)。双连接站可连接到双环上，单连接站只能通过集中器连接到主环上。如果FDDI作为骨干网，大部分站应是网桥或路由器，通过网桥或路由器与以太网、令牌环网相连。

FDDI的一个最突出的优点是具有自容错机制，图10.28示出了这种机制。图10.28(a)示出了站A和站D间光纤断开后，通过双环自动变成单环而仍维持4个站之间的互连通性。

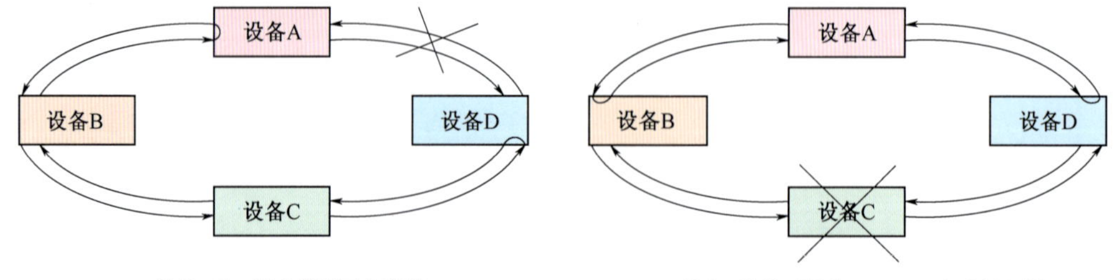

(a) 设备A和D间光缆断开的容错　(b) 设备C故障后设备A、B、D仍有连通性

图10.28 FDDI的容错机制

图 10.28(b)示出的是站 C 损坏后,A、B 和 D 这 3 个站的连通性则不受影响,受影响的只是局部。上述容错机制无需人工干预,便可自动实现。

FDDI 环的周长可达 100km,站间距离则视使用光纤种类而定。多模光纤站间最大距离为 2km,单模光纤站间最大距离为 20km。

10.4.2.5 100Base - VG - AnyLAN

100Base - VG - AnyLAN 是 20 世纪 90 年代与 100Mb/s 快速以太网同时出现的一种快速 LAN 技术。VG 为 Voice Grade 而 ANY 表示可用多种传输媒体。100Bas - VG - AnyLAN 使用的媒体访问法为请求优先权中心控制法。网络拓扑结构为星形,处于最高级的 Hub,称为中心 Hub 或根 Hub(集线器),下连 Hub 或设备,如图 10.29 所示。

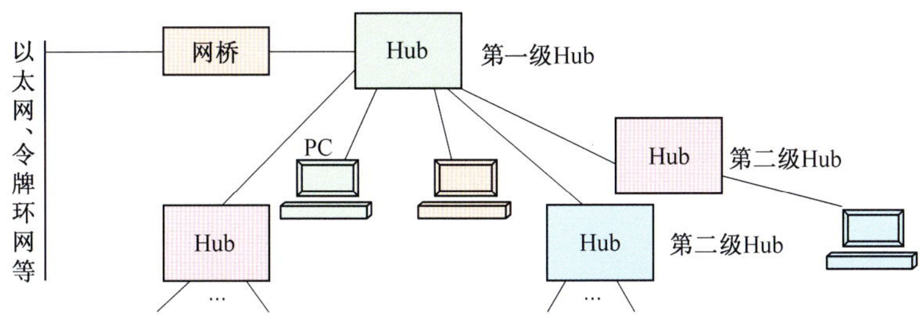

图 10.29　100Base - VG - AngLAN 结构

Hub 支持以太网和令牌环网的帧结构,这种支持能力使这种网络只需通过网桥便可实现该网与以太网或令牌环网的互连。

中心 Hub 通过执行快速轮询方式来检查 Hub 连接口的请求。如果某一连接口连接了二级 Hub,二级 Hub 的连接口将加入到被轮询的请求队列中。Hub 将接收的数据包,转发到终点地址所关联的端口上。Hub 的轮询工作方式如图 10.30 所示。

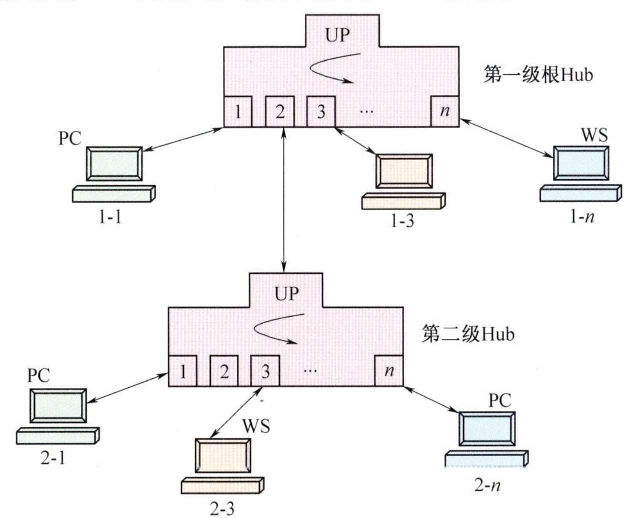

图 10.30　Hub 的轮询工作方式

这种网络技术的一个特点是,由于中心 Hub 的控制避免了以太网的碰撞和令牌环网等待令牌的时延。

10.4.3　以太网的工作原理

10.4.3.1　构成

以太网是 LAN 技术中出现最早的一种,当时的实现方法是使用粗缆(同轴电缆),通过收发器和收发连接电缆与设备相连,构成一种以同轴电缆作为传输媒体的总线网络,其结构如图 10.31 所示。每段同轴电缆长度为 500m,站间最小间隔为 2.5m,收发器电缆长度最大为 50m。每台连网的设备内有一块网卡,用以实现与网络操作相关的功能。因此,构成一个以太网至少需要下列元件:

(1) 长度最大为 500m 的同轴电缆一条;

(2) 网卡(随连网设备数量而定);

(3) 收发器(随连网设备数量而定);

(4) 收发器连接电缆;

(5) 终接器;

(6) 网络操作系统;

(7) 服务器和工作站。

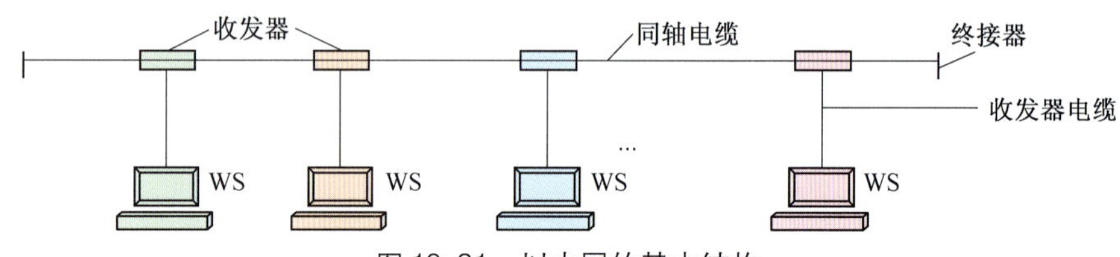

图 10.31 以太网的基本结构

由于技术的发展,这种用同轴电缆作为总线构成的以太网现在已很少使用。然而,作为基本原理,只有了解它才能进一步理解以太网更高速的技术。

10.4.3.2 媒体访问方法

所谓媒体访问法是指连到同轴电缆上的设备如何获得使用传输媒体的方法。以太网的媒体访问方法称为 CSMA/CD(Carrier Sense Multiple Access With Collision Detection 的缩写),即带有碰撞检测的载波侦听多路访问。下面对此进行说明。

CS(载波侦听)中的载波是来自早期试验时使用的术语,那时的试验系统采用的是无线方式,所以使用了载波的术语。改成同轴电缆后延续以前所用术语。现在可将载波理解为信号。载波侦听表示任何一个站在启动发送前先听一听同轴电缆上有无其他站发送信息。MA 是指多个站都可访问同轴电缆,而且机会是均等的,没有赋予哪个站有什么特权。这就是 CS-MA 的含义。

CD 是指在获得发送权后的发送过程中,不能间断侦听,因为仅有发前侦听不能保证两个站同时听,又同时听到空闲,于是有同时启动发送的可能。在这种特定情况下,必然会产生碰撞,所以要进行是否碰撞的检测。

一旦发现碰撞,发现碰撞的站不是立刻停止工作,而是停止发送正在发送中的数据,并立即转到发送人为干扰信号,使碰撞得以强化,以保证所有站都检测到产生了碰撞。

10.4.3.3 媒体访问帧结构

以太网的通信传输单位称为帧,也称为协议数据单元。它的帧结构如图 10.32 所示。

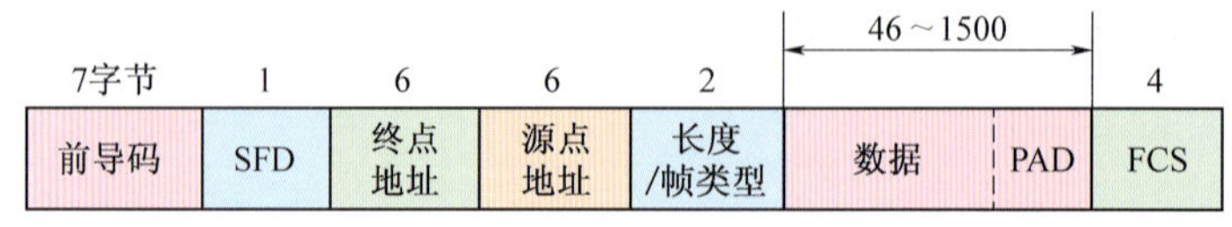

图 10.32 以太网帧结构

帧结构中分成了 7 个字段,每一字段都有确定的功能。由 7 个字节组成的第一个字段称为前导码,其功能是使接收站获得位同步和字节同步,以便接收站正确接收每一位。第二个字段为帧开始定界符(SFD),长度一个字节,其作用是通知接收站有效帧开始。终点地址字段和源点地址字段分别表示帧要到达的站地址和帧出自哪一个站的站地址。这两个字段长度分别为6个字节,这表明以太网地址长度为48位。地址字段之后为数据字段的长度/帧类型指示字段。数据字段最后用虚线隔开的部分为填充,其用途是当数据长度小于以太网要求的最小长度时,填充一些字节,以保证网络的正常工作。最后一个字段为帧校验和(FCS),其作用是检查帧在传输中有无差错。

10.4.3.4 帧的发送和接收

1) 发送

当要发送帧时,首先将帧内容(即数据字段)封装为帧的格式,然后侦听同轴电缆是否被占用,如果被它站占用,便推迟发送,继续侦听,直到听到媒体空闲后,经过一个短暂的时延(称为帧间间隙,旨在让收站将帧收完并进行处理),便可启动发送。

在发送过程中,收发器同时监视接收的信号,以检测是否有碰撞。假定无碰撞,发送帧的过程完成;如果发现碰撞,收发器立即释放出碰撞检测信号,工作站收到后,便发送人为干扰信号(称作 jam 序列),以确保网上所有站都检测到产生了碰撞。发送完 jam 序列后,工作站停止发送,经过一个随机时间片后重新侦听进行重发过程。整个发送过程的流程图如图10.33(a)所示。

2) 接收

图10.33(b)示出了接收帧的过程。连到同轴电缆总线上的每个站首先检测有无外入信号从收发器到来。如果有外入信号,则禁止自身向总线上发送。随后便使用外入帧的前导码进行位同步和接收进入的帧,并将前导码和 SFD 字段丢去。之后将接收帧的终点地址与自身地址进行比较,如果地址相符,则将地址字段和数据字段的内容加载到帧缓冲器中,等待进一步处理,并将收到的 FCS 字段与工作站在接收帧过程中计算的结果进行比较,如果相同,则将帧传递给高层,如果地址不相符,则将帧丢弃。

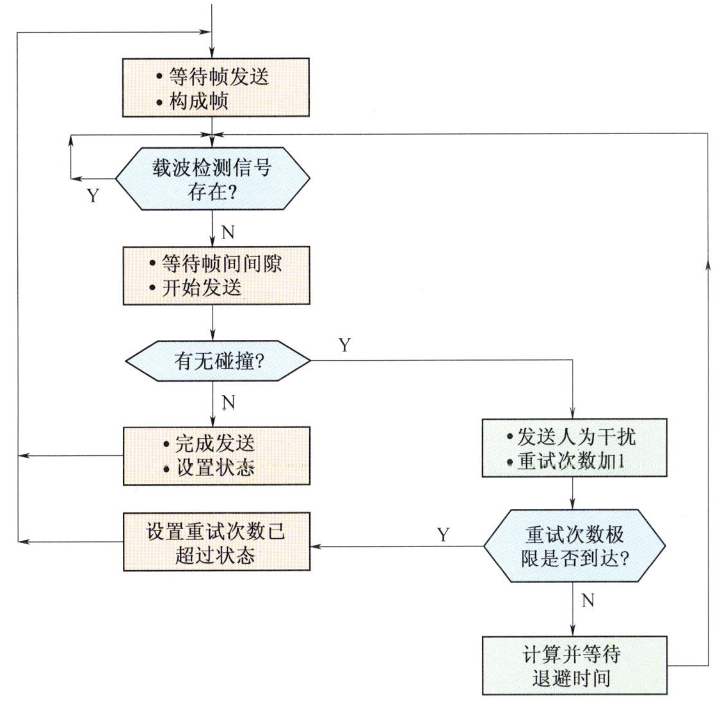

(a) 发送

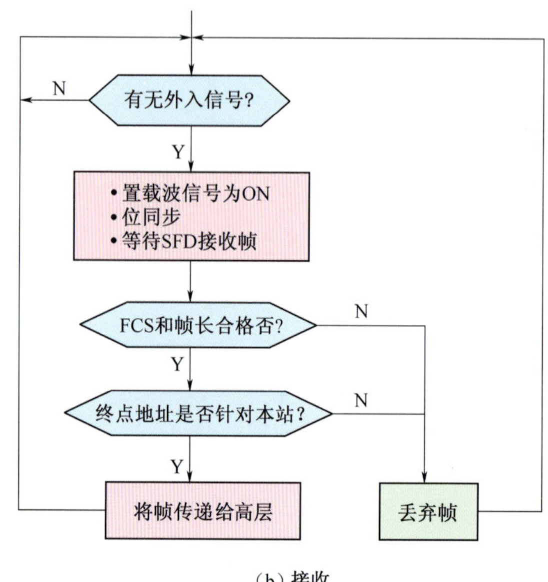

(b) 接收

图 10.33　以太网发送和接收过程

10.4.4　以太网的现状

10.4.4.1　媒体共享式以太网

前一节介绍了以太网的基本工作原理,粗缆形式的以太网由于电缆笨重而不得不使用收发电缆连接到粗缆总线上,于是,在粗缆形式的以太网出现没有太久,便发明了细缆形式的以太网。在这种形式下,收发器和收发电缆都不复存在,因为收发器已纳入网卡内,收发电缆自然不再必要。细缆段长为 185m,为了与粗缆形式的以太网区分开来,人们将粗缆以太网写成 10Base5,细缆以太网写成 10Base2,其含义是传输速率为 10Mb/s,基带传输,5 表示电缆段长为 500m,2 表示电缆段长为 185m。

目前使用最多的以太网形式为 10Base - T。这是一种使用双绞线作为传输媒体的网络,其结构形式不再像总线结构,而貌似星形,如图 10.34 所示,构成网络的互连设备称为 Hub 即集线器。使用集线器构成网络时,集线器与计算机互连用的双绞线应为 3 类或 3 类以上的 UTP(非屏蔽双绞线)或 STP(屏蔽双绞线)。应该注意,使用 Hub 连成的网络仍为总线形网,因为它所使用的媒体访问方法仍为 CSMA/CD,所遵循的标准仍为 IEEE802.3。站与集线器间的最长距离为本 100m。

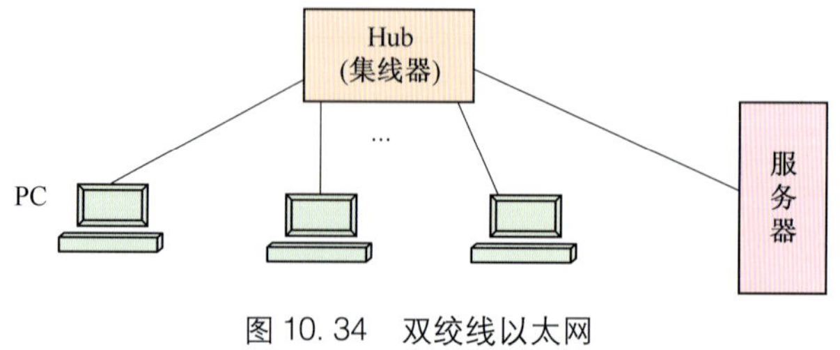

图 10.34　双绞线以太网

10.4.4.2　交换式以太网

交换式以太网是用以太网交换机为互连设备的星形网。当连接到交换机上的站发送时,不再像共享媒体式那样广播到所有与 Hub 相连的站,而是将帧转发给想要发送到的站。这种转发方式与电话交换机相类似。交换式以太网的结构如图 10.35 所示,由于交换的特性,这种

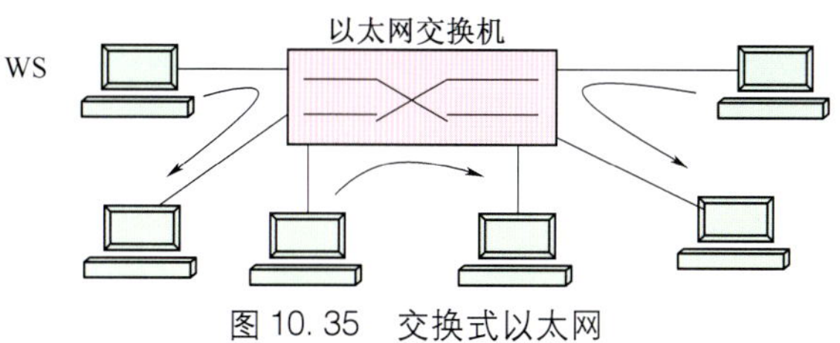

图 10.35 交换式以太网

网络拓扑结构成了真正的星形。

在此应指出，交换式以太网可在任何速率下实现，包括 10/100/1000/10000MB/s 速率的以太网。

10.4.4.3 快速以太网

快速以太网是指将原来的以太网 10MB/s 的速率提高到 100MB/s，所用媒体访问机制不变，标准仍为 IEEE802.3。构成快速以太网的传输媒体，由 10Base－T 时的 3 类 UTP（非屏蔽双绞线）上升到 5 类或 5 类以上 UTP/STP。如果 3 类 UTP 已经布设，也可上升到快速以太网，但实现规范有了新的规定。为了适应 3 类、5 类 UTP 和光纤的情况，快速以太网有 3 种实现规范：① 100Base－TX（使用 5 类或更高类别的 UTP/STP）；② 100Base－T4（使用 3 类、4 类或 5 类 UTP）；③ 100Base－FX（使用光纤）。

快速以太网也有交换方式或共享媒体方式之分。如何选择使用取决于应用需求，交换式快速以太网具有比共享媒体式更高的性能。

10.4.4.4 吉以太网（Gigabit）

吉以太网（1000MB/s）在传输速度上是快速以太网（100MB/s）的 10 倍，是原始以太网的 100 倍。吉以太网是当前网络建设中的主流技术。千兆以太网使用的帧结构及帧长度与 10.4.3 所述的 10MB/s 和 100MB/s 以太网相同，访问媒体的方法也是 CDMA/CD。吉以太网使用的传输媒体类型由 802.3z（1000Base－X）和 802.3ab（1000Base－T）规定，共有 4 种。

1）802.3z（1000Base－X）

在该标准下规定了下述 3 种：

（1）1000Base－SX 850 nm 多模光纤，激光光源。

（2）1000Base－LX 1300 nm 单模光纤和多模光纤，激光光源。

（3）1000Base－CX 短距离 STP 铜缆。

这 3 种方式所用的传输媒体及允许的最大距离，如表 10.3 所列。

表 10.3 线缆类型和距离

线缆类型	距离
单模光纤	5000m 使用 1300nm 激光光源（LX）
多模光纤（62.5micron）	300m 使用 850nm 激光光源（SX） 550m 使用 1300 nm 激光光源（LX）
多模光纤（50micron）	550m 使用 850nm 激光光源（SX） 550m 使用 1300nm 激光光源（LX）
短距离 STP 铜缆	25m

2) 802.3ab (1000Base - T)

在该标准下规定了下述方式。这种方式所用的传输媒体及允许的最大距离,如表10.4所列。

表10.4 1000Base - T线缆类型和距离

传输速率	1000MB/s(2000MB/s全双工时)
线缆类型	4线对超5类或更高级别的线缆
最长距离	100m

10.4.4.5 万兆(10 - Gigabit)以太网

万兆(10000MB/s)以太网支持的传输速率高达10GB/s。这种技术是从原始太网10MB/s直接扩充的结果(10MB/s、100MB/s、1000MB/s、10000MB/s)。万兆(10 - Gigabit)以太网的MAC层类似于低于此速率的以太网的MAC层,使用相同的地址结构和帧结构,但不支持半双工操作。它支持的速率为10 GB/s和比此低的速率,使用步进机制(Pacing Mechanism)来适配速率和流控。

万兆(10000Mb/s)以太网使用的传输媒体通常为光纤,其传输距离取决于所用的光纤类型、激光光源类型和线路速率GBaud。例如,62.5μm的多模光纤,在波长为850nm、VCSEL激光器和线路速率12.5GBaud下,传输距离为25m;在同一种多模光纤,波长为1300nm、DFB激光器和线路速率4×3.125GBaud下,传输距离为300m。对于单模光纤,在1310或1550 nm波长、冷却DFB激光器和线路速率12.5GBaud下,传输距离为40km。

10.5 无线局域网

无线局域网(WLAN)是使用无线传输媒体(无线电波、红外线或激光)进行传输的一种局域网。在这种网络中,每台计算机,不管是移动中的、便携式的还是固定的,在无线局域网标准(IEEE802.11)中都称为站。便携站和移动站的差别是,便携站可很容易地从一点移到另一点,使用时是固定的;移动站是在移动中使用的站。无线局域网中的站不受有线媒体的物理位置限制。它所提供的功能与有线形式的LAN相同。

10.5.1 无线局域网(WLAN)的功能

由于WLAN的建设不需要事前进行布线,可以随时按需要建立网络环境,实现网络中的各种服务。

无线局域网适用下述场合:① 布线困难或布线费用太高的场合;② 体育场馆或会议大厅/展示厅;③ 需要灵活配置的多用户空间;④ 临时需要建立网络的场合;⑤ 移动计算机类设备需要访问有线LAN的场合。

10.5.2 WLAN的拓扑结构

WLAN标准是IEEE 802.11,该标准定义了2种操作方式,或2种拓扑结构:① 特设工作组(ad - hoc)结构;② 基础设施(Infrastructure)结构。

10.5.2.1 特设工作组结构

特设工作组(ad - hoc)结构亦称对等(peer - to - peer)结构或无固定基础设施结构。在

IEEE 802.11 中,基本服务集合(BSS)最小可由 2 个站组成。当 BSS 单独存在且不与基站(Access Point,AP)相连时,将此 BSS 称为独立基本服务集合(IBSS)。在此结构中,每台具有无线网卡的计算机,只要它们处于无线可达距离范围内,便可直接通信,没有基站,站间的传输没有控制。这种对等式结构如图 10.36 所示。

特设工作组(ad - hoc)结构适用于临时建立网络环境的场合,例如,展示大厅、大型报告厅或其他临时需要建立网络通信的所有环境(如战场医疗、指挥、控制、通信、侦察以及抢险救灾等)。

10.5.2.2 基础设施结构

所谓基础设施是指基站。无线网与有线网络相连或无线网站间相距较远时的数据通信均需通过 AP 实现,如图 10.37 所示。AP 是一个可寻址的站,在无线网内可起中继的作用和在无线网和有线网之间做为网桥,是无线网的基站。AP 通常由中继设施、无线和有线接口、桥接软件构成。

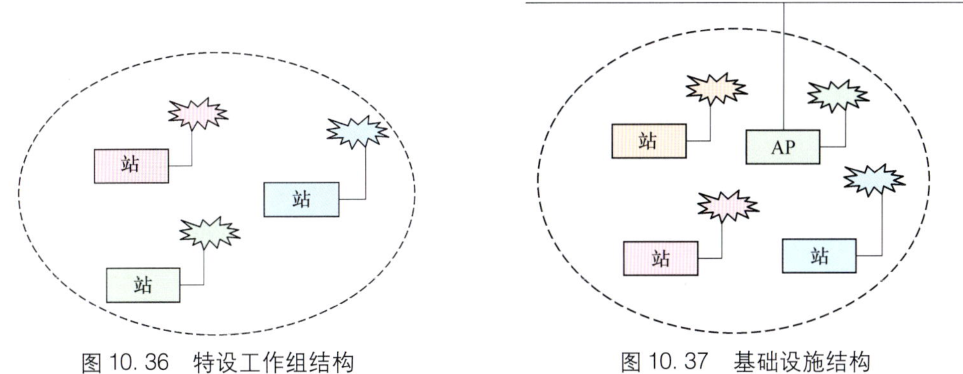

图 10.36 特设工作组结构　　图 10.37 基础设施结构

10.5.2.3 WLAN 的体系结构

WLAN 的体系结构像 802.3 以太网一样,802.11 标准集中在开放系统互连(OSI)的最低 2 层——物理层和链路层,如图 10.38 所示。LAN 上的任何应用、网络操作系统、包括 TCP/IP 在内的协议都可在符合 802.11 标准的 WLAN 上运行,其容易度犹如在 802.3 以太网上一样。

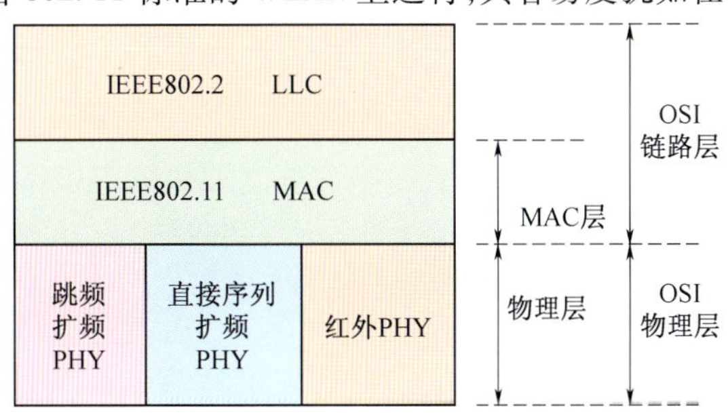

图 10.38 WLAN 的体系结构

10.5.3 WLAN 标准

WLAN 技术所遵循是 IEEE 802.11 系列标准。该系列标准主要集中在最低 2 层—物理层和链路层。它们所涉及的是设备间使用大气媒体相互进行通信的局域网内容。802.11 系列标准目前包括:802.11a、802.11b、和 802.11g、802.16a。表 10.5 对这些标准的主要特性、它们的差别和类似进行了比较,表中还列出了蓝牙(Bluetooth)技术以及它与 802.11 系列标准不同的技术特性。

表 10.5　802.11 系列标准的比较

802.11 无线 LAN 标准比较					
	802.11a	802.11b	802.11g	802.15 蓝牙	802.16a
数据速率/(Mb/s)	54	11	54	1	70
操作频率/GHz	5	2.4	2.4	2.4	2~11
典型功率输出/mW	40~800	100	100	100	
兼容性	与 802.11b 或 802.11g 不兼容	与 802.11a 或 802.11g 不兼容	与 802.11b 兼容	与 802.11a/b. 不兼容	与 802.16 兼容
传输距离/m	20~50	100~400	100~400	10	50000
干扰风险	低	高	高	高	

10.5.4　WLAN 体系结构的物理层

WLAN 体系结构的物理层是 MAC(媒体访问控制)和无线媒体之间的接口,是发送和接收帧的场所。物理层提供下述 3 种功能:

(1) 与其上的 MAC 层交换帧,以便发送和接收数据;

(2) 使用载波信号和扩频调制在无线媒体上发送数据;

(3) 向 MAC 层提供载波侦听指示,证实媒体上有活动。

WLAN 使用 3 种电磁波技术:频跳扩频—FHSS、直接序列扩频—DSSS 和红外(FR)。扩频(Spread Spectrum)是一种类型的调制,将传输的数据扩展到可供使用的频带,超过发送信息所需的最小带宽。这种扩展可抵抗噪声、干扰、窃听等。频跳扩频(Frequency Hopping Spread Spectrum,FHSS)和直接序列扩频(Direct Sequence Spread Spectrum,DSSS)是 2 种常用技术。红外(FR)是使用红外光和专门的调制技术来发送数据。这些无线电技术由于超出了本书的范围,不再进一步描述。

10.5.5　WLAN 体系结构的链路层

10.5.5.1　MAC 的修改

802.11 的数据链路层由 2 个子层组成:LLC 和 MAC。802.11 像其他 802 LAN 一样,都使用 48 位编址和相同的 LLC。802.11 的 MAC 十分类似 802.3 MAC 的概念,两者在设计上都是在共享媒体上支持多个用户,所用方法是在访问媒体之前先侦听媒体是否空闲。对于 802.3 以太网,如 10.4.3 节所述,访问媒体的机制 CSMA/CD 用来控制以太网站如何访问媒体,如何检测和处理碰撞。在 802.11 WLAN 情况下,检测碰撞是不可能的,因为检测碰撞必须能同时发送和侦听,但在无线系统中,站的发送将会淹没它同时侦听的能力。为解决这一问题,802.11 WLAN 使用修改的协议,称为 CSMA/CA 或分布协调功能(DCF)。CSMA/CA 通过使用明确的包确认(ACK)来避免碰撞,这意味着接收站一旦接收数据包,应发送 ACK 包,用以确认无差错地收到了数据包。

10.5.5.2　CSMA/CA 的操作

希望发送的站首先侦听大气媒体,如果发现没有活动,该站等待一个随机选择的时间片,如果大气媒体仍然空闲,便启动发送。接收站一旦正确接收,便发送 ACK 包,至此发送过程完成。如果发送站在规定的时间内未收到 ACK 包,不管是原始数据包还是 ACK 包丢掉或损坏,都认为出现了碰撞,发送站等待另一个随机选择的时间片后再次发送该数据包。这就是 CSMA/CA 的操作机制。

明确的 ACK 机制还能有效地处理干扰和其他无线网的问题。然而，这种 ACK 机制增加了 802.11 的额外开销，因此，802.11 LAN 在性能上低于 802.3 LAN。

10.5.5.3 隐藏站点

MAC 层的另一问题是隐藏站点(hidden node)的通信。所谓隐藏站点是指处于 AP 点相反侧的 2 个站都能听到 AP 点的活动，但 2 个站相互都听不到对方。其原因通常是距离或建筑所致。

为解决这一问题，802.11 在 MAC 层规定了可选的请求发送/允许发送(RTS/CTS)协议。当使用这种选项时，发送站发送 RTS 后，等待 AP 点的 CTS 回答。因为网络中的所有非发送站都能听到 AP 点，这将引起所有非发送站推迟它们的发送企图。这就保证了发送站成功发送和 ACK 包的接收。RTS/CTS 的使用如图 10.39 所示。

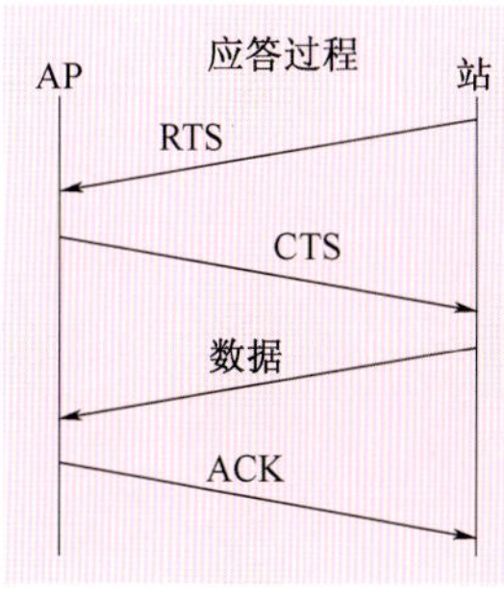

图 10.39 RTS/CTS 的使用

由于 RTS/CTS 协议的使用进一步增加了网络的额外开销，因此，这种机制仅对较长的包才使用。

这里仅给出了 WLAN 技术的最基本的原理，还涉及很多技术内容，特别是无线技术，由于篇幅所限不再进一步描述。

10.6 因特网

10.6.1 什么是因特网

因特网(Internet)是全球最大的、开放的、由众多网络互连而成的计算机网络。这是因特网的一般性定义，意味着全世界采用开放性协议的计算机都能互相通信。狭义的因特网(Internet)指上述网中所有采用 TCP/IP 协议的网络互连而成的互联网络。使用因特网涉及两个概念：① 因特网地址(IP 地址)，它是用于标识因特网上的计算机或网络设备的一个数字字符串。② 因特网域名，它是用于标识因特网上的计算机、网络设备或用户的一个名字字符串、域名和 IP 地址是一一对应的，域名易于记忆，用的更普遍。常用的连接到因特网的方法有以下 3 种：① 计算机连接到一个局域网，这个局域网的服务器是因特网的一台主机。② 利用串行线路网际协议(SLIP)或点对点连接协议(PPP)，通过电话拨号方式进入因特网上的某个主机。③ 通过电话拨号进入某个提供因特网服务的联机服务系统。

因特网是由美国的阿帕网(ARPANET)发展和演化而成的，阿帕网是全世界第一个分组交换网，当阿帕网采用 TCP/IP 协议以后，使用称为网关的网络互连设备，形成互连各种网络的互联网，就成了因特网。因特网的最底层是物理传输网，因特网可以建立在任何物理传输网上，包括拨号电话网、X.25 网、以太网、ATM 网以及无线网和卫星网等。因特网不仅服务于教育、研究和政府部门，而且应用于营业性的商业活动，已成为全球最大的计算机互联网，是正在规划和建设的全球信息基础设施的原型。

10.6.2 因特网的结构

因特网具有分层的结构形态，在这种结构形态中，我们粗略地将因特网分为 3 层：最靠近用户的一层，即最下层是分布于办公环境中的局域网(LAN)和其上的用户计算机，少数居住社区中的局域网(LAN)和其上的用户计算机，以及一般家居中的具有上网能力(或通过拨号，或使用 ADSL)的计算机。中间一层是最下层各类用户接入因特网的各个因特网服务提供商(ISP)的 PoP(入网点)。ISP 为适应拨号用户的接入，通常设置一个调制解调器(modem)池，管理拨号用户的接入。ISP 还备有管理其他用户入网的设施以及与高层骨干网(Backbone)相连的设施。ISP 的 PoP 之上的一层为网络服务提供商(NSP)建立和运行的骨干网。

10.6.3 因特网如何工作

假定一个计算机用户在因特网上发送一个请求,该请求首先进入 ISP 的 PoP,随后进入并经过一个或多个骨干网,最后到达并经过另一 ISP 的 PoP,进而将此请求传递给寻找的计算机。被寻找的计算机响应此请求,将请求的信息,按照类似路径传送给发出请求的计算机。在此强调指出,任何给定的请求和相关响应,没有预先确定的路经。实际情况是,请求和相关响应的报文被分成较小的单位,称做包(Packet),这些包通常遵循不同的路径。路径的确定是由一种特殊的计算机实现的,这种计算机称做路由器(Router)。

与因特网相连的难以计算其数量的各种类型的计算机靠什么能相互找到?靠的是地址。这与物理信件的邮递类似,每台计算机都有一个全世界唯一的地址,并称为因特网地址,也称为 IP 地址。所以还称为 IP 地址是因为因特网地址表示在 IP 包中(详见 IP 地址部分)。

两台计算机通过因特网相连的情况如图 10.40 所示,每台计算机唯一的 IP 地址具有 nnn. nnn. nnn. nnn 的格式,其中 nnn 必须是 0 ~ 255 范围内的数字。你的计算机(左)的 IP 地址为 1. 2. 3. 4,另一台计算机(右)的 IP 地址为 5. 6. 7. 8。

图 10.40 因特网互连的两台计算机

如果你的计算机使用拨号通过 ISP 连接到因特网,该 ISP 通常在你上网期间向你的计算机分配一个临时 IP 地址。如果你的计算机通过局域网(LAN) 连接到因特网,你的计算机通常被分配一个永久 IP 地址。它也可能从 DHCP(动态主机配置协议)服务器获得一个临时 IP 地址。不管那种情况,只要你的计算机连接到因特网,必须给该计算机分配一个 IP 地址。

你的计算机被分配了一个 IP 地址,又如何与连接到因特网的另一台计算机交谈(通信)呢?现举例说明。

图 10.40 中你的计算机的 IP 地址为 1. 2. 3. 4,你希望将一个报文发送到 IP 地址为 5. 6. 7. 8 的另一台计算机。该报文为:"你好! 计算机 5. 6. 7. 8。"(显而易见,由字符组成的报文必须转换为计算机能识别的,并能在各类媒体上传输的二进制形式)。报文如何传输,请看下面的协议栈。

10.6.4 协议栈

只要计算机使用因特网进行通信或搜索信息,就需要协议栈。所谓协议是计算机间进行通信的一组规则。协议栈通常存在于计算机的网络软件中。Internet 使用的协议栈为 TCP/IP。该协议栈已在 10. 2. 3 节有过描述,这里不在重复。但为了说明 internet 如何工作,下面从另一侧面说明协议栈的工作过程。

这里再次使用发送报文"你好! 计算机 5. 6. 7. 8。"的例子。图 10.41 是协议栈在发送报文过程中所起的作用。

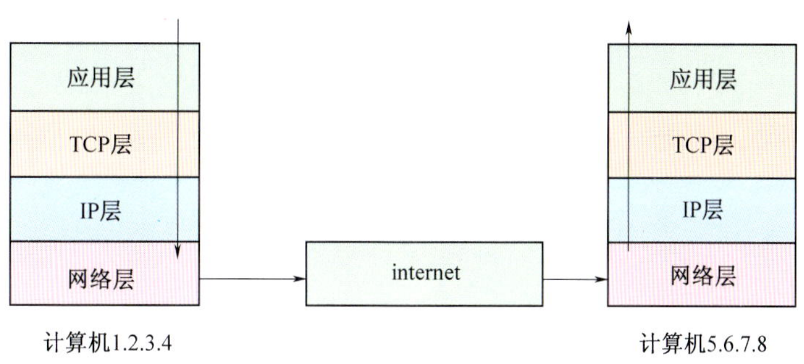

图 10.41　通信过程中的协议栈

报文发送和接收过程：

（1）报文"你好！计算机 5.6.7.8。"在你的计算机的协议栈顶部应用层生成开始，并在计算机内部向最低层方向传送。

（2）如果要发送的报文很长，报文通过的每一层可能会将报文分成较小的称为包的单元，其原因是，数据在 Internet 上传输时需要实施管理。

（3）报文包通过应用层到达 TCP 层，该层对每个报文包分配一个 TCP 层标头，其中包括端口号。图 10.8 和图 10.12 分别表示了它们的位置与其他部分的关系。

（4）报文包向下传到 IP 层，在此层像 TCP 层一样，添加 IP 层标头，其中包括源地址和目的地址（图 10.10）。在我们的例子中，目的地址为：5.6.7.8。

（5）至此，报文包都有了端口号和地址，发送到 Internet 的条件已具备，硬件层将由字符组成的报文："你好！计算机 5.6.7.8。"转换成二进制数字，发送到传输媒体即线路，例如，电话线，专线，ADSL 等等。

（6）在你的计算机连接的 ISP 端，与 Internet 有直接的连接，ISP 的路由器检查每个报文包的目的地址，决定发往的路经，报文包的下一站通常为另一路由器。

（7）报文包最终到达计算机 5.6.7.8，此时，报文包处在目的计算机 TCP/IP 协议栈的底部并朝顶部传送。在朝顶部传送的过程中，各层将其标头剥除。

（8）当报文包到达 TCP/IP 协议栈的顶部时，报文包重新组装成原始的报文，即"你好！计算机 5.6.7.8。"

上述 8 个基本顺序过程便是报文在因特网上传输的过程。

10.7　万维网

万维网简称 Web 或 WWW，是基于超媒体的，在因特网上检索和浏览信息的一种广域分布信息查询系统。超媒体是超文本和多媒体在信息浏览环境下的结合，用户使用万维网不仅可以查询文本信息，还可以获得声音、图形、图像、动画等信息。超文本是以网状方式链接的电子文本。将文档中不同的部分通过链接字的方式链接起来，使得信息不仅可以用传统的线性方式，还可以用交互方式搜索。这是一种全局性的信息结构，在一个文档中，只要选中对应的链接字，就可以进入与之链接着的另外一个文档，这个文档可以是在同一台机器上，也可以是在因特网的其他服务器上，在这个文档中可含多个超文本链接。

万维网基于客户/服务器模式，其客户机的用户通过 Web 浏览器向 Web 服务器传送服务请求，服务器响应请求并把处理结果返回给客户机。在每个 Web 服务器（即 Web 站点）上存储一组超文本页面，服务器与客户机通过传输协议（如超文本传送协议 HTTP）建立一个连接。然后，Web 服务器用统一资源定位符（URL）访问 Web 页面。从 Web 站点首页出发可以链接到本站点的其他页面或别的站点,以游遍全球的 WWW 资源,实现网上查询、浏览、文件下载、复制等。

Web 页面,也叫网页,是文本信息的基本单位,是一种用超文本标记语言(HTML)书写的文本文件。Web 服务器通过发送 Web 页面来响应 Web 浏览器的请求,其内容可包含:格式化文本、图形、脚本等。Web 页面通常有静态页面和动态页面。静态页面是 HTML 写的,其内容不会因时、因地、因人而产生变化的 Web 页面。动态页面是将程序加到 HTML 文件中,使其具备动态变化能力的 Web 页面。

万维网服务主要有:① 文件传送。是一台计算机在另一台计算机中按一定格式复制文件的技术。文件传送是计算机网络中最频繁的一种操作。文件传送服务是计算机网络中使用最广泛的应用之一。在因特网中,文件传送服务采用文件传送协议(FTP),因此,通常用 FTP 表示文件传送服务。通过 FTP,用户可与远程主机连接,直接将远程主机文件系统中的文件全部复制到本地文件系统,也可将本地文件全部复制到远地文件系统。在计算机网络中有成千上万个文件服务器供用户获取资源,包括公用程序、原始程序代码、研究报告、技术文档以及各类论文等。② 电子邮件。是实现发送者和指定的接收者之间利用通信网络进行文本、数据、图像或语言等信息非交互式通信。它采用现代电信手段,综合多种信息进行传送,与邮政系统相比,具有迅速、高效、多样化等优点;因为电子邮件的收发无需发送者和接收者同时在场,突破了传统电话系统的时间限制,很快得以普及。③ 布告栏系统。是在计算机网络中,为用户提供一个寄存邮件、读取通告、参与讨论和交流信息的环境。它给用户提供了交流信息的手段,特别是其面向主题的特点能有效地获取所需要的信息,因而有较广泛的发展前景。

万维网服务的发展呈标准化、智能化、个性化、服务多样化等趋势。

10.8 网络互连

10.8.1 网络互连要解决的问题

网络互连是指将两个计算机网络相互连接,以实现信息交换和资源共享。网络互连主要涉及互连设备和互连协议,对网络用户来说,各种类型的网络互连而成的网络的结构应是透明的,即在网络互连过程中,需要解决下述一些主要问题。

1) 网络服务类型

网络服务从总体上看有两种类型:一种是无连接服务,另一种是连接型服务。前者通常在 LAN 中使用,并用媒体访问控制(MAC)地址来标识端系统;后者大部分用于 WAN 环境。WAN 的链路层地址只有本地意义,网络层地址用来标识端系统和用于对报文进行路由选择。

2) 寻址

目前使用的 LAN 和 X. 25 网,端系统的网络连接点地址(NPA)是不同的,如 LAN 的 NPA 的地址即 MAC 地址为 48 位,而 X. 25 则按照 X. 121 标准进行编址。在端系统内用来标识网络用户的地址是网络服务接入点(NSAP),它在全球网络上具有唯一性。这些在编址上的差别,必须在互连时加以解决。

3) 路由选择

路由选择是指将多种不同或相同的网络互连在一起时,如何将一个网上用户的报文选择路由传输到另一个网上的用户。目前广泛使用的网络互连协议为 TCP/IP,使用 IP 寻址方式和路由选择协议,便可实现各种网络的互连。

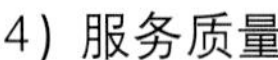

4）服务质量

各种物理网的服务质量是不同的，主要表现在转接时延、残余差错率、费用和安全等。面向连接的网络难以有效使用带宽，而无连接式网络则可有效使用带宽。在网络互连时，要有一种手段使每个端系统的网络实体能对全网的服务质量有所了解。

5）包的最大尺寸

报文包的长度随不同物理网络而有差异，各种物理网对最大包长有一明确规定，例如，以太网的最大帧长为1500B，FDDI的帧长则为4352B。这样在互连这些网络时，就必须对不同包长进行必要的分段和重组。

6）流量控制和拥塞控制

流量控制旨在对包流量实施控制，防止数据在接收端产生溢出，造成数据的丢失。拥塞控制涉及网络内部功能，如果包进入网络的总速率超过脱离网络的速率，网络将变成拥塞。在面向连接的网络上（如X.25网），流量控制使用窗口机制进行。无连接网络的流量控制，则由端系统来负责解决。

7）差错控制

数据在任何一种网络上，都会出现这样或那样的差错。差错出现后要有恢复的手段，在以太网之类的LAN中，使用MAC帧中的FCS字段来加以检错，在X.25网的LAPB帧中，也使用FCS字段来检错并通过反馈重发加以纠正。在TCP/IP中，TCP标头中的检验和字段用以确保数据的可靠性。

10.8.2 网络互连设备

网络互连设备视其工作在层次结构的哪一层而加以分类。有的互连设备工作在物理层，有的工作在链路层，也有的工作在网络层。按OSI/RM的物理层、链路层、传输层和网络层的顺序，其互连设备如下。

1）中继器

中继器是互连设备中最简单、最便宜的一种。它操作在物理层，意味着只具有信号放大、整形、定时之类的物理层功能，因而通常作为同种网络延长距离的手段。中继器常用于连接两个LAN，或将LAN距离加以延长。例如，以太网粗缆网段长为500m，如果还需要进一步延长，可使用中继器加以延长。但延长的距离不是无限的，最大可延长到2500m。之所以有此限制，受制于以太网所用的媒体访问方法。

2）网桥

网桥用于连接两个LAN，但操作层次上升到数据链路层。由于操作层次上的提高，网桥具备一定智能。它通过自学习能力，可了解所连网上各站的MAC地址，从而可进行接收、过滤和转发。两个以太网互连时网桥的过滤和转发功能如图10.42所示。图10.42(a)为节点A向节点B发送报文；图10.42(b)为网桥检查路由表，发现节点B在LAN1上，于是转发报文。图10.42(c)为节点A向节点C发报文，网桥收到报文。图10.42(d)为网桥检查路由表，发现节点C在LAN2上，于是将报文丢掉。

3）路由器

路由器操作在OSI的网络层，像网桥一样，它也有过滤和转发功能，不同的是路由器可访问路由选择信息，确定通向终点的最佳通路。最佳通路可以指最快的路径、最便宜的路径或最安全的路径，这取决于系统的要求。通过这种路径选择，可增加网络的吞吐量、减少和控制拥塞。

路由器可对包长进行分段，网桥则不能。分段旨在将超过某种物理网包长尺寸的包分成

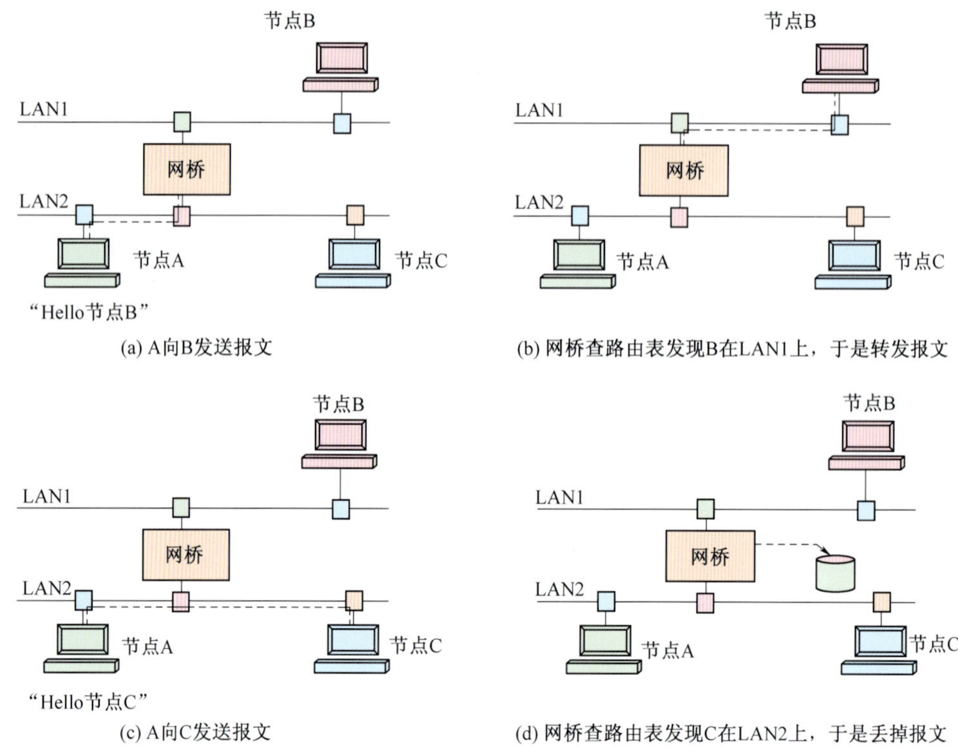

图 10.42　网桥的滤除和转发

较小部分在相应的网上进行传输和差错处理。这表明路由器具有包长适配的能力。当两种不同物理网互连时，由于协议不同，路由器还承负着协议转换的任务，因此，在这个意义上，路由器是与协议相关的设备。如果利用路由器连接以太网和 X.25 网，它必须备有两种协议的智能。Internet 可称作是使用路由器互连不同或相同物理网而形成的超级网络，可见路由器在网络互连中具有极其重要的作用。

4）网关

主要解决 OSI 传输层及以上各层的互连问题，完成不同协议之间的转换。

10.9　网络操作系统

如果说计算机的操作系统用于管理计算机的资源，网络操作系统则是用来管理网络的资源。在这个意义下，网络操作系统是整个网络的中枢。

网络操作系统的主要功能是实现网络资源共享。

目前常用网络操作系统主要如下。

1）Windows 类

对于这类操作系统不仅在个人操作系统中占有绝对优势，在网络操作系统中也甚为流行。这类操作系统通常用在中低档服务器中。高端服务器通常采用 UNIX、LINUX 或 Solairs 等非 Windows 操作系统。在局域网中，微软的网络操作系统主要有：Windows NT 4.0 Server、Windows 2000 Server/Advance Server，以及最新的 Windows 2003 Server/ Advance Server 等。

2）NetWare 类

NetWare 是出现较早的一种网络操作系统，虽然在局域网中失去了当年雄霸一方的光环，但是经过长时间的发展，有丰富的应用软件支持，对设备配置较低的环境选用 NetWare 是一种合适

的决策。目前常用的版本有:NetWare V3.11、3.12 和 4.10 、V4.11、V5.0 等中英文版本。

3）UNIX 系统

目前常用的 UNIX 系统版本主要有:UNIX SUR4.0、HP - UX 11.0,SUN 的 Solaris8.0 等。这种网络操作系统稳定性和安全性较好,一般用于大型的网站或大型的企、事业局域网中。

4）LINUX

这是一种新型的网络操作系统,其最大的特点是源代码开放,可以免费得到许多应用程序。目前也有中文版本的 LINUX,在国内得到了用户充分的肯定,主要体现在它的安全性和稳定性方面,它与 UNIX 有许多类似之处。

10.10 网络管理

网络管理是为保证网络正常有效运行而对网络资源和服务的管理。

网络管理为计算机网络系统的安全可靠、稳定高效运行提供了保证,一般采用管理器/代理模型,由多个管理代理、至少一个网络管理器、一种通用的网络管理协议、一个或多个管理信息库等组成。

管理器是网络管理的核心,负责向管理代理发出请求命令,并接收来自代理的信息。管理代理是管理者的代表,位于被管理设备的内部,管理信息库是管理信息的集合。网络管理协议是管理器和代理之间通信的约定标准,它还提供对不同网络设备实现统一管理的保证,典型的网络管理协议有简单网络管理协议(SNMP),公共管理信息服务/公共管理信息协议(CMIS/CMIP)。

网络管理可分为集中式网络管理和分布式网络管理两大类。集中式网络管理是将网络管理软件和网络信息库集中在网络中的一台计算机上进行的管理;分布式网络管理是将网络管理软件和网络信息库重复或分散在网络的不同的计算机上进行的管理。计算机网络管理可通过使用网络操作系统中预置的工具,来对诸如配置和网络故障等进行管理。计算机网络管理主要包括故障管理、计费管理、配置管理、性能管理和安全管理等。① 故障管理。用于检测、定位和排除被管对象的故障,这里的故障指网络已无法正常运行,或差错超过预先设定好的故障限定。② 计费管理。用于记录用户使用网络资源的情况并核收费用,统计网络的利用率。③ 配置管理。用于支持网络配置及其变化(用户的增减、设备的故障与维修等),用来定义、识别、初始化、监控网络中的被管对象,改变被管对象的操作特性,报告被管对象的状态变化。配置管理通常用于维护描述网络上的硬件、软件及它们是怎样配置的数据库。当硬件或软件的配置改变时,数据库则随即自动进行更新。④ 性能管理。用于为每个重要的变量设定一个合适的性能阈值,收集、分析被管对象的性能数据,监视和优化网络性能,以保证在使用最少网络资源和最小时延的前提下,使网络能提供可靠、连续的通信能力。⑤ 安全管理。用于保证网络资源的安全和网络不被非法使用,防止黑客攻击。

网络管理正朝着集成化、智能化、分布式网络管理的方向发展。

10.11 网络安全

10.11.1 什么是网络安全

网络安全是指网络的物理安全和信息安全。物理安全主要指工作环境、人员和网络设施的安全,例如自然灾害、盗窃、人为破坏、电磁辐射等带来的安全问题,常用的解决物理安全的办法有工作环境的防护措施(如备份系统……),人员出入的身份核查、电磁辐射的屏蔽,设备的加固和保护等。

信息安全是网络中信息的保密性、完整性、可用性、真实性等的保护,通常所说的网络安全实际上是指网络信息的安全,这是因为网络物理安全归根到底可归结到网络信息的安全上,这里:

保密性是指网络系统中的信息不泄漏给非授权实体的特征;

完整性是指网络系统中的信息正确性和一致性不能被改变的特征;

可用性是指网络系统中的信息资源能被授权实体访问并按需使用的特征;

真实性是指网络系统中的信息真实可信的特征。

信息安全又可分为存储安全和传输安全。

存储安全主要涉及对静态存储信息的非法访问、对存储信息的窃取、对存储信息的破坏等安全问题。常用的解决办法主要是认证和授权、访问控制、数据加密、数据完整性保护、数据备份、病毒防护等。

传输安全主要涉及对用户身份的假冒、对传输信息的非法窃听窃取、对数据信息的篡改破坏、制造传输堵塞等方面安全问题,通常的解决办法主要有身份认证、传输加密、数据的完整性保护、安全审计、安全检测、访问控制以及提高网络协议的安全等。

10.11.2 网络安全威胁

威胁计算机网络安全的主要因素可分为内部因素和外部因素。内部因素是指网络本身在网络设计、网络协议和网络设施存在的安全缺陷或漏洞。网络的开放性给互连带来方便的同时,也给入侵者提供了方便之门,网络协议(如 TCP/IP)存在的安全漏洞给入侵者可乘之机,网络设施的信息泄漏给入侵者直接获取网络有用信息创造了机会。

外部因素是指网络之外的威胁网络安全的因素,除了自然灾害(水灾、火灾、地震、雷击)和电磁辐射/干扰等带来的安全威胁外,主要是人为的蓄意攻击,这些蓄意攻击主要表现为:中断、窃取、篡改、假冒等入侵攻击行为。

中断是指破坏系统或使其不能正常工作的入侵攻击行为,这是对网络信息可用性的攻击。例如人为使系统超载、最大限度地消耗系统资源、利用软件设计上的漏洞或系统管理人员的失误致使系统瘫痪。

窃取是指以合法或非法手段获取信息达到非法占有的目的,这是对信息保密性的攻击。所谓合法手段,例如利用计算机网络中部分链路层协议具有广播属性的特点,捕获网上信息。所谓非法手段,例如搭线窃听,又如通过高灵敏度的接收设备,接收服务器等网络设施工作时发射的电、磁、声、光信号,再还原成相应的信息表示形式,从而得知处理信息的内容。

篡改是指未经授权改变信息的入侵攻击行为,这是对信息完整性的攻击,例如修改传输中的报文或存储中的信息。

假冒是指冒充合法用户身份在系统中活动的入侵攻击行为,这是对信息真实性的攻击,例如发布假信息、投放计算机病毒等。

10.11.3 网络安全技术

计算机网络安全技术是提高网络安全性、降低网络安全管理成本的主要手段,主要包括网络安全预防技术、入侵检测技术和故障恢复技术。

1) 安全预防技术

网络安全预防技术常用的有以下主要技术。

(1) 数据保密技术：是指利用密码技术，实现信息加密传输和存储以防止信息被截获和窃取，提高信息保密性的技术。

(2) 数据完整性技术：是指维护数据的正确性和一致性的技术。正确性表征了数据的有效性，而一致性表明了在多用户操作环境中对数据及其联系的无歧义性要求。

通常为防止信息被篡改，保证信息完整性，通过验证摘要等技术确认信息是否被篡改。

(3) 数字签名技术：是指使用 签名者私有信息，对签署数据进行不可模仿和不可更改处理，用以防止假冒、伪造、篡改、否认，保证数据真实性的技术。

(4) 主体认证技术：是指利用身份信息查验的技术，鉴别通信双方主体的合法性和真实性，防止假冒，确保主体真实性的技术。

(5) 访问控制技术：是指防止未经授权用户非法使用系统资源的技术。

(6) 公正仲裁技术：是指利用可信的第三方记录，管理交互双方行为，以防抵赖的一种技术。

(7) 备份技术：是指为防止人为的或自然的灾害导致系统、设备、数据毁坏而采用的冗余技术。

(8) 网络隔离：为使网络免遭外来攻击和使网上的敏感信息的流动受控而采取的一种预防性保护措施。网络隔离分为物理隔离和逻辑隔离两类：① 物理隔离是指保护的网络没有物理信道与其他网络连接。② 逻辑隔离是指保护的网络与其他网络之间没有直接的物理连接，网络间的信息传递需经安全设备的处理后才能进行。逻辑隔离最典型的安全设备就是防火墙。

2) 入侵检测技术

入侵检测技术是一种及时发现网络系统内部和外部对网络的攻击，非授权使用、误操作等的安全保障技术。入侵检测技术是基于入侵者的行为与合法用户的正常行为有着明显的不同，实现对入侵者行为的预警、非授权行为的检测和告警，以及对入侵者的跟踪定位和行为取证。

网络入侵检测通常可分为以下几类：

(1) 基于主机的入侵检测。基于主机的入侵检测系统，主要通过对本地主机的操作系统中的用户、进程、系统和事件日志进行监控，发现入侵事件，例如非法的文件存取、未经授权的使用系统资源等。

(2) 基于网络的入侵检测。基于网络的入侵检测系统，主要对网络的传输、报文和流量进行监控，对可疑的异常情况和具有攻击特征(此时需有攻击特征数据率支持)的异常活动作出反应。通常由侦探器和管理站组成，侦探器侦探网段上的所有报文并“探听”流量的变化，分析可疑成分，发现和控制异常，向管理站报警并通知操作员。

(3) 基于应用的入侵检测。基于应用的入侵检测系统也可看作是基于主机的入侵检测的一部分，它主要检测分析诸如数据库系统等的交易日志文件来发现入侵事件。

(4) 文件完整性检查器。黑客入侵时，经常会改变一些重要文件，通过对关键文件进行消息摘要并周期地检查这些文件可以发现文件变化，及时触发文件完整性检查器发出警报而由系统管理员根据系统受害程度作出处理。

(5) 诱骗系统。诱骗系统也叫密罐系统，它是一个包含漏洞的系统，是故意给黑客提供的一个容易攻击的目标，诱骗系统主机不提供任何服务而是收集攻击者的入侵证据，其次是让攻击者在诱骗系统上浪费时间以拖延攻击者对真正目标的攻击。

网络入侵检测方式主要有 3 种。

异常检测：即对网络的异常行为进行跟踪，将异常活动与正常情况进行比对，判断是否存在入侵,异常行为检测通常采用阈值检测。

特征检测:是指用判别通信信息种类的样板数据(特征)来进行的检测。特征检测主要采用模式匹配和特征搜索技术,要有效捕捉入侵行为应有入侵特征数据库的支持。

协议分析:是利用协议的高度规则性来快速检测入侵的行为的存在。

3) 故障恢复技术

故障恢复技术是通过备份等手段,恢复系统、设备和信息的技术。

这里需要特别强调的是:① 提高计算机网络系统的安全性需要综合应用预防、检测和恢复等网络安全技术手段。② 为保障计算机网络的安全,不能单靠技术措施,还要有关网络安全的政策、策略、法规和管理等手段的综合应用。③ 计算机网络的任何安全措施都是相对的,应根据具体的应用对象,在安全性要求和所花费的代价之间求得合理的平衡。

第11章 分布式计算机系统

分布式计算机系统是计算机技术和网络技术快速发展的产物，它是一种具有很强透明性的计算机网络系统。分布式计算机系统是相对于传统的集中式计算机系统而言的。它是由一组地理上分散的计算机系统经网络互连而成的一个具有单计算机映像特征的松耦合分布式系统。分布式计算机系统的实现离不开分布式软件系统的支持，主要是分布式操作系统、分布式数据库系统和分布式程序设计语言等。而使它在用户面前像一个单计算机系统，则主要是分布式操作系统实现的。

本章简述分布式计算机系统的定义、分类、特征、结构以及分布式操作系统、分布式数据库系统、分布式程序设计语言。并对分布式操作系统结构的发展趋势提出了基于服务器分层的微内核结构观点。

11.1 分布式计算机系统概述

11.1.1 分布式计算机系统定义和分类

分布式计算机系统(Distributed Computer System)从结构上可分为两大类：紧耦合分布式系统和松耦合分布式系统。前者由多个处理机经内部总线或互连网络连接而成，故也叫多处理机系统。系统中的多个处理机有共享的主存储器，也可既有共享的主存储器又有自己专用的主存储器。所谓紧耦合的意思原指各处理机之间相互连结的程度比较紧密而言的，即各处理机相距很近，可通过共享主存储器高速交换信息。并同属一个操作系统的管理，而后者则由地理上分散的多个计算机系统(包括 CPU、主存储器、输入/输出设备和操作系统)经网络互连而成的，属多计算机系统。系统中的各处理机没有(物理的)共享的主存储器而只有自己专用的主存储器。因此，各计算机系统之间只能依赖网络的数据传输功能通过消息交换进行通信。这里需要说明的是有关分布式系统定义的讨论有很多，但多数学者认为分布式系统应指的是松耦合的分布式计算机系统。

分布式计算机系统可以看作是一种具有很强透明性的计算机网络系统。系统中的各计算机有其自己的CPU、主存储器、输入/输出设备和软件系统,能独立地进行工作,同时,又在分布式操作系统的管理下实现统一的全局的控制和管理,能将一个大型程序分布在多台计算机上并行地、协调一致地工作,为完成一个共同任务进行合作。分布式计算机系统在用户看来像一个单计算机系统,这是区别于一般计算机网络系统的主要标志。

综上所述,分布式计算机系统是由一组地理上分散的计算机系统经网络互连而成的一个具有单计算机系统映像特征的松耦合分布式系统。分布式计算机系统的实现离不开分布式软件系统的支持,主要是分布式操作系统(DOS)、分布式数据库系统(DDBS)和支持用户编写分布式程序的程序设计语言等。而使得分布式计算机系统在用户面前像一个单计算机系统则主要是由分布式操作系统实现的。

分布式计算机系统按照节点计算机系统的构成可分为同构型分布式计算机系统和异构型分布式计算机系统。在分布式计算机系统中,若所有节点的计算机系统(硬件和软件)都相同,则称为同构型分布式计算机系统,反之,为异构型分布式计算机系统。此外,也有按应用领域分为:面向计算机任务的分布式并行计算机系统、面向管理信息的分布式数据处理系统和面向过程控制的分布式计算机控制系统等。

与集中式的单计算机系统相比,分布式计算机系统适用于具有分散用户又要求相互协调的分布式应用场合,并具有较强的生存能力、较好的可靠性、可维护性、可扩充性、性能/价格比高和资源共享等优点。因此,在指挥、控制、通信、武器、情报、监视与侦察系统中有着广阔的军事应用前景。

11.1.2 分布式计算机系统的特征

分布式计算机系统的主要特征如下。

1)分布性

它强调资源、任务、功能和控制的全面分布。对资源分布而言,不仅包括硬件资源而且也包括进程、文件、数据库、目录等软件资源。任务分布是指把一个任务分解成多个可并行执行的子任务分布于各节点上,它们相互协作完成同一个任务。功能分布是指把系统总功能划分成若干子功能分配给各节点承担。控制分布是指在分布式操作系统的控制下,各节点能较均等地分担控制功能,各自发挥自身的控制作用又能相互协调配合实现系统的全局管理。

2)自治性

系统所有的硬/软件资源都是高度自治的,它们能够独立地执行任务,提供或拒绝提供服务。

3)透明性

系统的分布性、操作和实现对用户完全透明,用户只需要提出所需服务,而不必指明由哪一台设备在什么位置用什么方法来提供这些服务。好像在单计算机系统上那样。但在一般的计算机网络系统中,用户在通信或资源共享时必须知道计算机及资源的位置。

4)共享性

系统中的资源为系统中的所有用户共享,用户可以使用本机上的资源,而且,还可使用他机上的资源而无需了解资源位于哪台计算机上。

5)协同性

系统中的若干台计算机可以相互协作来完成一个共同任务。或者说,一个大型程序,可由系统(操作系统或编译系统)自动找出潜在平行模块,分布在几台计算机上并行运行。一般的计算机网络系统是没有这种功能的。所以某种意义上说,分布式计算机系统是一种特殊的计算机网络系统。

11.1.3 分布式计算机系统的结构

分布式计算机系统是一种特殊的计算机网络系统，所以，就分布式计算机系统的拓扑结构（即各节点的互连模式）而言，它是与计算机网络系统的拓扑结构一样的。即有星形结构、树形结构、总线形结构、环形结构、网状结构等。

就分布式计算机系统的层次结构而言，按照分布式操作系统实现方法的不同可分为两种层次结构。

1）分布式计算机系统一般的层次结构

通常分布式操作系统是基于各节点已有的操作系统基础上加上分布式操作系统服务层和分布式应用层构成的，因此，分布式计算机系统一般的层次结构可分为：硬件层、本地 OS 层、DOS 服务层和分布式应用层。如图 11.1 所示。对同构的分布式计算机系统而言，所有节点的硬件、本地 OS 和 DOS 服务层都一样。

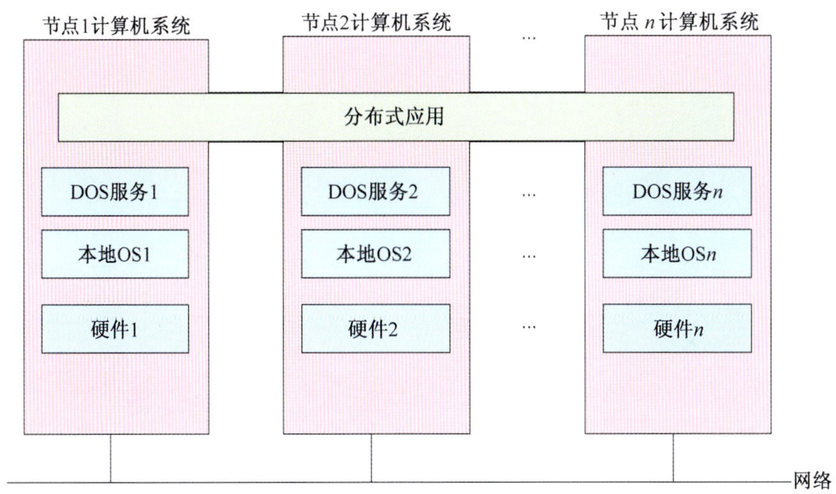

图 11.1　分布式计算机系统一般层次结构

这里 DOS 服务层主要功能是屏蔽低层平台的异构性，提供分布式操作系统所要求的统一的全局视图。支持网上分布式资源共享、消息通信和各种任务平行的协同的执行，提供一些基本的公共服务。而分布式应用层包括与各种应用有关的服务支持，主要是支持应用程序的处理分布、数据分布和分布式程序设计语言对用户的透明性。

可见 DOS 服务层和分布式应用层的主要作用是支持实现分布式计算机系统的分布性、透明性、共享性、平行性和协同性等主要特征。

2）基于中间件的分布式计算机系统层次结构

若分布式计算机系统的分布式操作系统是基于已有的网络操作系统（NOS）之上加中间件服务层和分布式应用层构成，则其层次结构如图 11.2 所示。

这里 NOS 服务层和中间件服务层在主要功能上对应于分布式计算机系统一般层次结构中的 DOS 服务层。NOS 服务层主要为网络用户共享资源和网络通信提供基本的公共服务和接口。中间件服务层主要提供一系列独立于应用程序的隐匿了底层平台异构性和分布性的各种远程服务功能并力图实现访问透明性。为了使分布式应用程序的开发尽量简便，大多数中间件是基于某种模型来描述分布和通信的。通常中间件模型有：

(1) 基于任何资源都作为文件处理的模型。

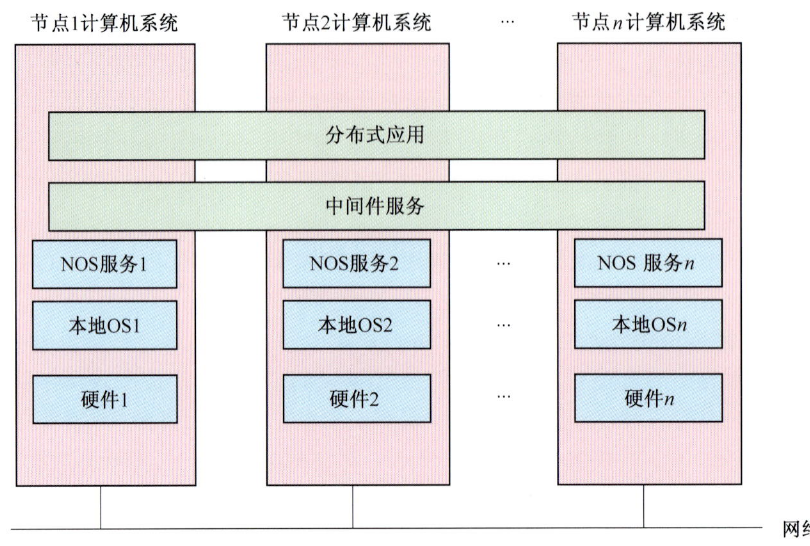

图 11.2 基于中间件的分布式计算机系统层次结构

(2) 基于分布式文件系统的模型。

(3) 基于远程过程调用(RPC)的模型。

(4) 基于分布式对象的模型。

(5) 基于分布式文档的模型。

中间件服务例如通信服务、命名服务、分布式文件系统服务、分布式事务服务、安全服务等。

11.2 分布式计算机系统的硬件

分布式计算机系统的硬件主要由诸节点的计算机硬件和互连各节点的网络硬件组成。

节点可以是任何结构的计算机系统,例如,单计算机系统、多处理器系统、多计算机系统和分布式计算机系统等。有关计算机硬件可参阅第 1 章 ~ 第 3 章和第 8 章,网络硬件请参阅第 10 章。

11.3 分布式计算机系统的软件

11.3.1 分布式操作系统

1) 分布式操作系统的定义、特征和透明性支持

分布式操作系统是为分布式计算机系统配置的操作系统,它是提供具有分布式计算机系统特征的功能和服务的软件系统。它管理分布式计算机系统范围内的硬/软件资源,实现资源共享;提供分布式进程的通信、调度、同步、互斥和迁移机制;动态的分配、控制和协调在各节点上的并行执行及负载平衡,并为用户提供一个统一的、方便、友好的操作环境。

分布式操作系统与传统的操作系统相比具有如下主要特征:

(1) 进程通信因无公共存储器,故常采用基于网络的数据传输功能的消息通信机制;

(2) 在资源管理、进程管理等系统管理方面采用分布式算法进行分布式管理。实现了资源、任务、功能和控制的全面分布。

(3) 诸节点负载追求动态分配与协调、优化与平衡。

(4) 故障检测与恢复、系统重构、进程同步与互斥、系统的可靠性、安全性和死锁等的处理和实现都比较复杂。分布式操作系统的目标是为资源访问、通信、文件系统、名字空间、时间、安全等提供一个统一的视图,使网络用户好像如同使用一台单计算机系统一样使用分布式计算机系统。实现这一目标主要是依赖于分布式操作系统提供的分布透明性(Transparency)。这是分布式操作系统和网络操作系统的主要区别所在。一般的网络操作系统仅具有分布式操作系统的部分特性,只有当网络操作系统提供很强的分布透明性时就发展成为分布式操作系统。因此,网络操作系统也可看作是分布式操作系统的先躯。

分布式操作系统提供的分布透明性主要表现在:

(1) 位置透明性:用户不必知道硬件或软件资源的具体位置,资源的名字中也不应包含该资源的位置信息。

(2) 迁移(Migration)透明性:是指资源或用户作业可以从一个节点自由地迁移到另一个节点上而无需更名。

(3) 复制(Replication)透明性:是指系统可任意复制文件或资源的多个复件。用户是不知道系统拥有多少个复件的。

(4) 并发(Concurrency)透明性:是指多个用户同时访问同一资源时,都感觉不到其他用户的存在。

(5) 并行(Parallelism)透明性:是指操作系统(或编译系统)自动的找出应用程序中潜在的并行模块且将它们分布到分布式计算机系统的诸节点上并行执行,并相互协作完成同一个任务。但目前仅能做到的是程序员编程时显式地指明程序的并行性。

(6) 名字透明性:是指资源或对象的命名在全局是唯一的,不管在什么地方访问该对象,使用的名字都一样的。

2) 分布式操作系统的分类

(1) 用于同构系统的分布式操作系统。在同构的分布式计算机系统中只有一个操作系统,各节点计算机均运行这一系统,统一管理全部系统资源。

(2) 用于异构系统的分布式操作系统。按照分布式操作系统实现方法的不同又可分为2类:

① 在各节点已有的操作系统之上加分布式操作系统服务层(DOS 服务层)和分布式应用层构成的分布式操作系统(图 11.1)。

② 在已有网络操作系统(NOS)的基础上加上中间件服务层和分布式应用层构成的分布式操作系统(图 11.2)。

3) 分布式操作系统的结构

(1) 基于模块分层的单内核结构(图 11.3)。单内核结构即为传统的基于模块层次结构的集中式操作系统内核加上 些网络方面的设施和远程服务构成。大部分的系统调用是通过软中断的方式进入内核状态,并由内核完成处理,再将结果返回给用户进程。硬中断的响应和处理也大部分由内核完成。这种模块分层的单内核结构作为传统的集中式操作系统结构是可取的,但作为分布式操作系统的结构就不太合适了。

(2) 基于客户/服务器的微内核结构(图 11.4)。客户/服务器(C/S),它是由网络互连的一个(或多个)客户机和一个(或多个)服务器组成的,用以实现/客户服务器计算模式的一种分布式处理系统结构。C/S 计算模式是指将一个计算任务分解为若干个子任务,分配到网上的客户机和服务器,由它们合作计算完成,这种合作计算是通过通信,基于客户机请求服务,服务器响应并处理这些请求,然后将结果返回给客户机的交互方式进行的。通常由多

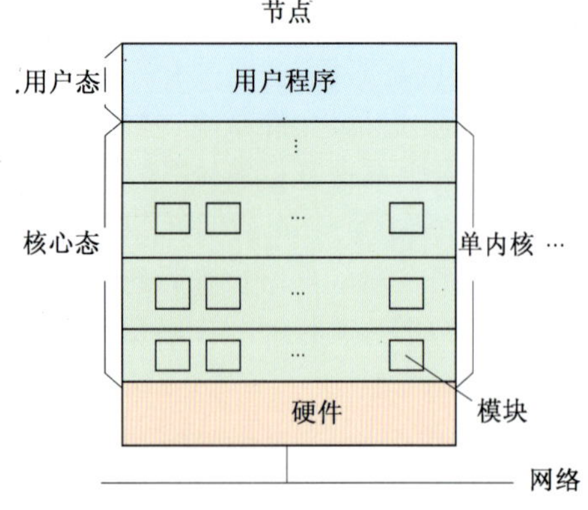

图 11.3　基于模块分层的单内核结构

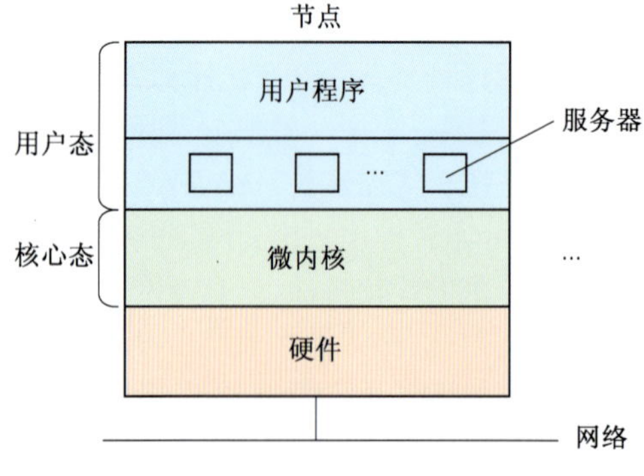

图 11.4　基于客户/服务器的微内核结构

个用户共享的功能和信息划归服务器(如文件服务、打印服务、通信服务、数据库服务等),而用户专有的和用户界面部分划归客户机。服务器是各种服务的提供者也是共享资源的管理者,客户机是服务的请求者,主要执行应用程序,提供界面和交互功能。最初,客户机为"胖"客户机,后来逐渐演变出现了"瘦"客户机(如浏览器)形成了浏览器/服务器(B/S)结构。C/S 结构和 B/S 结构的产生体现了从"集中计算"到"分布计算"环境的变化导致系统体系结构的变化以适应计算机网络出现后,如何在网上建立具有分布性和资源共享性的分布式处理系统体系结构的需求。目前基于网络的应用系统一般都采用 C/S 结构或 B/S 结构。客户/服务器结构的思想与操作系统内核设计相结合产生了基于客户/服务器的微内核结构,简称微内核结构。早先用于网络操作系统的设计。微内核结构采用尽可能小的内核,它不像单内核结构那样,将操作系统的大部分功能在内核完成,而是只保持最基本的核心操作系统功能,大多数操作系统服务都通过用户态的服务器实现。例如,对中断的处理,微内核在响应中断后,仅作必要的简单处理,然后向相应的处于用户态的服务器发消息,由它们作后续处理提供操作系统的中断处理服务。微内核的"微"字在实际的设计中常常伸缩性很大。通常微内核仅提供以下几方面有关的最基本的服务设施(主要是各种原语和中断的响应及必要的处理):

① 进程通信;

② 进程管理和调度;

③ 内存管理;

④ 输入输出和中断处理。

(3) 基于服务器分层的微内核结构(图 11.5)。这种结构本质上是上述(1)和(2)的融合,对(1)而言是修改和调整以适应从集中计算到分布计算环境的变化,即用服务器代替模块,用微内核代替大的内核,用基于网络的消息通信代替模块调用。对(2)而言可理解为从一维的服务器"行"扩充成二维的服务器"阵列"。出于模块结构引入层次概念同样的理由,将所有处于用户态的服务器分成若干层,以减少服务器之间的复杂性和因通信可能导致的死锁现象。这里低层服务器为高层服务器(或同层的其他服务器)提供服务,服务器之间的关系与 C/S 结构中客户机和服务器的关系一样。每个服务器为别的服务器的请求提供服务时,它是服务器,而它请求别的服务器为其服务时,它是客户机。服务的请求和服务结果的回答均按预先定义的格式经微内核消息通信机制进行。所有各层的服务器可以分布在网上任何节点。服务器分层的结构思想同样适用于网上信息系统的结构,即服务器层次结构将取代模块层次结构。

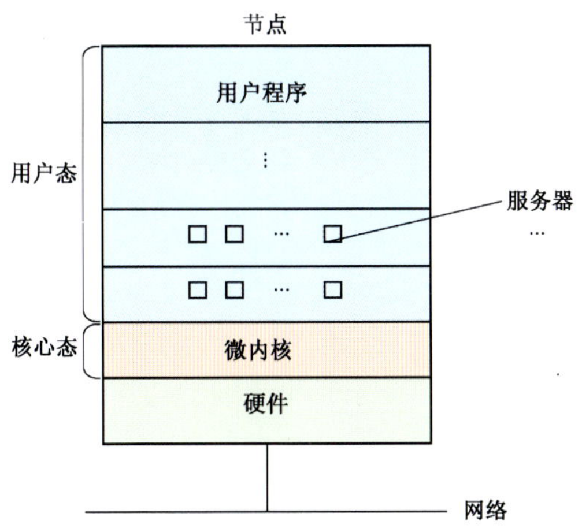

图 11.5 基于服务器分层的微内核结构

4）分布式操作系统的功能

分布式操作系统一般应具有以下主要功能：

（1）分布式进程通信。提供一个单一的全局性的进程通信机制，使运行在不同计算机上的进程都使用同样的方法与其他进程通信，以支持进程的交互、合作和平行执行。目前分布式操作系统中进程通信机制常用的有：

① 消息传递（Message Passing）；

② 远程过程调用（RPC）；

③ 套接字（Socket）。

这些通信机制是基于分布式操作系统提供的一套进程通信原语来实现的。上述 3 种进程通信机制都是属于两个进程间的通信。有时，通信不仅仅存在于两个进程之间，而是涉及多个进程。即所谓组通信，组通信可分为 3 种情况：一到多通信、多到一通信和多到多通信。组通信的实现方式依赖于网络硬件的支持，可有 3 种不同的情况：组播（multicast）通信；广播（Broadcast）通信和单播（unicast）通信。

（2）分布式进程的同步与互斥。分布式计算机系统中，各节点计算机上的进程即要合作，协同工作完成同一个任务，又竞争有限的资源，这就需要某种同步机构来协调它们的活动。分布式同步机构可以是集中式的，例如单个物理时钟，访问它可得到物理时间戳，用于对系统中的事件排序。也可以是分布式的，例如多重物理时钟、多重逻辑时钟和循环令牌等。由于分布式计算机系统中没有共享存储器、没有公共的时钟、进程又分散在不同节点的计算机上，所以，实现分布式进程同步与互斥要比实现集中式的单计算机系统上的进程同步与互斥要复杂得多。分布式操作系统中，为了实现进程的同步，首先，必须对不同计算机中所发生的事件进行排序（基于物理时钟、逻辑时钟等），同时应配有高性能的分布式同步算法以降低实现进程同步所付出的开销。常用的同步算法有：Lamport 算法、G. Ricart 算法和令牌算法等。分布式计算机系统中各节点计算机上的进程对不能同时访问的资源（即临界资源）进行访问时，要使用同步机构进行互斥控制，即每次只允许一个进程进入临界区（critical Region）对共享资源进行访问。互斥控制要使用同步机构对访问临 界资源的请求进行排序。分布式操作系统中常用的互斥算法有：

① 集中式互斥算法。这是一种模拟单机系统中的互斥算法，选择一个进程作为协调者，当进程要进入临界区时，必须向它发请求并等待它的许可。

② 分布式互斥算法。如 Lamport 时间戳（timestamp）互斥算法，Ricart – Agrawala 互斥算

法，Maekawa 互斥算法和基于令牌的互斥算法等。

此外，分布式进程互斥还可通过选举算法和自稳定算法实现。

(3) 分布式进程调度。分布式操作系统中进程的调度分为局部调度和全局调度两个层次。局部调度是指节点计算机操作系统中传统的进程调度。局部调度按(局部)调度算法，选择一个进程和分配一个时间片在节点处理器上执行。全局调度则按全局调度算法，确定进程分配到某个节点处理器上，此后交由局部调度处理。由于局部调度是传统单机操作系统中的进程调度，所以下面主要讨论全局调度。全局调度算法有很多，其分类情况如下：

① 静态和动态。所谓静态是指进程到处理器的分配是在进程执行之前的编译阶段完成的，而动态则是指进程到处理器的分配是在进程执行时进行的。静态调度算法是基于系统的先前知识和经验作出决策，而动态调度算法是基于系统状态信息来作调度决策的。

② 集中式和分散式。动态调度算法又分为集中式和分散式两种算法。所谓集中式是指调度决策是由一个处理器单独完成的，而分散式是指调度决策工作由多个处理器共同完成的。

③ 协作和非协作。分散式调度算法又分为协作和非协作两种算法，所谓协作是指决策是在各处理器间经协调后作出的，而非协作是指决策是由各处理器独立作出的。

④ 最优和次优。无论是静态调度算法还是动态调度算法中的协作式调度算法又可分为最优和次优两种调度算法。所谓最优是指按某个标准，例如最短执行时间和最大系统流量，可以取得最优的分配，则认为这种调度算法是最优的，否则，就是次优的。最优调度算法通常系统开销太大，因此，实际使用较多的倒是次优调度算法。

⑤ 近似和启发式。次优调度算法又分为近似和启发式两种调度算法。所谓近似是指不要求算法是最优的，只要在算法的解空间的一个子集中搜索到一个较好的解时，即可终止算法执行。而在启发式算法中，算法使用某些特殊参数或规则，对真实系统近似地建模。

⑥ 适应性和非适应性。所谓适应性调度算法是指能根据系统的反馈进行调整，采用不同分配策略的调度算法。而非适应性调度算法只使用一种分配策略，不会按系统的反馈进行调整的调度算法。

(4) 进程死锁。分布式计算机系统中的死锁和单计算机系统中的死锁类似，在死锁产生的条件(互斥、不可剥夺、占有并等待、循环等待)和处理死锁的策略(预防、避免、忽略、检测)方面也都一样，只是因为与死锁有关的信息都分布在各节点计算机上，导致分布式操作系统中死锁的预防、避免、检测和纠正的难度，复杂度要大得多。分布式计算机系统中的死锁通常分为资源死锁和通信死锁两种。由于与通信死锁有关的信道、缓冲区等也是资源，所以完全可以归并到资源死锁。分布式操作系统中处理死锁的策略及其常用的方法简述如下：

① 预防死锁。即通过限制资源请求，使产生死锁的 4 个条件中至少有一个不能发生，可用的方法有：

(ⅰ) 静态分配。进程在开始执行前同时获得全部资源，静态分配法打破了占有并等待的条件。

(ⅱ) 按序分配。所有资源都赋于一个唯一的顺序号。若进程已被分配了顺序号为 i 的资源，则此后它只能请求那些顺序号大于 i 的资源。按序分配法打破了循环等待的条件。

(ⅲ) 按优先级分配。每个进程被赋于一个唯一的优先级标识，当优先级高的进程请求一个已被优先级低的进程占有的资源时，优先级低的进程必须释放这个已占的资源。按优先级分配法打破了不可剥夺的条件。

静态分配和按序分配通常会使资源使用效率低下，而按优先级分配可能会造成最低优先级的进程总得不到资源(即所谓“饿死”现象)。事实上，还有另外两种常用的基于时间戳的实际方法：

（ⅰ）基于非剥夺的方法。当进程 Pi 请求的资源已被进程 Pj 占有时，只有在 Pi 的时间戳比进程 Pj 的时间戳小时（即 Pi 比 Pj 老），Pi 才能等待。否则 Pi 进入挂起等待（状态），即从主存移至辅存上等待并释放其运行时所需的资源。

（ⅱ）基于剥夺的方法。当进程 Pi 请求已被进程 Pj 占有的资源时，只有当进程 Pi 的时间戳比进程 Pj 的时间戳大时（即 Pi 比 Pj 年轻），Pi 才能等待。否则 Pj 进入挂起等待（状态），同时剥夺其运行时所需的资源。

② 检测死锁。分布式操作系统中常用的检测死锁的方法有：

（ⅰ）集中式算法。这是模拟单计算机系统中的死锁检测算法，检测工作由一个节点来完成，只有这个节点上维护了一张整个系统的全局资源分配图（或等待图），它是由每个节点维护的局部资源分配图（或等待图）组合而成的。

（ⅱ）层次式算法。在这种算法中，所有的节点被组织成树形结构，其中有一个为根节点。除了叶节点外的其他节点均维护着其子孙节点的资源分配信息，所以，使得除叶节点之处的其他节点都可检测死锁。

（ⅲ）分布式算法。在分布式算法中，检测工作是分布到各节点上的，分布式死锁检测算法很多，大致可分为两种情况。一种是每个节点都有一个全局等待图的复件，因而每个节点都有一个系统的全局视图，另一种是全局等待图被分布到不同的节点。

在分布式计算机环境中实现死锁检测，系统的开锁，特别是通信开锁特别大，而且还可以出现假死锁，所以在分布式操作系统中主要还是采用预防死锁的方法。

③ 避免死锁。即要动态地决定“如果满足一个给定的资源分配请求，是否会导致死锁”。这是一种比较理想化的方法，真正在分布式操作系统中实际应用，还有很大距离。

④ 忽略死锁。即分布式操作系统不考虑死锁问题，在发现系统有问题或出现死锁时，由系统管理员去分析和处理。

（5）分布式进程迁移。单计算机系统中，所有进程都在同一系统中，因而不存在进程的迁移问题，而在分布式计算机系统中，进程的执行不一定始终都在同一个节点计算机上，基于以下的实际需要，进程可以从一个节点系统（源系统）迁移到另一个节点系统（目标系统）。

① 均衡负载。按照负载均衡算法来迁移进程，将负载重的系统中的进程迁移到负载轻的系统中去，以均衡各个系统的负载改善整个系统的性能。

② 减少网上通信和数据传输的开销。对于那些联系紧密又交叉频繁的分布在不同系统中的一些进程，应通过迁移到同一系统中减少它们之间的通信开锁。同样，对于执行数据处理或数据分析的进程，通常要访问大量的文件数据。因此，也应尽量迁移到驻留文件的系统中以减少网上数据传输的开销。

③ 缩短作业周转时间。对于那些具有相对独立的、可并行执行的模块所组成的大型作业，若始终在一个节点处理机上运行，可能会使作业的周转时间很长，如若为该作业建立多个进程，并将它们迁移到多个节点处理机上，使它们并行执行，就会加速作业的完成，缩短作业的周转时间。

④ 特殊的资源需求。当某些进程必须要在具有特殊的软硬件资源的节点处理机上运行才能完成其任务时，就需将其迁移到该节点处理机上运行。

⑤ 提高可用性。若某个系统发生了故障，而在该系统中的进程又希望能继续运行，则分布式操作系统可将这些进程迁移到其他系统中去运行。

为了实现进程迁移，分布式操作系统中要设置进程迁移机制，以解决如下问题：

① 进程迁移的启动。即谁来发动进程迁移。通常，取决于设置进程迁移机制的目标。例如，若目标是均衡负载，则由各系统所配置的负载监视模块中的主（控）监视模块负责在适

当的时刻启动进程迁移。

② 迁移进程的哪些部分。通常迁移的是进程控制块、程序块、数据和栈。

③ 如何进行迁移。通常，在进程迁移时，应在目标系统中建立一个相同的新进程，同时将被迁进程在源系统中撤消，并对其在源系统中与其他进程之间的关联（链）作相应修改。此外，通常还需要在不影响进程对资源的引用方式的前提下，针对不同资源的不同引用方式采用不同的方法，改变哪些指向本地（局部）资源的引用。例如若被迁进程对某个本地 TCP 端口（通过它可与其他远程进程通信）的引用，在进程迁至目标系统时，它必须放弃使用该端口，而在目标系统中请求一个新的端口。进程的迁移可区分为在同构的分布式计算机系统内的迁移和在异构的分布式计算机系统内的迁移。只有在同构的分布式计算机系统内进行进程迁移时，才可能所谓直接从源系统迁移至目标系统。对进程控制块，一般尚需要对其中的部分内容（例如各种队列指针及可能涉及的一些对本地资源的引用），按照目标系统的运行环境作相应的修改。而对程序和数据可一次性全部直接迁移，也可迁移其内存中的部分，而其余部分，若进程迁移后运行时尚需要，则可通过请求方式予以传送（此时源系统应保留被迁进程的部分管理及相关信息）。对于被迁进程在源系统中已打开的文件，则可随进程一起迁移，也可待迁移后的进程再次对该文件请求访问时，再进行迁移。在异构的分布式计算机系统中的进程迁移，由于迁移时要考虑异构性，实现起来的难度和开销要大得多。最好的解决方法是使用虚拟机来处理异构性。虚拟机通过对代码进行解释可以有效地隐藏异构性。

④ 对未完成消息的处理。进程迁移期间可能会有其他进程继续向源系统中已迁移的进程发来消息，这时源系统应暂时保存这类消息，当被迁进程已在目标系统中创建后，源系统再将已收到的相应消息转发给目标系统。

（6）分布式资源管理。分布式计算机系统中，由于资源分布于系统的各节点计算机上，因此，若采用单机操作系统中通常采用的一类资源由一个管理者来管理的集中式管理方法，往往性能很差。所以，分布式操作系统采用一类资源多个管理者的分布式资源管理方式。通常，分布式操作系统同时兼有分布式管理的两种方式：

① 集中分布管理方式。一类资源由多个管理者管，但这类中的每一个具体资源只有一个管理者（此时管理者对该资源具有全部控制权）。集中分布管理通常适用于与处理机紧密相联的资源。如存储器、显示器和仅与一台处理机相连的打印机等。当与这些资源相连的处理机失效时，这些资源也就不能使用了，故对这类资源往往采用集中分布管理方式，且资源管理者就在与被管资源相连的那台计算机上。

② 完全分布管理方式。一类资源由多个管理者管，而且这类资源中的每个资源也由多个管理者管（此时，每个管理者对此资源仅具有部分控制权）。完全分布管理通常适用于与处理机关系不太密切的资源，如多副本文件、与多台处理机相连的打印机等。当一台处理机失效时，通过别的处理机仍可使用这类资源，故对这类资源往往采用完全分布管理方式。这多个资源管理者就分布在多台相关计算机上。显然，资源的分配是要通过几个管理者协商确定的，如果协商原则定的不好，就有可能导致产生“饿死”现象，即某个申请者永远得不到所要资源的现象。

分布式资源管理应在追求系统低开销的前提下，实现分布资源的共享、高效、均衡的利用，不仅要防止“死锁”，还要避免“饿死”现象。为此，任何资源分配算法，无论是全局的和局部的算法、集中的和分散的算法、协作的和非协作的算法、适应性的和非适应性的算法等，都必须尽量避免产生这两种现象，这是资源分配最基本的原则。

（7）分布式文件系统。分布式文件系统可看作为常规文件系统的分布式实现，它支持物理上分散的多个用户共享文件和存储资源。其主要功能是提供分布式命名服务、分布式目录服务和分布式文件服务等。在分布式文件系统中分布式文件的共享、分布式缓冲区的管理和分布式文件的复制等都与传统的集中式文件系统有很大的区别。分布式文件系统可以作为分布式操作系统的一部分实现,也可作为一个独立的软件系统集成到分布式操作系统中来。

与传统的集中式文件系统相比,分布式文件系统具有如下基本特点:

① 分布式文件系统的文件服务活动是基于网络完成的。

② 分布式文件系统中的存储设备不是单一的集中的数据存储器,而是由网上多个分散的存储设备组成。即分布式文件系统管理的存储空间是不同的分散在网上诸节点的存储空间组成的。

分布式文件系统的设计必须坚持以下基本要求:

① 位置透明性。对用户来说,分布式文件系统和集中式文件系统一样,无需关心文件的位置,是在本地还是远地节点上。

② 容错。为提高可靠性,分布式文件系统要具有一定的容错能力,在发生各种故障时,仍能维持正常运行。

③ 可扩充性。分布式文件系统应对服务负载的增加具有一定的适应能力。

④ 界面。提供与集中式文件系统基本一致的用户界面。

⑤ 服务请求的响应时间。由于分布式文件系统的文件服务是基于网络的传输功能完成的,所以用于服务请求的响应时间要比传统的文件系统要多花一些时间,在用户看来,服务请求的响应时间是一个十分重要的性能指标,所以分布式文件系统在这方面的性能必须和传统文件系统性能相当。

此外分布式文件系统的安全性、可靠性和数据的完整性等有较高的要求,在设计时也是需要特别关注的。

11.3.2 分布式数据库系统

1) 分布式数据库系统概述

分布式数据库系统(DDBS)是数据库技术与网络技术相结合的产物,它是将分散在各节点(在数据库技术中称为场地)的数据库通过网络连接起来而形成的,即分布式数据库的数据是分散在各节点上,但这些数据在逻辑上是一个整体,在用户面前如同一个集中式数据库一样。

(1) 分布式数据库系统的定义。分布式数据库系统是一组物理上分散的数据库系统经网络互连而成的一个逻辑上的集中式数据库系统。DDBS 中的数据分布存放在计算机网络的不同节点计算机中,而且每个节点都具有高度独立的、自治处理能力并能完成局部应用,同时每个节点也参与全局应用。这里全局应用是指涉及到两个或两个以上节点中数据库的应用。

与集中式数据库系统相比分布式数据库系统非常适合在组织上、地理上分布的企业使用数据库需求,兼有集中式和分散式的优点,它是数据集中和分散之间的一种平衡,它能满足不同用户对数据集中和分散控制程度的不同要求,另外,相对而言系统的可靠性、可用性和可扩展性都较好。DDBS 的主要缺点是系统的通信开销较大,数据的安全性、保密性较难处理,系统的并发控制和恢复技术较为复杂等。

(2) 分布式数据库系统的特点。与集中式 DBS 相比,DDBS 有以下几个主要特点。

① 物理分布性和自治性:DDBS 中的数据是存放在计算机网络的多个节点上的而不是存放在一个节点上的,即数据在物理上具有分布性,并由此导致事务执行和管理的分布性,即一个全局事务的执行可分解为在诸节点上子事务(局部事务)的执行。

所谓自治性是指分布在各节点上的数据是由各节点的数据库管理系统(DBMS)管理的,它具有独立的、自治处理能力来完成本节点的应用(局部应用)。

② 逻辑整体性和协同性:DDBS 中的数据虽然物理上分布在各节点,但它们在一个分布式数据库管理系统(DDBMS)的统一管理下成为一个逻辑上的整体而能为所有用户(全局用户)所共享。诸节点具有高度自治性的同时,又能相互协同而成为一个有机的整体。用户使用 DDBS,如同使用集中式数据库一样可以在任何一个节点完成全局应用。

③ 分布透明性:亦称数据分布透明性,即用户不必关心诸如数据的逻辑分片、数据物理位置分配和各节点上局部数据库的数据模型而可以像集中式数据库一样来使用分布式数据库。

④ 集中与分散(自治)相结合的管理机制:DDBS 中的管理机制既有集中的又有自治的机制,即各节点的局部 DBMS 可独立地管理局部数据库,具有自治功能,但同时系统又设有集中控制机制以协调各局部 DBMS 工作,执行全局管理功能。

⑤ 数据冗余性。尽量减少数据冗余是集中式数据库系统努力的目标之一,但在 DDBS 中却利用适度的数据冗余来防止因某节点的故障导致系统瘫痪和减少网络通信开销,从而达到提高系统可靠性、可用性和改善系统性能的目的。

(3) 分布式数据库系统分类。按照节点上局部 DBS 的数据模型和 DBMS 的异同 DDBS 可分为 3 类,即:

同构同质型:各节点采用同一类型数据模型和同一型号的 DBMS。

同构异质型:各节点采用同一类型数据模型,但 DBMS 型号不同。

异构型:各节点数据模型的型号不同,甚至类型也不同。

(4) 分布式数据库系统的组成。由图 11.6 DDBS 的组成示意图可知,DDBS 的组成成分大致与集中式 DBS 一样,也是 DB、DBMS 和 DBA 组成。所不一样的是有局部和全局之分,即:

① DB 分为局部 DB(LDB)和全局 DB(GDB)

② DBMS 分为局部 DBMS(LDBMS)和全局 DBMS(GDBMS)

③ DBA(数据库管理员)分为局部 DBA(LDBA)和全局 DBA(GDBA)

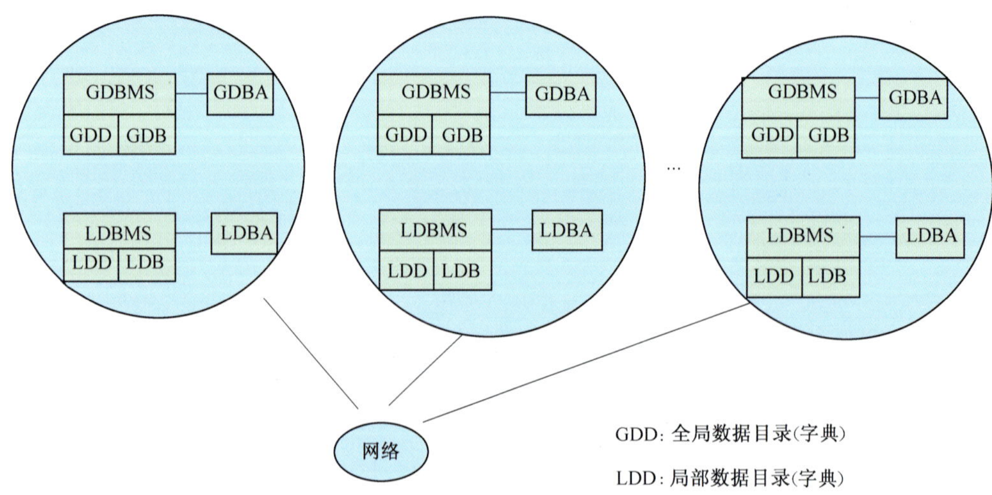

图 11.6　DDBS 组成示意图

2) 分布式数据库

分布式数据库是计算机网络中各节点上数据库的逻辑集合。即由分布在计算机网络各节点上的诸物理数据库所构成的一个逻辑的集中式数据库。对各节点上的用户而言它如同一个集中式数据库一样。DDB 可分为 LDB 和 GDB,DDB 的六层模式结构及五级映像如图 11.7 所示。

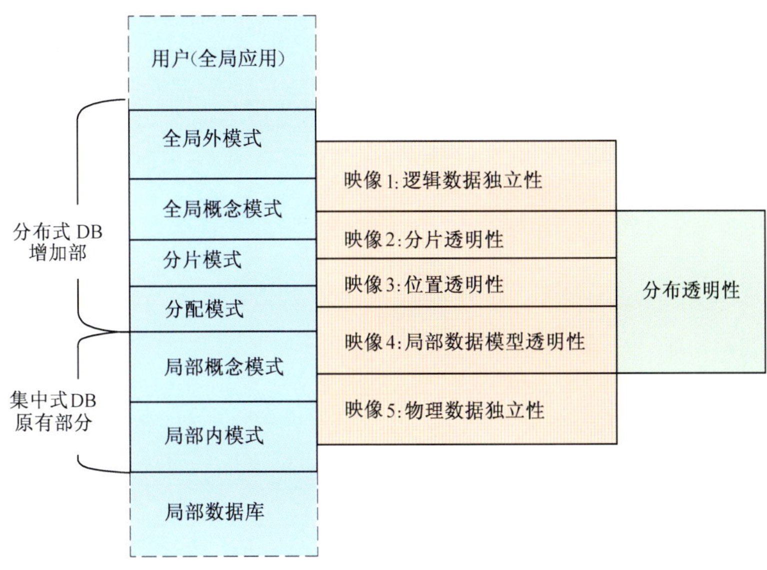

图 11.7 DDB 的六层模式结构及五级映像示意图

全局外模式:是全局应用的用户视图(全局概念模式的逻辑子集)。

全局概念模式:定义 DDB 中全局数据的逻辑结构(如包括一组全局关系的定义)。

分片模式:定义片段(逻辑数据库中某个全局关系的一部分)和定义全局关系与片段之间的映像(图 11.8)。

分配模式:定义各片段的物理存放场地(图 11.8)。

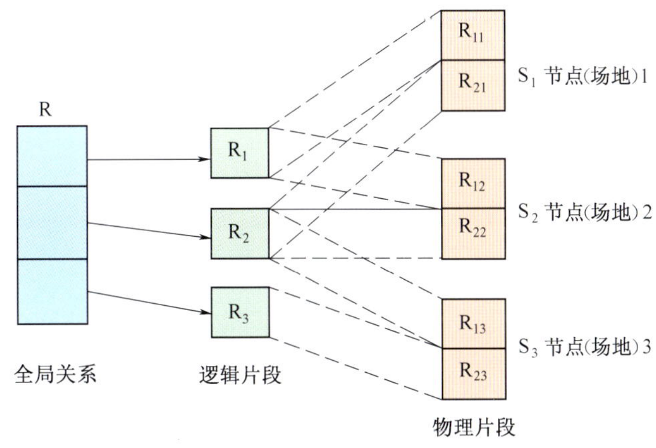

图 11.8 全局关系 R 的分片与分配示意图

局部概念模式:是该节点(场地)上所有全局概念模式在该节点上物理映像(分配在同一节点上的同一个全局概念模式的若干物理片段构成)的集合。

局部的内部模式:是 DDB 中关于物理数据库的描述(包括局部数据的存储描述和全局数据在本节点的存储描述)。

如图 11.7 所示,DDB 的六层模式结构之间存在五级映像。

映像 1:体现了类似于集中式 DB 的逻辑数据独立性。

映像 2:体现了分片透明性,即用户只须对全局关系进行操作而不必关心数据的逻辑分片情况。

映像 3:体现了位置透明性,即用户不必关心片段物理位置分配细节。

映像4:体现局部数据模型透明性(局部映像透明性),即用户不必关心节点上 DB 使用的是何种数据模型。

映像5:体现了类似于集中式 DB 的物理数据独立性。分片透明性、位置透明性、局部数据模型透明性合起来统称为 DDB 的分布透明性。

3) 分布式数据库管理系统

分布式数据库管理系统(DDBMS)是 DDBS 中负责管理分布环境下逻辑集成数据的存取、一致性、完整性以及网络通信协议的分布管理的软件系统。DDBMS 是支持 DDB 的建立与维护的软件系统。DDBMS 提供的主要功能:全局和局部数据模型、全局和局部数据描述语言、全局和局部数据操作语言、目录管理、分布查询、分布事务管理、并发事务控制、数据完整性与一致性、数据恢复和通信管理等。

DDBMS 有全局和局部之分,即 GDBMS 和 LDBMS。

DDBMS 的组成如图 11.9 所示。

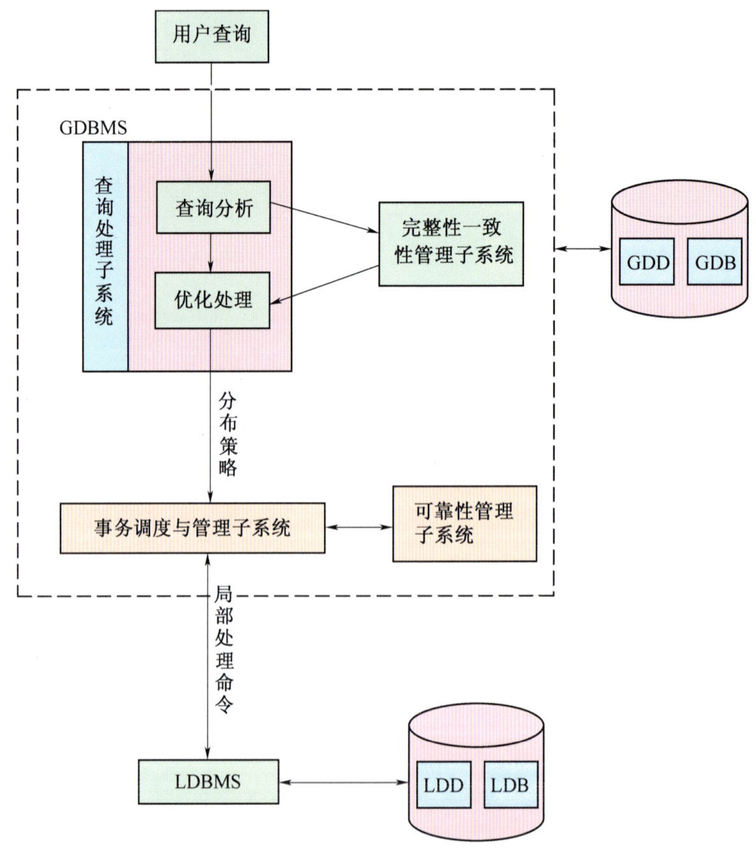

图 11.9　DDBMS 组成示意框图

(1) 查询处理子系统。提供全局和局部数据描述语言和数据操作语言,负责响应用户的查询请求进行语言的处理(查询语句分析、检查等)和优化处理(以最小的代价完成查询)。

(2) 完整性、一致性管理子系统。维护数据库的完整性和一致性,处理多副本数据的同步更新,实现并发控制机制。

(3) 事务调度与管理子系统。根据查询处理子系统来的分布策略向有关节点的 DBMS 发布命令,执行事务的并发控制,管理网络通信和数据传输。

(4) 可靠性处理子系统。负责监视系统运行,提供故障恢复功能,确保系统有效运行。

4）分布式数据库管理员(DDBA)

主要负责模式、安全性规则、完整性规则的建立和维护以及系统正常运行有关的工作(如转储、恢复等)。DDBA 有 GDBA 和 LDBA 之分。

11.3.3 分布式程序设计语言

1）分布式程序设计语言概述

分布式计算系统出现的初期,大都采用传统的顺序式程序设计语言加上一些用于收发消息的子程序库来进行程序设计。随着时间的推移,人们不再满足于这种方法而开始设计新型的分布式程序设计语言来支持编写分布式应用程序。所以,分布式程序设计语言是分布计算系统中,支持分布式应用程序设计的一种编程语言。与顺序程序设计相比,支持分布式程序设计有 3 个基本要求:

(1) 应具有把一个分布式应用程序的不同部分分配到不同处理机上并行执行的能力。

(2) 应具有支持分布式应用程序执行时,它的各进程间相互通信同步的能力。

(3) 应具有支持分布计算系统部分失效(如某个 CPU)时进行检测和恢复的能力。

上述 3 个基本要求可由分布式操作系统来满足,也可由为分布式程序设计专门设计的语言来满足。在分布式操作系统支持下,分布式应用程序的编程可使用扩充了的顺序语言,它有可调用分布式操作系统原语的库子程序,这种方法的缺点是顺序语言的控制结构和数据类型,通常不太适合分布式程序设计,所以最好还是采用分布式程序设计语言。可见,分布式程序设计语言区别于传统的顺序式语言的主要特征是如何处理并行性、进程通信和部分失效。

2）分布式程序设计语言的分类

依赖于并行性、进程通信和部分失效处理的不同可以有不同的分布式程序设计语言。

(1) 按并行模型。按并行模型分布式程序设计语言可分为顺序进程并行语言和具有内在并行性语言两类。顺序进程并行语言使用的最基本模型是一组顺序进程,它们并行运行,且相互间通过消息传递进行通信,它们中的大部分是流行的 C(或 C++)和 FORTRAN 的扩展,具有内在并行性的语言例如函数式语言、逻辑语言和面向对象的语言等。

(2) 按通信模型。按进程通信方式的不同,用于分布式计算机系统的分布式程序设计语言可分为两类。一类是基于分布地址空间的、无共享数据方式通信的语言,即逻辑上分布的语言。各进程的地址空间无交集,进程间使用显式消息传递进行通信,如使用 Send 和 Receive 原语通信。另一类是基于共享地址空间的、共享数据方式通信的语言,即逻辑上非分布的语言,这时共享数据是通过分布式操作系统提供的分布式共享存储器(这是可供系统内所有节点共享的物理上分布、逻辑上共享的一种虚拟共享存储器)或由语言实现中模拟的共享数据实现。

(3) 按容错模型。分布式程序设计语言按照它们对部分失效所提供的不同支持,可分为程序设计容错语言和通信容错语言。前者提供对异常处理的程序设计容错支持,后者提供在进程通信过程中发生故障的容错处理支持。

3）分布式程序设计语言的并行性支持

把分布式应用程序分成若干部分并分配到多个处理机上同时运行,这就是所谓并行性。而平行性支持主要指语言增设了一些并行性表示和处理机分配等方面的设施。并行性的控制分为显式的和隐式的两种。所谓并行性的显式控制是指程序员可以显式地把分布式应用程序划分为若干并行段并可指派到一些处理机(逻辑的)上执行,而隐式控制则指的是由编译系统而不是程序员控制的。通常,无论是显式的还是隐式的,所分配的均应是逻辑的处理机,而从逻辑的处理机到物理的处理机的变换通常是由操作系统完成的,若平行段到某个处理机的分配是在运行以前就确定的,则称静态分配,若在运行时才确定的,则称动态分配。

分布式程序设计语言表示并行性的方法有多种,表示并行性的语言并行单位,在顺序程序设计语言中是整个程序,但在分布式程序设计语言中,并行单位可以是进程、对象、语句、表达式和子句。并行单位的选择应考虑分布式应用程序本身具有的并行性粒度,当并行段具有大计算且相互间为低耦合(如通信频率低)时,则称该分布式应用程序具有粗料度并行性。反之,当并行段具有小计算且相互间紧耦合(通信频率高)时,则称该分布式应用程序具有细粒度并行性。通常,通信代价越大,并行的粒度就应该越大。通信代价较低则可支持较细粒度的并行性。值得注意的是,常常在高通信代价的远程网络中,细粒度并行性的通信代价可以抵消并行计算得到的好处。

4)分布式程序设计语言的进程通信与同步支持

被分配到各处理机上并行运行的同一个分布式应用程序的不同部分通常是需要相互合作与协同才能共同完成同一个任务的。为此,分布式程序设计语言必须提供通信与同步的支持。这种支持的机制主要是消息传递和共享数据等。

(1)消息传递。发送者通过发送消息或调用远程过程显式地发动相互作用,接收者则可以显式地(例如使用 ACCEPT 语句)接收或隐式接收,消息传递的通信模式有以下几种:

① 同步和异步点到点消息通信;

② 一到多的消息传递通信;

③ 双向的通信,例如远程过程调用(RPC)和会合(类似 RPC 的一个较高级结构实现发送消息和接收消息的双向通信)。

(2)共享数据。分布式计算机系统(无物理的共享存储器)中若分布式操作系统不提供分布式共享存储器功能时,分布式程序设计语言本身可以提供共享数据支持。它对运行在不同处理机上的分布式应用程序并行段(进程)使用共享数据进行通信和同步是基于语言实现中的模拟共数据机制。常见的例如有分布式数据结构(如 Linda 语言首先引入的元组空间)和共享的逻辑变量(如并发 Prolog)。

此外,也可使用对象实现数据共享,两个进程可以通过调用对给定对象的操作间接地相互通信和同步。

此外,除消息传递和共享数据的支持外,还有与同步有关的非确定性支持。例如 Ada、并发 C 的选择语句和并发 Prolog 的 Guarded Horn 子句。

5)分布式程序设计语言的容错支持

分布式程序设计语言的容错支持是指针对故障的检测、故障的屏蔽、故障的处理和故障的恢复等方面语言所提供的相应容错设施。不同用途的分布式程序设计语言所要求的容错支持,通常相差很大。分布式程序设计语言常用的容错支持原语,例如有:故障检测(如 SR 和 Ada),原子事务处理(如 Argus 和 Aeolus),透明容错(如 NIL)等。

参考文献

[1] 徐高潮,胡亮,鞠九滨.分布计算系统[M].北京:高等教育出版社,2004.

[2] 方敏.计算机操作系统[M].西安:西安电子科技大学出版社,2004.

[3] 施伯乐,丁宝康,汪卫.数据库系统教程[M].北京:高等教育出版社,2003.

[4] 孙钟秀.操作系统教程[M].北京:高等教育出版社,2004.

第12章 军用计算机

顾名思义,军用计算机即应用于军事领域的计算机。军用计算机包括的范围很广,例如有专门为军事应用而专门设计制造的军用计算机,也有以民用计算机为基础进行加固,以适合军用的计算机等。军用计算机的根本作用是将各种采集手段搜集到的数据或原始信息,通过自动进行问题介算和信息处理,输出所需结果,用于各种军事目的。与民用计算机相比,军用计算机有一些特殊的需求,通常有:抗恶劣环境的需求,信息的安全保密需求,高可靠和实时运行的需求以及嵌入到武器系统的需求等。

本章主要介绍车载、机载、舰载、弹载、星载计算机,火控计算机,实时计算机和可穿载计算机,使读者对各种军用计算机的特点,有一个一般的了解,最后对军用计算机系统结构的发展提出了一些看法。

12.1 军用计算机的应用、技术与特点

12.1.1 军用计算机的应用

计算机自诞生之日起就开拓应用于军事领域,而且计算机技术的进步往往始于军事应用的需要。军用计算机经历了从最初各军兵种独立的烟囱式发展,到形成统一的军用计算机标准化硬/软件,从必须采购符合军用规格的计算机到采用商用现货和开放系统技术的发展历程。军用计算机已成为国防科学实验、武器装备研制必不可少的重要工具;是国防战略预警系统、防空系统、海防系统、电子对抗系统、武器控制系统和军事管理系统的核心装备;军用计算机系统在军事指挥、控制、通信、情报、监控、侦察和作战保障系统的应用大大提高了现代军事斗争中作战的机动性和应变能力。

军用计算机水平与军事技术发展、武器装备现代化程度、国防和军队管理水平紧密相关。军用计算机的主要用途有4个方面:

(1) 用于科学计算。例如:核爆模拟计算,人造卫星与弹道导弹运动轨迹计算等。

（2）用于军事信息处理。平时和战时都需要计算机处理大量信息，平时进行信息处理的领域主要包括国防科研、武器生产、部队管理和教育训练等。战时更离不开用计算机处理信息，如对高速飞行目标的各种信息进行分析综合；对战场预警、雷达搜索与跟踪、遥感探测的各种数据进行处理；对大型武器系统的位置、射速、目标分配进行调整；对战场上敌我双方态势信息的处理、显示及威胁评估与决策方案的优化等。

（3）用于自动控制和过程控制。例如导弹的制导控制和武器系统的火力控制，飞机、舰艇、地面战斗车辆的自动驾驶以及军工部门的生产自动化管理。

（4）用于发展智能武器。即用于发展能有意识地寻找、辨别、跟踪、打击敌方目标的武器。

典型的军事应用系统例如：美军的全球指挥控制系统（GCCS），是为美军提供战略指挥控制功能的计算机系统，有陆军使用的 GCCS－A 版本，海军使用的 GCCS－M 版本，联合部队使用的 GCCS－J 版本等。目前 GCCS－A 已装备本土陆军司令部、驻欧陆军司令部、太平洋陆军司令部、南方司令部等。GCCS－M 已装备海军，其岸上部分已在 28 处安装，海上部分安装于 300 多艘舰艇和潜艇上，第七舰队的指挥和控制旗舰“蓝岭”号上的 GCCS－M 由 72 台高性能 NT 工作站和 36 台服务器（其中 33 台运行 NT，3 台运行 UNIX）组成，包括工作站和服务器在内，该系统共有 350 个客户端。

在战术指挥控制系统方面，海军在航空母舰、巡洋舰、驱逐舰和两栖登陆舰上安装有海军（战术）先进作战指挥系统（ACDS），使用了大量的 AN/UYK－43，AN/UYK－44 计算机和 TAC－4（基于 HP9000 系统 700 型工作站），TAC－5 工作站。空军 F－22 战斗机的航空电子系统配备了休斯公司的 2 台共用综合处理机（CIP），每个 CIP 最多可由 66 个 Power PC 和基于 i960 的信号和数据处理器组成。陆军的 21 世纪部队旅及旅以下战斗指挥系统（FBCB2）是一个数字化的作战指挥信息系统，已装备于美国第一个数字化步兵师——第四步兵师，该师装备了约 1200 多台 APPliqu'e^{+} 标准计算机以及大量车载的“野战 2000（FW2000）”系列计算机。

12.1.2 军用计算机技术

现代计算机技术由硬件技术、软件技术和网络技术组成。硬件技术主要包括：体系结构、处理器、存储器、输入与输出设备、总线和接口等技术。软件技术主要包括：系统软件（如：操作系统、数据库、编程语言）、支撑软件和应用软件等技术。网络技术主要包括：网络体系结构、网络协议、网络管理、网络互连、网络安全、网络服务和网络融合等技术。

除了上述计算机技术外，通常军用计算机技术主要涉及以下几个方面：

（1）为适应军事应用环境所采用的技术。例如：计算机加固技术，包括抗恶劣环境的加固技术和防信息泄漏的加固技术。

（2）为适应武器系统平台所采用的技术。例如：嵌入式计算机技术、实时计算机技术、分布式计算机技术及与之相关的嵌入式操作系统、实时操作系统和分布式操系统等技术。

（3）为保证军用计算机系统可靠、安全、保密运行所采用的技术。例如：容错计算机技术、计算机和网络安全技术、安全操作系统技术。

（4）专用设备技术。例如：武器系统中的 A/D、D/A 转换设备技术，前者用以接收雷达、声呐、激光、红外等各种探测设备来的模拟量转换为数字量输入计算机处理，后者将处理结果从数字量转换为模拟量用以控制武器系统。

（5）系统集成与军用计算机应用相关的技术。例如：图形图像处理技术、计算机仿真技术、虚拟现实（VR）技术、模式识别技术、可视化技术、多媒体技术、智能技术以及当今普遍关注的移动计算技术、数据融合技术和网格计算与应用技术。

12.1.3 军用计算机特点

军用计算机的最主要特点是可靠、安全、实时、抗恶劣环境和嵌入。

1）可靠性

军用计算机是军事信息系统或武器系统的控制中心和神经中枢，其可靠性是不言而喻的，影响军用计算机可靠性的因素有外部的和内部的两个方面。外部因素主要是各种恶劣的环境因素，对此，必须有针对性地采取加固措施，使外部因素对可靠性的影响减到最少；内部因素主要包括器件性能老化，偶然失效和硬/软件缺陷等。通常对元器件要进行各种严格测试和筛选，在设计和生产的各个环节进行严格的质量控制，制定可靠性大纲，进行可靠性分配，可靠性设计（如降额设计，冗余和容错设计），可靠性分析评价，可靠性评审和可靠性试验等，以确保军用计算机的可靠性。

2）安全性

军用计算机是敌方攻击、破坏的重要目标，计算机内的信息是军事情报的重要来源，为此，在操作系统的安全、数据库安全，信息的存储、处理和传输的安全等方面必须采取严密措施以防止信息泄漏、黑客攻击和病毒入侵，确保军用计算机安全性。

3）实时性

军用计算机特别是用于武器系统的火控计算机，导弹的制导和控制用的计算机，用于车载、机载、舰载的计算机都有很强的实时性要求，从信息输入处理到输出处理结果都要受严格的时间限制，为此，军用计算机必须在硬件和软件（主要是实时操作系统和实时应用软件）方面有相应的支持，以确保实时性。

4）抗恶劣环境

军用计算机的工作环境通常十分恶劣，为使其在高温、低温、潮湿、沙尘、盐雾、霉菌、振动、冲击、电磁干扰等环境下仍能可靠地工作，要采取相应的加固措施，在核战争或在外层空间条件下工作的计算机，还应有抗核辐射和抗电磁脉冲加固措施，使其在遭受核爆或电磁脉冲弹攻击或外层空间强辐射环境下仍能正常工作，保证完成予定的任务。

5）嵌入宿主系统

军用计算机多数是嵌入武器装备或武器系统之中的嵌入式计算机，所以和一般民用计算机有一个很大的不同是在体积、重量、形状和功能等方面有特别严格的要求，必须适应宿主系统所能提供的条件。另外，根据系统设计的监控程序或操作系统、应用程序的一部分或全部常采取固化措施以提高可靠性和可维护性。

此外，军用计算机在外围设备方面，除了配置常用的外部设备外，通常还加接一些专用的外部设备和接口，例如，用以接收雷达、声呐、激光、红外等各种探测设备来的模拟量转换为数字量的 A/D 转换设备及将计算机处理结果的数字量转换为模拟量用以驱动、控制目的的 D/A转换设备等。

12.2 军用计算机的分类

军用计算机的分类方法有很多，例如：按基本工作原理可分为冯·诺依曼型和非冯·诺依曼型计算机。按数据的表示方式和计算原理可分为数字计算机和模拟计算机。通常，未加说明时，计算机系统指的是数字计算机。数字计算机按其性能、规模及价格可分为巨型、大型、中型、小型及微型计算机。按其应用范围可分为专用和通用计算机。按其军事应用特点可分为实时计算机、容错计算机、嵌入式计算机和火控计算机等。按体系结构分为单处理机、多处理机、分布式计算机等。按其装载平台可分为车载、机载、舰载、弹载、星载和穿戴式、便携式、手持式计算机等。此外,为适应恶劣环境使用要求或特定环境安全使用要求可分为未加固和加固计算机(如抗恶劣环境计算机和防信息泄漏计算机)。

以下就车载计算机、机载计算机、舰载计算机、弹载计算机、星载计算机、火控计算机、实时计算机和可穿载计算机分别作一个简要介绍:加固计算机、嵌入式计算机、容错计算机和分布式计算机请分别参阅第5章、第6章、第7章和第11章。

12.2.1 车载计算机

车载计算机(Vehicle - mounted Computer)是指安装在车辆上的计算机。这里主要是指安装在各种军用车辆上的计算机。它们是地面突击车辆,如坦克、步兵战车、装甲运送车等;火力支援车辆,包括自行压制武器(自行迫击炮、自行加榴炮等)、自行反坦克武器(自行反坦克炮、反坦克导弹发射车等)、自行防空武器(自行高射炮、防空导弹发射车等);电子信息车辆,如侦察、指挥、通信、电子对抗等装甲车;装甲保障车辆,如:工程、技术、后勤保障车。车载计算机是车载电子系统中的核心设备。

车载计算机主要用于武器控制、通信、指挥、电子对抗、模拟训练和军事技术装备检测等。车载计算机的特点是实时性强,常常要求嵌入到武器系统中,执行实时控制任务,并按预先编好的战斗程序进行工作。为了提高系统的可靠性,也常将软件固化。车载计算机对体积、质量、功耗都有严格的要求,还应在结构上加固及采用军用元器件,以适应强烈振动,冲击以及高低温、尘埃、核辐射、电磁脉冲、电磁兼容等恶劣工作环境。对于不同用途的车辆其车载计算机的功能和性能要求亦各不相同。例如:

(1) 地空导弹系统中的车载计算机,其主要任务是实时接收雷达搜索、截获、跟踪目标所获得的空情信息,进行目标识别,计算导弹发射诸元,保障导弹发射的控制与制导,显示战斗实施态势,供指挥员监视战况和下达命令。

(2) 车辆综合电子系统中的车载计算机,通过高速总线和实时软件将火控子系统、通信子系统、导航/定位子系统、综合防护子系统、综合指挥显示子系统、电子对抗子系统、电源分配/管理子系统、动力及传操系统的综合监控子系统、故障诊断/检测子系统等所有车辆电子装置及控制系统的信息综合起来,使车内不同子系统的信息共享。车际间(与友邻车辆,其他武器平台及上级作战指挥机关之间)信息的双向交流,实现车载电子系统的综合集成与系统优化,达到综合的统一的管理、指挥与控制,使车辆综合作战效能显著提高,这里车载计算机主要是完成数据通信、数据融合、信号/数据处理、目标识别、弹道计算、态势生成与显示,作战方案生成与优化,指挥控制等。图12.1为车载计算机。

图12.1 车载计算机

为适应战场信息化、指挥自动化的趋势和支持车辆综合电子信息系统的发展,车载计算机在追求高性能、微型化、网络化、智能化的同时,采用模块化、开放式的多处理机结构(总线或网络互连)的车载计算机将得到广泛应用以提供分布、实时、并行、容错的运行环境。

12.2.2 舰载计算机

舰载计算机(Shipborne Computer)是配备于舰艇上适应舰船使用环境的计算机。它是舰船的作战指挥、控制、通信、导航、火力控制、电子对抗等系统中的核心部件,其主要功能是完成信息的获取、传输和综合处理。分专用机和中心机两种。专用机用于某个装置或系统的状态监视与监控。中心机用于军舰各个装置或系统之间的数据传输、数据综合处理、图像编辑与显示、作战资源的分配与调度、情报通信、操作控制管理等。一般选用具有高实时性、专用性、高可靠性、容错能力强的经加固的微型计算机或中小型计算机。

舰载计算机主要用于以下几方面:

(1) 组成舰艇作战指挥控制系统。计算机和各种人机交互设备组成核心控制台,该控制台通过计算机间的数据链接与各种探测器、武器系统建立信息网络,进行数据采集、计算与处理、显示战场态势、目标识别、威胁等级评估、拟制作战方案、选择目标、控制各种武器的火力分配,以及通信和各种信息的管理、模拟训练、战备值班等。

(2) 组成舰艇综合火力控制系统。计算机利用探测器(如雷达、声呐、电子对抗设备等)获得的目标数据和导航、气象设备提供的有关数据,准确计算出目标运动参数和导弹、鱼雷、火炮、深水炸弹等武器系统命中目标所需的射击诸元,引导武器实时跟踪目标,实现舰载武器射击的统一管理,指挥和控制,大大提高了舰载武器系统的作战效能。

(3) 组成舰艇综合导航系统。利用计算机对所有舰载导航设备所获得的信息进行综合处理,达到多种导航方法的组合运用,以提高导航精度和可靠性。

(4) 组成舰载电子对抗系统。在以计算机为核心的指挥子系统控制下,雷达、通信、光电和水声对抗子系统协调工作,自动完成环境监视、威胁警告、目标识别与定位、实施电/磁/光/声等干扰。此外,舰载计算机还用于对空防御、反潜预警和反潜作战等。

舰载计算机的特点是具有较强的实时处理能力,对于各种实时请求能迅速地作出响应和处理,具有防止海洋湿热、盐雾、霉菌的严重侵蚀和抗振动、冲击、摇摆等抗恶劣环境的能力,以及良好的电磁兼容性、可靠性和可维护性。此外舰载计算机应按照系列化、标准化的要求,实现功能模块化、结构模块化和软件模块化,以便根据不同的任务要求,组成各种不同规模的舰载计算机应用系统。因此采用开放式、模块化、多处理机网络结构的舰载计算机将得到广泛应用。以满足分布、实时、容错、并行的处理环境要求和适应舰载计算机应用系统综合化的趋势。

随着微电子技术的发展,舰载计算机在追求高性能、高可靠的同时,将进一步向微型化、智能化、网络化方向发展。

12.2.3 机载计算机

机载计算机(Airborne Computer)是安装在飞机、直升机等航空器上的计算机。它是现代航空电子系统中的重要设备。

机载计算机主要用于导航计算、大气数据处理、飞行控制、发动机控制、雷达信号处理、火力控制、电子侦察、电子干扰、地形跟随、地物回避、敌我识别、加密通信、综合显示和系统性能管理等。例如,机载计算机系统与惯性系统、雷达系统或卫星导航系统组成有机的整体,可以保证飞机安全导航;与火控系统中的各个子系统(显示控制、本机与目标参数测量装置、武器及悬挂物管理等)组成的综合火力控制系统,可实现统一显示、管理和控制,大大提高了飞机武器系统的作战效能;与雷达、通信、导航、敌我识别、电子战等设备组成的机载预警和控制系统,可发现和识别高低空目标,并指挥歼击机进行空战,指挥轰炸机、歼轰机、攻击机对地面和海上目标进行攻击。总之,利用机载计算机,可以充分发挥军用飞机的战术技术性能。

按数据和信号这两种处理对象,机载计算机可分为:信号处理计算机和数据处理计算机,前者处理雷达信号、通信导航和敌我识别信号、电子战信号、惯性参照信号等;后者专用于计算、管理、数据形态变换等,主要用于任务管理和飞行管理。按应用对象可把机载计算机分为：

(1) 飞行管理计算机。实现性能管理、制导、导航、发动机参数显示和乘员告警等功能。

(2) 任务管理计算机。实现火控计算、存储管理、地形跟踪/地形防撞管理、空勤管理、防务管理等功能。

(3) 飞行控制计算机。实现飞行控制系统中的核心控制功能。

(4) 推力管理计算机。对发动机的推力等有关参数进行管理。

(5) 火力控制计算机。

(6) 大气数据计算机。测量和计算与大气数据有关的飞行参数。

机载计算机对体积、重量、功耗等都有严格的要求，并且能在大温差、低气压、加速度、宽频率范围的机械振动、强冲击、过载、强电磁干扰等恶劣环境条件下可靠工作，它对电磁兼容性、容错及实时也有严格要求。为适应航空电子综合系统的发展，现代机载计算机一般基于商用现货(COTS)技术，采用开放式、模块化、多处理机网络结构，提供实时、分布、容错和并行的操作环境。

随着微电子技术和智能技术的发展、机载计算机系统将会更加微型化、智能化和网络化。

12.2.4 弹载计算机

弹载计算机(Missile - borne Computer)是指安装在导弹上的计算机。对导弹的飞行进行实时计算、实时控制和数字信号处理等的专用嵌入式计算机，又称弹上计算机。是导弹制导和控制系统的重要组成部分。

早期弹载计算机采用模拟技术。20 世纪 60 年代后期以来，微电子技术与数字技术迅速发展，特别是 20 世纪 70 年代初微处理器问世后，数字计算机在导弹上的应用日益广泛。它主要用于导弹的制导和控制、起飞前的测试和瞄准计算、起飞后的实时测试计算和无线电通信管理以及数字信号处理等。它在导弹控制系统中的一般工作过程是：它接收导弹制导系统中测量装置输出的导弹飞行参数及 GPS 等外来数据，按导引、姿态控制、自毁、弹头解除保险、引爆等要求，对接收的数据进行实时计算和处理，向控制系统的执行部分发送处理结果并产生必要的控制信号。例如用于惯性制导时，弹载计算机接收来自惯性器件的参数值，按惯性制导功能的要求计算出相应的控制指令，通过执行部件控制导弹的姿态，实时修正导弹的飞行弹道，使其命中目标。又如用于巡航导弹图像匹配制导系统中的多机系统，由位置修正系统中的相关计算机和惯性制导系统中的制导计算机组成。相关计算机利用雷达所获取的地形图像与事先存储的基准地图进行实时图像匹配处理，确定导弹的瞬时位置；制导计算机利用导弹的瞬时位置数据修正惯性制导系统的工作误差，提高制导精度。

弹载计算机是一种嵌入式计算机。具有体积小而轻、功耗低、可靠性高、实时性强和能抗恶劣环境等特点。此外，应用在不同的环境尚有一些不同的要求，例如战略导弹中的计算机要求具有一定的核突防能力，即战略导弹发射前可能会受到敌方的核攻击，或飞行途中遭反弹道导弹引爆核装置或遭电磁脉冲弹攻击，为保证弹载计算机在核爆炸环境中仍能完好并可靠地完成预定功能，成功突防，在设计、制造过程中需采取抗核加固措施，主要是抗核电磁脉冲加固和抗核辐射加固。用于精确打击的导弹末制导地图匹配的相关计算机必须具有几十亿次每秒的高速运算能力及大容量存储器；小型导弹上的计算机则要求小型化、轻型化；运载火箭中制导和控制的计算机则必须具有对惯性测量敏感器件、时序驱动、伺服机构、地面计算机和箭上网络、总线等设备相关的多样性接口。

随着导弹战术、技术性能指标的提高与使用环境要求日益严酷，弹载计算机将具有更好的实用性、可靠性、抗辐射、抗电磁脉冲和可重构的能力，并向着多功能、智能化的方向发展。

12.2.5 星载计算机

星载计算机(Satellite - borne Computer)是用于卫星、飞船等航天器上使用的计算机。它是姿轨控制系统的核心部件。它用于完成姿态和轨道控制,即在卫星、飞船等航天器飞行过程中完成姿态敏感装置测量数据的采集与处理,控制策略的实时计算,执行机构控制指令的输出,星上数据管理设备或地面测控系统发出的控制指令的接收及处理,姿控系统信息的收集及向地面测控系统的反馈。它也可用于数据管理、能源管理、通信管理、容错管理及有效载荷管理和控制等。

星载计算机的特点是小而轻、功耗低;实时处理能力强;可靠性高、工作寿命长,且能在振动、冲击、电磁干扰、空间粒子辐射、核辐射等恶劣环境和无人维修的情况下长期连续运行。

早期的星载计算机多为集中式单机,为了提高系统的可靠性,其体系结构、拓扑结构中多采用容错机制。例如卫星姿轨控制计算机多采用三机或多机冗余设计;数据管理计算机多采用具备故障自检能力的双机冗余设计,它可以为冷备份模式,也可为热备份或温备份模式;某些高性能卫星或飞行器广泛采用了网络或总线构成的分级分布式多计算机系统结构;长寿命航天器中计算机多采用级联备份模式。多机冗余的切换和升降级可以按自主方式进行,也可由地面站发遥控指令进行。

由于星载计算机可能会遭受来源于太阳宇宙线、银河宇宙线及地球辐射带的空间高能粒子辐射和来自高空核爆,核能源系统产生的核辐射,而产生辐射损伤效应(包括位移效应,电离效应、瞬时辐射效应)及单粒子事件效应(包括单粒子翻转、单粒子闩锁、单粒子烧毁、单粒子栅击穿),造成系统故障、失效或崩溃。因此要求星载计算机必须具有抗辐射能力,但由于卫星、飞船等航天器运行轨道所经过的辐射环境不同及空间执行任务的时间不同,因而对抗辐射的能力(主要是抗总计量及抗单粒子事件)亦有不同要求,为使星载计算机在辐射环境仍能可靠地工作,应对不同类型的半导体器件和集成电路按其工作的辐射环境及相应的辐射效应和损伤机理有针对性地采取加固措施,一般分为器件级和系统级抗辐射加固,以提高其辐射环境下的生存能力。

星载计算机通常采用固态海量存储器,与磁带、磁盘相比,它具有更能承受温度的变化,振动和冲击的能力,且读/写速度快,用于姿轨控制的星载计算机一般对外接口种类多、数量大并具有遥测、遥感功能以实现天地一体化操作。

随着航天技术的发展,星载计算机的任务和应用范围日益扩大,技术要求越来越高。星载计算机呈容错、分布、智能化、网络化计算机系统方向发展。

12.2.6 火控计算机

火控计算机(Fire Control Computer)是武器系统中用于实施火力控制的嵌入式计算机。它是火力控制系统的核心设备。火控计算机的主要任务是根据目标探测器(如光学仪器、雷达、红外电视及激光跟踪器等)提供的目标坐标(如目标的方位角、高低角、斜距等),计算目标运动参数,修正自然因素(如风速、风向、空气密度、重力等)对射击诸元的影响;对于行进中的火力控制系统,还应从武器载体姿态和运动参数测量装置和定位导航系统来获得数据以对瞄准和射击诸元进行补偿和修正,按设定的弹道实时而连续地计算出准确击中目标的射击诸元(如射角、提前方位角、射弹引信分划值等),并实时将它们传给武器发射控制装置(如高射炮的伺服机构、导弹飞行控制参数装定接口部件等),操纵武器自动跟踪射击目标。此外,火控计算机还具有某些控制和管理功能,如稳定自行武器的瞄准线和火炮轴线、弹药管理、武器的行军状态与战斗状态管理、自检与故障诊断等。火控计算机的发展已经历了机械模拟、机电模拟、全电子模拟、数模混合和数字式 5 个阶段。

火控计算机按所用技术可分为模拟式火控计算机、数字式火控计算机和模拟数字混合式计算机；按用途可分为高射炮射击火控计算机、地面火炮射击火控计算机、鱼雷射击火控计算机、深水炸弹火控计算机、舰载火控计算机、潜艇火控计算机、导弹射击火控计算机、坦克火控计算机、机载火控计算机等；按承担的战术任务可分为单一武器控制、众多武器控制和综合控制的火控计算机。火控计算机的性能指标主要依赖于火控计算机的射击诸元误差指标(或武器系统精度)、反应时间、可靠性、维护性、多目标处理能力及操作性能等因素而定。

各种火控计算机的共同特点如下：

(1) 实时性强。根据探测器测得的目标坐标，能快速、正确地计算出目标运动参数和击中目标的射击诸元，并控制武器自动跟踪、射击目标。

(2) 可靠性高。能在温度、湿度、冲击、振动、电磁场、盐雾及辐射等各种恶劣环境条件下，仍具有高可靠性和良好的可维护性。

(3) 结构紧凑。小而轻、能适应如飞机、舰艇、车辆等载体的要求。随着武器系统自动化程度的不断提高，要求火控计算机的功能不断扩展，不仅能解算射击诸元，同时还增加了敌我运动姿态的显示、多批目标的火控分配、射击区域的选择、最佳发射数量等辅助指挥决策功能。

火控计算机的发展在追求高性能微型化的同时呈模块化、智能化、网络化趋势。同时在单片上实现系统集成的系统级芯片将得到广泛应用。图 12.2 为舰载火控计算机。

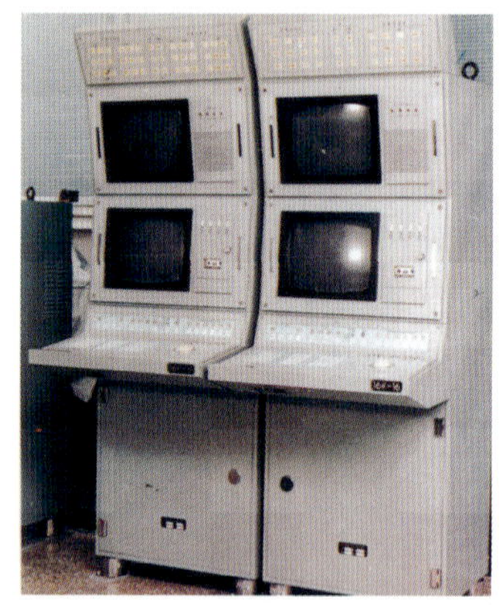

图 12.2　舰载火控计算机

12.2.7　实时计算机

实时计算机(Real - time Computer)能以足够快的速度，响应外部事件和对输入信息进行处理，并在规定时间内发出处理结果的计算机。它区别于一般计算机的最主要标志是其实时性。即在规定的时间内完成确定的任务和处理随机事件的能力，系统对外部事件能及时响应，及时处理并及时发出处理结果，以便足以控制发出实时信号的过程，使所有实时设备和实时任务协调一致地执行。实时计算机通常与某一过程控制相联系，并成为整个自动控制系统的一部分。

实时计算机的信息流程大致可以分为 4 个阶段：数据的测定或数据收集；数据的处理及报告；对数据处理的结果进行判断并做出决定；执行所作出的决定或输出结果。这 4 个阶段是按规定的时间周期循环进行的。

实时计算机不同于一般计算机的主要特征表现如下：

(1) 硬件，中断系统按中断级优先顺序响应中断，而实时中断为高优先级，同时，要求中断响应时间短，运算速度快，数据传输率高。此外，实时计算机中除通用外部设备外，通常还需要加接一些专用外部设备。

(2) 有实时操作系统的支持，应提供基于强占和优先级的实时任务调度机制，死锁侦测和特殊的进程间通信机制，操作系统开销要小，进程切换要快、中断屏蔽时间和中断处理时间要短。

(3) 实时应用程序，特别是其实时部分应常驻留在系统核心中，在一些特殊的应用场合，将固化实时操作系统和实时应用程序的部分或全部。

(4) 具有高可靠性和高可用性，要求高可靠性的实时系统一般都采用容错计算机。

系统的实时性是相对于服务对象而言的,不同的服务对象对实时性要求有很大的差异,有的响应时间很短,而有的可长一些。实时计算机按响应时间可分为两类:一类是用于实时响应要求严格的实时控制系统,如用于各种武器控制系统、飞行器跟踪测量系统,需要在ms级甚至更短的时间内予以响应并处理完毕;另一类是用于对实时响应时间没有太严格要求的实时事务处理系统,如文电收发系统。

实时计算机在工业、商业和军事领域得到了广泛的应用。特别是军事上已广泛应用于火炮和战车的火控系统,舰船和飞机的电子系统,导弹的制导和控制系统,航天测控和监控系统、军队指挥、控制、通信、情报、监视与侦察系统。

实时计算机随着计算机技术的飞速发展而逐步趋于小型化,轻型化和智能化;将从集中式实时系统向分布式实时系统方向转变;正朝着系统功能越来越强,实时响应越来越快,可靠性越来越高的方向发展。

12.2.8 可穿戴计算机

可穿戴计算机(Wearable Computer)顾名思义是一种可供穿戴的计算机。即可戴在手腕上、系在腰带上、嵌入在眼镜框架上或编织在衣服内的个人计算机(PC)。它具有普通PC机的全部功能,可用于多媒体娱乐、电子邮件收发、卫星定位信号接收、文字处理外,还具有环境感知、生理状态监测、虚拟现实、增强现实、提高人的感知能力等功能,可随时主动或被动地为使用者提供各种服务。与传统PC和笔记本计算机相比它的最大特点是在使用时可以让使用者将双手彻底解脱出来,可以在移动的过程中工作,携带和应用更加自然和方便,特别适合野外和机动场合下的应用。

但由于应用环境,应用方式和穿戴性约束,通常要求可穿戴计算机在温度、湿度、振动、冲击、防水、防尘、抗腐蚀、电磁兼容等方面具有抗恶劣环境性能。按构成形态,可穿戴计算机可分为集中式和分布式两种。前者如美国Xybernaut公司的MAV;后者如美国MIT的Mithril,可穿戴计算机的输入主要有:语音、键盘、手写、视频(如摄像机、夜视仪)、GPS、无线通信机、PDA、光学探测设备。输出主要是目镜式和头盔式显示器,用以显示战场态势、地图等。此外也有固定在手腕上的显示器。预计薄膜显示器和编织在衣服上、袖子上的显示器也会很快推出。音频输出为扬声器和耳机。实现可穿戴计算机的主要技术难点是体积小而轻、功耗低、高可靠与高能电池、穿戴的舒适性与柔软性、理想化的用户界面与新操作方式等。可穿戴计算机在军事上的用途十分广泛,可直接用于军事侦察、作战指挥、通信、复杂武器系统操作和维护、修理及仿真演习等。例如可将其与士兵(通常穿有防弹,隐形和自动调节温湿度等功能的智能化服装)及智能化武器装备构成单兵信息系统和单兵综合作战系统,并纳入战场信息网,实现实时的信息交换和共享,极大地提高了部队指挥、控制、决策、快速反应能力,以及士兵的战斗力、生存能力和协调作战能力,并对未来数字化部队的建设和发展产生重大的影响。可穿戴计算机的发展呈服装化、智能化、网络化趋势。

12.3 军用计算机的系统结构

12.3.1 军用电子系统的三个发展阶段

以军用航空电子系统为代表的军用电子系统的发展大致经历了3种系统结构的发展阶段,即分立式、联合式和综合式结构。

1）分立式系统(Discreted System)结构

早期的航空电子系统为分立式结构，各分系统/设备(雷达、惯性导航等)的控制、处理、显示均自成独立体系，系统以堆砌的组合方式构成，各分系统不能共享信息，每个分系统必须依赖驾驶员的操作(输入)，驾驶员要不断从各分系统接收信息，以保持对武器系统及外界态势的了解，所以，分立式系统使驾驶员负担过重，且分系统/设备间电磁干扰严重，系统可靠性差。

2）联合式系统(Federated System)结构

目前服役的军用飞机普遍采用这种结构，连合式系统是在各分系统/设备自成体系的前提下，通过系统级数据总线进行信息交连，使各分系统能协调合作地完成使命任务的一种航空电子系统结构。这种结构的特点是各分系统(要含总线接口)仍相对独立，但在主控计算机(含有总线控制器及软件，它也可由某个分系统计算机充当)的统一控制下(为提高可靠性，常设有和主控计算机相同的备份计算机)可进行信息的交换、调度、集中显示和控制。这种系统存在的问题是总线传输速率成为系统瓶颈，系统资源共享不充分，重构及扩展灵活性不够，集中控制和总线成为战伤和故障生存能力的致命弱点。

目前联合式航空电子系统普遍采用多路传输数据总线技术，实现各分系统间的信息交换。而且多路总线接口模块已实现标准化、小型化。

3）综合式系统(IS)结构

它是以美国"宝石柱"(Pave Pillar)计划为基础建立起来的结构概念，同时受美国"宝石台"(Pave Pale)计划的推动而正在发展的系统构形。综合式系统以共用模块为基础，采用开放式结构，打破传统的以设备来划分系统的方法，而以功能为依据将同一类功能融汇在一个功能区，而整个系统由若干功能区经各种信息传输手段交连在一起，实现综合管理和资源共享及重构能力，提高了系统综合作战能力，减少了设备的体积和质量，降低了成本，改善了系统的可靠性、可维护性和规模的可变性。

随着综合式系统的进一步发展将提高传感器区的综合化程度，打破传统的传感器间的界限并采用传感器信息融合技术，实现射频传感器综合(包括孔径综合和射频综合)和光电传感器综合形成综合传感器系统。

另外，整个系统将采用统一航空电子网络交连，首推SCI(可变规模相关接口)，使任何物理位置的模块间的通信速率在同一个数量级上，这样既可以实现处理资源的分布又可以提高资源的共享程度。

综合式系统结构的特点如下。

(1) 基于功能分区概念：将系统中功能特性相近，任务关联密切的部分融汇在一个功能区，这样在同一个功能区中既可实现资源共享又易于互为余度而实现动态的重构及容错。

(2) 基于分布处理概念：各功能区能并行分布处理，同时又融合在一起协调工作，置于整个系统的管理控制之下而成为一个有机的整体共同完成系统的使命任务。

(3) 基于开放式系统结构：采用标准接口，支持采用商用现货产品技术(COTS)，支持可互操作性，可移植性和可变规模能力，便于器件更替和系统剪裁及扩张。

(4) 标准化、模块化：采用航空的标准电子模块SEM-E型的外场可更换模块LRM代替外场可更换单元LRU为基础构成综合航空电子系统，LRM是系统安装结构上和功能上相对独立的标准化、模块化部件。

(5) 资源共享与容错：系统在LRM一级上实现硬件资源的共享，硬件余度和实现容错，同时，动态重构和二级维修也都是在LRM基础上进行的。

(6) 向智能化发展：例如F-22战斗机上的综合电子系统将配备驾驶员助手系统(专家

系统)辅助驾驶员决断及实施控制。

将来智能化系统可以完成诸如目标识别、分类;电子战信息分析、威胁制定;突防路线的实时建立;攻击目标优先级分类;武器选择;机上设备运行情况监视及应急处理;智能的人机接口等,使驾驶员从繁重的任务负担中解放出来。

(7) 向网络化发展:不仅以统一的航空电子网络构成全系统统一的信息交换网络,而且突破单机的界限,在飞机之间及空面之间进行信息交联,形成陆海空天一体化的网络。

12.3.2 支持综合电子系统的计算机系统结构

12.3.2.1 美国空军"宝石柱"计划与共用综合处理机 CIP

1) "宝石柱"计划

"宝石柱"计划是美国空军 20 世纪 80 年代中期提出的综合航空电子系统预先发展计划,于 1987 年公布《宝石柱航空电子系统结构规范》,1992 年完成研究并公布"宝石柱"实验室研究最终报告。它是军用航空电子系统由联合式系统结构向综合式系统结构发展的标志,采用共用综合处理机(CIP)作为核心处理机,为综合航空电子系统的发展打下了基础。

(1) "宝石柱"打破传统的以设备划分分系统的方法,采用功能分区概念,将航空电子系统按功能划分为三个功能区。

① 传感器管理区:实现传感器的数据分配、传感器信号处理、处理后信号的分发、传感器控制等功能。

② 任务管理区:实现任务计算和管理功能,如目标截获、火力控制、导航管理、防御管理、外挂管理、地形跟随、地形回避、障碍回避、座舱管理等。

③ 飞机管理区:实现飞行和飞机功能系统的管理,由飞行控制、发动机控制、推力矢量控制、通用设备控制等几部分功能综合而成,亦称飞行器管理系统(VMS)或飞机管理系统。

(2) "宝石柱"首次采用高速光纤总线作为系统的互连总线,并实现数据、任务的综合。

(3) "宝石柱"采用开放式系统结构和二级维护的模块化结构,实现从外场可更换单元(LRU)到外场可更换模块(LRM)的转变。

"宝石柱"计划提出的航空电子系统结构和部分技术已成功应用于 F-22 战斗机中。

2) 共用综合处理机(CIP)

CIP 是"宝石柱"计划和 F-22 战斗机中用于全机控制、任务计算与管理、信号及数据处理的计算机,是支持综合航空电子系统的核心处理机系统。它支持:

(1) 支持所有传感器子系统的处理在一个综合的处理系统中完成,允许传感器子系统之间信息共享。

(2) 支持使用共享数据区的多个平行处理,实时任务处理和系统管理。

(3) 支持容错,在标准的 SEM-E 型外场可更换模块(LRM)一级上实现硬件冗余、动态重构。

(4) 支持二级维护,在 LRM 一级上实现二级维护,并提供完全综合的机载诊断硬件和软件。

CIP 硬件:采用"宝石柱"概念的综合化、模块化、开放式、多处理机结构,由最多 66 个 Power PC 和基于 i960 的信号和数据处理器模块构成,即 CIP 硬件是由标准的 SEM-E 型外场可更换模块(LRM)经高速(光纤)总线互连而成,并配置多种接口。例如:高带宽的点到点通信链路接口、高速总线接口,1553B 总线接口,以及处理机内部的 PI 总线接口、网络/全局存储器接口和 TM 总线等。CIP 通常的数据处理速度为大于 450MIPS,信号处理速度为大于 7.2GFLOPS。

CIP 软件:主要是操作系统、Ada 语言以及由 Ada 编写的应用软件组成。

CIP 物理性能:82kg 以下,功耗约 4kW(全增长配置),采用 21 层母板($14^{in} \times 21^{in}$)和上下二层的综合机架可支持 66 个 LRM 配置,冷却方式为贯流液冷。

F－22 战斗机上配置有 2 个 CIP。

12.3.2.2 美国空军“宝石台”计划与综合核心处理机 ICP

1)“宝石台”计划

“宝石台”计划是美国空军 20 世纪 90 年代初期提出 90 年代末完成实验室演示的下一代军用飞机航空电子技术发展计划,是“宝石柱”计划的发展,它进一步推动了综合航空电子系统的发展。“宝石台”计划使用的综合核心处理机 ICP 为支持综合电子系统的计算机系统结构勾画出明确的结构形态。

“宝石台”除了对“宝石柱”的功能分区进一步细化外,重点增强措施有:

(1) 实现信号和数据的综合;

(2) 采用光学开关网络和光母板结构;

(3) 标准电子模块(SEM－E)采用多芯片模块 MCM 封装及贯穿液流冷却的综合机架结构。

(4) 实现射频传感器综合,包括孔径综合和射频综合两部分,从孔径综合来的模拟信号通过射频综合送到预处理器进行信号予处理,再通过光开关网络接到 ICP 进行传感器的信号和数据处理。

“宝石台”系统主要包括综合核心处理机系统,光学数据分配网络,综合传感器系统和飞机管理系统等,“宝石台”计划的部分技术成果已应用于美国空军联合攻击战斗机(JSF)上。

2) 综合核心处理机(ICP)

ICP 是“宝石台”计划和 JSF 飞机用于全机控制和信号及数据处理的计算机,它是一种模块化的逻辑上综合的多处理机,是高度综合的航空电子系统结构的核心,ICP 结构是由 CIP 结构发展而来的。

ICP 硬件:

(1) 提供大于 20 吉次浮点运算/s 的信号处理能力和大于 750 兆指令/s 的数据处理能力。

(2) 处理机结构用统一的光交换网络建立了一种统一的虚拟系统,任何物理位置的模块之间及模块之内的数据传输延迟几乎相等,有力地支持了实时、分布和共享。

(3) 采用多芯片模块(MCM)作为航空电子系统的通用的标准构成模块。ICP 定义了 12 种 MCM 和标准的 SEM－E 型通用模块。

例如:通用信号处理单元

浮点处理单元

分类增强处理单元

光电开关控制模块

光电子开关模块

系统海量存储模块

通信保密模块

ICP 软件:采用开放式结构、数据流操作系统(DFOS),为 ICP 提供分布、实时、并行、多处理机操作环境。

12.3.3 军用计算机的系统结构趋势

综合电子系统是军用电子系统的发展方向,综合航空电子系统的结构特征对其他军用综

合电子系统的发展具有普遍意义，因此，可以认为支持综合航空电子系统的计算机系统结构，一定程度上代表了军用计算机系统结构的一种发展趋势。

1）基于开放的、模块化、分布式计算机系统结构

在这种系统结构中的每个节点可以是任何高性能的计算机/处理机，也可以是多处理机系统或分布式计算机系统，诸节点经高速网络互连在一起，提供一个实时、容错、平行处理的运行环境。

2）分层（级）分布式计算机系统结构

在这种系统结构中的所有节点，都从属于某个逻辑层（级），每个结点受较高一级节点的控制，最高一级节点称为中央节点，这种系统结构提供了高度集中式系统和高度分散式系统之间的很好平衡，很适合部队又集中又分散的实战环境。

第13章 网格计算及其在军事上的应用

网格计算是近年来计算机技术的一项重大突破,将对未来计算机技术及其应用产生划时代的影响。未来的网格将使计算机成为和电力类似的公共基础设施,使人们能像使用电力一样随时、随地、按需使用计算能力,实现信息资源(计算机、存储器、软件、数据等)的共享。网格计算起源于分布式高性能计算,重点是为了解决大型科学计算问题。随着它和另一项网络计算技术——万维网(Web)服务的融合,网格计算已从科学计算应用扩展到商业应用和军事应用。本章重点介绍网格计算的概念、体系结构和信息管理、资源管理、数据管理、网格安全等核心技术以及在军事上的应用。网格计算至今仍是一项发展中的新技术。

13.1 概述

13.1.1 什么是网格计算

网格计算是利用网络将成千上万台地理上和机构上分散的、各种不同类型的资源(计算机、存储器、仪器、传感器、数据、软件等)构成的网格去解决需要比单台计算机或局域网上分布式系统更多计算能力的问题的一种分布式计算。

网格计算的另一种定义是:利用网格在一组由个人和机构组成的动态的虚拟组织中,实现协调一致的资源共享、信息服务和解题。这里的解题是指目前由各类计算机系统所解决的各种问题。

网格计算系统(以下简称为网格)是继万维网之后的新型的网络计算平台。它是未来的计算基础设施。它将高速互联网、计算机、数据库和文件、传感器、远程设备等有机的集成起来,为用户提供更多的资源、功能和服务。就像电力网为用户提供电力一样。以前的互联网主要为人们提供电子邮件、网页浏览等有限的功能。而网格则能提供更多更强的功能,它能让用户共享计算资源、存储资源、信息资源和软件资源等。

网格计算是一种新型的分布式计算,它具有以下三个特点:首先是实行分散的而不是集中的资源协调和控制；其次是使用标准的、开放的、通用的协议和接口；第三是提供超常的性能和服务质量。网格把分散的资源集成为一台能力巨大的超级虚拟计算机。资源共享是网格最主要的特征之一，其目标是消灭资源孤岛。

13.1.2 为什么需要网格

1）科学计算的需求

计算机的产生就起源于科学计算的需求，尽管当前的计算机的计算能力已得到了极大的提高，单台计算机的计算能力已经达到了数十万亿次浮点运算以上。然而一些典型的科学计算问题仍需要更强的计算能力，如气象预报、高能物理、基因组学、核反应模拟等。但并非各种科学计算问题均适合于由单台、集中式计算机来解决。用高速广域网连接起来的分布式计算系统更适合于解决下述的几类科学计算问题。

（1）数据密集型科学计算。在天文、生物、医药、环境、工程和高能物理等研究领域将出现超大容量（PB级——10^{15}字节）的文件。这些海量数据的分析和研究将在自然物质、生命、环境等方面产生具有深远意义的新见解。例如，全世界数千名物理学家打算用欧洲高能粒子物理实验室的强子对撞机进行一项雄心勃勃的实验，以发现希格斯玻色子的标记，希望为宇宙中的暗物质问题的研究提供帮助。任何一次强子对撞机的试验就将产生PB数量级的试验数据。物理学家需要能支持超大规模分布式数据集的传输和数据挖掘的网格基础设施，以进行新的粒子物理的共同研究。

（2）基于仿真的科学。在气候学、天体物理学等学科中，进行物理试验是很难的，但计算仿真却是切实可行的。例如日本的地球仿真器在2003年以40万亿次每秒浮点运算进行地球气候的数字仿真。通过网格可以把分散的计算机和存储器集成在一起，解决通常需要用巨型计算机才能解决的大型仿真问题。

（3）实验仪器的远程使用。用高速网络把大量先进的科学仪器整合在一起，用以解决科学问题是网格计算又一类需求。例如美国用于地震工程研究的NEES网络，使全美国的地震工程研究者可以协同工作，共享工程研究设备、数据资源和计算资源。

2）产业的需求

随着网格计算技术的发展，它已经开始从最初的科学计算领域向更广的产业应用扩展。同时，产业的应用对网格计算提出了更新的要求，推动了它的前进。

（1）信息和信息系统的集成。以计算机为基础的信息系统在当今的产业界已成为提高其竞争力不可缺少的工具。随着互联网的普遍使用，企业的信息系统已经从分散的、单个企业的系统走向全球互连的、多个、多种类系统集成的系统的系统。电子商务就代表了这种典型的需求。例如一家汽车制造商会与提供最优质量和价格的供货商联系，而这家供货商又会与其他一些需求类似部件的制造商联系，从而要求它们的信息系统形成一个临时的或持久的系统的系统。网格正好满足了这种需求。

（2）信息系统的效率和服务质量。传统的信息系统使用固定的、相对独立的硬、软件资源，从而造成了资源极大的浪费。有人估计世界上计算机资源的平均利用率还不到10%。而当需求更大的信息处理能力时，又必须购买新的硬件和软件。网格系统可以通过采用开放的网格协议来共享资源。不但能利用手边的资源，还可以利用世界各地的资源。网格通过高度复杂的，端到端的资源管理系统，以合理的价格，提供高性能、高可靠的服务质量。

（3）信息基础设施。网格的未来目标是为全社会提供信息基础设施，即提供信息和信息处理能力。就像当今的电力网为用户提供电力一样。

3）网格的应用领域

下面列举一些网格计算的典型应用领域。

（1）生命科学。用于对生物及化学信息序列进行分析和解码。该领域需要大范围的海量数据分析、数据移动、数据挖掘等基础服务。

（2）金融分析和服务。用于长时间运行复杂的金融模型，及时提供准确的决策支持。

（3）协作研究。研究机构和大学在高级协作研究领域的工作要求能够分析海量的科学数据，共享数据、计算机和诸如天文望远镜等高级仪器。

（4）工程与设计。包括汽车制造和航空航天领域，用于协作设计、数据密集型测试和仿真。

（5）政府机构。要在民用和军事部门各机构之间具有无缝的协作能力和灵活性。在未来信息化、网络化战争中，网格将成为国防信息基础设施。在本章的最后一节将对此进行进一步的阐述。

（6）协作游戏。将用具有更高的并行性，拥有更庞大用户群体的在线游戏替代现有的单个服务器的在线游戏。

13.1.3 网格的发展过程

网格计算是20世纪90年代初兴起的一项新兴的技术，至今仍未成熟和获得广泛的应用。网格计算大致经历了三个阶段。

1）萌芽阶段（1995以前）

在1990年至1995年出现了用高速网络把超级计算机结点连接起来，为高性能应用提供计算资源的想法和需求，这就蕴让出网格计算的概念。具有代表性的项目有FAFNER及其后继SETI和I－WAY。

2）早期试验阶段（1995—2000）

在该阶段出现了一些开创性、奠基性研究项目。其代表是Globus、Legion等。其中Globus工具集的开发和应用，对网格的研究和发展起了重要的推动作用。此后网格的发展大都是在Globus的基础上进行的。

3）发展阶段（2000至今）

早期的Globus主要是面向科学计算的。随着网格向更广泛的应用领域，尤其是产业领域的推进，推动了网格计算和万维网服务的结合，出现了采用万维网服务体系结构的新的网格体系结构，即开放的网格服务体系结构（OGSA）。在此阶段，关于网格的研究、开发和应用项目大量涌现，出现了影响很大的全球网格论坛。

13.1.4 网格的现状

1）美国的网格研究

网格计算技术起源于美国，目前它仍是该领域处于领先地位的国家。美国的网格研究开始于科研机构，开发了Globus、Legion等软件和工具。

Globus工具软件最初是一个面向科学计算的软件基础设施（类似于中间件软件）。它把地理上分散的计算资源和信息资源集成起来，为科学计算用户提供一个高性能的计算平台。该项目研究网格计算的关键理论，开发网格计算的工具软件和网格应用程序。关键理论包括资源管理、网格安全、信息服务、数据管理等。2003年发布的第三版已经实现了开放网格服务体系结构。如今，美国和世界上大多数网格研究和应用项目都是在Globus工具软件的基础上进行的。

除了Globus之外，美国还开展了一系列与网格计算有关的研究项目，如Legion，Condor，AppLes等。在网格应用领域有NASA的“信息力网格（IPG）”计划，国防高级研究计划局（DARPA）

的“分布式对象计算测试床(DCCT)”计划等。美国国防部根据网格的概念,提出了作为支撑信息化战争的信息基础设施——全球信息栅格(GIG)。对此将在本章最后一节作详细介绍。

2) 欧洲的网格研究

欧洲数据网格是欧洲联盟支持的一个项目。其目标是建设提供强大计算能力和共享的超大规模分布式数据库的新型计算基础设施。在该项目成果的基础上又开展了欧洲网格计划(2002—2005)。该计划的目标是建立一个为用户提供安全、简单、透明的访问欧洲范围内信息资源的平台。其应用领域包括手术过程的仿真、水灾预测,高能物理数据的过滤和分析,大气污染和天气预报。

2001 年开始的英国 e 科学计划是英国政府和工业界一项联合的网格研究和应用计划。e 科学计划的应用研究将包括粒子物理和天文,工程和物理科学,生物,医学和环境科学。

3) 我国的网格研究

在我国,网格计划已列入 863 计划。近几年,网格技术已成为国内著名大学和研究所的热门课题。典型的研究和实验项目有华中科技大学的容错网格平台,国防科技大学的空间数据处理网格,中科院计算所的织女星企业信息网格等。在此基础上,在国家 863 计划高性能计算机及其核心软件专项研究中,已初步建成了全国范围的 CNGrid 网格。该项目的研究内容包括高性能计算机,网格软件和网格应用。

13.2 概念和体系结构

网格的概念和相关的技术最初是为了实现大规模科学协作研究中的资源共享而提出来的。这些协作研究需要在多个机构组成的动态虚拟组织之中实现协作式的资源共享和问题求解。后来,在商业环境中也出现了类似的需求,包括从企业内部应用的集成到企业之间 B2B 的网上合作。

13.2.1 虚拟组织和网格

1) 应用场景

考虑如下的场景:为完成新型超声速飞机的可行性研究而成立了一个业界的组织,承担整架飞机的多学科仿真任务。这项任务需要整合各参加方开发的所有仿真软件组件,这些组件要运行于各自的计算机上,并要访问各自的设计数据库和各参加方提供给组织的数据。

其他的例子还有来自全世界数百所大学和科研机构,上千位物理学家一起来设计、操作和分析欧洲高能物理实验室(CERN)的实验结果。

2) 虚拟组织的特点

从不同的应用场景中可以看出,它们在很多方面是不同的,如有不同数量和类型的参加者,不同的行为方式,不同的协同工作时间及规模,共享不同的资源。但他们也有共同点,为了完成共同的任务,原先彼此并不信任的参加者需要共享资源,这种共享不只是简单的交换数据文件,而可能涉及到访问远程的软件、计算机、数据、仪器等。这种共享必须进行高度的控制:资源的提供者和使用者要明确规定共享什么,谁可以共享,以及共享时要满足的条件。由这些共享规则确定的一组个人和机构就是虚拟组织(VO)。虚拟组织概念是许多现代计算理论的基础。它使不同组织和个人所形成的群体可以通过一种受控的方式共享资源,以便其成员协作完成一项共同的任务。

3) 受控制的共享虚拟系统

网格技术正是为了满足这种虚拟组织所需的共享虚拟系统而发展起来的,它提供了共享和协调使用各种资源的机制，以便用地理上、机构上分布的组件，来构造出一个虚拟的计算系统。网格是一种通过标准、开放的协议和接口使用分布式的资源，以向用户提供最好的服务质量的系统。网格的关键点如下。

（1）协调分布的资源。网格集成和协调不同控制域的资源和用户，处理安全，政策、付费和成员资格等分布资源场景中的各种问题。

（2）使用标准、开放的通用协议和接口。这些协议和接口用于处理认证、授权、资源发现和资源访问等基本问题。

（3）交付最好的服务质量。网格应用允许协调使用它的资源，以提供各种服务质量，如响应时间、吞吐量、可用性和安全性。

13.2.2 网格体系结构

为了建立、管理和使用跨机构的动态虚拟组织，提出了一种网格体系结构。这是一种层次式网格结构，它由构造层、连接层、资源层、汇聚层和应用层组成，如图 13.1 所示。它是一种中间小，两头大的模型，称为沙漏模型。沙漏颈部的协议数量要少。在本结构中，沙漏的颈部由资源和连接的协议构成。

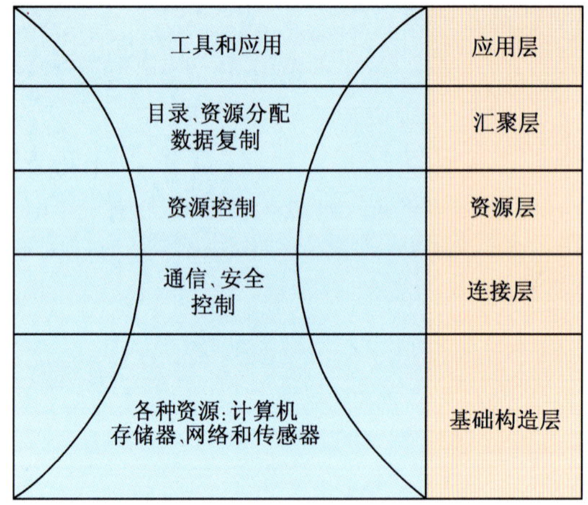

图 13.1 层次式网格结构

1）基础构造层

网格基础构造层提供各种资源及其本地控制的接口。这里的资源可以是计算资源、存储资源、目录、网络资源和传感器等。这种资源也可以是逻辑实体，如分布式文件系统，计算机集群或分布式计算机池。基础构造层实现了本地的、基于资源的操作。资源本身应具有内控机制，它能发现资源的结构、状态和能力；另一方面，资源还应具有管理机制，以便对提供的服务质量加以控制。

2）连接层

连接就是安全、方便的通信。连接层定义了通信和认证核心协议，这些协议是为了专用于网格的网络处理而定义的。通信协议用于进行基础构造层资源之间的数据交换。认证协议建立在通信服务之上，提供用于检验用户和资源身份的密钥安全机制。通信包括传输、路由和命名。这些协议通常来自 TCP/IP 协议栈的 IP 层、传输层和应用层。

3）资源层

在完成身份认证之后，网格用户要求能够同远端的资源和服务进行交互，这正是资源层要提供的功能。资源层建立在连接层通信和认证协议之上，定义了单个资源上的共享操作协

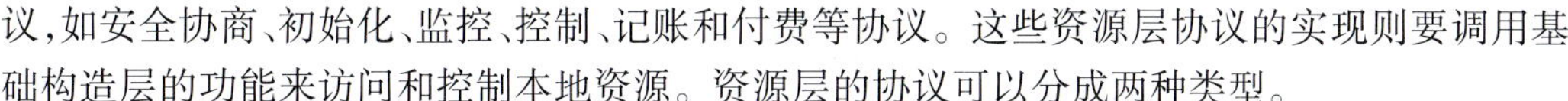

议,如安全协商、初始化、监控、控制、记账和付费等协议。这些资源层协议的实现则要调用基础构造层的功能来访问和控制本地资源。资源层的协议可以分成两种类型。

(1) 信息协议:用来获得资源的结构和状态信息。

(2) 管理协议:用来协商对共享资源的访问,指定资源请求和诸如进程创建、数据访问等执行的操作。

将在13.4节进一步介绍网格资源管理。

4) 汇聚层

汇聚层是为了协调使用多个资源。汇聚层所定义的协议和服务不是同某种特定的资源有关,而是定义多个资源集之间的交互。

(1) 目录服务允许虚拟组织的参加者发现已存在的资源和资源的属性。

(2) 协同分配、调度和代理服务允许虚拟组织参加者为了特定目的请求分配一个或多个资源,并在合适的资源上进行任务调度。

(3) 数据复制服务支持虚拟组织的存储资源管理。

有关的内容将在13.4和13.5节中进一步介绍。

5) 应用层

网格体系结构上最高一层应用层包含了虚拟组织环境中运行的用户应用。这些应用可调用其他层次定义的服务,如资源管理、数据访问和资源发现等。

13.2.3 面向服务的体系结构

正如13.1.3节网格的发展过程中所述,最新一代的网格体系结构采用了基于万维网服务(Web服务)的体系结构,即开放网格服务体系结构(OGSA)。为此,将先介绍一下以Web服务为基础的面向服务的体系结构(SOA)。

1) 万维网服务和面向服务的体系结构

根据国际万维网联盟(W3C)的定义,服务是一个由供共享用的接口和联编所定义和描述的软件系统。其定义可以由其他软件系统发现,并可使用由因特网协议传送的结构化消息,以服务的定义中规定的方式和它进行交互。图13.2例示了上述SOA体系结构。

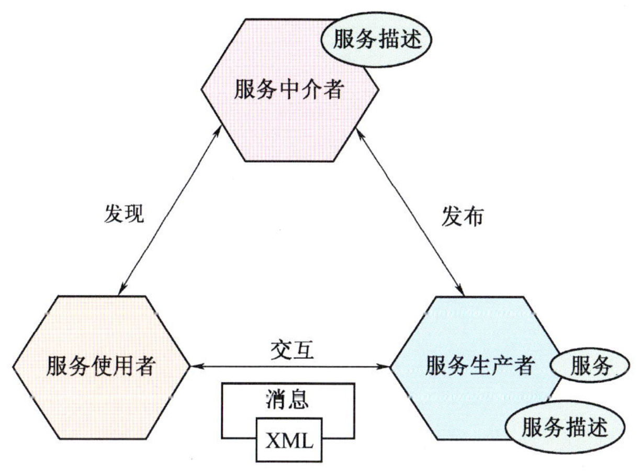

图13.2 面向服务的体系结构

图中的服务生产者(服务提供者)提供的服务,它的有关定义和描述需要在"统一描述、发现和集成(UDDI)"中进行注册和发布。其他软件系统(即图中的服务使用者)可以通过UDDI(即服务中介者)发现该服务,并通过因特网协议传送的结构化信息XML引用该服务。

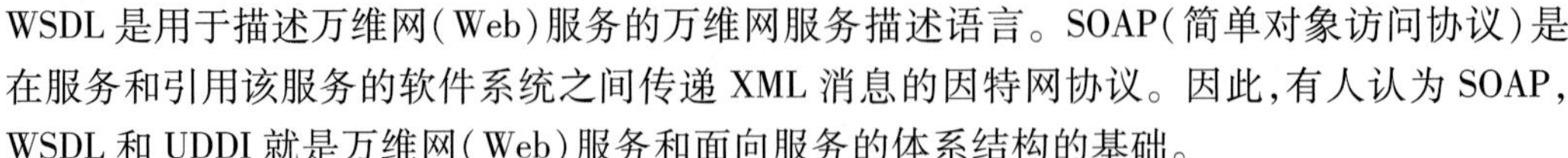

WSDL是用于描述万维网(Web)服务的万维网服务描述语言。SOAP(简单对象访问协议)是在服务和引用该服务的软件系统之间传递XML消息的因特网协议。因此,有人认为SOAP,WSDL和UDDI就是万维网(Web)服务和面向服务的体系结构的基础。

2) 万维网服务的相关标准

本小节简单的介绍以下与万维网服务相关的标准,希望了解更新、更详细的读者可以查看万维网联盟的网站www.w3c.org/tr/。

(1) 可扩展标记语言XML。可扩展标记语言XML是一种标准化的、可扩展的、结构严谨的新语言。XML可以描述几乎所有领域的数据。XML用严格的嵌套标记表示数据信息,特别适合在互联网的多点数据交换环境中使用。XML是一个用于定义其他语言的元语言。XML文档的基本语法由W3C的可扩展标记语言(XML)1.0规定。XML有两种标记,一种是元素,一种是属性。元素由起始标记、数据和结束标记三部分组成,例如<data>123</data>就是一个元素,其中"<data>"是起始标记,"123"是数据,"</data>"是结束标记。允许元素的数据部分包含另一个元素,形成复杂的嵌套结构。而起始标记和结束标记中的名称,即例子中的data是可以定义的标记,不同的标记及其嵌套结构就可以定义一个符合XML规范的语言。有关XML的详细内容和用法,感兴趣的读者可查阅有关标准和书籍。

(2) 简单对象访问协议SOAP。简单对象访问协议是一种结点间交换数据的协议。SOAP独立于程序设计语言和操作系统,用XML语言描述。SOAP是互联网消息交换和传输格式的标准协议,它使用现有基于TCP/IP协议的HTTP,SMTP,FTP等,可以与现有通信技术最大程度的兼容。SOAP用于在服务使用者和服务生产者之间传递包括远程过程调用及其他类型的消息。

(3) 万维网服务描述语言WSDL。万维网(Web)服务描述语言是描述Web服务的XML格式的语言。服务生产者(也是发布者)用一个WSDL文档来描述本身的服务调用接口。服务使用者在得到了自己所需的Web服务的WSDL文档后,即可以生成调用该Web服务的接口。WSDL文档用类型、消息、操作、端口类型、绑定、端口和服务等元素来定义Web服务。它把消息、操作和端口类型等抽象的定义和规定具体的网络部署和数据格式的绑定分开来描述。①WSDL定义的服务是一组相关的端点(Endpoint)或端口(Port);②端口定义为绑定(Binding)和网络地址组合的单个通信端点;③绑定是为某一个端口类型(PortType)规定的具体协议和数据格式;④端口类型是由一个或多个端点(端口)使用的抽象的操作(Operation)集合;⑤操作是服务支持的动作的抽象描述。在WSDL文档中,操作不单独出现,而是作为端口类型和绑定的内容出现;每个操作还引用到一个输入消息(Message)和一个输出消息;⑥消息表示要传输的数据的抽象定义。消息由若干个逻辑部分组成,每个都相关于一个类型定义;⑦类型用于定义消息中的数据类型。WSDL文档是一组定义的集合。其中类型、消息、端口类型、绑定和服务处于文档的根部,即最外层,而操作和端口处于内层。WSDL规范定义了四种类型的操作:①单向操作,它只接收输入消息,这是一种不需要给请求者返回输出结果的服务;②请求—响应操作,先输入一个消息,然后输出一个消息。这种操作就是常用的远程过程调用方法,输入消息包括方法名和调用方法所需要的参数,输出消息就是方法的返回值;③恳求响应操作;④通知操作。后两种操作目前尚无实际用途。

(4) 统一描述、发现和集成UDDI。UDDI是一套面向Web服务的信息注册中心的实现标准和规范。创建UDDI注册中心的目的是为了实现Web服务的发布和发现。根据UDDI规范建立的发现服务为请求者提供一致的接口,使已发布的Web服务能被请求者发现。UDDI规范定义了UDDI操作入口结点所支持的API接口和API中用的XML描述的数据结构。UDDI注册中心是所有提供公共UDDI注册服务的节点的统称。它在逻辑上是一个整体,在物理上

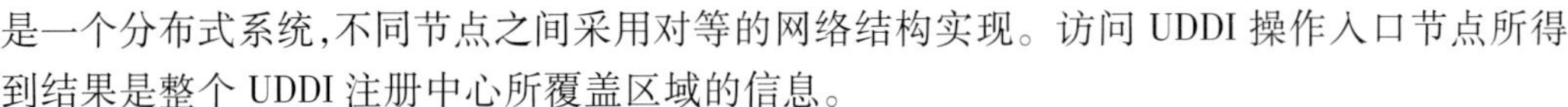

是一个分布式系统,不同节点之间采用对等的网络结构实现。访问 UDDI 操作入口节点所得到结果是整个 UDDI 注册中心所覆盖区域的信息。

3）全球 XML 万维网服务体系结构 GXA

随着 Web 服务应用的推广和研究的深入,发现仅依靠 4 个 Web 服务协议已不能满足需要。为此,国际上一些著名的大公司又提出了新的结构——全球 XML 万维网服务体系结构。该结构把 XML、SOAP、WSDL、UDDI 作为 GXA 协议金字塔的底部,在其上面增加了一系列与 Web 服务的发现、安全、路由、寻址、资源管理有关的规范。已有的和正在制定中的规范有:Web 服务检查(WS - Inspection)、Web 服务许可(WS - License)、Web 服务参考(WS - Referral)、Web 服务路由(WS - Routing)、Web 服务安全(WS - Security)、Web 服务寻址(WS - Addressing)等。最新出现的 Web 服务资源框架(WS - Resource Framework)和 Web 服务通告(WS - Notification)是与网格有密切关系的两个规范,它们也将加入到 GXA 的协议金字塔中。上述标准主要由"结构化信息标准促进组织 OASIS"制定,有关内容可查阅该组织的网站 www. oasis - open. org。

13. 2. 4 开放网格服务体系结构 OGSA

2002 年提出了一个将计算网格和 Web 服务相结合的新的网格体系结构——开放网格服务体系结构 OGSA。OGSA 把网格计算从科学计算应用推向以分布式系统服务集成为其主要特征的商业以及军事应用领域开辟了途径。

1）网格服务

OGSA 的基本概念是网格服务。它把一切都抽象为服务,服务包括计算机设备、应用程序、数据乃至仪器(传感器)等。OGSA 把整个网格看成网格服务的集合,这个集合的动态性强,且可以扩展。而 Web 服务通常是一种永久性服务。

网格服务是一种特殊的 Web 服务 ,它提供一组标准的网格服务接口(PortType),用以实现服务发现、动态服务创建、服务生命期管理、消息订阅、通知发送等功能。网格服务的标准接口不依赖于实现和运行环境。网格的运行环境称为容器、不同的容器包含不同的软件环境、不同的计算机型号、不同的计算机操作系统等。

网格服务句柄 GSH 和网格服务参照 GSR 是网格服务的两个重要概念。为了实现网格服务的动态特征,OGSA 提出了网格服务实例的概念,作为实际运行的网格服务。网格服务实例由服务工厂创建,具有生命周期。GSH 只是一个统一资源标识符 URI 形式的名字,用于标识一个网格服务实例。要访问 GSH 对应的网格服务实例,必须通过句柄映射从 GSH 得到相应的 GSR,GSR 包含了访问对应服务实例所需要的信息。GSH 和 GSR 由服务工厂在产生一个网格服务实例时建立。服务的使用者使用 GSH 访问网格服务实例。

网格服务用扩展的 WSDL 语言——网格服务描述语言 GWSDL 描述。在 GWSDL 中增加了服务数据元素 ServiceData。每个服务数据元素定义了网格服务的一个特性,它们可以是相对静态的特性(如容量、位置、速度),动态状态信息(如空余空间、负载),错误状态信息等。在网格服务的端口类型中可以定义多个服务数据元素。在 GWSDL 中还定义了访问接口状态(即服务数据)的标准数据操作查询和订阅。

2）开放网格服务基础结构

开放网格服务基础结构 OGSI 是构建 OGSA 的基础设施,它的核心就是前述网格服务的规范,该规范定义在 Web 服务的基础上定义了网格服务的标准接口和行为。OGSI 定义了网格服务的创建、命名、生命期管理、监控、分组和网格服务之间交换信息等机制。图 13. 3 是由 OGSI 定义的网格服务框架。

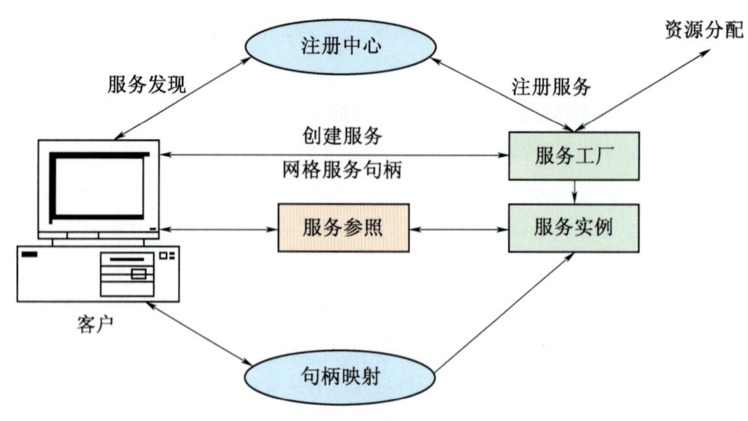

图 13.3　网格服务框架

OGSI 定义的网格服务接口(PortType)根据其功能可以分成三组。第一组是支持网格服务行为、服务数据元素操作的端口类型。目前有三个端口类型:GridService 是任何一个服务都必须有的端口类型,用于实现服务数据和服务生命期管理的操作;Factory 用于创建网格服务实例;HandleResolver 把一个网格服务句柄 GSH 映射到网格服务参照 GSR。第二组是关于通知框架的端口类型。NotificationSource 允许客户订阅通知消息;NotificationSink 使网格服务实例接收订阅的通知消息;NotificationSubscription 用于管理生命期和订阅的其他操作。第三组端口类型提供了网格服务成组的功能。网格服务可按特定的分类模式利用聚合机制进行分组。以上内容是根据 OGSI 1.0 版写成的。详细内容和后续的发展可参看全球网格论坛 GGF 网站 www.gridforum.org。

3) OGSA 服务的分类和组成

OGSA 是为了便于无缝地使用和管理分布式、异构的资源。OGSA 的网格如图 13.4 可分成三层。

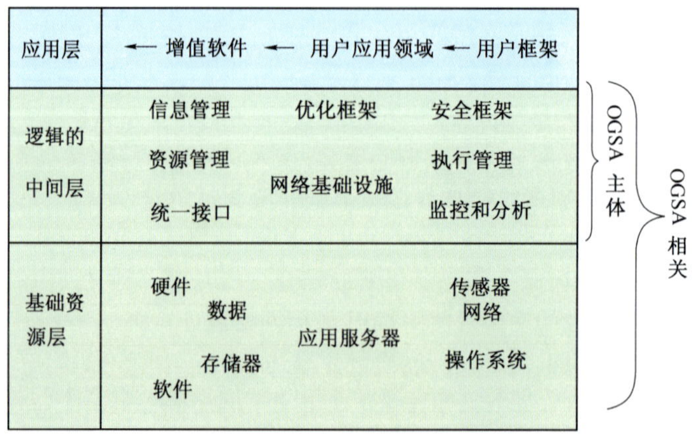

图 13.4　OGSA 网格的概念视图

OGSA 网格由三层组成。

(1) 基础资源层:由本地管理的、多种多样的物理的和逻辑的实体组成。

(2) 逻辑的中间层:与 OGSA 网格有关的各种能力,实现网格能力的虚拟化、抽象化和标准化。

(3) 应用层:实现面向用户和面向领域的功能和进程。

和 13.2.2 节所述的网格沙漏模型相比,OGSA 的中间层相当于前面的连接层、资源层和汇聚层。OGSA 体系结构是一个基于 Web 服务网格体系结构,也是当前主流的网格体系结构。

OGSA 把图 13.4 的逻辑中间层划分成一系列能力,每个能力由若干个服务组成。OGSA 对这些服务,服务的接口,这些服务的资源状态和服务之间的交互关系进行了规定。根据 OGSA 1.0 的规定,定义了 7 项能力,它们是:①基础设施服务,它建立在 Web 服务体系结构之上,相当于 OGSI 的内容;②执行管理服务,有关从实例化、管理到完成一项工作的服务;③数据服务,有关移动、访问和更新数据资源的服务;④资源管理服务,对资源本身、网格上的资源以及由资源组成的 OGSA 基础设施的管理;⑤安全服务,为了便于在虚拟组织内强制实行安全策略的有关服务;⑥自管理服务,计算机、网络、存储设备、操作系统和应用软件的自配置、自愈和自优化,以便降低信息设施的成本,减少其复杂性;⑦信息服务,有效地访问和处理有关网格环境内应用、资源和服务的信息。

由于 OGSA 1.0 的内容比较新,有些内容尚带有研究性质。本文以下各节将主要介绍有关信息服务、资源管理服务、数据服务和安全服务的内容。

13.3 网格信息管理

13.3.1 概述

1) 信息管理的地位和任务

网格是一个把分布式资源集成起来供网格主体(网格用户)使用的系统。把网格主体和合适的客体,即资源联系起来就是网格信息管理的任务。由于网格中主体和客体的数量都很大,而任何网格活动都要根据网格信息管理提供的信息进行。它为整个网格系统的活动提供依据,是分布式资源协调一致地工作的基础,在网格系统中处于中心的地位。

2) 网格信息的分类

网格信息可以分为资源信息、用户信息和其他信息。资源信息又分硬件信息、软件信息、系统结构信息和应用信息等。用户信息则由用户账号、用户密码、用户定制信息等。其他信息则有记账信息、日志信息、公共信息等。网格信息的例子有处理机的速度、内存空间的大小、操作系统的版本等,还有如一个网络结点内处理机的数目,两个网络结点间的通信带宽,未来 10min 内进入某个队列的作业数预测,当前在线用户的状况等。根据信息变化的快慢,网格信息还分为静态信息和动态信息。在信息的有效生命期内不变化或很少变化的信息称为静态信息。

进入网格的资源和用户需要通过网格管理机构进行注册。注册时要提交诸如资源所有者、资源共享策略、用户真实身份等信息。通过注册,网格信息管理就获得了有关资源和用户的最初信息。

信息管理模块通过信息服务为信息的请求者(消费者)提供所需的信息。信息服务提供的信息可以被分布在网格任何地方的应用系统或用户使用,这就要求信息服务提供的信息要有一个不依赖于具体平台的统一表现形式,以便信息的消费者可以从任何位置或设备取得信息,并能正确地理解其含义。用 XML 格式来表示网格信息可满足上述要求,因而已成为主流。

13.3.2 网格信息服务

在网格中,信息的请求者(消费者)和提供者(生产者)常常分布在不同的结点上,请求者和提供者的关系也常常是多对多的关系。信息管理模块用信息服务的方式向信息请求者提供信息,它可以提供给网格用户,也可以给网格应用或网格系统的其他模块(如资源管理)使用。

1) 信息服务结构和主要功能

网格信息服务结构中包含信息(服务)生产者、信息(服务)消费者和信息(服务)中介者三类角色。信息生产者向信息中介者报告自己采集的信息或本身的信息,信息消费者向信息中介者请求信息,信息中介者借助集合提供者信息的目录服务,给信息消费者提供所需的信息。信息中介者可以通过主动获取或被动接收两种方法从生产者那里获取信息。主动获取是在需要某个信息时,激活相应的信息生产者,并获取信息。被动接收是通过网格中不同的监控程序,一旦发生某个事件,由监控程序向信息中介者报告事件信息。例如设备出现故障,网络通信中断,应用程序出错等。

网格信息服务提供的基本功能包括信息注册、信息更新、发现、信息查询、信息注销和信息分发等。

(1) 信息注册。在网格中,只有经过注册的信息才可以提供使用。信息注册可以人工进行,也可以由网格管理系统管理的应用、服务或设备进行。注册的信息存放在注册中心,注册中心需经过严格的资质审查,保证注册信息的正确,并只向获得授权的请求者提供信息。

(2) 信息更新。不仅动态信息需要更新,就是静态信息在注册之后,也可在必要时进行删除或修改,因此信息更新是一项基本功能。由用户通过身份认证注册的信息只有信息的原始注册者(信息拥有者)本人或其授权者才能修改或删除注册信息。

(3) 发现。服务和资源的发现是信息服务的一项基本功能。信息消费者通过发现功能找到网格上可供使用的服务和资源。

(4) 信息查询。信息查询是为信息消费者提供的主要功能。网格管理系统(如资源管理)要查询信息,以决定下一步操作;用户和应用程序也要查询网格信息,以决定某个作业如何继续执行下去。

(5) 信息注销。网格资源的拥有者可以通过信息注销撤回已注册的资源,即不再供网格上其他用户共享该资源。注销信息必须经过严格的认证。

(6) 信息分发。信息分发是指把一条信息从一个注册中心分发到其他多个注册中心,或把一条新产生的信息分发到潜在的信息使用者那里。

2) 元计算目录服务 MDS

元计算目录服务 MDS 是原有 Globus(2.0 版)的信息服务模块,其功能包括信息的发现、注册、查询、修改、注销等。

MDS 中的角色分成三个层次:上层是各种可以访问 MDS 的高层应用(信息消费者),中间层次(信息中介者)是 MDS 本身,下层是为 MDS 提供各种信息的信息提供者(信息生产者)。信息提供者用软状态注册协议向 MDS 注册自己感知的信息,应用通过查询协议从 MDS 中请求自己需要的信息。高层应用除了可以采取查询手段向 MDS 发出查询请求所需的信息外,还可向 MDS 订阅感兴趣的信息,由 MDS 通知该信息的更新和变化。

MDS 提供的信息包括有关计算资源的静态信息和动态信息。如操作系统的种类和版本,主机的型号和 IP 地址,网络的带宽、延迟、协议和拓扑特征,系统的负载和进程信息等。

MDS 由网格资源信息服务 GRIS 和网格索引信息服务 GIIS 两个组件组成。GIIS 把众多的 GRIS 结合起来,提供统一的接口进行搜索和查询。MDS 的实现基于轻量目录访问 LDAP。

3) OGSA 的信息服务

第三代的 OGSA 网格重新定义了信息服务。它把信息定义为用于监控的动态数据或事件,包括用于发现的相对静态信息和任何记录的数据。信息服务用于支持各种与可靠性、安全性和性能有关的服务质量(QoS)需求。

OGSA 信息服务的功能能力包括命名、发现、信息发放、记录和监控能力。它采用常用的 3 级命名,面向人使用的名字,抽象名和地址;发现用于发现服务和资源;消息发放用于消息生产者和消费者之间通过交换信息进行交互,包括信息查询(寻找)和通知服务;记录服务作为记录生产者和消费者之间的中间人。生产者顺序地记录信息,供消费者检索使用。记录要保持在一个持久存储器中;带有时间戳等次序性信息可用于监控,某些实时应用对监控有更高的要求。

新版的 Globus 3.0,Globus 4.0 已逐步实现了 OGSA 的信息服务功能。

13.4 网格资源管理

13.4.1 网格资源

网格就是一种通过资源共享去解题的机制和系统,而网格资源管理就是为网格用户(主体)实现资源共享。资源就是网格中可以由主体请求使用的实体的总称。

1) 资源的定义和分类

网格资源就是所有能够通过网格(远程)使用的实体,包括计算机软件、计算机硬件、设备和仪器等。计算机硬件资源包括处理机、存储设备、外部设备等;计算机软件资源包括系统软件、应用程序、数据等;设备和仪器包括通信设备、大型仪器、传感器等。此外,在网格上工作的人也是一种重要的资源。

资源的种类很多,功能上的差异也很大。可以从不同的角度对资源进行分类。根据资源能否移动特性分成可移动资源和不可移动资源;根据资源能否重复使用的特性分成可重复使用资源和不可重复使用资源;根据资源能够复制的特性分成可复制资源和不可复制资源。

2) 资源的描述

资源描述是资源共享、资源发现等环节的重要信息基础。它使资源消费者能够描述它所期望的资源能力;能让资源提供者描述它能提供的资源能力和限制条件;让资源的中介者(资源管理系统)根据一定的规则和方法来分配资源。

资源描述框架应包含下述几个基本要素:参数化的资源属性度量,用以描述资源的特性,如带宽、延迟和容量等;用于表示资源组合的资源组合操作符,如与集合、类型集合、异或集合、数组等操作符;资源度量、复合资源实体均只保持有限的期限。

目前尚没有一种通用的、标准的资源描述语言。比较著名的资源描述语言有 Globus 的资源规范语言 RSL,万维网联盟提出的资源描述框架 RDF 等。

3) 网格资源的特点

无论是简单的计算机系统,还是复杂的集群系统、并行系统、分布式系统,都存在着资源,但网格资源在种类多样性和功能多样性上,都有很多新的特点。主要表现在异构性、动态性、跨机构管理上。

(1) 异构性。网格中的资源种类繁多,功能各不相同,访问接口也不相同,并受到不同的本地管理系统(操作系统)管理。

(2) 动态性。网格中的资源可以自由地随时加入和离开网格系统,网格资源是否可获得是随时间变化的,一个网格资源提供给用户使用的能力也是随时间变化的,网格资源的负载也是动态变化的。

(3) 跨机构管理。网格资源通常属于多个管理机构。网格资源首先受本地管理机构管理,网格管理系统通过本地管理系统来管理网格上的资源,必须尊重资源的本地管理机制和策略。

13.4.2 通用资源管理结构

把网格上的资源和用户请求进行匹配,把合适、可用的资源提供给用户使用是网格资源管理的中心内容。把一个用户或应用程序与所请求的资源联系起来要经过资源注册、资源请求、资源发现、资源分配(获取)、资源使用、资源回收等过程。

1) 资源管理的目的和任务

(1) 为用户提供访问资源的简单接口。使网格用户看到的是经过抽象的逻辑资源,而把实际使用的物理资源的具体细节隐藏起来。

(2) 协调资源的共享使用。既支持多个请求者请求使用同一资源,又支持一个请求者请求使用多个资源。可根据资源本身的特性和资源拥有者指定的策略来决定如何共享使用资源。

(3) 资源管理器还要代替请求者去使用资源,并建立安全的网格资源使用机制。

2) 资源管理通用模型

图 13.5 表示资源管理的统一视图。图中所示基本资源管理操作(请求、提交、发现、获取和绑定)可应用于任何资源类型。

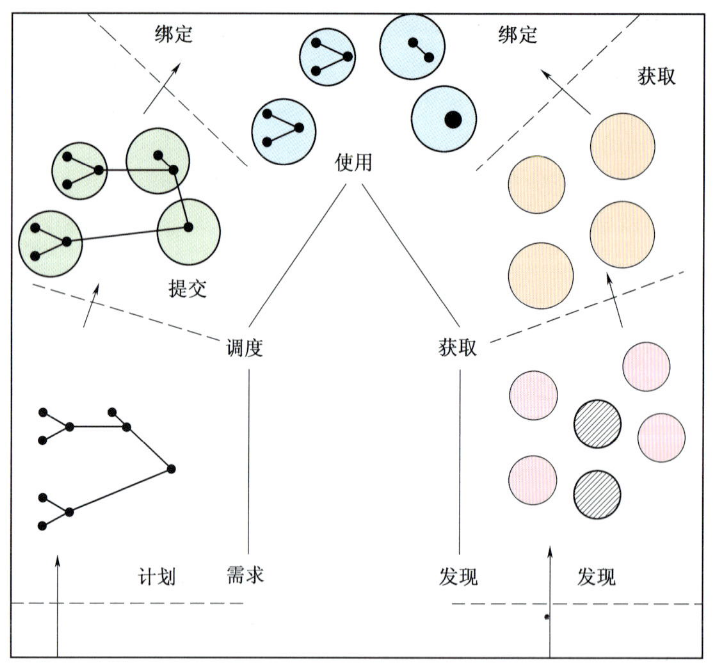

图 13.5 通用资源管理模型

图中资源管理行为是自下而上流动的,图顶端表示资源管理的目标:代表请求者为执行任务而使用资源。有两条路径流向图的顶端。左边的路径从任务(资源消费者)的角度,根据应用需求、进行调度,通过提交以使任务等待资源绑定;右边路径表达了资源提供者发现可用的资源,并通过获取操作获得资源的能力。

图 13.6 中定义的资源管理模型需要用到表述通过请求、提交和绑定操作进行协商的协议。在模型中,资源消费者需要了解并影响资源的行为。另一方面,资源拥有者希望维持对资源的本地控制。协调这两种需求的一种常用方法是协商服务等级协议 SLA。通过 SLA,资源提供者和资源消费者(客户)签订合同来提供一些可度量的能力或执行某项任务。SLA 对

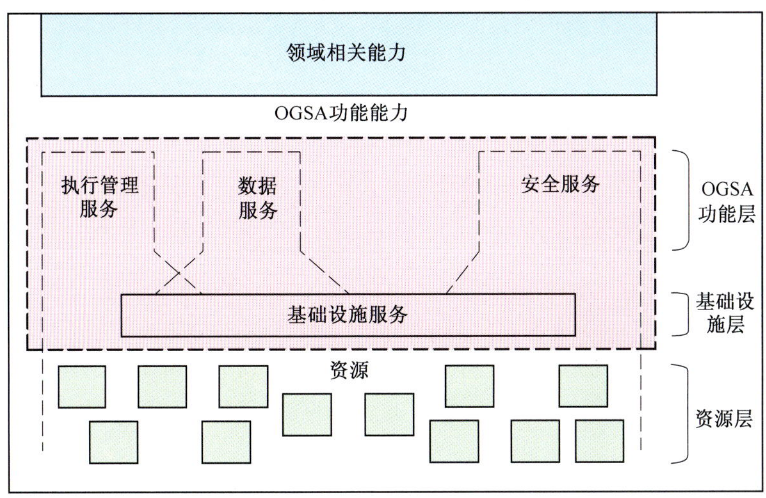

图 13.6　OGSA 资源管理模型

网格资源进行简单的抽象。当资源通过 SLA 定义时，本地策略、非网格使用和详细的配置信息都变成无关紧要。SLA 适用于各种网格资源，包括物理设备、数据和逻辑设备。

3）OGSA 资源管理层次模型

OGSA 认为资源管理要完成三种类型的网格资源的管理：资源本身的管理；网格上的资源管理（如资源预约、监视和控制）；OGSA 基础设施（它本身由资源组成，如注册服务）的管理。OGSA 采用了一个分层的模型来描述其功能和接口。

图中的资源层和基础设施层属于第一类资源本身的管理，而 OGSA 的功能层则完成了另外管理任务。其中基础设施层采用 Web 服务资源（WS - RF）标准来表示资源。用标准的 Web 服务处理资源使资源可通过发现、终止、监视等实现最基本的管理。OGSA 功能层的某些能力（如执行管理服务）也是资源管理的一种形式。OGSA 资源管理能力中的功能包括资源预约、监视和控制、虚拟组织管理、安全管理、问题判定和故障管理、策略管理、服务组和发现服务、度量、部署和发现。

13.4.3　资源管理操作

为了深入一点了解网格资源管理的内容，本节介绍一些资源管理的基本操作。其中某些操作是由信息管理完成的，如资源发现、资源信息的收集和更新。实际的资源管理系统可以在其上提供更复杂操作。

1）资源发现、资源信息收集和更新

资源发现是把资源和资源请求者联系起来的重要环节。信息服务中的发现功能提供了该项功能。有关资源信息的收集和更新则是通过信息注册、信息更新和信息查询等功能来实现。

2）资源分配

资源分配需要借助于资源描述来实现。由于网格中有大量的资源，网格环境又是一个多用户动态环境，资源分配应考虑多种复杂的情况。一种是从多个可用资源中选择一个或多个合适的资源给一个请求的用户使用；一种是在请求同一资源的多个用户中选择一个或多个用户来使用该资源。资源分配实际上是一个资源供求双方的协商和匹配问题。前面提到的服务等级协议就是用于实现跨机构、跨本地管理系统的协同分配。

3）资源监视和控制

为了合理分配和管理资源，资源监控系统和机制用于检测、控制网格资源。资源监控系统为网格提供所有被监控资源的信息,对异常情况及时做出反应,合理安排下一步活动,是保证系统健壮性和可用性的重要手段,是资源管理的重要组成部分。

4) 资源预约

资源预约是资源请求者在正式使用资源以前,请求资源提供者从当前到未来的某段时间内把资源留给请求者使用。资源预约是保证服务质量(如信息传输速率,系统处理速度等)的重要手段。

5) 虚拟组织管理

为了便于在网格内部分有共同利益和目标的用户更好的共享信息和资源,实现细粒度的资源管理,提出了网格社区这个虚拟组织的概念。虚拟社区就是部分网格资源、部分网格用户和管理策略的集合。通过建立注册和发现中心,可以使一个用户集合中所有用户与注册在这个注册和发现中心的所有资源构成一个相对独立的实体集合——网格社区。

13.5 网格数据管理

13.5.1 网格数据概述

数据是网格上一种重要而又特殊的资源,它有可复制、可移动、可加密等特性,因而需要有专门的管理机制来管理网格上的各种数据。

1) 网格数据的种类和数据实例

网格上的数据类型包括所有类型的数据集,即(平面)文件、流、数据库和目录。其中流指无限的序列数据。数据库包括关系型、XML 和面向对象数据库。在网格环境下,数据仍以原来的方式存放着,并由原来的数据管理系统(本地管理系统)管理。为了便于把不同形式存储在各处的数据的具体细节隐藏起来,提供一个统一的接口,引入了数据实例的概念。数据实例是网格数据管理的基本单位。它可以是一个普通的数据文件或数据文件的一部分,也可以是数据库中的一个或多个数据记录。

2) 网格数据管理及其特点

数据管理要为网格用户提供透明的共享网格上存储资源和数据资源的手段,提供统一的访问、存储、传输、管理数据的接口。网格数据管理的特点如下。

(1) 分布式。在网格环境下,可用的存储空间是巨大的,存储的数据是海量的。但它们分别处于不同的系统、组织和策略的管理之下。即使对一个数据集,也可以存放在不同的地方,即在地理上是分布的。

(2) 虚拟化。虚拟化是为隐藏数据模型、物理介质、数据管理软件、数据访问接口、本地或远程数据等区别而提供的一个抽象视图。虚拟化是管理和使用网格分布式数据资源的重要概念和方法。

(3) 多副本。在网格应用运行过程中,为了提高性能、减少由于通信造成的延迟,需要对数据进行复制,产生同一数据的不同副本。网格数据管理机构需要对这些数据副本进行管理。

(4) 支持多种应用。早期的网格主要用于科学计算,它以海量分布式平面文件为主。后来以电子商务为代表的商业应用乃至军事应用成为网格应用的新领域,以数据库为代表的结构化数据成了重要的数据类型。随着网格技术的发展,越来越多的新应用将对网格数据管理提出更多的要求。

13.5.2 基本网格数据服务

在网格上,数据是一种资源,也是一种服务。数据服务是关于数据资源的移动、访问和更新。数据服务是由网格数据管理为网格用户和应用提供的数据及其操作。本节将介绍关于数据访问、数据传输和数据复制等基本数据服务,下一小节将进一步介绍由 OGSA 1.0 版规定的一些更复杂的服务。

1) 数据访问和数据传输

根据数据源的种类不同,数据访问主要可分成面向文件式的(又称简单访问)和面向数据库的(又称结构化访问)。本节先介绍前一种情形。

GridFTP 是一种面向文件的网格数据访问和数据传输服务。GridFTP 的功能包括 FTP 标准支持的所有特性以及一些扩展。GridFTP 可以用来访问特定的数据,也可以将数据块从一处移动到另一处。对于大规模数据访问协议,性能和可靠性是至关重要的。GridFTP 支持并行数据传输和容错数据传输。

2) 数据复制和副本管理

复制服务提供透明的复制,它可以细分成 3 种不同类型的服务:①副本管理服务产生副本,并更新定位服务中的信息以便能确定副本的位置;②副本定位服务用于定位副本,它定义了数据对象名(逻辑名)和提供数据对象访问的存储服务(物理名)之间的映射;③一致性服务管理不同副本的一致性关系。复制管理服务将决策支持与数据传输服务、副本定位服务和一致性维护服务结合在一起。

13.5.3 OGSA 数据服务

OGSA 数据服务提供把数据移动到需要的地方,管理重复的副本,进行查询和更新以及把数据转换成新形式的能力。此外还提供管理用于描述数据服务或其他数据的元数据的能力。本小节将介绍一些由 OGSA 定义的、上一小节基本网格数据服务以外的数据服务,包括数据查询、数据联邦、数据更新和元数据。

OGSA 数据服务支持对不同数据资源的虚拟化,它将隐去数据资源所用的数据模型,存储的物理介质,所用的数据管理软件,访问它的不同协议和接口,数据存在本地还是远处,是单副本还是多副本等细节。但考虑到旧软件移植到网格上使用时尽量少作修改,OGSA 数据服务也允许旁路虚拟化接口,直接访问资源专有的接口。考虑到 OGSA 数据服务的未来发展,允许增加新的数据服务去访问新的类型资源。

1) 查询

提供对结构化数据资源的查询机制,包括对关系数据库的 SQL 查询,对 XML 数据库的 XML 查询,或对正文文件的文本检索。其他的查询服务还可以是对一个文档集的正文挖掘或对联邦数据库的分布式查询。

由全球网格论坛数据访问和集成服务工作组提出的 OGSA 数据访问和集成服务(OGSA - DAI)规范,包括了对关系数据库和 XML 数据库的查询功能。

2) 数据联邦服务

数据联邦的概念源自于联邦数据库,它是由多个数据库的数据和资源合并而成,但参加的每个数据库完全是本地自治的。在网格环境中,联邦数据库比集成数据库更加适用。它试图提供一个统一的框架来集成各种数据资源(关系型数据库或 XML 数据库等)。

分布式查询是数据联邦服务提供的一项重要功能。数据联邦服务分析收到的每个查询,产生一组在分布式数据源上运行的子查询,并把子查询的结果进行聚集。这种功能又称联邦式搜索服务。

3) 数据更新

OGSA 数据服务根据数据源的种类(语意),提供一组更新数据源的机制。例如,对目录,其操作包括创建、重命名和删除;对结构化文件和数据库,其操作包括对数据项的更新;对流和其他文件,其操作仅限于附加新的数据。数据服务可指定更新操作不同处理行为的方式。当数据源有重复的数据版本时,更新操作可传播至重复的版本。

4) 元数据

元数据服务是一种存储有关数据服务的元数据的数据服务。数据服务的元数据包括数据结构、数据模式等信息,还包括数据起源和质量的信息。OGSA 的数据管理支持维护 OGSA 数据服务和描述它的元数据之间的连接,保持元数据与被描述的数据服务之间的一致性。

13.6 网格安全

13.6.1 网格安全需求

1) 安全挑战和需求

虚拟组织是多个分布的个人和机构的集合,其目的是以协同方式共享和使用多种资源。为了在网格中支持这种动态、可扩展的分布式虚拟组织,必须考虑相应的安全需求。从安全的角度,虚拟组织的一个重要特点是其参加者和资源由其所属组织的策略和规划所管理。网格安全的复杂性还在于虚拟组织生命期中可能动态地部署和产生新的服务和资源。

动态策略和动态实体的结合引出了网格安全模型中三项核心特性的需求。

(1) 提供集成性和互操作性。网格安全应研究已有虚拟组织所用安全系统的集成和互操作,而不是用新的机制来代替原有的安全系统。

(2) 提供动态信任域的建立和管理。不仅虚拟组织中的机构能在协议级别上实现互操作,而且为了协调资源的使用,虚拟组织必须在其用户和资源中建立信任。

(3) 支持服务的动态创建。用户可以在管理员干预的情况下地动态的创建服务(或资源)。

2) 网格的安全问题

为了满足高级别的安全需求,一个全面的安全模型应可以协调和解决下述网格特有的安全问题。

(1) 单点登录。网格的参加者经常需要协调多个资源来完成单一的任务。安全机制要保证一个实体在成功地完成一次身份认证后,在一段合理的时间内,不需要重复进行身份认证。

(2) 委托。动态信任域的建立需要把服务请求者的访问权限委托给服务并确定代理策略。在实体间进行权限委托时,应该只委托为了完成任务所需要的那部分权限(最小特权模型)。

(3) 证书生命期和更新。为了减少委托和单点登录带来的风险,证书要限制在一个合理的生命期内。由于不可能准确地预测任务的执行时间,在证书过期时,应允许用户更新证书以保证任务的完成。

(4) 授权。必须由每个服务的授权策略来控制对网格服务的访问。除了由资源拥有者规定的标准策略模型外,允许虚拟组织制定自己的策略。授权应能适应多种访问控制模型。

(5) 策略交换。服务请求者和服务提供者之间可以动态地交换安全策略信息,从而在相互之间通过协商建立起安全上下文环境。策略信息包括身份验证要求、支持的功能、约束条件、隐私规则等。

(6) 可管理性。在网格中,需要有安全管理。除身份认证外,还可包括病毒防护、入侵检测等高级的需求。

除上述网格重点的安全问题外,还有常见的安全问题,如身份验证、隐私、机密性、消息的完整性等,不在此一一叙述。

13.6.2 网格系统安全规范

随着网格技术的发展，当今 OGSA 网格采用了 Web 服务的安全规范，其主要内容包括 Web 服务安全（WS – Security）、XML 安全以及建立在 Web 服务安全之上的其他安全标准。

1）Web 服务安全

在网格环境中，用 SOAP 消息来实现节点之间的信息交换。但仅仅使用身份认证、消息签名、消息加密是不够的，通常还应该考虑路径的选择，中间环节的安全等。消息经过的多个中间节点需要多个加密密钥，中间节点也需要增加安全要求。

WS – Security 为 Web 服务提供一种服务安全性保障的语言，它使用信任状传输、消息集成和消息机密性三种能力来描述 SOAP 消息。它将有关身份验证和授权的大量信息引入到 SOAP 消息中，将安全性信息封装到 SOAP 消息头中，通过在 SOAP 消息中增加安全信息来构造安全的 Web 服务。WS – Security 本身并不提供完全的安全解决方案，需要与其他 Web 服务协议一起来满足多种安全需求，它涉及到身份验证、签名和加密三个方面。

2）XML 安全

XML 是网格上最常见的数据交换表示形式，XML 语言的安全是网格安全信息交换的基础。已有的技术可以在 SSL（安全套接层）和 TLS（传输层安全）基础上加密整个 XML 文档，测试其完整性，确认其发送方的可靠性。但是在网格环境下，用户不仅需要整个 XML 文档的安全性，而且越来越需要对 XML 文档的某些部分进行加密、签名等操作，以便以任意顺序加密和认证 XML 文档中的部分消息。与 XML 相关的安全性工作如下：

（1）XML 加密。万维网联盟的 XML 加密（XML Encryption）标准规定可对 XML 文档、XML 元素或 XML 元素内容进行加密。

（2）XML 签名。XML 签名（XML Signature）是国际互联网信息签名最基础的标准。签名可直接对 XML 内容进行，即可以由多个用户对 XML 的不同代码段进行签名。

（3）XML 密钥管理规范（XKMS）。XKMS 提供一些基于 XML 的密钥安全机制，它具有将认证、数字签名和加密服务集成到基于 Web 的应用程序的能力。

（4）可扩展访问控制标记语言（XACML）和安全断言标记语言（SAML）。SAML 用来交换认证和授权信息。XACML 是一个策略访问控制语言，它和 SAML 联合使用提供了标准的 XML 文档访问控制方法。

3）其他 Web 服务安全标准

以 Web 服务安全为基础的安全规范分成两类，第一类包括 Web 服务策略（WS – Policy），Web 服务信任（WS – Trust）和 Web 服务私密（WS – Privacy）。第二类包括 Web 服务安全转换（WS – Secure Coversation），Web 服务联邦（WS – Federation）和 Web 服务授权（WS – Authorization）。

WS – Policy 定义功能和安全策略的表述方法；WS – Trust 描述建立信任关系的模式；WS – Privacy 定义了在 Web 服务中如何表达个人隐私；WS – Secure Coversation 描述了交换安全信息的管理和认证方法；WS – Federation 描述在不同环境下管理和协调信任关系的方法；WS – Authorization 定义了管理认证数据及策略的方法。

13.6.3 OGSA 安全

由于开放网格服务体系结构 OGSA 采用了 Web 服务作为基础，OGSA 安全自然从总体上采用了 Web 服务安全的概念、标准和模型。本节的内容分成 3 小节加以描述。首先介绍以服务的形式由 OGSA 安全所提供的功能；其次用网格安全模型介绍网格安全体系的架构和组成；最后介绍目前已实现的 OGSA 安全参考标准的一个实现 GSI（网格安全基础设施）。

1）安全功能能力和服务

在网格环境中，安全操作需要应用和服务能支持多种安全功能，如身份验证、授权、证书转换、审计和委托代理。OGSA 用一组服务形式给出了以下基本安全功能。

（1）验证服务。验证服务用来验证声明的身份。

（2）身份映射服务。身份映射服务提供将一个身份域中的身份转换成另一个身份域中身份的能力。

（3）授权服务。授权服务解决基于策略的访问控制决策问题。

（4）证书转换服务。证书转换服务对不同类型和形式的证书进行转换，以便在使用不同类型证书的服务之间实现互操作。证书转换服务将使用身份映射服务。

（5）审计服务。审计服务类似于身份映射和授权服务，也是策略驱动的。审计服务负责记录跟踪的安全相关事件。

2）网格安全模型

图 13.7 给出了一个分层的网格安全模型。

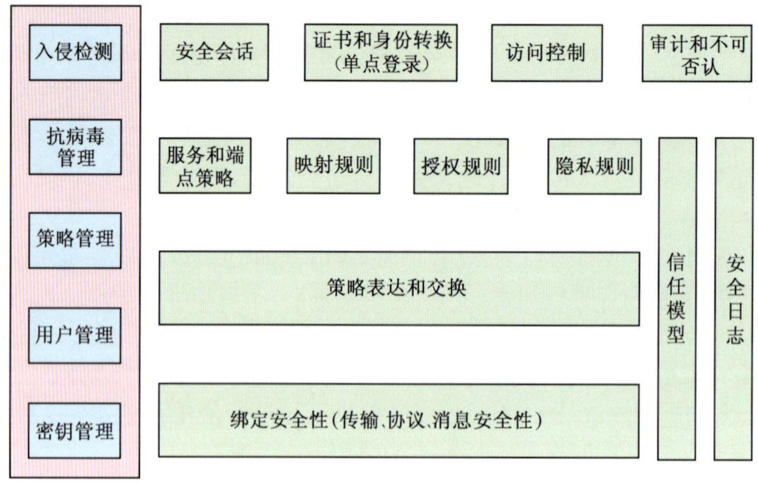

图 13.7　网格安全模型

（1）安全绑定。绑定包括在 SOAP 或其他协议上的绑定。绑定的安全性基于相关协议和消息格式的安全特性。安全信息能够以安全标记的形式通过 SOAP 消息进行传递，安全标记已在 WS－Security 规范中定义。SOAP 消息可以通过使用 XML 签名和 XML 加密保证其完整性和机密性。为此，WS－Security 中定义了签名和加密绑定。

（2）策略的表达和交换。在网格这样的动态环境中，动态地发现策略和及时作出决策，对服务请求者是十分重要的。服务定义和服务数据相关的策略能够在服务的请求者和提供者之间进行交换。WS－Policy 规范了服务请求者和提供者策略需求和能力表达的格式、语言和框架等。SAML 和 XACML 规范增强了其可用性。

（3）策略执行层。绑定和交换层给出了服务请求者和提供者之间相互发现策略的规范，而模型执行层的任务是执行这些策略：保证服务双方安全连接，在不同域之间映射身份标识和转换证书，执行授权策略和隐私策略。这几方面一起形成了对被保护服务进行访问控制的基础。

3）网格安全基础设施 GSI

GSI 是 OGSA 安全参考标准的一个实现，它是 Globus 第三版（GT3）的一部分。GSI 将多种已有的安全技术和专有的安全技术集成在一起。以下简要介绍一下 GSI 的关键技术。

(1) 身份验证。GSI 采用了 X.509 身份验证证书格式。X.509 是用于实现目录服务的 X.500 标准系列的一部分。GSI 定义了相互认证的协议、证书代理、信息保护和授权。GSI 的证书包括主体名称、公钥、签发证书中心和签发证书的数字签名四部分内容。

(2) 消息层安全。GSI 提供了安全会话和安全信息两种支持认证和安全通信的机制。在安全会话方式中,用户在发送消息之前,首先要建立一个安全的上下文环境,用以认证用户身份,建立一个共享密钥,然后用共享的密钥签名或加密手段发送消息。GSI 的安全消息方法则不需要建立安全上下文环境,直接使用密码信息(XML 签名或 X.509 证书),为发往服务的消息提供安全。

(3) 覆盖信任域管理。通过使用代理证书和安全服务(如授权服务),可以满足由覆盖信任域建立的虚拟组织(VO)的要求。GSI 中有一个隐含的策略,即任何两个拥有同一个用户发行的代理证书的实体之间是可以互相信任的。这个策略允许用户通过使用发行代理证书给两个需要进行互操作服务的实体动态地创建信任域。

13.7 网格计算的军事应用

美军为了实现向信息化作战(又称网络中心战 NCW)的转型,在本世纪初提出了内容广泛的全球信息栅格 GIG 计划。此处的栅格(grid)和网格的英文是同一个字,而 GIG 在很多地方借鉴了网格计算的概念,可以把 GIG 看成是网格在军事上的应用。在 13.7.3 节中将介绍一下目前阶段 GIG 实现和网格计算实现上的区别。

13.7.1 全球信息栅格 (GIG) 的需求

1) 现有 C^4ISR 系统存在的问题

C^4ISR 即指挥、控制、通信、计算机、情报、监测和侦察的英文缩写,是军事上用于作战指挥和情报处理等信息系统的统称。当前国内外 C^4ISR 系统存在的主要问题是所谓烟囱系统现象,无法解决系统的系统(由无数个系统组成的一个大系统)中系统之间的集成和互操作性问题。这种烟囱系统现象不仅表现在不同时期、由不同部门主持研制的系统上,也表现在一个大型项目(通常由若干个小项目组成)的各个分系统、子系统上。军事系统这种需求和产业界的需求,尤其是电子商务方面的需求比较相似。它更重视信息、信息系统的共享、互用和集成。

2) 网络中心战对 C^4ISR 系统的需求

网络中心战 NCW 是一个采取信息优势的作战概念,它描述了美军在信息时代兵力组织和作战的方式。NCW 通过把传感器、决策制定者和射击武器连网以达到共享感知,增加指挥速度,快节奏的作战行动,更强的杀伤力,增强的生存能力,某种程度的自同步性,从而产生增强的战斗力。NCW 通过有效的连接作战空间中我(友)方兵力,提供大大改进的共享的态势感知,从而能够更快、更有效地作出决策,把信息优势转化为战斗力。

网络中心战极大的依赖于 C^4ISR 系统,它对 C^4ISR 系统的需求归结为:

(1) 实时、共享的态势感知;

(2) 融合的、精确的和可采取行动的情报;

(3) 决策优势;

(4) 易作出反应的、精确的目标信息;

(5) 进行首尾一致的、分布式和分散作战的能力。

美军已把 GIG 作为支持网络中心战的 C^4ISR 系统的基础。

13.7.2 GIG 的概念和能力

1) GIG 的概念

GIG 的概念来自自动化信息系统的互操作性和端到端的系统集成。GIG 为网络中心战提供基础，以公共作战态势图形式提供共享的态势感知和知识，获取信息优势和决策优势，从而增强了战斗力。GIG 的成功依赖于把诸信息孤岛连接成完全可互操作的系统，以达到系统范围的信息共享。

2) GIG 的能力和功能

美军关于 GIG 的定义是按作战人员、政策制定者和保障人员的需求，用于信息的收集、处理、存储、分发和管理的、由全球互连的、端到端的一系列信息能力、相关处理进程和人员组成的系统。GIG 包括通信、计算系统和服务、软件、数据、安全服务及其他相关服务。

GIG 由 7 项功能按 4 项能力组成。

(1) 计算能力指信息处理功能和存储功能。

(2) 通信能力指信息的传输功能。

(3) 信息表示能力指人与 GIG 之间交互功能。

(4) 网络运作能力指网络管理、信息分发管理和信息安全保障功能。

3) GIG 的特点和对 C^4ISR 系统的影响

GIG 是一个基于商用技术的、集成的、可缩放的、全分布式处理和传输环境。其特点和对 C^4ISR 系统的影响如下。

(1) 可从任何信息源向任何目的地移动信息；

(2) 通过智能地“拉”提供经过裁剪的信息；

(3) 它是动态的、自适应的、可自行重配置的、健壮的和安全的；

(4) 能集成遗留的 C^4ISR 系统；

(5) 允许充分的利用传感器、武器和平台的能力；

(6) 允许把地理上分开的指挥、目标处理、武器投放和保障功能进行功能集成；

(7) 为 C^4ISR 火力控制和后勤等全部军事需求提供单一的、集成的基础设施；

(8) 向联合兵力提供公共的态势理解，公共作战图和快速的决策制定所需的信息。

13.7.3 GIG 企业服务

GIG 企业服务是美国国防部计算机应用（系统、软件）所依赖的基础设施，它又依赖于 GIG 的传输服务，但传输本身不属于 GIG 企业服务。可以认为 GIG 企业服务涵盖了除传输功能以外的 6 项 GIG 功能。

1) GIG 企业服务和 OGSA 网格

美军根据解决其 C^4ISR 系统的互操作性和系统集成的核心要求，其技术体制采用了以 Web 服务为基础的面向服务的体系结构（SOA），而未采用主流的网格计算体系结构（OGSA）。由于 OGSA 也是以 Web 服务为基础的，因而两者之间具有很多共同之处。可以把 GIG 看成另一种网格。GIG 的实现采用了以商用技术为核心的逐步演进方式，并不排除将来某个时候发展成 OGSA 体系结构。

2) GIG 企业服务的功能和组成

GIG 企业服务按其服务的通用性又分成核心企业服务（CES）和面向领域的共性服务（COI）两部分。主要的应用领域有指挥、控制和情报（C^2I）领域，业务领域等。GIG 企业服务的功能组成如图 13.8 所示。

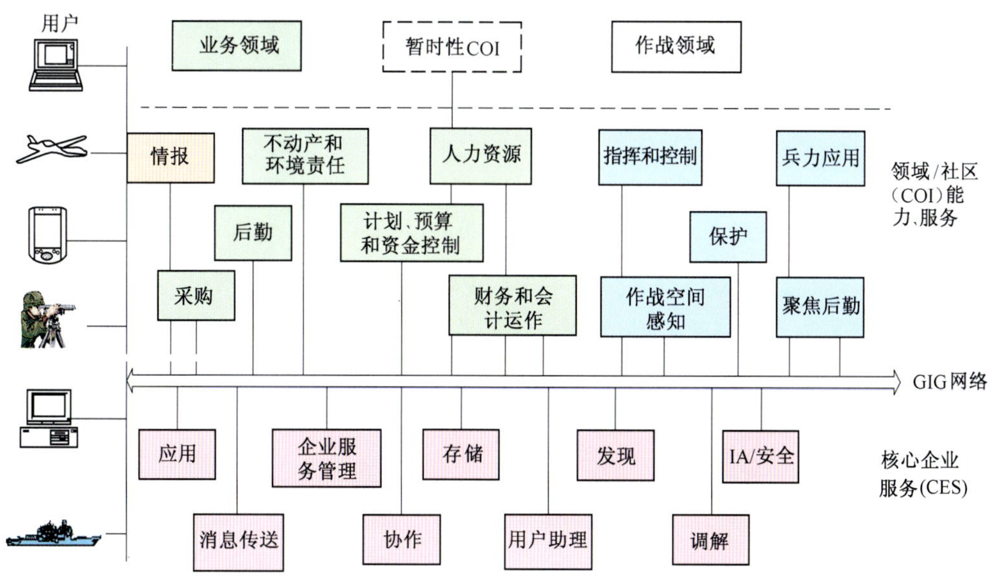

图 13.8 GIG 企业服务

核心企业服务共有 9 项。

(1) 企业服务管理。实现网络运作功能,提供基础设施(计算机、存储器等)和服务的管理,确保端到端服务的可用性,确保信息防护和信息分发。

(2) 消息传送。提供发布/订阅,即时消息,统一的电子邮件、传真、声音和视频服务。支持无线通信。实现可互操作的全球通信。

(3) 应用服务。提供受保护的宿主环境,按需的计算能力,标准化的运行管理和支持。

(4) 发现服务。提供网络中心环境中信息和服务的可视性和访问控制。其基本能力包括数据资源发现、内容管理、领域本体管理和知识库。

(5) 调解服务。它是信息生产者和信息消费者之间的中介,其基本功能包括内容转换和融合等。

(6) 协作服务。提供协同工作所需的共享工作空间、白板和应用,支持声音、视频和交谈。

(7) 存储服务。共享的存储能力,按需提供存储容量,进行存储管理。

(8) 信息安保(IA)/安全。访问控制,跨安全边界的连接,登录和审计。

(9) 用户助理。易懂性验证工具,智能主体(Agent)的内容监视。

3) GIG 企业服务的实现

据报道,GIG 企业服务已完成了试验版本的软件开发和集成,并在其上开发和集成了指挥控制和情报处理软件,取得了良好的效果。此处仅对其安全和内容发现两项功能的实现作些介绍,可以看出它和 OGSA 网格有很多相似之处。

(1) 安全服务。GIG 企业服务的安全提供了 3 项功能:①单点登录,用公钥基础结构(PKI)认证进行身份鉴别;②基于角色的访问控制;③通过基于角色和用户轮廓客户化的视图和能力以增强安全特性。在安全服务的实现中遵循了 Web 服务安全和 Web 服务策略标准以及 XML 语言有关的标准 XML 密钥管理规范(XKMS),可扩展访问控制标记语言(XACML)和安全断言标记语言(SAML)。这些标准也是 OGSA 网格安全标准的基础标准。

(2) 内容发现。内容发现是发现服务中一项重要的功能,它用于从 GIG 虚拟信息空间中发现有用的信息,实现智能的“拉”数据。为此采用联邦式搜索引擎在虚拟信息空间中注册的数据提供者中查找数据。为了有效而准确的找到所需要的信息,要求数据提供者进行本体(Ontology——一种知识描述方法)注册。联邦式搜索使用本体确定那些数据源将为用户的查询提供最好的回答。此处采用的联邦式搜索引擎进行内容发现与OGSA数据服务中的数据联邦服务属于同一概念。

参考文献

[1] Ian Foster,Carl Kesselman. 网格计算[M]. 金海,袁平鹏,石柯译. 北京:电子工业出版社,2004.

[2] 徐志伟,冯百明,李伟. 网格计算技术[M]. 北京:电子工业出版社,2004.

[3] Joshy Joseph,Craig Fellenstein. 网格计算[M]. 战晓苏,张少华译. 北京:清华大学出版社,2005.

第14章 计算机系统安全

当今社会是科学技术高度发展的信息社会,人类的一切活动均离不开信息,而计算机是对信息进行收集、分析、加工、处理、存储传输等的主体部分。因此,计算机系统安全技术日益受到重视。本章概述了计算机系统安全的基本概念、发展和启示,描述了深度防御战略与计算机系统安全保障体系框架,对计算机系统安全的主要组成部分,即操作系统安全、数据库安全、应用系统安全、高信度计算技术和计算机系统安全评估标准等分别进行介绍,以使读者对计算机系统安全有较全面的了解。

14.1 计算机系统安全概论

14.1.1 计算机系统安全的基本概念

所谓计算机系统安全性,是指为计算机系统建立和采取的各种安全保护措施,以保护计算机系统中的硬件、软件及数据,防止其因偶然或恶意的原因使系统遭到破坏,数据遭到更改或泄露等。计算机系统安全不仅涉及到计算机系统本身的技术问题、管理问题,还涉及法学、犯罪学、心理学的问题。概括起来,计算机系统的安全性问题可分为三大类,即:技术安全类、管理安全类和政策法律类。

1）技术安全

技术安全是指计算机系统中采用具有一定安全性的硬件、软件来实现对计算机系统及其所存储数据的安全保护,当计算机系统受到无意或恶意的攻击时仍能保证系统正常运行,保证系统内的数据不增加、不丢失、不泄露。

2）管理安全

技术安全之外的,诸如软硬件意外故障、场地的意外事故、管理不善导致的计算机设备和数据介质的物理破坏、丢失等安全问题,视为管理安全。

3）政策法律

指政府部门建立的有关计算机犯罪、数据安全保密的法律道德准则和政策法规、法令。

本节只介绍计算机系统安全中的技术安全方面的内容。

14.1.1.1 计算机系统的不安全因素

计算机信息系统并不安全,其不安全因素有计算机信息系统自身的、自然的,也有人为的。导致计算机信息系统不安全的因素包括软件系统、硬件系统、环境因素和人为因素等几方面。

1) 软件系统

软件系统一般包括系统软件、应用软件和数据库部分。所谓软件就是用程序设计语言写成的机器能处理的程序。这种程序可能会被篡改或盗窃,一旦软件被修改或被破坏,就会损害系统功能,致使整个系统瘫痪。而数据库存有大量的各种数据,有的数据资料价值连城,如果遭到破坏,损失是难以估价的。

2) 硬件系统

硬件即除软件以外的所有硬设备,这些电子设备最容易被破坏或盗窃,其安全存取控制功能还比较弱。信息或数据要通过通信线路在主机间或主机与终端及网络之间传送,在传送过程中也可能被截取。

3) 环境因素

电磁波辐射:计算机设备本身就有电磁辐射问题,也怕外界电磁波的辐射和干扰,特别是自身辐射带有信息,容易被别人接收,造成信息泄露。

辅助保障系统:水、电、空调中断或不正常会影响系统运行。

自然因素:火、电、水,静电、灰尘,有害气体,地震、雷电,强磁场和电磁脉冲等危害。这些危害有的会损害系统设备,有的则会破坏数据,甚至毁掉整个系统和数据。

4) 人为因素

安全管理水平低,人员技术素质差,操作失误或错误,违法犯罪行为。

5) 数据输入部分

数据通过输入设备输入系统进行处理,数据易被篡改或输入假数据。

6) 数据输出部分

经处理的数据转换为人能阅读的文件,并通过各种输出设备输出,在此过程中信息有可能被泄露或被窃取。

14.1.1.2 计算机系统安全的三大目标

计算机系统安全有三个重要的目标或要求:完整性(Integrity)、机密性(Confidentiality)和可用性(Availability)。

1) 完整性

完整性要求计算机系统的信息必须是正确和完全的,而且能够免受非授权、意料之外或无意的更改。完整性还要求计算机程序的更改要在特定的和授权的状态下进行。普遍认同的完整性目标有:

(1) 确保计算机系统内数据的一致性;

(2) 在系统失败事件发生后能够恢复到已知的一致状态;

(3) 确保无论是系统还是用户进行的修改都必须通过授权的方式进行;

(4) 维持计算机系统内部信息和外部真实世界的一致性。

2) 机密性

机密性要求信息免受非授权的披露。它涉及到对计算机数据和程序文件读取的控制,即谁能够访问那些数据。它和隐私、敏感性和秘密有关。例如它保护包括个人(健康)数据、市场计划、产品配方以及生产和开发技术等信息。

3) 可用性

可用性要求信息在需要时能够及时获得以满足业务需求。它确保系统用户不受干扰地获得诸如数据、程序和设备之类的系统信息和资源。不同的应用有不同的可用性要求。

不同的应用系统对于这三项安全目标有不同的侧重,例如:国防系统这样高度敏感的系统对保密信息的机密性的要求很高。电子金融汇兑系统或医疗系统对信息完整性的要求很高。自动柜员机系统对三者都有很高的要求。如客户个人识别码需要保密,客户账号和交易数据需要准确,柜员机应能够提供24 小时不间断服务等。

14.1.1.3 计算机系统安全的三大防线

防线(line of defenses)是指用于控制和限制对计算机系统资源的访问和使用的机制。这种机制对使用系统的行为和系统的内容施加直接或间接的影响。安全防线根据在使用中的优先级可分为三类:第一道防线、第二道防线和最后防线。第一道防线总是优先于第二道和最后防线进行部署。如果第一道防线由于某种原因无法落实或生效,第二道防线应该发挥作用。如果第二道防线由于某种原因无法落实或生效,最后防线应该发挥作用。以下是各道防线的例子。

1) 第一道防线

防止有害行为的政策和流程;

内部控制,尤其是预防有害业务操作的控制手段;

防止非法访问和使用计算机资源的口令和身份识别码;

防止网络入侵的防火墙;

预防错误、疏漏、违法行为(如欺诈、盗窃)和系统入侵的职权分割(Separation of Duties);

防止非法访问(如冒充、模仿)的身份识别技术;

对员工进行防护技术和流程知识的教育、培训和普及;

防止非法进出的物理保安手段(如锁匙、警卫);

防止电子欺骗的网络监控;

防止伪劣、冲突和残缺的质量保证体系;

防止篡改、滥用和入侵的系统安全管理员;

防止数据丢失和拒绝服务的容错(如磁盘镜像和磁盘阵列技术)和冗余(设备备份)技术;

安放物品的安全容器;

使用虚假数据和系统防止攻击的陷阱技术;

防止非法程序修改的程序修改控制手段;

防止非法入侵的回叫技术;

防止数据丢失的备份文件;

限制登录连接尝试次数;

防止财产损失、侵害和非法进入的隔离护栏;

防止错误数据的完整性验证软件;

防止病毒和其他形式攻击的系统隔离技术;

防止非法用户访问或合法用户越权访问多用户系统的最低安全要求;

防止侵害系统及其完整性的多人控制流程。

2) 第二道防线

发现非法操作(如添加、修改和删除)的审计和日志;

监视非法操作;

发现有害攻击的攻击探测软件；

发现计算机系统系统安全缺陷的入侵测试；

诸如墙壁和天花板等防止非法进入的外围设施。

3）最后防线

发现设计和编程错误的软件测试；

灾难（自然的和人为的）保险；

留意有问题的员工；

安放物品的安全容器；

防止数据丢失的备份；

防止在正式发布前使用系统的配置管理；

发现伪劣质量的质量检查测试；

在不测事件和状况下使用的应急计划；

员工对异常事件的警惕性。

14.1.1.4 计算机资源的访问控制

在许多多用户系统中，对使用（或禁止使用）各种计算机资源的需求是多种多样的。计算机资源这个词涵盖了信息以及系统资源，如程序、子程序和硬件（如调制解调器、通信线路）。典型的例子是，用户需要访问一些信息，有些是多个用户组或部门需要，有些只是个别人需要。用户不一定非要是人，也可以包括如程序或其他计算机要求使用系统资源的情况。

很明显，用户需要访问信息来完成工作，同样也需要禁止访问与工作无关的信息。控制所赋予的访问类型（如对于一般用户赋予程序的执行权限，但不赋予修改权限）也是很重要的。这些访问限制是出于执行安全策略的考虑，同时也可以确保不会发生非法操作。

访问就是对计算机资源进行某种操作（如使用、更改或浏览）的能力。访问控制就是通过某种方式（通常通过物理安全控制和基于系统的控制）对这种能力给予明确的允许或禁止的方法。基于计算机的访问控制被称为逻辑访问控制。逻辑访问控制不仅可以规定谁或什么程序或设备可以访问特定的系统资源（如计算机程序、数据文件、服务器）还可以规定访问的类型。这些控制可以内建在操作系统中，可以建立在应用程序或主要的功能程序中，可以建立在数据库管理系统或通信系统中，也可以通过安装专门的安全程序包进行部署。逻辑访问控制可以部署在受保护的计算机系统内部，也可以部署在外部设备中。

逻辑访问控制可以协助：

（1）防止操作系统或其他系统软件被非法更改或处理，进而确保系统的完整性和可用性；

（2）通过限制访问用户和进程的数量保证信息的完整性和可用性；

（3）防止机密信息被非法泄露。

我们这里规定实体（Entity）表示一个计算机资源（物理设备、数据文件、内存或进程）或一个合法用户。访问控制规则定义实体之间如何交互和参考，例如某个文件的可读用户限制就是一个常见的访问控制规则。实体被进一步分为主体和客体。两者构成了安全模型的两个基本要素。所有的计算机网络安全产品都是基于这样一个简单的概念：主体访问客体。对于一个安全产品，首先要考虑的就是这些最基本的定义：主体是什么，客体是什么，以及主体与客体之间使用何种访问控制。

主体（Subject）：是指一个提出请求或要求的实体，是动作的发起者，但不一定是动作的执行者。主体可以是用户或其他任何代理用户行为的实体（例如进程、作业和程序）。主体的含义是广泛的，可以是用户所在的组织（以后我们称为用户组）、用户本身，也可是用户使用的计算机终端、卡机、手持终端(无线)等,甚至可以是应用服务程序或进程。

客体(Object):是接受其他实体访问的被动实体。客体的概念也很广泛,凡是可以被操作的信息、资源、对象都可以认为是客体。在信息社会中,客体可以是信息、文件、记录等的集合体,也可以是网路上的硬件设施,无线通信中的终端,甚至一个客体可以包含另外一个客体。

控制策略:是主体对客体的操作行为集和约束条件集。简单讲,控制策略是主体对客体的访问规则集,这个规则集直接定义了主体对可以的作用行为和客体对主体的条件约束。访问策略体现了一种授权行为,也就是客体对主体的权限允许,这种允许不超越规则集,由其给出。

传统的访问控制一般被分为两类:自主访问控制(DAC)和强制访问控制(MAC)。

1)自主访问控制

自主访问控制是一种允许主体对访问控制施加特定限制的访问控制类型。它允许主体针对访问资源的用户设置访问控制权限,每次用户对资源的访问都要验证其对资源的访问权限,只有通过验证的用户才能访问资源。自主访问控制是基于用户的,因此具有很高的灵活性,这使得这种策略适合各类操作系统和应用程序,特别是在商业和工业领域。例如,在很多应用环境中,用户需要在没有系统管理员介入的情况下,拥有设定其他用户访问其所控制信息资源的能力,因此控制就具有很大的任意性。在这种环境下,用户对信息的访问控制是动态的,这时采用自主访问控制就比较合适。

自主访问控制包括身份型(Identity - based)访问控制和用户指定型(User - directed)访问控制,通常包括目录式访问控制,访问控制表,访问控制矩阵和面向过程的访问控制等方式。

访问控制表(ACL)是 DAC 中常用的一种安全机制,系统安全管理员通过维护 ACL 来控制用户访问有关数据。ACL 的优点在于它的表述直观、易于理解,而且比较容易查出对某一特定资源拥有访问权限的所有用户,有效地实施授权管理。但当用户数量多、管理数据量大时, ACL 就会很庞大。当组织内的人员发生变化、工作职能发生变化时,ACL 的维护就变得非常困难。另外,对分布式网络系统,DAC 不利于实现统一的全局访问控制。

2)强制访问控制

强制访问控制(MAC)是一种不允许主体干涉的访问控制类型。它是基于安全标识和信息分级等信息敏感性的访问控制,通过比较资源的敏感性与主体的级别来确定是否允许访问。系统将所有主体和客体分成不同的安全等级,给予客体的安全等级能反映出客体本身的敏感程度;主体的安全等级,标志着用户不会将信息透露给未经授权的用户。通常安全等级可分为四个级别:绝密(Top Secret)、机密(Secret)、秘密(Confidential)以及普通(Unclassified),其级别顺序为 TS > S > C > U。这些安全级别可以支配同一级别或低一级别的对象。

当一个主体访问一个客体时必须符合各自的安全级别需求,特别是如下两个原则必须遵守。

(1) Read Down:主体安全级别必须高于被读取对象的级别;

(2) Write up:主体安全级别必须低于被写入对象的级别。

这些规则可以防止高级别对象的信息传播到低级别的对象中,这样系统中的信息只能在同一层次传送或流向更高一级。

强制访问控制在军事和市政安全领域应用较多。例如,某些对安全要求很高的操作系统中规定了强制访问控制策略,安全级别由系统管理员按照严格程序设置,不允许用户修改。如果系统设置的用户安全级别不允许用户访问某个文件,那么不论用户是否是该文件的拥有者都不能进行访问。

14.1.1.5 计算机资源的访问条件

在确定是否允许某人访问系统资源时,逻辑访问控制检查用户的这种访问请求是否被允许。系统使用各种条件确定访问请求是否被允许。这些条件包括:身份、角色、位置、时间、事务处理、服务限制和一般访问模式。在实践中,这些条件经常综合使用。

1) 身份

大多数访问控制基于用户的身份(人或进程),通常是通过鉴别和认证手段获得。身份通常是唯一的用以标识用户职能,但也可以代表一组身份甚至可以是匿名身份。例如,通过一个叫"研究者"的组的身份访问却并不知道具体的研究者的身份。

对于很多计算机系统,鉴别和认证是第一道防线。鉴别和认证是防止非法的人或进程进入计算机系统的技术手段。访问控制经常要求系统能够鉴别和区分不同的用户。例如,访问控制经常基于最小权力原则,也就是只给予用户完成工作所需的访问权限。用户职能要求将计算机系统中的活动和特定的个人联系起来,所以就需要鉴别用户。

2) 角色

使用角色是提供访问控制的非常有效的手段。信息的访问也受控于访问者的职务设定和作用。这些例子有数据录入员、编程员和项目经理。访问权限根据角色分组,对资源的使用受限于使用者的角色身份。个人可以被赋予多重角色,但是可以被要求在同一时间只能扮演一种角色。改变角色可能要求退出和重新登录或输入一个更改角色的命令。注意,使用角色不同于共享用户账户。

3) 位置

访问特定系统资源可能也需要基于用户的物理或逻辑位置。类似的,用户可以被限制于特定的网络地址上(如来自机构内部的用户可以比来自外部的拥有更大的访问权限)。

4) 时间

每天几点或每周几这样的约束条件通常用来作为限制访问的条件。例如,使用机密的人事档案可以被限制于正常的工作时间,在所有其他时间都不允许访问。

5) 事务处理

另一种访问控制方法可以用于机构的事务处理(如账号询问)中。例如,拨入的电话首先由计算机要求呼叫者输入账号和个人身份识别号。有些事务处理功能可以直接进行,有些更复杂的可能需要人工介入。在这种情况下,已经知道用户账号的计算机可以在事务处理时间段内将特定的用户访问权限设定给这个账号。这意味着用户无权选择他们所使用的账号,也就减少了潜在的危害。而且也可以避免用户浏览账号列表进而保护了其他用户的隐私。

6) 服务约束

服务约束涉及到在使用应用程序过程中用到的或由资源拥有者或管理者建立的参数。例如,一个特定的软件包可能在同一时刻只允许机构中的五个用户使用。所以即使第六个用户有权访问应用程序也会被拒绝的。

另一种服务约束基于应用程序的内容或数量的阈值。例如,自动柜员机可能会限制转账数额或者限制每日最大提款额为 500 美元。访问也可能基于服务类别选择性地开放服务。例如,网络中的用户可能可以交换电子邮件,但不允许登录到其他机器中。

14.1.1.6 计算机资源的访问模式

访问模式的概念是访问控制的基础。一般访问模式既适用于操作系统也适用于应用程序,它包括读、写、执行、删除、创建和搜索。各种模式介绍如下。

读访问让用户拥有查看系统资源(如文件、记录、数据字段或它们的组合)中的信息的能力,但不能改动,如删除、添加或用任何方式修改信息。如果这些信息能够被读取那么也应该认为它们能够被复制和打印。

写访问允许用户添加、修改或删除系统资源(如文件、记录、程序)中的信息。通常,用户对于有写访问权的内容也有读访问权。

执行权允许用户执行程序。

删除访问允许用户删掉系统资源(如文件、记录、数据字段、程序)。删除信息并没有从存储介质中物理地除去信息。对于需要保持机密的信息这样会造成严重的问题。需要注意的是,如果用户只有写访问权而没有删除访问权时,他们可以通过用错误信息将字段或文件覆盖以达到实际删除的目的。

创建访问允许用户创建新的数据文件、数据记录或数据字段。

搜索访问允许用户列出目录中的文件。

访问模式可以互相结合起来使用。例如,机构给予在办公室访问的合法用户任何时间的写权限但是只给予拨号用户正常工作时间内的读权限。

14.1.1.7 安全风险评估

计算机系统安全的本质在于控制其安全风险。计算机系统安全问题的相对性、时效性、动态性与复杂性决定了不可能完全排除其安全风险。因为不可能做到绝对的、完美的安全保护。安全风险与系统存在的安全漏洞及薄弱环节、面临的外部与内部威胁、受到损失产生的不利影响以及采取的有效防护措施有关。

$$\text{安全风险} = \frac{\text{安全脆弱性} \times \text{安全威胁}}{\text{安全防护措施}} \times \text{产生的影响}$$

系统存在着安全脆弱性主要是信息技术本身存在弱点、人为的操作差错、安全性实践与安全性设计存在着差距等因素联合产生的结果。例如操作系统及 TCP/IP 协议集存在着基本的安全缺点。新技术大量进入分布式计算环境,技术的缺陷需要较长时间发现及修正,许多技术都是推广应用之后才发现安全缺陷。系统安全配置失误,操作使用不合乎安全规程,使用及管理人员缺少安全意识和培训,出现安全事故时缺少应有的管理过程及对策等,导致系统出现安全漏洞和薄弱环节。

计算机系统面临着无组织的内部和外部威胁,有组织的内部和外部威胁。无组织的外部威胁,例如黑客,他们具有精深的知识和浓厚的兴趣,了解系统存在的脆弱性,擅长使用和创造各种攻击工具。虽然这种威胁不可轻视,但与内部威胁和有组织的外部威胁相比,并不具有更大威胁。内部威胁,例如不满的雇员、受贿的工作人员或间谍。这类威胁对系统安全性造成非常大的难题和致命的威胁,因为这些人员一般获得内部信任,执行一次破坏性活动在行动之前难以预测到。对内部威胁的风险要有足够的认识和采取有效的预防措施。有组织的外部威胁,例如犯罪团伙、恐怖主义集团、敌对国家的战略或战术信息攻击等,它们对攻击目标有深入的技术了解,具有强烈的攻击动机,而且有能力使用多种复杂的战术和技术发起协同攻击。甚至有可能找到系统的瞬态脆弱性,利用瞬间机会进入系统,然后扩大渗透,到达希望攻击的目标。这类威胁是最严重的威胁。

评估系统安全事件产生的影响,可以根据系统安全事件处理的优先级来进行。例如,可以规定优先级 A:保护人员生命和人员安全;优先级 B:保护至关紧要及敏感的数据;优先级 C:保护科学和管理数据等;优先级 D:阻止系统受到损失;优先级 E:减轻资源的破坏。从而判断系统安全事件的类型、范围和危害程度,评估系统受到的损失及产生的不利影响。

安全防护措施包括身份识别与认证、访问控制、密码加密、防病毒、防火墙、入侵检测、数据备份和恢复、防信息泄漏与电磁加固等物理的、技术的和操作的安全控制手段。

显而易见,尽可能减少系统存在的安全脆弱性,尽可能阻止发生的安全威胁,尽可能加强安全防护手段,尽可能减轻攻击产生的不利影响,系统的安全风险将减至最小。

风险管理有三种方法:

(1) 接受风险——如果威胁不太可能发生且不利影响是轻微的,则可以采取接受风险,不进一步提出安全要求。

(2) 减轻风险——如果安全风险在适当的程度,可以采取安全措施将发生的可能性或不利影响减至最小。

(3) 消除风险——对于攻击的可能性大且有不利影响严重的风险,可以选择风险消除方法。这需要付出很大的代价。采用高安全等级的措施,可以使风险发生的概率降低。但一般难以做到完全消除风险,或者说根本无法消除风险。

14.1.1.8 安全需求分析

安全风险评估的目的在于根据信息资产的价值、威胁的严重程度和系统脆弱性导致结果的影响,识别和评估系统的风险,从而提出一套将安全风险降低到可接受程度的控制手段。显而易见,风险评估是针对诸如计算基础设施之类有形资产,而且是采取自底向上的分析方法。这种方法存在的问题是对无形的信息资产的价值难以估计。要得到量化的结果,必然会引入一些主观臆测的成分,很难在实际应用中取得良好的效果。

保护计算机系统安全,操作控制起主要作用。操作控制的目的在于强制规范信息使用者的活动和行为,确定所需安全保护程度的大部分需求来自业务和高层管理。因此,需要一种自顶向下识别信息安全控制的分析方法,这就是所谓的安全需求分析。

安全需求分析主要考虑三个因素。

(1) 企业的业务对信息保密性、完整性和可用性的需求“量”。换句话说,业务需要哪些安全属性,要求这些安全属性达到什么程度。

(2) 法律、法规和法令对安全的需求。任何一个企业都应制定适合自己、业务伙伴、政府等在法律、法规、法令方面提出的安全需求,选定一组安全控制。

(3) 信息基础设施的风险提出的需求。现在,有一些安全管理标准,例如 ISO/IEC17799 规定了安全的基线控制需求,将有助于简化安全风险评估过程,提高分析效率。根据这些基线安全要求选择一组安全控制,能够防止大部分威胁和提供安全保护。

安全需求分析是一种替代风险评估的现代分析方法,是一种确定计算机系统安全性“量”的技术,相信在今后必将在信息安全业界引起重视、研究和发展。

14.1.1.9 计算机系统安全评估标准

为了对现有计算机系统的安全性进行统一的评价,为计算机系统制造商提供权威的系统安全性准则,世界各国及一些国际性组织提出了许多计算机系统安全准则,如表 14.1 所列。

下面重点对美国 TCSEC 标准和国际 CC 标准做简要介绍。

1) TCSEC 标准(“橘皮书”)

在安全领域,美国是最早注意系统研究安全评估标准的国家。1970 年,美国国防部在 NSA(国家安全局)建立了一个计算机系统安全评估中心,开展了计算机系统安全评估的研究。1983 年 8 月,美国国防部安全评估中心首次提出了可信计算机系统评价准则 TCSEC 标准。由于此标准具有橘黄色的封面,故又称为橘皮书。橘皮书的内容主要是评价一台独立使用的计算机的信息安全性的标准,主要用于评价计算机操作系统,且侧重于保密性。该标准在 1985 年进行了修改。橘皮书将计算机系统的安全等级分为 4 等,每等又包含一个或多个级别,如表 14.2 所列。

表 14.1 安全标准

标准名称	颁布的国家和组织	颁布年份
美国 TCSEC	美国国防部	1983
美国 TCSEC 修订版	美国国防部	1985
德国标准	前西德	1988
英国标准	英国	1989
加拿大标准	加拿大	1989
欧洲标准 ITSEC	西欧 4 国(英、法、荷、德)	1990
联邦标准草案(FC)	美国	1992
加拿大标准 V3	加拿大	1993
CCV1	美、荷、法、德、英、加	1996
国际 CC	美、荷、法、德、英、加	1999
GB17859—1999	中国国家质量技术监督局	1999
GB/T 1836—2001	中国国家质量技术监督局	2001

表 14.2 TCSEC 标准(橘皮书)

分类	安全等级			
	D	C	B	A
最低安全	D 最小保护			
自主性保护		C1 自主安全保护 C2 受控访问保护		
强制性保护			B1 标记安全保护 B2 结构化保护 B3 安全域	
验证型保护				A1 验证的设计 A2

橘皮书提供 D、C1、C2、B1、B2、B3 和 A1 等七个级别的可信系统评价标准,每个等级对应着确定的安全特性需求和保障需求,高等级的需求建立在低等级需求的基础之上,可形象地表示成图 14.1 的形式。

美国国防部开发的这个标准是受到当时客观条件限制的。这一标准本质上只针对美国军方眼中的安全威胁,面向以主机为中心的集中式系统,用户均经过保密审查并习惯于遵守规章条例,物理环境也相对安全。这些内容与当今现实社会五彩缤纷的商业活动和迅速发展的技术现状都有很大出入,上述假设显然已没有太大意义。但是,TCSEC 标准定义的可信计算基(TCB)和安全核(Kernel)的概念至今还在使用。

TCB 在 TCSEC 中的定义是:一个计算机系统中的保护机制的全体,它们共同负责实施一个安全政策,它们包括硬件、固件和软件;一个 TCB 由在一个产品或系统上共同实施一个统一的安全政策的一个或多个组件构成。

安全核在 TCSEC 中的定义是:一个 TCB 中实现引用监控机思想的硬件、固件和软件成分;它必须仲裁所有访问、必须保护自身免受修改、必须能被验证是正确的。

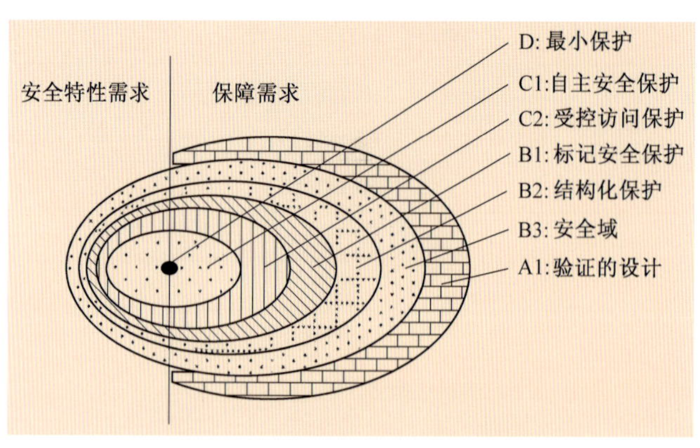

图 14.1　TCSEC 的构成与等级结构

2）CC 标准

CC 标准是由加拿大及欧共体国家一起制定的。1999 年 7 月，CC 标准被国际标准化组织（ISO）认可，被确立为国际标准，即 ISO/IEC 15408。CC 本身由两个部分组成，一部分是信息技术产品的安全功能需求定义;另一部分是安全保证需求的定义。

（1）安全功能需求。安全功能需求部分是按结构化方式组织起来的安全功能定义，分为类（Class）、族（Family）和组件（Component）3 层。每类需求侧重一个安全主题，CC 共包括 11 个类，基本覆盖了目前安全功能所有方面。一个类包含一个和多个族，每个族基于相同的安全目标，但侧重方面和保护强度有所不同。每个族包含了一个和多个组件，一个组件确定了可选择的一组最小安全需求集合，即在从 CC 选择安全功能时不能对组件再做拆分。一个族中的组件排列顺序代表强度和能力的不同。

（2）安全保证需求。安全保证需求的组织方式与安全功能需求相同，即按“类 2 族 2 组件”方式结构化地定义了各种安全保证需求，共包括 10 类。为了能够有效地使用安全功能需求和安全保证需求，CC 还引入了包（Package）的概念，以提高已定义需求的可重用性。在安全保证需求之中，以包的概念定义了 7 个安全保证级别（EAL）。目前，创建 CC 的 6 个国家均建立了各自的测评模式，签署了相互认可测评结果的互认协议（MRA）。我国的测评模式目前正在由中国国家信息安全测评认证中心进行制定，该模式的出台将为规范我国信息技术安全产品测试和认证奠定稳固的基础。GB/T 1836—2001 就是基于 CC 标准编制的。

14.1.2　计算机系统安全发展和启示

14.1.2.1　计算机系统安全的发展

计算机系统安全的发展大致经历了主机中心化和网络中心化发展阶段。随着计算环境普适化和网格化（GRID）的逐步实现，目前正逐步走向新的发展阶段。

1）主机中心化阶段

第一台计算机的出现是 1946 年，那时人们的精力都在关注提高计算机的功能和性能，还没有意识到计算机系统安全的重要性，只考虑到了物理安全问题。20 世纪 70 年代到 80 年代，计算机技术日渐普及，随着多用户、多进程计算机的出现，众多的用户在同一台计算机上工作，出现了计算机账户管理和资源分配等需求，因此身份认证和访问控制出现，开始在操作系统中设置专门的用户口令文件和用户账户文件，并在用户登录时引发身份认证进程。计算机还为不同的用户设置专用目录。此时对计算机系统安全的威胁主要是非法访问、脆弱的口令、恶意代码（病毒）等，需要解决的问题是确保信息系统中硬件、软件及应用中的保密性、完

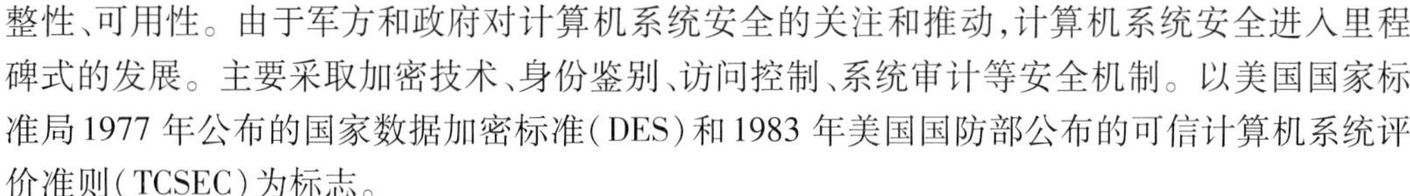

整性、可用性。由于军方和政府对计算机系统安全的关注和推动，计算机系统安全进入里程碑式的发展。主要采取加密技术、身份鉴别、访问控制、系统审计等安全机制。以美国国家标准局1977年公布的国家数据加密标准（DES）和1983年美国国防部公布的可信计算机系统评价准则（TCSEC）为标志。

2）网络中心化阶段

20世纪90年代以来，计算机网络迅速发展，随之产生网络环境下的计算机系统安全概念。对安全的需求不断地向社会各个领域扩展。此时的安全威胁主要表现在网络环境中黑客入侵、病毒破坏、计算机犯罪、情报窃取等。人们需要保护信息在存储、处理、传输、利用过程中不被非法访问或修改，确保合法用户得到服务和拒绝非授权用户服务。安全属性除可用性、完整性、保密性外，要求对信息及计算机系统实施安全监控管理的可控性，及保证行为人不能否认自己行为的抗抵赖性。安全管理受到重视，主要采取安全基础设施、系统安全、防火墙、虚拟专网（VPN）和入侵检测等完整的安全解决方案。以高级密码算法（AES）和国际标准《信息技术安全评估的公共准则》（ISO/IEC 15408）为标志。

14.1.2.2 现代信息安全观——预防、检测、反应与恢复

计算机系统安全不仅是定性地分析，还应有定量的目标。基于时间的PDR（防护、检测、反应）模型为定量地说明计算机系统安全特性提供一种基本方法。防护的目的在于阻止侵入系统或延迟侵入系统的时间，为检测和反应提供更多的时间量。检测的目的在于确定攻击、限制破坏、作出反应。反应的目的在于避免系统损失，为恢复系统作出安排。

用Pt表示从攻击开始到侵入系统所用的时间。这个时间既表示了系统对攻击的防护能力，也表明了攻击者的攻击水平。描述信息系统安全必须把防护和攻击联系起来，防护是针对威胁和攻击的，脱离威胁和攻击的防护是抽象的。防护不可能绝对阻止攻击者入侵，而在于延迟攻击者侵入系统，被延迟的时间越长表示防护越好。

用Dt表示检测系统安全的时间。检测是为了发现系统漏洞和对系统的攻击。单一的漏洞或攻击检测时间是从启动检测程序到检测出一个已知漏洞和攻击是否存在所花费的时间。改进检测算法和提高检测效率是与攻击者进行对抗的重要方法。

用Rt表示安全事件的反应时间，是从发现系统漏洞或攻击而启动反应程序到反应就绪所需的时间。由于计算机系统安全的反应过程包括监视、关闭、切换、跟踪、反击、报警等内容，Rt时间是上述反应处理所用的总时间。

用Et表示系统的暴露时间。则可表示为 $Et = (Dt + Rt) - Pt$。系统暴露时间Et越长，表示系统的安全性越差。

因此，利用PDR模型可以这样来说明计算机系统的安全。如果一个计算机系统的 $Pt > Dt + Rt$，则称该系统是安全的。如果 $Pt < Dt + Rt$，则在Et这段时间内系统是不安全的。

PDR模型还揭示出设计和实现计算机系统安全的三大要素：安全技术、安全过程和人的因素。

计算机系统安全技术对于延长系统防护时间，缩短系统检测、反应时间起着不可替代的作用。但是，计算机系统的安全性渗透到它的各个构件和连接，现代的计算机系统有太多的构件和连接，其中一些甚至系统的设计者、实现者和使用者都不太清楚，因而系统总是存在不安全性。可以说没有完美的计算机系统，不存在一项技术是灵丹妙药。国外一位信息安全专家曾说过："如果你认为技术能解决安全问题，则说明你不懂得安全问题，也不懂得安全技术。"

计算机系统的安全性不仅涉及到防护、检测、反应的安全技术，而且涉及到与安全有关的检测、反应过程，安全管理过程，以及整个追查和检控犯罪的过程。如果要保证计算机系统的

安全,必须一开始就构建这些安全过程。

计算机系统不可避免地要以某种方式、在某些时间、因某种原因与使用者、管理者发生相互作用、产生相互影响。这种相互作用、相互影响是所有安全风险中最大的风险。人常常代表安全链条中最薄弱的一环。长期以来,为系统的安全性失败承担责任。当前,研究计算机系统安全中的人的因素开始引起很大的注意。

因此,联合安全人员、安全过程、安全产品才能为现代网络创建一个安全环境。

14.1.2.3 计算机系统安全发展的若干启示

随着计算机技术、通信技术和网络技术的发展,计算机系统安全技术也在不断发展,发展的重点也在逐渐转移。在网络环境下,确保信息、系统和服务器机密性和完整性的技术手段仍然十分重要,而确保信息、系统和服务可用性的技术手段将逐渐成为重点。

内部和外部攻击的目的也在发生变化,从损坏系统或破坏信息转向瘫痪系统或非法利用信息,最终达到用不利信息影响决策。相应采取的安全措施,重点亦将从安全保护转向入侵检测与反应,进而转向系统恢复与重组。

计算机系统安全技术的发展滞后于信息技术的发展,信息技术产品忽视内部安全措施及减少安全漏洞,给解决计算机系统安全问题带来若干困难。

1)衡量计算机系统的安全性困难

系统可靠性可以用平均无故障时间多少小时来衡量;系统可用性可以用可用度达到多少个9来衡量;系统的安全性如何来衡量?定量地表述系统的安全性是困难的。

目前,对构成系统的组件和单一系统可以用达到的安全等级来衡量。对于联网的大型系统,即使是构成系统的组件能达到某个安全等级,也很难证明构成的大系统就达到某个安全等级,因为已证明在大型系统和形式化模型之间建立符合一致关系是不切实际的。而且,测评认证过程中进行的测试能够暴露以前隐藏的系统缺陷或漏洞,而测试量不能证明已不存在可利用的缺陷或漏洞。

2)网络环境内使计算机系统安全遇到巨大挑战

在网络环境内,对一个使用者来说,不可能正确识别谁与他互连,或知道消息和话音通信经过远程通信“云雾”的确切途径。从技术或逻辑层次上,不可能知道计算机的各种软件组件如何下载、使用和废弃。不可能确切知道计算机硬件中的各种组件是否仅仅做让它做的事情。毫无疑问,也不可能知道共享授权访问远程计算机环境的合作者的行为表现。这些因素是造成解决信息安全困难的本质。理想的情况,一个安全的网络信息系统应该知道(记录)在何时、何处、哪个用户在网络上做了什么事情。实际情况都往往难于做到或目前不可能做到。

3)计算机系统安全产业和市场不成熟

当前计算平台、网络基础设施和软件相对来讲属同构的或者同类的较普遍,并呈增大趋势,这种趋势有时造成连网的信息系统可能更加脆弱。而且日益使用商用软件(COTS)使用户在系统开发中日益降低他们的专长水平。生产厂商基于投入市场的时间考虑,对产品的安全漏洞有所忽视,对产品内构安全特性失去信心,促使把安全性推迟到产品生命周期的较后阶段来解决。迫于产品价格下降的竞争压力和难于专门去辨别安全性的成本,造成目前信息安全产品多是独立于信息系统产品和服务。例如20世纪80年代初DEC公司开始研究A1级操作系统,经多年努力和花费数百万美元,原型于1984年在VAX-11/730计算机上运行。1989年交付用户应用测试,计划于1990年进行形式化评测。但随即宣布计划取消,因为对该系统没有足够需求而夭折。

4) 计算机系统安全中人的因素是个薄弱环节

计算机系统安全涉及到技术因素、管理因素和人的因素。计算机系统安全技术在不断发展和充实,安全管理从工作程序或技术方面在不断加强和完善,目前,计算机系统安全中人的因素缺少研究和引起高度重视。

美国2000年提出的信息系统安全保护计划中特别指出,在国家网络空间防御体系中,最迫切需要、最难得的和必不可少的是一支训练有素的计算机科学和信息技术专家队伍。在对信息安全人才危机的预知、人才吸引、人才培养方面,我们都存在很大差距。

计算机系统安全建设的各个环节需要高级的人才;在信息攻击与防御方面更需要专门人才。企业和部门计算机系统安全要求每个员工具备必要的安全意识和技能,开发计算机系统安全技术和产品需要考虑人的行为影响。开展计算机系统安全意识教育和培训,树立计算机信息安全文化,日益成为不可或缺的日常工作。

人的因素是计算机系统安全中最迫切需要研究和解决的问题,也是最难解决的问题。

计算机系统安全问题的研究基于安全理论,不如基于不安全理论。不安全理论有三条公理。

(1) 不安全性存在;

(2) 不安全性不能彻底排除;

(3) 不安全性可以减轻。

因此,我们提出计算机系统安全的技术方针:堵塞漏洞、重视威胁、适当保护、加强检测、快速反应、落实威慑。

计算机系统安全建设重在实践,贵在经验。

14.2 深度防御与计算机信息安全保障技术框架

14.2.1 深度防御战略与信息保障

深度防御是当今高度网络化环境下取得计算机系统信息保障的一种实际可行的战略。它主张在保护能力与费用、性能与运营的考虑方面取得平衡。

信息保障就是采用各种安全服务保护信息和计算机系统,抵御各种各样的攻击。安全服务主要有可用性、完整性认证、机密性和不可抵赖等。这些服务的应用应该基于防护、检测和反应(PDR)模式。这就意味着组织机构要考虑到攻击,除了使用保护机制,还要包括攻击检测工具和组织机构能够对这些攻击采取的反应和恢复处理过程。

深度防御战略的一个重要原则是:取得信息保障需要人、技术和操作三种要素的均衡。

要素1:人

取得信息保障始于高级管理层(典型的在首席信息官这一层)基于对可能察觉的威胁的清晰理解。然后要有有效的信息保障策略和过程,角色和职责的分配,关键人员(用户和系统管理员)的培训以及人员的可追踪性。最后,建立物理和人员安全措施来控制和监督对信息技术环境设施和关键组成部分的访问。

要素2:技术

现在,已有广泛的技术可提供信息保障服务和检测入侵。要确保采购和部署正确的技术,每一个组织都应该建立有效的技术获取策略和过程。这些应包括:安全策略、信息保障原则、系统级信息保障体系结构和标准、对所需要的信息保障产品的评估准则,经可靠的第三方认可的产品的获取,配置指南和评估整体系统风险的过程。深度防御战略建议如下几个信息安全保障原则。

(1) 多处防御(设防)(Defense in Multiple Places)。对手可以从多个地点采用内部方式和外部方式攻击一个目标,组织机构需要在多处部署防护机制抵御各种攻击。至少,这些防御的"焦点领域"应包括如下:

① 保卫网络和网络基础设施。保护局部和广域通信网络,如:防拒绝服务(DoS)的攻击;为在这些网络上传输的数据提供机密性和完整性保护(如:使用加密和通信流安全措施防止主动的监听)。

② 保卫自治域的边界,如:部署防火墙和入侵检测系统防止网络攻击。

③ 保卫计算环境,如:在主机和服务器上提供访问控制,防止内部人员、邻近的和分布式攻击。

(2) 分层防御(设防)(Layered Defenses)。即使最好的信息保障产品也有固有的弱点。因此,对手找到一个可利用的脆弱点只是时间问题。一种有效的对抗措施是在对手和目标之间部署多种防御机制。每一种机制对于对手应该是一种独特的障碍。还有每一种机制应该包括保护和检测措施,这有助于降低对手无代价成功侵入的机会。在外层和内层网络边界部署嵌套的防火墙(每一个都含有入侵检测)就是一个分层防御的例子。内层的防火墙应支持更细粒度的访问控制和数据过滤。

(3) 指定安全健壮性(强度和保证)。

(4) 部署健壮的密钥管理和公钥基础设施。

(5) 部署入侵检测、分析和响应基础设施。

要素 3:操作

操作要素关注日常维持一个组织安全态势的所有活动。它包括:

(1) 维护系统安全策略及时更新并为大家所知。

(2) 认证和认可对信息技术基线的更改。认证和认可过程应提供数据以支持基于决策的"风险管理"。这些过程还应知道在互连环境中"一人接受的风险就是多人共享的风险"。

(3) 管理信息保障技术的安全态势(例如,安装安全补丁、更新病毒库、维护访问控制表)。

(4) 提供密钥管理服务并保护这一基础设施。

(5) 完成系统安全评估(例如,脆弱性扫描,"红"队)。评定持续的"安全有备状态"(Security readiness)。

(6) 对目前威胁的监控和反应。

(7) 攻击探测、告警和响应。

(8) 恢复和重构。

14.2.2 一种基于深度防御战略的计算机系统安全体系框架

基于深度防御战略的计算机系统安全保障体系框架将实现安全服务所有的安全保障措施和行动分为技术和非技术二大类,按人、技术、运作和管理四个要素划分为四个层面,如图 14.2 所示。

人、技术、实施运作和安全管理是安全保障体系中的四个重要组成部分:具有安全意识的人利用各种技术,在良好的管理下对涉及的计算机网络和业务系统进行运作,从而达到确保计算机网络和业务系统安全性的目的。

基于深度防御战略的计算机系统安全体系框架由技术层面、运作层面、人的因素、管理层面、安全策略、安全标准和安全等级等 7 个部分构成。

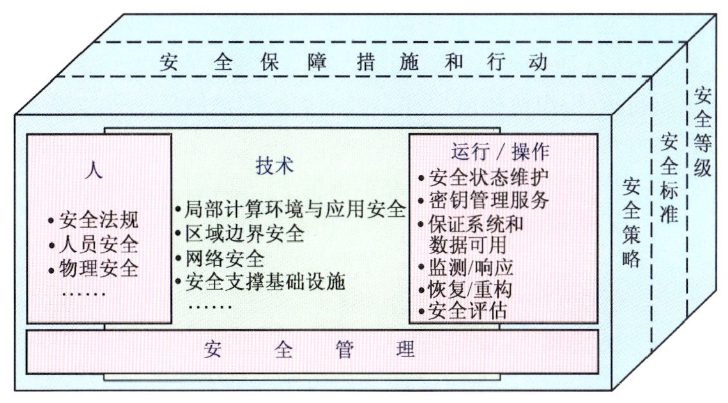

图 14.2 基于深度防御战略的计算机系统安全保障体系框架

14.2.2.1 技术层面

技术层面核心是信息安全保障(IA)技术,安全技术方针是应用纵深防御战略,注重防内和整体防外。

与技术层面相关的安全技术措施和行动主要包括如下三方面:

(1) 局部计算环境与应用安全:应用系统安全、Web 服务器的安全、DNS 服务器安全、数据库安全、操作系统安全、主机安全检测与响应和系统安全审计等。

(2) 网络与区域边界安全:加密和数字签名、VPN、防火墙、接入认证/远程访问控制、入侵检测、漏洞扫描、网络防病毒、网络安全审计等。

(3) 安全支撑基础设施:PKI/CA(公钥/证书设施)、KMI(密钥管理设施)、PMI(特权管理设施)、可信时间服务、检测和响应基础设施等。

14.2.2.2 安全运作层面(运行/操作)

运作指的是系统的运行和日常操作。安全运作涉及日常维持计算与应用系统安全态势的所有活动。安全运作的重点是保障应用系统的持续安全可靠运行。

与安全运作相关的安全措施和行动主要包括:安全状态维护、密钥管理服务、安全评估、事件处理/恢复与重构、可用与可靠性设施等。

14.2.2.3 人的因素

人的因素的核心是提高人们积极主动的安全防范意识,形成安全的物理和文化环境。

与人的因素相关的安全措施和行动主要包括:安全法规、人员安全和物理与环境安全等。

14.2.2.4 安全管理层面

安全管理层面强调人的因素、技术层面和运作层面三种要素的协同和均衡。信息安全是过程,安全管理必然不可缺少。安全管理涉及人与环境、安全技术以及安全运作的各个方面,良好的安全管理机制和措施是各种要素取得均衡的关键。

安全管理层面相关的安全措施和行动主要包括:安全管理体制、安全组织、安全技术的管理、运行管理和审计管理等。

14.2.2.5 安全策略

安全策略应侧重军事应用对安全的需求,兼顾风险、脆弱性、应遵守的法规和安全技术现状与发展。针对军用计算机系统网络和业务的特点,综合军用计算机系统对安全的需求、网络的风险与脆弱性、安全标准、安全等级、应遵守的法规和安全技术现状与发展,从涉及的人员与物理环境、信息保障技术、运行与操作、安全管理4 个方面确定军用计算机系统的安全策略。

14.2.2.6 安全标准

规定计算机系统应遵循的安全标准和规范。安全标准化将确保各种安全技术和措施能够协同工作和实现整体效能。

14.2.2.7 安全等级

参照国家和军队有关计算机系统安全评估等级的标准（如 GB 17859—1999），确定计算机信息系统的等级分类要求。

14.3 操作系统安全

操作系统是一切软件运行的基础，而安全在操作系统的含义则是在操作系统的工作范围内，提供尽可能强的访问控制和审计机制，在用户/应用程序和系统硬件/资源之间进行符合安全政策的调度，限制非法的访问，在整个软件信息系统的最底层进行保护。

14.3.1 操作系统的各种安全机制

操作系统是硬件与其他应用软件之间的桥梁，它提供的安全服务有：内存保护、文件保护、普通实体保护（对实体的一般存取控制）、存取鉴别（用户身份鉴别）等。一个操作系统的安全性可以从以下 4 个方面考虑。

（1）物理上分离：进程使用不同的物理实体；

（2）时间上分离：具有不同安全要求的进程在不同的时间运行；

（3）逻辑上分离：用户感觉到他的操作是在没有其他进程的情况下进行的，而操作系统限制程序的存取使得程序不能存取其允许范围外的实体；

（4）密码上分离：进程以一种其他进程不了解的方式隐藏数据及计算。

操作系统安全的主要目标是：按系统安全策略对用户的操作进行存取控制，防止用户对计算机资源的非法存取；标识系统中的用户和身份鉴别；监督系统运行的安全性；保证系统自身的安全性和完整性。

操作系统的安全机制包括硬件安全机制和软件安全机制，硬件安全机制涉及到存储保护、运行保护和 I/O 保护等内容。下面着重讲述软件安全机制。

软件安全机制主要包括以下几个方面。

（1）用户标识与鉴别：标识与鉴别是涉及系统和用户的一个过程。标识是系统要标识用户的身份，并为每个用户取一个名称——用户标识符。将用户标识符与用户联系的动作称为鉴别，为了识别用户的真实身份，它总是需要用户具有能够证明其身份的特殊信息。

（2）访问控制：在计算机系统中，安全机制的主要内容是访问控制，它包括以下 3 个任务：授权（确定可给予哪些主体存取客体的权利）；确定存取权限；实施存取权限。

（3）最小特权管理：将超级用户的特权划分为一组细粒度的特权，分别给予不同的系统操作员/管理员，使各种系统操作员/管理员只具有完成其任务所需的特权，从而减少由于特权用户口令丢失或错误软件、恶意软件以及误操作所引起的损失。

（4）可信通路：在计算机系统中，用户是通过不可信的中间应用层和操作系统相互作用的，操作系统必须保证用户在与安全核心通信时不会被特洛伊木马截获通信信息，提供一条可信通路。

（5）隐蔽通道：隐蔽通道是允许进程以危害系统安全策略的方式传输信息的通信信道。系统设计时要进行隐蔽信道分析，采取一些措施在一定程度内清除或限制隐蔽通道。

（6）安全审计：审计是对系统中有关安全的活动进行记录、检查及审核。主要目的就是检测和阻止非法用户对计算机系统的入侵，并显示合法用户的误操作，审计作为一种事后追查的手段保证系统的安全性。

（7）病毒防护：一般来说，完全防止计算机病毒是非常困难的，但是通过安全操作系统的强制存取控制机制可以起到一定的保护作用。

14.3.2 安全操作系统设计

14.3.2.1 设计原则与典型结构

安全操作系统的设计要遵从以下原则。

（1）最小特权原则。为使无意或恶意的攻击所造成的损失达到最低限度，每个用户和程序必须按照“需要”原则，尽可能地使用最小特权。

（2）经济性原则。保护系统的设计应小型化、简单、明确。保护系统应是经过完备测试或严格验证的。

（3）开放性原则。保护系统机制应该是公开的，安全性不依赖于保密。

（4）完整的存取控制机制。系统要对每个访问操作进行检查。

（5）基于“允许”的设计原则。系统应标识什么资源是可存取的，而不应标识什么资源是不可存取的。

（6）权限分离原则。系统的管理权限由多个用户承担，使入侵系统者不会拥有对全部系统资源的存取权限。

（7）避免信息流的潜在通道。可共享实体提供了信息流的潜在通道，系统为防止这种潜在通道应采取物理或逻辑分离的方法。

（8）方便实用。系统要有友好的用户接口。

一个典型的安全操作系统结构如图14.3所示。

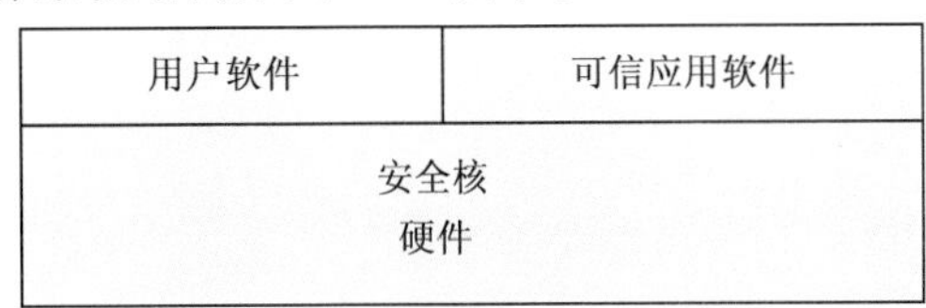

图14.3 安全操作系统的一般结构

其中，安全核用来控制整个操作系统的安全操作；可信应用软件由两部分组成，即系统管理员和操作员进行管理的应用程序，以及运行具有特权操作的、保障系统正常工作的应用程序；用户软件由可信软件以外的应用程序组成。

14.3.2.2 安全操作系统开发方法

从头开始建立一个完整的安全操作系统的方法并不常见，通常可行的方法是在一个现有的非安全操作系统上增加安全功能。基于非安全操作系统开发安全操作系统，一般有以下3种方法。

1）虚拟机法

在现有操作系统与硬件接口之间增加一个新的分层，作为安全内核，操作系统几乎不变地作为虚拟机。安全内核的接口几乎与原有硬件等价，操作系统本身并未意识到已被安全内核控制，仍像在裸机上一样执行它自己的多进程和内存管理功能，因此，可以不变地支持现有的应用程序，且能很好地兼容将来的版本。采用虚拟机法时硬件特性对虚拟机的实现非常关键，要求原系统硬件和结构都支持虚拟机，这种方法局限性很大。

2）改进/增强法

在现有操作系统的基础上，对其内核和应用程序进行面向安全策略的分析，然后加入安全机制，经改造、开发后的安全操作系统基本上保持了原有操作系统的用户接口界面。这种方法受系统体系结构和现有应用程序的限制，很难达到很高（如 B3 级以上）的安全级别。但这种方法不破坏原系统的体系结构，开发代价小，且能很好地保持原有系统的用户接口界面和系统效率。

3）仿真法

对现有操作系统的内核做面向安全策略的修改，然后在安全核与原有系统用户接口界面中间，再编写一层仿真程序。这样，在建立安全内核时，可以不受现有系统的限制，且可以完全自由地定义系统仿真程序与安全内核之间的接口。采用这种方法要同时开发安全内核和仿真程序，系统的有些接口是不安全的，不能仿真，有些接口虽安全，但很难仿真。

Linux 是一个开放源代码的操作系统，具有代码结构清晰、运行稳定可靠、支持多种硬件平台等优点，同时具有丰富的应用软件供用户使用，可用性强，目前已在多种领域得到了广泛应用。通过对 Linux 内核进行安全加固、扩充安全功能，使其达到一定的安全要求，是当前开发安全操作系统的一种典型方法。

14.4 数据库安全

数据库管理系统安全性主要涉及认证、资源文件、权限角色、审计、数据库可用性、数据库完整性和数据库加密等等。下面，我们以 Oracle 数据库管理系统为例，对数据库的安全技术作简单介绍。

14.4.1 认证

数据库管理系统支持各种类型的认证。数据库管理系统的认证通过数据库账户使用用户标识符和口令管理。数据库管理系统使用经过修改的 DES 算法加密口令。口令以密文形式保存在数据字典中。每个会话密钥是唯一的，不会被重复使用。所有的口令，无论是通过网络传输还是用于本机，都将被加密。

数据库管理系统还支持基于主机的认证，方法是将操作系统用户的账户传递给数据库管理系统。另外，在有些商用数据库管理系统选件中，还提供了更多附加的认证方法。

例如，Oracle9i 支持增强的用户鉴别和授权并为用户提供基于服务器口令、认证方法。

1）基于服务器口令的认证

对口令的策划，从安全方面考虑，必须确保口令定期更换，口令足够复杂，并且不易被猜中。

Oracle9i 提供内建的、功能强大的口令管理工具，使管理员能够：

（1）使用最短的口令；

（2）保证口令复杂性以及口令的重复使用；

（3）拒绝易被猜中的口令词汇，如：用户名或公司名；

（4）在某一口令几次输入有误后，或安全漏洞被检测到时，自动锁定账户。

2）基于证书的认证

Oracle9i 的高级安全选件（OAS），通过在 SSL 中使用可互操作的 X.509 证书，提供了增强的基于 PKI 的单点登录。为增强用户认证，SSL 还为多种类型的连接提供网络数据机密性和数据完整性：LDAP，IIOP 和 Net（即：Net8）。

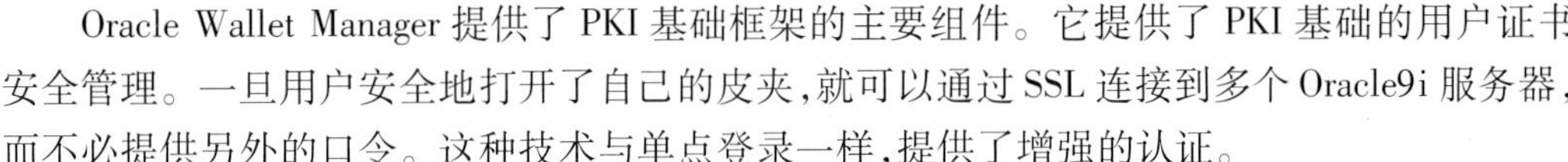

Oracle Wallet Manager 提供了 PKI 基础框架的主要组件。它提供了 PKI 基础的用户证书安全管理。一旦用户安全地打开了自己的皮夹，就可以通过 SSL 连接到多个 Oracle9i 服务器，而不必提供另外的口令。这种技术与单点登录一样，提供了增强的认证。

3）基于主机的认证

Oracle9i 还允许通过下层的主机，或是操作系统对用户认证，加强用户名和口令安全。在这个过程中，Oracle9i 识别用户，而主机或操作系统将初始登录操作系统的口令提交给 Oracle9i 进行认证。

4）第三方认证

OAS 支持多种第三方认证，如：KERBEROS、DCE、智能卡、生物鉴别（Identix）和 RADIUS。这些硬软件技术在验证用户身份方面比传统的口令认证方法更强。

5）N－tier 认证

对处于中间层的应用和系统来说，Oracle9i 提供了 N－tier 认证，即：通过 Oracle Call Interface（OCI）的“轻量级会话”创建，在一个数据库服务器的会话中，应用可以有多个用户会话。这种“轻量级会话”允许每个用户通过一个数据库口令认证，而不必在上层分别连接数据库，就像通过中间层保留了实际用户的身份一样。

14.4.2 资源文件

数据库管理系统的管理员可以通过使用资源文件，对一定数量的系统资源、口令和部分数据库管理系统产品的使用作某些限制。资源文件可以被定义、被命名，并分配给指定的用户或用户组。资源文件有两种类型，系统资源文件和产品资源文件。

系统资源文件用于限制系统资源，如：CPU 时间，每个会话或每个程序调用时可读入的数据块数，并发活动的会话数，每个用户的最长连接时间等等。通过使用这些设置，可以有效地防止用户浪费系统资源。另外，系统资源文件能定义强制使用口令规则，如：口令生存期，口令尝试失败次数等等。这种资源文件还可以对口令进行复杂度检查。方法是由 DBA 编写一段 PL/SQL 脚本，在脚本中定义口令必须达到何种复杂程度，例如：要求含有字符、数字、指定的口令长度，以及新口令与旧口令至少要保证一定程度上的不同等等。

产品资源文件可用于禁止用户使用数据库管理系统 SQL，SQL * Plus，SQL * ReportWriter 和 PL * SQL 中的命令，防止管理员通过这些命令访问操作系统，杜绝未经认证的用户从一个表向另一个表拷贝数据。

14.4.3 权限

通常，数据库管理系统使用最低权限规则，即：把对数据的访问能力限制到最低。

在默认的情况下，新创建的数据库管理系统用户是没有权限的。但在他们登录或执行数据库操作前必须为他们授权。没有权限的用户什么事也作不了。共有大约 100 种左右的权限，分为两类：系统权限和对象权限。

系统权限允许用户创建或操纵对象，但不能实际存取对象。系统权限允许用户执行的命令有：ALTER TABLE（修改表），CREATE TABLE（创建表），EXECUTE ANY PROCEDURE（执行任一过程）等等。

对象权限允许访问特定的数据库对象，如某个表或某个视图。视图级的对象权限独具特点：管理员可以限制用户只访问表中行或列的子集，而不是全表。数据库管理系统还允许具有 GRANT 权限的用户将 GRANT 权授予其他用户和角色。

14.4.4 角色

谈到角色,它简化了用户权限的分配。角色创建一次,并分配一定权限之后便可分配给用户或其他数据库管理系统。用户可被授予多个角色。可以用口令保护角色,除非用户使用默认角色,否则要用口令将角色激活。

数据库管理系统有三个缺省的角色:Connect 角色——偶尔被用户使用,它只允许用户注册,并创建属于自己的表,索引等;Resource 角色——类似 Connect 角色,但它又提供了一些高级权限,如:创建触发子和过程;数据库管理员角色(DBA)——具有管理数据库和用户的所有权限。

14.4.5 审计

数据库管理系统有三种类型审计,包括 SQL 语句级,权限级和对象级。审计记录可写入标准数据库管理系统审计表,或是操作系统审计记录,或是写入一个外部文件。标准审计只在表级审计,不能审计行或列。

数据库管理系统允许用户自行编写程序来审计,具体作法是使用数据库和事件触发子。事件触发子用于数据库管理系统审计消息,例如:login,logout 以及其他数据库事件。

无论是标准审计还是用户触发子程序审计,有可能被审计的内容有:

(1) 特殊的 SQL 语句执行,例如:对表的操纵,用户连接等;

(2) 系统权限的使用,一共有大约 100 种权限;

(3) 对象审计,记录为对象(包括表,视图,索引等)作了哪些操作;

(4) 审计特殊用户;

(5) 审计中间层应用,例如:由另一个数据库访问;

(6) 审计成功或失败的事件;

(7) 审计指定行或列的变化;

(8) 当审计到某行发生变化后,不等管理器的批准,而是直接向另一个表写入一条记录。

14.4.6 数据库可用性

主流商用数据库管理系统提供了很多支持高可靠,不间断地操作或者修复的关键任务应用功能,例如:

(1) 用资源文件控制用户,防止其故意或非故意地造成系统资源“浪费”。

(2) 提供不同的备份选项。“冷”备份可以在数据库关闭时备份,“热”备份允许在数据库运行时备份。逻辑备份(或称“卸出”),在数据库的某一时间点对某个表或全库作一次快照。还有一个复杂的 Recovery Manager 工具,用于修复数据库。

(3) 数据库复制工具,可用来创建相同的数据库,以备在主数据库一旦发生失败后用于重载。

(4) 数据库管理系统高可用集群(Cluster),集群可提供负载均衡,更容易作到规模伸缩,并且其中一个服务器失败后,受影响的只是一部分用户而非全部用户。

(5) 数据分区选件(Data Partitioning)用于管理大型的表。使用数据分区选件将大型数据表拆分成小数据块表。这样做的优点是:频繁访问的数据可被分区并放在更快的硬驱中,从而加快访问速度。

14.4.7 数据库完整性

数据库管理系统提供了一些功能,确保在系统失败,人为因素,或遭遇恶意攻击时数据的完整性,这其中包括:重作日志文件,回退段或日志文件分析工具。

所有数据的改变至少被写入两个由数据库系统维护的重作日志文件。一旦发生系统失败或数据被破坏,使用最后一次完整的备份和重作日志文件能够修复数据库,使之回到系统丢失数据之前的状态。

数据库管理系统使用回退段来记录数据库每次改变的状态。当系统失败或事件出错时,回退段可以向后回退未提交的修改,以恢复数据库到从前某一完整事物状态。

某些数据库管理系统还提供基于 SQL 的日志文件分析工具,当需要更复杂的修复时,可用它分析重作日志文件和回退段。

14.4.8 数据库加密

理想情况下,应该完整地加密一个机密性的数据库。但是,必须清楚地看到,加密会带来很高的系统开销,需要执行复杂的加密/解密算法。因此,数据库管理系统一般不提供完整的数据库加密,而只是提供 PL/SQL 包,可以让开发人员使用 DES 和 Triple DES 算法,完成部分数据库的加密和解密。

我们可以考虑在三个不同层次实现对数据库数据的加密,这三个层次分别是 OS 层、DBMS 内核层和 DBMS 外层。

(1) 在 OS 层加密。在 OS 层无法辨认数据库文件中的数据关系,从而无法产生合理的密钥,对密钥合理的管理和使用也很难。所以,对大型数据库来说,在 OS 层对数据库文件进行加密很难实现。

(2) 在 DBMS 内核层实现加密。这种加密是指数据在物理存取之前完成加/脱密工作。这种加密方式的优点是加密功能强,并且加密功能几乎不会影响 DBMS 的功能,可以实现加密功能与数据库管理系统之间的无缝耦合。其缺点是加密运算在服务器端进行,加重了服务器的负载,而且 DBMS 和加密器之间的接口需要 DBMS 开发商的支持。

(3) 在 DBMS 外层实现加密。比较实际的做法是将数据库加密系统做成 DBMS 的一个外层工具,根据加密要求自动完成对数据库数据的加/脱密处理。采用这种加密方式进行加密,加/脱密运算可在客户端进行,它的优点是不会加重数据库服务器的负载并且可以实现网上传输的加密,缺点是加密功能会受到一些限制,与数据库管理系统之间的耦合性稍差。

下面我们进一步解释在 DBMS 外层实现加密功能的原理。

数据库加密系统分成两个功能独立的主要部件:一个是加密字典管理程序,另一个是数据库加/脱密引擎。数据库加密系统将用户对数据库信息具体的加密要求以及基础信息保存在加密字典中,通过调用数据加/脱密引擎实现对数据库表的加密、脱密及数据转换等功能。数据库信息的加/脱密处理是在后台完成的,对数据库服务器是透明的。

按以上方式实现的数据库加密系统具有很多优点:首先,系统对数据库的最终用户是完全透明的,管理员可以根据需要进行明文和密文的转换工作;其次,加密系统完全独立于数据库应用系统,无须改动数据库应用系统就能实现数据加密功能;第三,加解密处理在客户端进行,不会影响数据库服务器的效率。

数据库加/脱密引擎是数据库加密系统的核心部件,它位于应用程序与数据库服务器之间,负责在后台完成数据库信息的加/脱密处理,对应用开发人员和操作人员来说是透明的。数据加/脱密引擎没有操作界面,在需要时由操作系统自动加载并驻留在内存中,通过内部接口与加密字典管理程序和用户应用程序通信。数据库加/脱密引擎由三大模块组成:加/脱密处理模块、用户接口模块和数据库接口模块。其中,数据库接口模块的主要工作是接收用户的操作请求,并传递给加/脱密处理模块,此外还要代替加/脱密处理模块去访问数据库服务器，并完成外部接口参数与加/脱密引擎内部数据结构之间的转换。加/脱密处理模块完成数据库加/脱密引擎的初始化、内部专用命令的处理、加密字典信息的检索、加密字典缓冲区的管理、SQL 命令的加密变换、查询结果的脱密处理以及加脱密算法实现等功能，另外还包括一些公用的辅助函数。

14.5 应用系统安全

应用系统安全的重点是解决应用系统中允许谁做多少什么样的事，也就是授权。在系统中，授权是通过逻辑访问控制服务实现。作为访问控制的前端，需要有身份鉴别功能，能够证实访问主体的真实身份。作为访问控制的后端，需要有审计追踪功能，能够记录何人何时做了何事。同时，还需要安全管理功能实现创建/编辑授权和检查审计追踪记录。此外，应用系统还要考虑数据的完整性和机密性以及对操作和数据的抗抵赖措施。

归纳起来，应用系统安全主要涉及以下几个方面：①授权（Authorization）；②访问控制（Access control）；③身份鉴别（Authentication）；④审计（Audit）；⑤安全管理（Administration）；⑥数据的完整性和机密性以及对操作和数据的抗抵赖措施。

应用系统安全通常从两个方面考虑：首先是底层的安全基础设施要为应用提供安全服务，即安全的基础；其次是应用在设计中必须考虑安全的问题，保证提供安全的应用。

底层安全基础设施首先要提供文件加解密接口和数字签名接口，保证应用可以简单地通过调用安全 API 来进行加密文件存取和生成关键信息的数字签名，考虑到成本因素，该安全接口由 CA 厂商作为基本功能提供。

应用系统在设计中必须考虑安全问题，必须依托于底层安全基础设施提供的各种措施来实现安全功能，以维持全系统一致的安全性。与底层基础设施一样，应用系统在安全设计中也主要考虑数据保护、鉴别、授权和访问控制等方面，只是角度有所不同，在应用安全中主要考虑鉴别、授权和访问控制。

14.5.1 身份鉴别

应用必须使用底层安全基础设施提供的鉴别机制来对用户进行身份鉴别，并对通信双方进行双向的身份鉴别。应用系统安全中身份鉴别包含两层含义。

（1）应用系统对用户的身份鉴别：相关基础设施由 CA 系统提供，首先要实现证书的加密安全存储，如 IC 卡存储；其次要提供口令认证机制来访问存储介质。访问功能以简单易用的 API 形式提供，应用开发人员无需关心具体细节。

（2）应用系统网络通信各方之间的身份鉴别：主要是在客户端与服务器之间的通信中使用。相关基础设施由 CA 系统提供，以安全 API 的形式提供，应用开发人员只需要调用相关 API 即可实现双向的身份鉴别并且能够建立安全的通信。

14.5.2 授权

考虑到计算机系统中的应用种类繁多、开发任务繁重，而计算机系统对安全的需求又非常之高，因此授权机制通常需要统一考虑。

由于授权机制与鉴别的关系非常密切，因此在设计中依托于鉴别机制来实现授权机制。计算机系统安全设计的原则是在不同位置考虑不同厂商的安全产品，因此在考虑授权机制提供厂商时尽量与 CA 提供厂商不同。由于授权相关的标准开发相对滞后，因此可能会出现不同厂商产品无法兼容的情况，对此在不同厂商产品可以协同工作的情况下采用不同厂商产

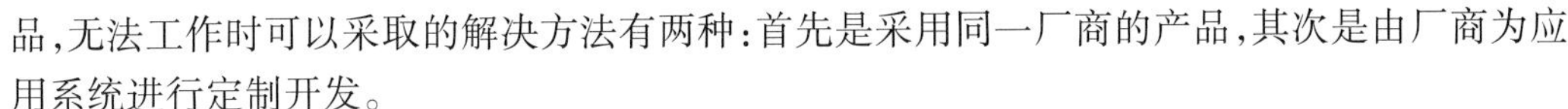

品,无法工作时可以采取的解决方法有两种:首先是采用同一厂商的产品,其次是由厂商为应用系统进行定制开发。

授权系统需要具有以下功能和特点:

(1) 提供角色管理的功能:授权通过角色来进行,角色管理要与证书相结合;允许应用系统定义多种类型的角色;在每一种类型中可以定义多个级别;可以建立角色组的概念。

(2) 提供权限管理的功能:提供权限定义功能,允许应用根据需要定义不同的权限类型和级别。

(3) 权限管理功能:允许应用根据角色和权限来管理权限,包括授予权限、暂停使用权限和收回权限等。

(4) 权限查询功能:允许应用在需要的时候向授权系统进行查询,获得授权信息。

授权系统的性能要求如下:

(1) 响应时间要符合需要:保证用户不会感觉到明显的时延,主要是针对权限查询功能而言。授权系统可以根据需要使用目录系统来提供查询功能,或者指定专门的服务器来完成,但是必须要满足性能要求。

(2) 提供细粒度的划分:包括角色和权限的划分,要能够满足所有应用的需求。

14.5.3 访问控制

底层安全基础设施只提供对应用访问的系统级的访问控制,系统级的访问控制是指利用操作系统提供的系统安全机制,保证未授权的用户不能访问执行业务处理的程序,此项功能现有商用操作系统可以满足,无需另行购置设备。

应用内部的访问控制由应用系统自身依托于鉴别和授权系统来完成。应用系统应该充分利用底层安全基础设施提供的各种机制来综合完成细粒度的访问控制。

在设计具体应用的访问控制功能时,必须考虑以下问题。

(1) 角色定义:系统必须使用角色来进行访问控制的判断,而不是直接让用户来进行。这样当某个用户的属性发生变化时,例如更换部门,级别变化等,不需要进行太多的变化。

(2) 业务权限的管理:在应用系统中,应该更多地考虑与审计业务相关的业务权限,即使用底层安全基础设施提供的服务来对相关的审计业务操作进行访问控制。具体到应用程序中包括界面操作的控制以及对数据的访问权限等。

(3) 权限分离:将业务权限与系统管理权限分离,防止系统管理员权力无限扩大。系统管理员具有系统用户的管理,应用使用权限管理等全局性的权力;而业务权限管理员只对具体业务的权限细节有控制权,即他/她可以控制角色所拥有的权限;用户和角色的对应关系由授权系统的管理员来建立。以上三种管理员不能由相同的人担任,通过这种细粒度的划分,保证在系统中没有人具有不受限制的权力,以保证系统的安全性。

(4) 审计功能:建立完善的审计功能,对系统的各种操作和状态进行详尽地记录,并提供丰富的统计和分析功能,为管理员进行决策提供充分的依据。

14.5.4 数据保护

应用系统必须对关键数据采取数据保护措施,包括机密性与完整性保护,此项功能通过调用底层安全基础设施提供的安全 API 来实现。

应用提供的数据保护功能包括:

(1) 系统安全控制:利用操作系统提供的机制对数据进行访问控制设定。

(2) 机密性保护:对关键数据进行加密存储。

（3）完整性保护：对关键数据在存取时进行完整性保护。

（4）报警机制：在数据发生错误时向用户报警。

（5）数字签名：通过调用底层安全基础设施提供的安全 API 来对关键数据实施数字签名，包括存储的数据和传输的数据，来提供抗抵赖功能。

14.6 高信度计算技术

计算机信息系统正与人类社会建立起越来越密切的联系，我们的生活日益依赖网络化的信息系统，在不断增多的互联网信息给我们带来巨大经济利益的同时，新的安全威胁已经大规模出现了，这是大多数业界人士全然想不到的事情。拥有一个高可信的计算体制就显得至关重要，无论是对军队、政府、个人，还是社会都是如此。了解和研究高信度信息系统的有关技术对提高我国信息化的建设水平和加快我国信息安全技术发展进程具有非常重要的意义和广阔的应用前景。

14.6.1 高信度计算的发展历程

20 世纪 70 年代初期，Anderson JP 首次提出可信系统的概念，由此开始了人们对可信系统的研究。较早期的学者对可信系统研究（包括系统评估）的内容主要集中在操作系统自身安全机制和支撑它的硬件环境，此时的可信计算被称为“可靠计算”，与容错计算领域的研究密切相关。人们主要关注元器件随机故障、生产过程缺陷、定时或数值的不一致、随机外界干扰、环境压力等物理故障，设计错误、交互错误、恶意的推理、暗藏的入侵等人为故障造成的各种不同系统失效状况，设计出许多集成了故障检测技术、冗余备份系统的高可用性容错计算机。这一阶段研究出的许多容错技术已被用于目前普通计算机的设计与生产。

1983 年美国国防部推出了“可信计算机系统评价标准（TCSEC）”（亦称橙皮书），其中对可信计算基（TCB）进行了定义。这些研究主要是通过保持最小可信组件集合及对数据的访问权限进行控制来实现系统的安全，从而达到系统可信的目的。1999 年 10 月，由 Intel、Compaq、HP、IBM、Microsoft 发起了一个“可信计算平台联盟”（TCPA）。截止至 2002 年 7 月，已经有 180 多家硬件及软件制造商加入 TCPA 。该组织致力于促成新一代具有安全、信任能力的硬件运算平台。

2002 年 1 月 15 日，比尔·盖茨在致微软全体员工的一封信中称，公司未来的工作重点将从致力于产品的功能和特性转移为侧重解决安全问题，并进而提出了微软公司的新“高可信计算”战略。在可信计算 30 余年的研究过程中，可信计算的含义不断地拓展，由侧重于硬件的可靠性、可用性到针对硬件平台、软件系统、服务的综合可信，适应了 Internet 上应用系统不断拓展的发展需要。

14.6.2 高信度系统的基本概念

1）系统的可信性（Trust）

说到可信计算，首先必须准确地把握一个概念：信任在计算机应用环境中的含义。信任是一个复杂的概念，当某一件东西为了达到某种目的总是按照人们所期望的方式运转，我们就说我们信任它。在 ISO/IEC 15408 标准中给出了以下定义：一个可信的组件、操作或过程的行为在任意操作条件下是可预测的，并能很好地抵抗应用软件、病毒以及一定的物理干扰造成的破坏。系统所提供的服务是用户可感知的一种行为，而用户则是能与之交互的另一个系统（人或者物理的系统）。计算机系统的可信性应包括：可用性、可靠性、安全性、健壮性、可测试性、可维护性等。

2）可信计算

除了通过各种硬件技术来实现计算机的高可用性外，目前在计算机系统中已经采用了多种基于软件的安全技术用于实现系统及数据的安全，如 X.509 数字证书、SSL、IPSEC、VPN 以及各种访问控制机制等。但是 Internet 的发展在使得计算机系统成为灵活、开放、动态的系统同时，也带来了计算机系统安全问题的增多和可信度的下降。可信计算平台联盟（TCPA）自成立后经过一年多的努力推出了可信计算平台的标准实施规范。

在 TCPA 制定的规范中定义了可信计算的三个属性。

(1) 认证：计算机系统的用户可以确定与他们进行通信的对象身份；

(2) 完整性：用户确保信息能被正确传输；

(3) 私有性：用户相信系统能保证信息的私有性。

TCPA 所制定的“TCPA MainSpecification”是用于确立名为“Trusted Platform Module（TPM）”的硬件级安全架构的标准。在 IBM 开发的安全技术的基础上，TCPA 于 2001 年 10 月公布了该标准的 1.0 版本，在 2002 年 2 月公布了其最新版本 1.1b，并先后推出了相关规范：TCPA PC Specific Implementation Specification1.0 以及 TCPA TPM Protection Profilev1.9.7。TPM 除了具有生成加密密钥的功能外，还可以高速进行数据加密和还原。另外，它也可以作为保护 BIOS 和操作系统不被修改的辅助处理器来使用。在这方面 IBM 先行一步，该公司已将集成有密钥数据和加密处理功能的、符合 TCPA 标准的 TPM 芯片，作为“安全芯片”集成到了个人电脑中，并已开始供货。当前的安全技术基本都是通过软件实现的，随着对可信计算不断增长的需求以及各种客观原因，基于软件的安全实现已经显露出了局限性，而 TCPA 在其规范中采用了硬件加软件的安全实现方法，从而在 BIOS、硬件、系统软件（特别是操作系统）各个层次上全面增强系统的可信性。

2002 年 5 月，微软从未来计算机系统发展的趋势出发，提出了新的高可信计算概念。在其发布的高可信计算白皮书中从实施、手段、目标三个角度对可信计算进行了概要性地阐释。其目标包括三个方面。

(1) 安全性：即客户的信息与交易事务是私密、安全的；

(2) 可靠性：即客户可在任何需要服务的时刻即时得到服务；

(3) 商务完整性：强调服务提供者以快速响应的方式提供负责任的服务。

讨论高可信计算的目标时所考虑的是最终用户的需要，而手段则是要实现这些目标必须进行的商务和工程方面的考虑，其中包括需遵循的策略。

(1) 安全策略：保护数据与系统的私有性、完整性、可用性必须采取的措施；

(2) 隐私保护策略：在不获得用户同意的情况下，不收集或与其他人或组织共享用户信息；

(3) 可用性策略：系统在任何用户要求的时候都可以立即投入使用；

(4) 可管理性策略：相对于系统大小和复杂度而言，系统要易于安装与管理，同时系统设计时要考虑系统的可扩展性、工作效率和性价比；

(5) 准确性策略：系统正确执行其功能，保证计算结果无差错，数据不会被丢失或损坏；

(6) 实用性策略：软件易于使用，适合用户需要；

(7) 负责任策略：公司对产品中出现的问题承担责任，并会采取措施来修正产品；为用户计算、安装和操作产品提供帮助；

(8) 透明性策略：在与客户交互的过程中，公司是开放的，确保客户正确了解公司采取各项举措的目的，及客户在交易中所处的真实状况。

微软的高可信计算含义远不止包括计算机的安全问题,它不像修补系统漏洞那么简单,而是涵盖了整个计算生态系统,从单个计算机芯片到全球 Internet 服务,包括了方方面面。要构建可信计算平台仅从计算机技术的角度是不能解决问题的,它还涉及到社会、政策、人等多方面因素。

3）高信度信息系统

随着网络的发展、计算的普及、计算环境的多元化,高信度计算(Trustworthy Computing)已经被提到空前的高度,引起了整个产业和学术界的高度关注。高信度系统的概念目前没有公认的标准定义,描述性的概念各种各样,以下是几种主要的描述。

(1) 可信计算机系统(Trusted Computer System)是采用充分的软件和硬件保证措施,能同时处理大量敏感或不同类别信息的系统。

(2) 高信度计算其实是一个十分广义的概念,所指的不仅仅是计算机的安全性,而是计算机整个的生态环境。在这个环境里,安全性、可靠性、隐私权、易用性将是核心的部分。这个概念应用范畴的扩展已经从硬件到软件,从操作系统到应用程序,从单个芯片到整个网络,从设计过程到运行环境。

(3) 高信度网络系统无论在环境破坏、用户或操作员的失误和敌对团体的攻击时能够做人们期待它所做的事而不是其他的事;必须能够避免、消除和某种程度上容忍设计和实现的错误。网络信息系统的信赖度涵盖了正确性、可靠性、安全性(通常包括机密性、完整性和可用性)、隐私权,保安(Safety)和可生存性(Survivability)。仅考虑这些方面还不够,简单地把可信的部件组合起来也是不够。可信赖度是综合的和多维的概念。将高信度的多方面因素综合起来并理解他们是如何互动是建立高信度网络信息系统面临的核心问题。

综上所述,高信度计算涉及到的计算领域非常广,不但要从正确性、可靠性、安全性(通常包括机密性、完整性和可用性)、隐私权,保安和可生存性等多方面使软件、硬件、网络通信和数据都更具有可信度,而且要相互结合在一起,解决互相协调和安全保障的问题,才能真正达到高信度计算的环境。

因此,我们认为可信度信息系统(TIS)就是要从网络通信,计算硬件、软件和信息(数据)四个方面保障信息和系统的安全隐私性、部件的可靠性和业务服务的完整性,使得人们信赖使用信息系统就像日常信赖使用电力系统一样。

14.6.3 高信度信息系统的技术框架

网络化的信息系统构成要素大体可分为:网络设施、计算设施、软件和信息/数据四个部分。

从用户的角度,高信赖度的目标/属性主要体现在:信息和系统的安全隐私性、部件的可靠性和业务保障服务的完整性。

(1) 信息和系统的安全隐私性。用户可以期望系统遭受攻击能够恢复原状;系统具有机密性、完整性和可用性;系统中的信息和数据得到保护。用户能够控制有关自己数据,使用这些个人数据遵守公平信息原则。

(2) 部件的可靠性。用户能够依赖系统按需完成其功能。

(3) 业务保障服务的完整性。系统的运行维护和保障服务在全方位应及时有效和完备。

实现高信度计算所面临的难题可能是:人们使用信息系统时往往有两个彼此没有联系的或相悖的目的:一是希望大家在用的时候越方便越好,不要有太多的限制;另一方面却是希望更安全。因此,研究高信度系统的有关技术需要在思路上进行创新。

从信息系统的构成和高信赖度的属性出发,我们提出如图 14.4 所示的高信度信息系统的技术框架。框架中的具体技术内容将在下一节描述。

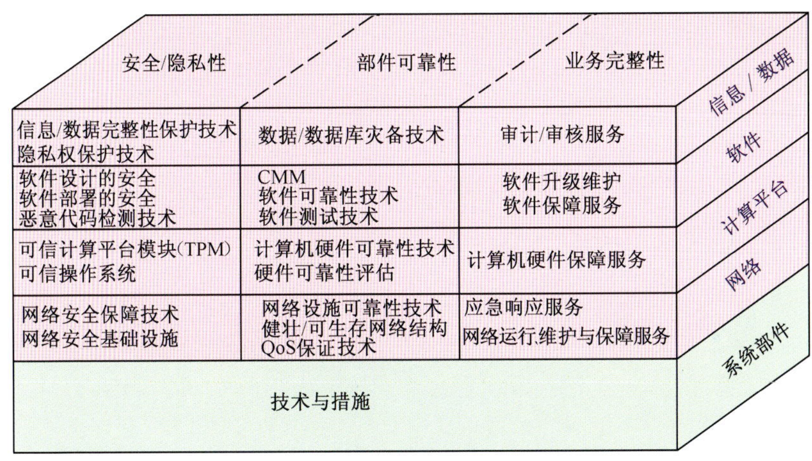

图 14.4 高信度信息系统技术框架

14.6.4 高信度系统的研究领域及关键技术

根据上述高信度信息系统技术框架,高信度信息系统的研究领域按系统的主要构成分为高信度网络、高信度计算平台、高信度软件和高信度信息四个方面进行描述。

14.6.4.1 高信度网络

高信度网络的基本含义是保证网络尽量随时可用,能够完成其设计目标而且尽量按照预定的设计完成。高信度网络(技术)的提出主要是为了保证以下几点。

(1) 网络的可靠性。对上层应用屏蔽底层网络细节,通过冗余性和良好的设计来保证网络无单点故障可靠运行,通过各层协议软件的支持,提供服务质量的保证。

(2) 网络的安全性。是网络安全技术的研究领域,在网络环境中提供各种安全服务,包括身份鉴别,数据的机密性和完整性保护,以及不可抵赖、入侵检测、审计等服务。

(3) 网络服务基础设施的建立。这更多地是一个政策性问题,主要包括法规的制定,各种安全基础设施的建立和授权,网络权利和义务的划定,对网络隐私保护的规定以及网络商业信誉评估体系的建立等等。

高信度网络的研究主要集中在以下几个领域。

(1) 网络立法的研究。网络是人类社会的延伸,因此各种法律法规也必然要将适用范围延伸到网络领域,同时网络的虚拟性也必然导致各种新的法律法规的制定。现有网络的权利和义务的划分很不明确,一旦出现故障根本无法追究责任,也就无法保证服务质量,因此这方面的研究也是必不可少。

(2) 网络体系结构的研究。从根本上提高网络的可靠性和安全性。

(3) 网络协议的研究。对现有协议进行改造,提出新的能够保证服务质量和安全性的协议,例如 RSVP, DiffServ, IPSEC 等。

(4) 网络可靠性技术研究。包括线路可靠性和服务的可靠性,其中服务的可靠性需要与高信度软件技术和高信度硬件技术相结合。

(5) 网络安全技术的研究。涵盖了现有网络安全技术研究的所有范围。

(6) 应用安全的研究。网络应用有日趋复杂的趋势,如 Web Services 就对系统的互通互连提出了新的要求;同时带宽的不断提升催生了许多新的网络应用,建立高信度网络就需要对这些新的应用进行安全评估并根据需要提出安全要求或者改进措施。

综合以上,立法范围内的研究不属于技术范畴,因此高信度网络的关键技术应该主要包括可靠性技术研究和安全技术的研究。

① 抗攻击网络。包括抵御攻击的能力,在遭受攻击的情况下保持服务或者降级服务的能力以及恢复服务的能力。② 分布式技术。是抗攻击技术的基础。③ 服务质量保证。针对不同服务的传输特性,提供不同的带宽和时延保证。④ 网络安全体系结构研究。从体系结构的角度对网络安全进行整体研究。⑤ 身份鉴别。身份鉴别是各种网络安全技术的基石,因此完善的身份鉴别技术非常重要。⑥ 脆弱性分析和风险评估技术。对现有网络的脆弱性进行研究和分析,评估风险程度,并提出改进措施。⑦ 其他网络安全技术。

14.6.4.2 高信度计算平台

高信度计算平台是基于硬件的可信计算平台,是实现高信度系统安全性和私密性的基础设施。

可信赖计算集团(TCG)是一个在可信计算机平台联盟(TCPA)的基础上重新成立的组织,拥有许可证政策、市场营销预算和把可信赖计算技术推向各种设备的任务,新的机构将为原来的 TCPA 标准和技术开发增添市场色彩。TCPA 制定的一些规范将构成新的 TCG 组织的核心。此外,新的组织还将制定合理的和非歧视性的许可证条款以及标识计划,扩大安全技术支持的设备类型和应用程序。这个组织的五个发起公司是英特尔、IBM、微软、惠普和 AMD。10 家成员公司包括诺基亚、Phoenix 技术公司和索尼等。

高信度计算平台目标是致力于促成新一代具有安全、信任能力的硬件运算平台。通过在每一台计算机中都安装一个可信赖计算平台模块 TPM,即一块智能芯片,在个人计算机内部建立一处特别区域,让软件在其中安全执行。这个受保护的空间可防止未经授权的应用软件删改数据,这属于数字使用权管理技术。将来的开发将会包括一个针对服务器的规范版本和一个“硬”的可靠操作系统。这种硬操作系统能够检测到未授权的访问企图。将来,这个模块将可以直接内建在 CPU,显卡,硬盘,声卡等计算机硬件里。

高信度计算平台模块应具有以下功能:① 保证电脑在 OS 起动前或 OS 的启动过程和启动后的工作过程的安全;② 具有生成加密密钥的功能;③ 可以高速进行数据加密和还原;④ 可以作为用于保护 BIOS 和 OS 不被修改的辅助处理器使用。

高信度计算平台的主要研究领域和关键技术是:① 可信赖计算平台模块 TPM 技术;② 可信操作系统技术;③ 系统芯片(SOC)的设计和测试的基础理论和关键技术。

14.6.4.3 高信度软件

软件系统的发展通常都仅仅将注意力集中在软件性能及功能需求上,而对于系统的可信度却没有足够的重视。现代社会所依赖的大规模软件系统有着令人难以想象的复杂性,由于这些系统的失效会导致非常严重的后果,所以他们是否具备高信度就变得至关重要。在分析这些系统可靠性及安全性的基础上,在设计、测试、评估方法上人们已经作了很多努力,但是实践结果通常没有被应用到系统的开发中去,因此我们需要研究如何将这些方法整合到一个高信度的框架内,并确保这些方法被应用到软件系统开发中。过去大家在安全上的重点放在硬件,而忽略了应用软件的安全性质量。

高信度软件的提出主要是为了保证:① 软件的可靠性。采用适合的管理体系来进行软件生产和对过程进行管理,以提高软件质量。② 软件的安全性。在软件设计和开发中采取安全措施,防止对程序及数据的非授权的访问,避免后门以及病毒造成用户的不便。

高信度软件的研究应该主要集中在以下几个领域:

(1) 研究软件的可信性保障技术。复制,失败恢复,日志,事务等技术和形式化检验技术;

(2) 软件产品开发过程的研究。探讨软件开发过程模型、项目组织管理体系和协同工作

模式,研究软件的需求、设计、构建、实施、测试全过程,提高软件开发的可靠性;

(3) 软件设计与开发的安全性研究。软件恶意代码检测技术,在软件的编码、设计上,增加异常情况的错误处理,软件规划、程序设计与测试人员都要考虑代码自身的安全性问题;

(4) 软件质量的分析与度量技术。研究软件实体和系统的可信性度量指标体系,提供支持有效度量的机制和工具,从软件的安全性和可靠性方面评估一个系统是否具备高信度;

(5) 软件的测试方法和技术。软件测试技术体系,嵌入式软件的测试技术;

(6) 软件工程中的形式化方法与软件可靠性研究;

(7) 最佳软件工程实践的应用。将已证明的最佳软件工程实践应用到开发过程中,其中包括针对不同系统的标准过程裁剪;

(8) 研究高信度软件的供应规范。软件安全性与可靠性的设计准则及实践,包括对内部和外部高信度软件系统供应商的一套供应规范措施。

关键技术包括:① 软件可信性理论及其度量评估体系;② 软件恶意代码检测技术;③ 软件工程中的形式化方法和面向对象技术;④ 软件的测试方法和技术;⑤ 软件质量的分析与度量技术。

14.6.4.4 高信度信息

大部分信息和数据都是存储在一个分布式的环境里,为此我们不得不面临着一些挑战:如何保证数据的完整性和隐私性,确保没有人滥用数据、破坏数据?隐私性是高可信计算另一个不可忽视的重要因素,它保证了拥有这些资料的私人必须决定哪些人才可以看到这些资料,这些资料应该如何被运用,而用户或者个人因此能够在整个数据的生命周期里保持信任。还有一点,就是尽可能地减少被入侵,比如说个人邮件,用户不希望收到大量的垃圾邮件。

高信度信息/数据主要是指系统应能够按需提供真实、正确、可靠和安全的的信息/数据。提供高信度信息是高信度信息系统的最主要目标。除了考虑信息/数据本身的完整性、隐私性(机密性)和可靠可用性外,实现高信度信息的目标取决于系统是否具备高信度的软件、计算平台和网络设施。

高信度信息/数据的研究应该主要集中在以下几个领域:① 信息/数据的完整性保护;② 信息/数据的隐私性保护;③ 信息/数据的高可靠可用性;④ 信息操作的强审计和违规取证。

高信度信息/数据涉及的关键技术主要有:① 高强度加密算法和密码芯片技术;② 高信度的 PKI 公钥基础设施;③ 信息操作的强审计和违规取证技术。

参考文献

[1] 卿斯汉,刘文清,刘海峰.操作系统安全导论[M].北京:科学出版社,2003.

[2] 石文昌.安全操作系统研究的发展[J].计算机科学,2002,29 (6):5212.

[3] 李海泉,李键.计算机系统安全[M].北京:人民邮电出版社,2001.

Abbreviations

缩略语

ADSL	asymmetric digital subscriber loop	非对称数字用户环路
AGP	accelerated graphics port	图形加速端口
ALU	arithmetic logic unit	算术逻辑部件
ARP	address resolution protocol	地址解析协议
ASAP	advanced scientific array processor	先进科学阵列处理机
ATM	asynchronous transfer mode	异步传送模式
BGP	border gateway protocl	边界网关协议
BPU	branch processing unit	分支处理单元
BSP	burroughs scientific processor	巴勒斯科学处理机
C/S	client/server	客户/服务器
CC	common criteria for information technology security evaluation	用于信息技术安全评估的通用标准
CD-ROM	compact disk-read only memory	只读存储光盘
CIP	common imagery processor	公共图像处理器
CIP	common integrated processor	共(公)用综合处理机
CISC	complex instruction set computing	复什指令集计算
CMOS	complementary metal oxide semiconductor	互补金属氧化物半导体
COTS	commercial off the shelf	商用现货(技术)
CPU	central pocessing unit	中央处理机(器),中央处理单元
CSCW	computer supported cooperative work	计算机支持下的协同工作
CSMA/CA	carrier sense multiple access with collision avoidance	带有避免碰撞的载波侦听多路访问
CSMA/CD	carrier sense multiple access with collision detection	带有碰撞检测的载波侦听多路访问
CU	control unit	控制部件
DAC	discretionary access control	自主存取(访问)控制

DBMS	data base management system	数据库管理系统
DCS	distributed computer system	分布式计算机系统
DDBMS	distributed data base management system	分布式数据库管理系统
DDBS	distributed data base system	分布式数据库系统
DDE	dynamic data exchange	动态数据交换
DDN	digital data network	数字数据网
DDRDRAM	double data rate DRAM	双倍数据速率动态随机存取存储器
DFOS	data flow operating system	数据流操作系统
DIMM	dual In _ line memory module	双列直插式存储器模块
DLL	dynamic-link library	动态链接程序库
DMA	direct memory access	直接存储器访问
DNS	domain name service	域名服务
DOS	distributed operating system	分布式操作系统
DRAM	dynamic random access memory	动态随机存取存储器
ECC	error checking and correction	错误检测和纠正,差错检验和校正
EDO DRAM	extended data output DRAM	扩展数据输出动态随机存取存储器
EDVAC	electronic discrete variable automatic computer	离散变量自动电子计算机
EISA	extended industry standard architecture	扩充的工业标准体系结构(总线)
ENIAC	electronic numerical integrator and computer	电子数字积分器与计算机
EPIC	explicitly parallel instruction computing	精确并行指令计算
FDDI	fiber distributed data interconnect	光纤分布式数据互连
FDDI	fiber distributed data interface	光纤分布数据接口
FPM DRAM	fast page mode DRAM	快速分(翻)页模式动态随机存取存储器
FPU	floating-point unit	浮点部件
FR	frame relay	帧中继
FSB	front side bus	前端总线
FTP	file transfer protocol	文件传递(输)协议
GPS	global positioning system	全球定位系统
GUI	graphic user interface	图形用户接口
HAS	highly available system	高可用系统
HTTP	hypertext transfer protocol	超文本传送协议
IA	information assurance	信息保证
ICMP	internet control message protocol	因特网控制信息协议
ICP	integrated core processor	综合核心处理机
IGMP	internet group management protocol	因特网组群管理协议
IIOP	internet inter-ORB protocol	因特网对象请求代理间协议
IP	internet protocol	互联网协议,网络间协议
IS	integrated system	综合式系统,集成系统
ISA	industry standard architecture	工业标准体系结构(总线)

ISDN	integrated service digital network	综合服务数字网
ITU	international telecommunication union	国际电信联盟
ITV	interactive TV	交互式电视
LAN	local area network	局域网
LCD	liquid crystal display	液晶显示(器)
LDAP	lightweight directory access protocol	轻型目录访问协议
LRM	line replaceable module	外场可更换模块
LRU	line replaceable unit	外场可更换单元
MAC	mandatory access control	强制访问(存取)控制
MCM	multicore module	多芯片模块
MIMD	multiple instruction stream multiple data stream	多指令流多数据流
MIPS	million instructions per second	百万条指令/秒
MLD	mean logic delay	平均逻辑延时
MMU	memory management unit	存储器管理单元
MMX	multimedia extensions	多媒体扩充
MOS	metal-oxide-semiconductor	金属氧化物半导体
MPI	message passing interface	消息传递(传送)接口
MPP	massively parallel processing	大规模并行处理
MPU	microprocessor unit	微处理器单元
MRA	mutual recognition agreement	互认协议
MTBF	mean time between failures	平均故障间隔时间,平均无故障工作时间
MTTR	mean time to repair	平均修复时间
ND	network director	网络指导
NFS	network file system	网络文件系统
NOS	network operating system	网络操作系统
NUMA	nonuniform memory access	非均衡存储器访问,非统一存储器访问
OCI	oracle call interface	Oracle 调用接口
OLE	object linking and embedding	对象链接与嵌入
PC	personal computer	个人计算机
PC	program counter	程序计数器
PCI	peripheral component interconnect	外围设备(部件)互连(总线)
PCMCIA	pc memory card international association	国际 PC 存储卡协会
PDA	personal digital assistant	个人数字助理
PE	processing element	处理单元
PGA	pin-grid array	针栅阵列,网格插针阵列
PIB	parallel interface bus	平行接口总线
PLA	programmable logic array	可编程逻辑阵列
PSDN	packet switched data network	分组(包)交换数据网
PSDN	packet switched digital network	分组(包)交换数字网
PSDN	public switched data network	公共(用)交换数据网
PSN	processor serial numbers	处理器序列号

PSPDN	packet switched public data network	分组(包)交换公用数据网
PSTN	public switched telephone network	公共(用)交换电话网
RAID	redundant arrays of independent disks	独立磁盘冗余阵列
RARP	reverse address resolution protocol	逆向地址解析协议
RDRAM	rambus DRAM	rambus 动态随机存取存储器
RIP	routing information protocol	路由信息协议
RISC	reduced instruction set computing	精简指令集计算
RPC	remote procedure call	远程过程调用
RWCD	rewritable CD	可重写的光盘
SAN	storage area network	存储区域网络
SCSI	small computer standard interface	小型计算机标准接口
SDRAM	synchronous DRAM	同步动态随机存取存储器
SEM	standard electronic module	标准电子模块
SIMD	single instruction multiple data (machine)	单指令多数据(机)
SIMD	single instruction stream multiple data stream	单指令流多数据流
SIMM	single in-line memory module	单列直插式存储器模块
SMP	symmetric multiprocessor	对称多处理机
SMT	simultaneous multi-threading	同步多线程(技术)
SMTP	simple mail transfer protocol	简单邮件传递协议
SNMP	simple network management protocol	简单网络管理协议
SOI	silicon on insulator	绝缘体上硅(技术),绝缘体基外延硅(技术)
SPEC	system performance evaluation committee	系统性能评估委员会
SPOF	single point of failure	单点故障
SRAM	static random access memory	静态随机存取存储器
SSE	streaming SIMD extensions	数据流单指令多数据扩展(指令集)
STB	set-top box	机顶盒
TCB	trusted computing base	可信计算基
TCP	transmission control protocol	传输控制协议
TCPA	trusted computing platform alliance	可信计算平台联盟
TCSEC	trusted computer system evaluation criteria	可信计算机系统评价标准
TFTP	trivial file transfer protocol	琐碎文件传送协议
TIS	trusted information system	可信信息系统
TMB	test/maintenance bus	测试/维护总线
TPC	transaction processing performance council	事务处理性能测试委员会
TPM	trusted platform module	可信平台(标准)模块
UDP	user datagram protocol	用户数据报协议
USB	universal serial bus	通用串行总线
UWB	ultra wideband	超宽(频)带
VESA	video electronics standards association	视频电子(产品)标准协会
VMS	vehicle management system	飞行器管理系统

VPN	virtual private network	虚拟专用网
VR	virtual reality	虚拟现实
VSIPL	vector signal and image processing library	矢量信号与图像处理程序库
WAN	wide area network	广域网
WLAN	wireless local area network	无线局域网
WORM	write once read multiple	一次写入,多次读出(光盘)
WPAN	wireless personal area network	无线个人区域网
WWW	world wide web	环球网,万维网